DER ANDERE TIGER

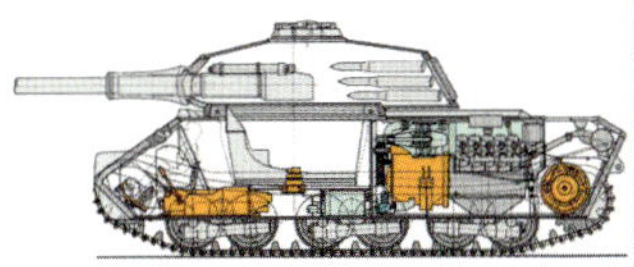

DER PANZERKAMPFWAGEN PORSCHE TYP 101

Michael Fröhlich

Motor buch Verlag

Einbandgestaltung: Luis dos Santos

Bildnachweis: Siehe Anhang am Buchende.

ISBN: 978-3-613-04213-1

1. Auflage 2019

Sie finden uns im Internet unter www.motorbuch-verlag.de

Lektorat: Joachim Köster
Innengestaltung: Lukas Kretzschmar, tebitron gmbh, Gerlingen
Druck und Bindung: Conzella, 85609 Aschheim
Printed in Germany

Inhalt

»Die jetzige Generation entdeckt immer,
was die alte schon vergessen hat.«

(Johann Wolfgang von Goethe)

Vorwort

Während der Recherchen zu meinen Büchern über den Panzerkampfwagen »Maus« und die überschweren Panzerprojekte stieß ich immer wieder auf Unterlagen, die die Entwicklung des sogenannten »Porsche-Tiger« zum Thema hatten. Als ich mir daraufhin die einschlägige Literatur ansah, fand ich z.B. bei W. Oswald folgende Einschätzung dieser Porsche-Entwicklung: *»... gebräuchlicher blieb für diese eklatante Fehlkonstruktion des Professors und Ehrendoktors Porsche der Spottname „Ferdinand"«*[1]. Da W. Oswalds Werk trotz vieler Fehler als Standardwerk gilt, haben andere Autoren seine Auffassung in ihren eigenen Buchveröffentlichungen übernommen. Auch die Verfasser von Biografien über Ferdinand Porsche, angefangen von den Werken des Jahres 1951 bis hin zur jüngsten Biografie aus dem Jahr 2017, machten sich nicht die Mühe, diese Aussagen genauer zu hinterfragen.

Ein gutes Beispiel für diese Versäumnisse ist der Rückgriff vieler Autoren auf die Tagebücher von Karl Rabe. Deren Inhalt ist hochinteressant für Historiker, spiegeln sie doch den Zeitgeist der damaligen Epoche wider. Als nachteilig erweisen sich aber die Kommentare des Sohnes von Karl Rabe, die viele Autoren mitsamt den Fehlern übernommen haben. Biografen verwenden bis heute diese Tagebücher samt den Kommentaren des Sohnes als Basis für ihre Arbeit, ohne auf die eklatanten inhaltlichen Widersprüche aufmerksam zu werden.

Weil mir aber die Genialität und das Können von Professor Porsche und seinen handverlesenen Ingenieuren schon bekannt war, kamen mir Zweifel an diesen Aussagen. Einzig Karl E. Pawlas[2] hatte sich intensiver mit den Hintergründen des Scheiterns des Panzer-Projektes beschäftigt und sah neben den technischen Problemen, die in der Kürze der Zeit nicht abgestellt werden konnten, vor allem im Intrigieren des Heereswaffenamtes (HWA) und in der Abneigung Albert Speers gegen den älteren Professor die Hauptursache dieses Scheiterns.

Denn der sogenannte Henschel-Entwurf des »Tigers« war in Wahrheit ein Projekt des HWA, konkret der »Amtsgruppe für Entwicklung und Prüfung, Kraftfahr- und Motorisierungsabteilung, Fahrzeuge, Panzer und Motorisierung«, kurz Wa Prüf 6. Besonders involviert war Oberbaurat Kniepkamp, der bestrebt war, die eigenen Interessen und die von Dr. Maybach durchzusetzen. Auch Amtsleiter Saur, Chef des Technischen Amtes und Speers Stellvertreter, bezeichnete diesen Entwurf als »**Tiger des Amtes**«[3]. Anfänglich scheiterten diese Bestrebungen des HWA am Rüstungsminister Todt, der dafür bekannt war, seine Vorstellungen ohne Rücksicht auf irgendwelche »Amtsgrößen« durchzusetzen. Zudem hatten Todt und Porsche dank gemeinsamer Auffassungen einen »Draht« zueinander.

Mit dem tödlichen Unglück Todts am 8. Februar 1942 sowie der Ernennung des jüngeren Architekten Speer zum Rüstungsminister wendete sich das Blatt für Porsche. Für Albert Speer war der Professor mit seinen guten Beziehungen zu Hitler unbequem. Porsches Sekretär Ghislaine E.J. Kaes über das Verhältnis Professor Porsches zum Rüstungsminister: *»Die Zusammenarbeit mit Todt war immer bestens gewesen, mit dem viel jüngeren Speer verstand sich Porsche gar nicht. So forderte Speer während einer großen Sitzung als Altersgrenze für führende Persönlichkeiten der Wirtschaft und auch sonst das vierzigste (40.) Lebensjahr. Daraufhin erinnerte Porsche, vor allen Sitzungsteilnehmern, an sein eigenes Alter: „Herr Minister! Ich darf Sie auf mein Alter hinweisen. Ich bin sechsundsechzig (66) Jahre."... So konnte Speer nicht vertragen, dass Porsche immer wieder und allein zu Adolf Hitler vorgelassen wurde und dort durchsetzen konnte, was ihm vorschwebte ... Porsche nahm jede Anregung auf, jeden Auftrag an. Er versuchte stets den Auftrag zu erfüllen – er nannte das „durchziehen" – und kümmerte sich weder um Zweckmäßigkeit noch um die Möglichkeit einer Massenfertigung. Darüber, so meinte er, müsse der Auftraggeber entscheiden. Er sei weder Generalstäbler noch Beschaffungsminister. Diese Einstellung brachte Porsche bald in einen Gegensatz zum Militär einerseits und zu Speer andererseits, die sich bei Hitler nicht durchsetzen konnten«*[4].

---

1 Oswald, Kraftfahrzeuge und Panzer, S. 349

2 Pawlas, Waffenrevue Nr. 65 Seite 29

3 Nachlass Saur, IfZ., ED 442 S. 47

4 PA, Hausmitteilung Betreff: Porsche Typ 100 – Leopard vom 27. November 1970.

Noch markanter fand ich die Aussage vom schon zitierten Karl Otto Saur, anlässlich der Vernehmung durch die Amerikaner am 11. Juni 1945: »*Über die Person Porsches sind sich keine drei Menschen einig. Er ist ein Genie. Also einer von denen, die erst von der Nachwelt geschätzt werden. Der überwiegende Teil lehnt ihn aus Unkenntnis ab. Er hat uns zwar auch viel zu schaffen gemacht, da er starrköpfig und stur ist, aber er kann was. Er war der Prototyp oder besser der extreme Vertreter des freien Ingenieurs in dieser ersten Kommission* (gemeint ist die Panzerkommission – d. A.). *Porsche war reiner Entwickler. Das war zum Teil ein Fehler. Später mussten die Vorsitzenden der Kommissionen Entwickler sein, die Stellvertreter dagegen waren die Leiter des Hauptausschusses, also die Verantwortlichen für die Fertigung ...*«.[5]

Diese Anerkennung wog umso schwerer, da Saur, im Gegensatz zum Architekten Speer, selbst Ingenieur und Techniker war und wusste, wovon er redete. War der Porsche-Tiger ein Fehlentwurf oder ist er einfach am intriganten HWA gescheitert? Vielleicht liegt die Wahrheit auch irgendwo dazwischen. Denn beide Panzer-Entwürfe waren reichlich mit Fehlern behaftet. Welche konnten am schnellsten abgestellt werden? Auf Grund der verschlechterten Kriegslage entschied der Faktor Zeit darüber, ob es noch gelang, den überlegenen sowjetischen Panzern mit einem zumindest gleichstarken Gefährt die Stirn bieten zu können. Die deutsche Führung – einschließlich des HWA – hatte zuvor zu viel Zeit mit der Entwicklung schwerer Panzer vergeudet.

Um möglichst genaue Antworten zu bekommen, begab ich mich wieder in die Archive, um dort nach zeitgenössischen Quellen über dieses Panzer-Projekt zu suchen. Dessen Vorgeschichte erwies sich dabei als genauso wichtig wie die finale Entwicklung zum schweren Panzerjäger »Tiger« (P). Wegen des Umfangs des vorhandenen Materials über den Porsche-Tiger kann die Entstehung dieser Selbstfahrlafette, anders als zunächst vorgesehen, leider nicht in diesem Buch mit abgehandelt werden. Über den Panzerjäger (P) »Ferdinand« ist daher ein separates Buch in Arbeit. Bei den Recherchen zu dem vorliegenden Band galt mein Hauptaugenmerk erneut den technischen Details und dem Entwicklungsweg dieses Fahrzeuges. Dagegen sollte sein Einsatz bei der Truppe nicht Gegenstand dieser Abhandlung werden, denn dazu gibt es schon einige gute Bücher auf dem Markt.

Ich möchte mich bei all denen bedanken, die tatkräftig zum Entstehen dieses Buches beigetragen haben. Vor allem meiner Familie, die mir wieder eine große Hilfe war, Hendrik Müller für die Korrekturlesung, dem Archiv der Firma Porsche, im speziellen Herrn Gross, Rolf Hilmes sowie Joachim Deppmeyer für die Gastbeiträge, Karl-Heinz Münch, Wolfgang Schneider, Wolfgang Fleischer, Dirk Hensel sowie den Archiven der TU Dresden, dem MA Freiburg und IfZ München für die Materialbereitstellung.

Dresden 2019,
Michael Fröhlich

[5] Nachlass Saur, IfZ., ED 442 Box 1.

Einleitung

Die Entwicklung der schweren deutschen, als Durchbruchs-Panzer bezeichneten Fahrzeuge begann schon (abgesehen vom »Großkampfwagen K« aus dem Ersten Weltkrieg) 1925 mit dem aus Tarnungsgründen so genannten »Großtraktor«, der zur 20-t-Klasse gehörte. Die Panzerentwicklung war Deutschland im Versailler Vertrag von 1919 verboten worden. Aus Wettbewerbsgründen wurden drei Firmen mit der geheimen Entwicklung beauftragt: Daimler-Benz, Rheinmetall-Borsig und die Firma Krupp. Jeder Hersteller entwarf und baute zwei Prototypen aus »Weichstahl«. Dabei wurden den drei Firmen neben einheitlichen Grundvorgaben – wie dem

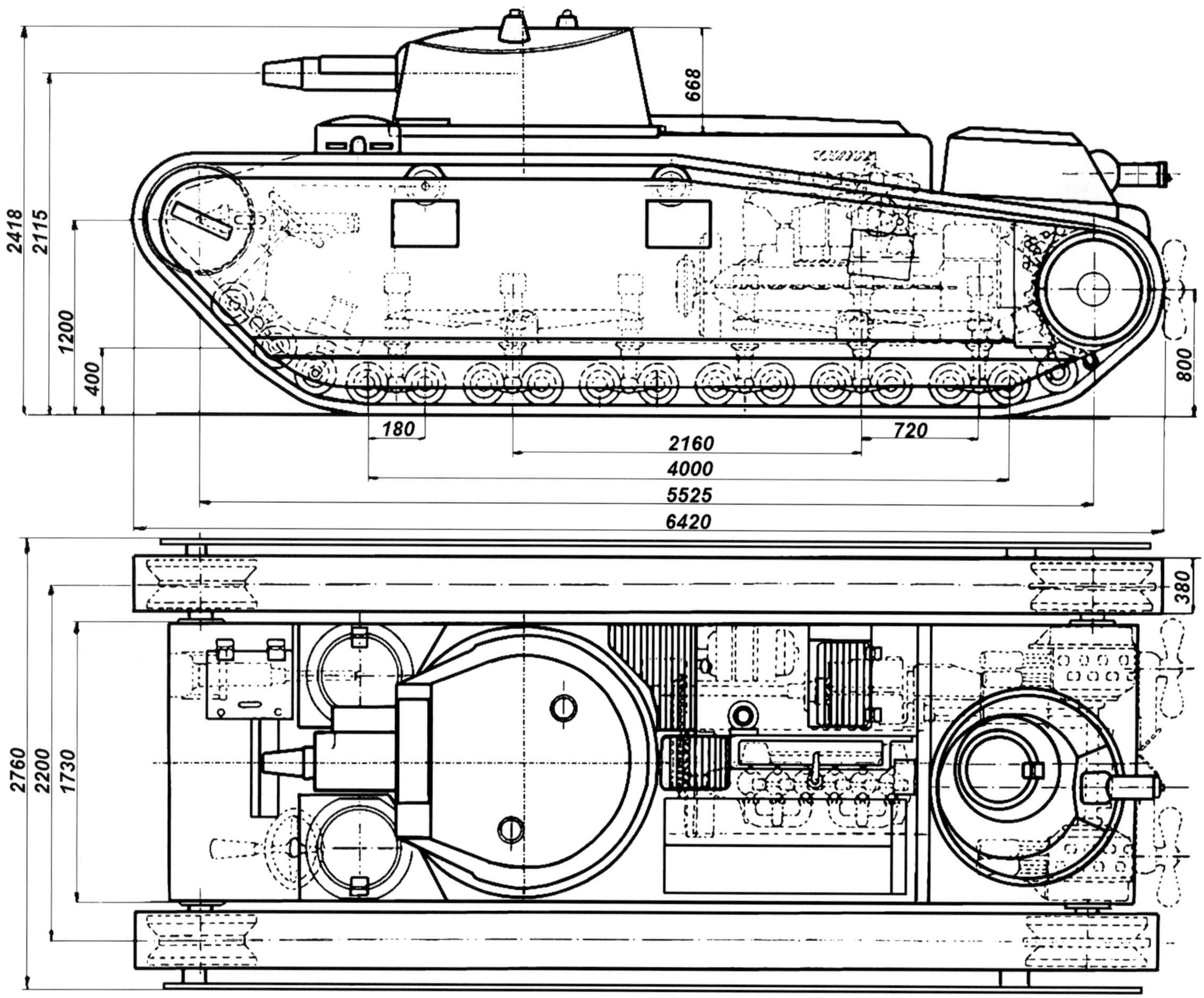

Der Krupp Großtraktor im Querschnitt.

Der Daimler-Benz Großtraktor. (SB)

Aufbau mit einem Haupt- und einem Nebenturm, der Bewaffnung mit einer 7,5-cm-Kanone L/24 und drei MG, der maximalen Panzerung von 14 mm (SmK-sicher) und der Motorleistung von etwa 250 PS – unterschiedliche Auflagen zum Fahrwerk gemacht, um daraus später die sich am besten bewährende Variante zu wählen:

- **Daimler-Benz:**
  Planetengetriebe mit 6 Vorwärts- und 2 Rückwärtsgängen mit Druckölschaltung und Bandbremsen, Kupplungslenkung mit Planetengetriebe und Schneckenbremse, beide Laufwerke mit vier Gruppen und je vier Laufrollen mit hydraulischem Ausgleich, Gleisketten aus gepresstem Stahlblech.
- **Krupp:**
  Stufengetriebe mit 6 Vorwärtsgängen und 1 Rückwärtsgang mit Druckluftschaltung und Federbandkupplung, Kupplungslenkung mit Planetengetriebe und Bandbremse, ein Laufwerk mit drei Gruppen mit Hebelausgleich und ein Laufwerk mit zwei mal sechs und drei mal vier Laufrollenpaaren, Gleisketten aus Gummiband mit Drahtseil und Ein-Steg-Führung.
- **Rheinmetall:**
  Stufengetriebe mit 8 Vorwärtsgängen und 1 Rückwärtsgang mit elektrisch betätigter Vorwählschaltung, 1 Fahrzeug mit Kupplungslenkung und Schneckengetriebe, 1 Fahrzeug mit Differenziallenkung und stufenloser Steuerung mittels Kettengetriebe (P.I.V.-Getriebe), ein Laufwerk mit sechs Laufrollenpaaren ohne Druckausgleich und ein Laufwerk mit zwei Gruppen mit je zwei mal vier Laufrollenpaaren mit hydraulischem Druckausgleich, Gleisketten aus Gummiband mit eingelegter Gliederkette und Doppelsteg-Führung.

Aus Geheimhaltungsgründen montierte Krupp seine Fahrzeuge auf dem Schießplatz Meppen, während Rheinmetall seine sowie die Daimler-Benz-Fahrzeuge auf dem firmeneigenen Schießplatz in Unterlüß zusammenbaute. Diese sechs Fahrzeuge kamen Mitte Juni 1929 unerprobt und getarnt als Traktoren in Kisten verpackt nach Kama in der Sowjetunion. Grundlage dazu bildete ein geheimer Vertrag zwischen dem Deutschen Reich und der Sowjetunion. Bei einer ersten Funktionsprüfung stellte sich heraus, dass beide Daimler-Benz-Fahrzeuge einen irrepara-

Das »Neubaufahrzeug« von Krupp. (SB)

blen Schaden am Planetenwechselgetriebe aufwiesen und dadurch die Gänge nicht geschaltet werden konnten. Die Folge war, dass die beiden Fahrzeuge stillgelegt werden mussten.

Auch die beiden Kontrahenten hatten große Probleme mit den Gummiketten, der Luftsteuerung und dem Differenziallenkgetriebe. Auch die geplante Schwimmfähigkeit musste nach einem tödlichen Unfall aufgegeben werden. Unverständlich war nur die Tatsache, dass sich Daimler-Benz nicht mehr um eine Umkonstruktion bemühte. Ob das unharmonische Ausscheiden Ferdinand Porsches als damaliger Technischer Direktor bei Daimler-Benz im Jahre 1930 eine Rolle gespielt hatte, war leider nicht zu ermitteln. Die Firmen Krupp und Rheinmetall stellten dagegen sukzessive die aufgetretenen Mängel an ihren Fahrzeugen ab.

Als sich nach der Machtergreifung Hitlers 1933 das politische Verhältnis zur Sowjetunion verschlechterte, erging im Juli 1933 die Anweisung, die Panzererprobungsstätte Kama aufzulösen. Alle sechs Großtraktoren wurden wieder nach Deutschland überführt. Bei der Firma Daimler-Benz wurden die Fahrzeuge überholt. Die beiden Firmenfahrzeuge gab man als Denkmäler an die Panzertruppe ab. Die anderen vier Fahrzeuge wurden zur weiteren Ausbildung genutzt, wodurch wertvolle Erfahrungen und wichtige Anregungen für die spätere Panzerentwicklung gesammelt werden konnten.

Auf Grund der gemachten Erfahrungen mit dem britischen Vickers MK III als Mehrturmpanzer – und dem Trend, den dieser auslöste – sowie dessen sowjetischen Kopien (T 28, T 29 und T 35) entstanden 1934/35 aus den überarbeiteten Entwürfen drei Prototypen der Firma Krupp (Entwurf A) und zwei Prototypen der Firma Rheinmetall (Entwurf B), die später die Bezeichnung »Neubaufahrzeug« erhielten. Die Firma Daimler-Benz beteiligte sich zu diesem Zeitpunkt nicht mehr an der Panzerentwicklung.

Der dreitürmige Panzer besaß neben der 7,5-cm-KwK eine koaxiale 3,7-cm-Kanone sowie jeweils einen MG-Turm vorn und hinten. Die Krupp-Fahrzeuge waren in Panzerstahl ausgeführt, während die Rheinmetall-Fahrzeuge aus Flusseisen bestanden. Allerdings bewährten sich die verwendeten 250-PS-Flugmotoren auf Grund ihrer Motorauslegung nicht im Panzerbetrieb. Auch die verwendete Art des Laufwerkes war zur damaligen Zeit schon überholt. Die Panzertruppen nutzten die Fahrzeuge vor allem zur Ausbildung.

Die drei gepanzerten Krupp-Fahrzeuge kamen allerdings noch im Krieg 1940 in Norwegen zum Einsatz, wobei ein

Fahrzeug durch eine Mine beschädigt wurde und vor Ort gesprengt werden musste. Die anderen beiden Fahrzeuge kamen nach Deutschland zurück.

Die Entwicklung von schweren Panzerkampfwagen hatte in Deutschland zur damaligen Zeit nur eine niedrige Priorität, da der Schwerpunkt auf schnellen Kampfwagen lag, die besser in die Blitzkriegsstrategie von General Guderian passten.

Im Januar 1937 wurde der damalige Baurat Kniepkamp vom Wa Prüf 6 von seinem Chef, Oberstleutnant Philipps, mit der Entwicklung von schwersten Panzerkampfwagen beauftragt. So bekam Anfang 1937 die Firma Henschel & Sohn AG von Kniepkamp die allgemeine Aufgabe gestellt, sich mit der Entwicklung dieser schwersten Panzerfahrzeuge zu beschäftigen. Das rief allerdings auch die Firma Krupp auf den Plan, die sich beim HWA nach Entwicklungsaufträgen für einen schweren Panzerkampfwagen erkundigte.

Vom Referenten der Kraftfahr- und Motorisierungsabteilung des HWA folgte am 6. Oktober 1937 die Antwort: *»Herr Kniepkamp erklärte, dass er sich wohl mit der Sache beschäftige, aber von seinem Chef (Oberstleutnant Philipps) noch keinen offiziellen Auftrag hierfür habe und dass nicht er, sondern sein Chef bestimme, welche Firma zur Entwicklung dieses Wagens genommen werde«*[6]. So entstanden anfangs ohne offiziellen Auftrag Eigenentwicklungen von 30-Tonnen-Studienfahrzeugen bei Henschel. Die Anregung dazu kam vom Wa Prüf 6/F unter Baurat Kniepkamp, denn das drehstabgefederte Schachtellaufwerk und der Maybach-Motor erfuhren durch ihn intensivste Unterstützung, was unter anderen auch auf wirtschaftlichen Interessen Kniepkamp's beruhte. Er besaß Patente über das Schachtellaufwerk, die er schon in den Baurei-

[6] BAMA RH 8/2640.

Eine der drei hergestellten VK 3001 (H)-Wannen. (SB)

hen der Halbketten-Zugmaschinen verwirklicht hatte und die sich nicht immer im Einklang mit den Interessen der Entwicklungsfirmen befanden. Das Schachtellaufwerk besaß den Vorteil, dass eine maximale Anzahl von Rädern zur Anwendung kam und dadurch die Laufeigenschaften und der Bodendruck positiv beeinflusst wurden.

Doch es war wieder die Firma Krupp, die Kniepkamp kritisierte. Unter anderem stellte Krupp fest, dass Aggregate, die für Schlepper brauchbar waren, sich nicht ohne weiteres für Kampfwagen verwenden ließen. Auch war das Schachtellaufwerk wesentlich schwerer und breiter und verschmutzte leichter als herkömmliche Laufwerke. Das größere Gewicht und die komplizierte Ausführung erforderten zudem mehr Rohstoffe und Arbeitskräfte. Kniepkamp wurde zum Vorwurf gemacht, neue Schalt- und Lenkgetriebe ohne ausreichende Vorversuche sofort in großen Serien bauen zu lassen[7].

Trotz Kritik erhielt die Firma Henschel von Kniepkamp über seinen neuen Chef, Oberstleutnant Fichtner, Aufträge zur Konstruktion eines **DW I** (Durchbruchswagen). Die Wanne war zweiteilig, da zur damaligen Zeit die Walzwerke noch nicht in der Lage waren, die 50-mm-Panzerplatten in der kompletten Fahrzeuglänge herzustellen. Ausgerüstet wurde das Fahrzeug mit einem 280-PS-Maybach-Motor vom Typ HL 120 und dem Maybach-Variorex-Getriebe Typ 328 145. Die Lenkung verfügte über ein dreistufiges Cletrac-Getriebe, was sich im Nachhinein allerdings als Fehlkonstruktion herausstellte. Die Abfederung der mittelgroßen Laufrollen erfolgte über Drehstäbe nach dem Röchling-Prinzip von Voll- und Hohlfedern. Der 1938 von Wa Prüf 6 geforderte Nachfolgetyp **DW II**, auch als Panzerkampfwagen VI bezeichnet, besaß eine einfache Drehstabfederung (Porsche-Patent) und geänderte Baugruppen, wie u.a. Lenkgetriebe, Vorgelege, Gleisketten und Bremsen. Ein Fahrzeug wurde gebaut und erprobt. Die Höchstgeschwindigkeit betrug 35 km/h.

Das Nachfolgemuster trug die Bezeichnung **VK 3001** (H). Die jetzt einteilige Wanne besaß eine Panzerstärke von 50 mm seitlich und 60 mm an der Stirnwand. Geplant war die Verwendung des 12-Zylinder-Maybach-Motors vom Typ HL 190 P mit 400 PS bei 2500 U/min. Aus Platzgründen entwickelte die Firma Maybach für den VK 3001 (H) jedoch einen 6-Zylindermotor vom Typ HL 150 mit 320 PS. Zwei Motoren wurden noch gebaut und erprobt. Letztendlich bestand der Antrieb aus dem kompakteren 6-Zylinder-Maybach-Benzinmotor HL 116 mit 300 PS und dem Maybach-Variorex-Getriebe. Die Lenkung vom Typ L 320 C bestand aus fünf ölgesteuerten Kupplungen, die drei Radien ermöglichten. Das Fahrwerk besaß einfache Drehstäbe mit unterschiedlich starken Köpfen, entsprechend dem Patent Porsches. Die pro Seite sieben geschachtelten Laufrollen sowie die drei Stützrollen besaßen Gummibandagen. Die Höchstgeschwindigkeit betrug ebenfalls 35 km/h. Es sollten drei Versuchsfahrzeuge sowie eine Null-Serie von acht Fahrzeugen vom VK 3001(H) gebaut werden, wobei letztere Serie entfiel.

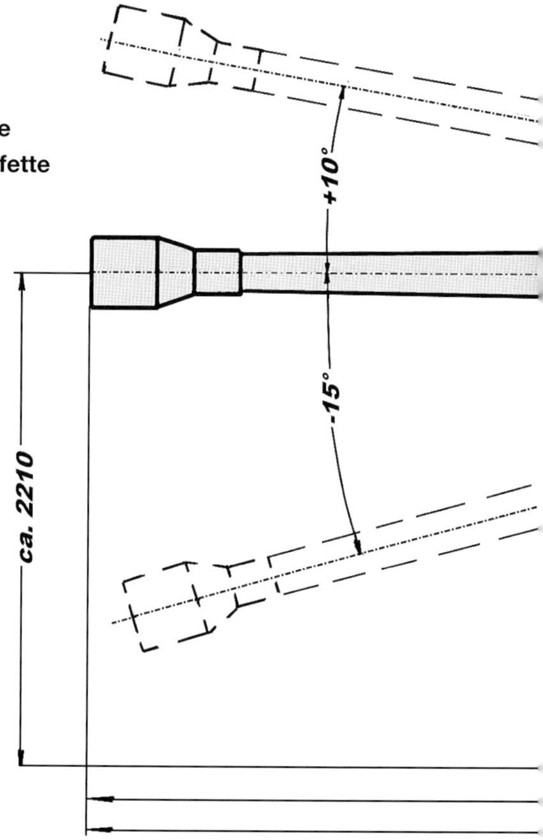

Querschnitt durch die 12,8-cm-Selbstfahrlafette K 40.

Die Firma Krupp hatte den Auftrag bekommen, den dazugehörigen Turm mit der kurzen 7,5-cm-KwK L/24 bereitzustellen. Versuchsweise kam ein Maybach-Olvar-Getriebe vom Typ 401216 in einem Fahrgestell zusammen mit einem neuen Lenkgetriebe vom Typ SMG 90 zum Einbau. Das Olvar-Getriebe entsprach dem späteren Tiger-H I-Getriebe, obwohl es eigentlich für einen 400-PS-Motor konstruiert worden war. In seinem Aufbau glich es dem Variorex-Getriebe, nur erfolgte das Schalten des Olvar-Getriebes nicht mittels Unterdrucks des Otto-Motors, sondern durch den im Getriebe erzeugten Öldruck. Aus den gebauten drei Versuchsfahrgestellen entstanden bis zum 15. Mai 1942 auf Basis der Fahrgestelle Nummer 01 und 03 zwei 12,8-cm-

7 BAMA RH 8/2641.

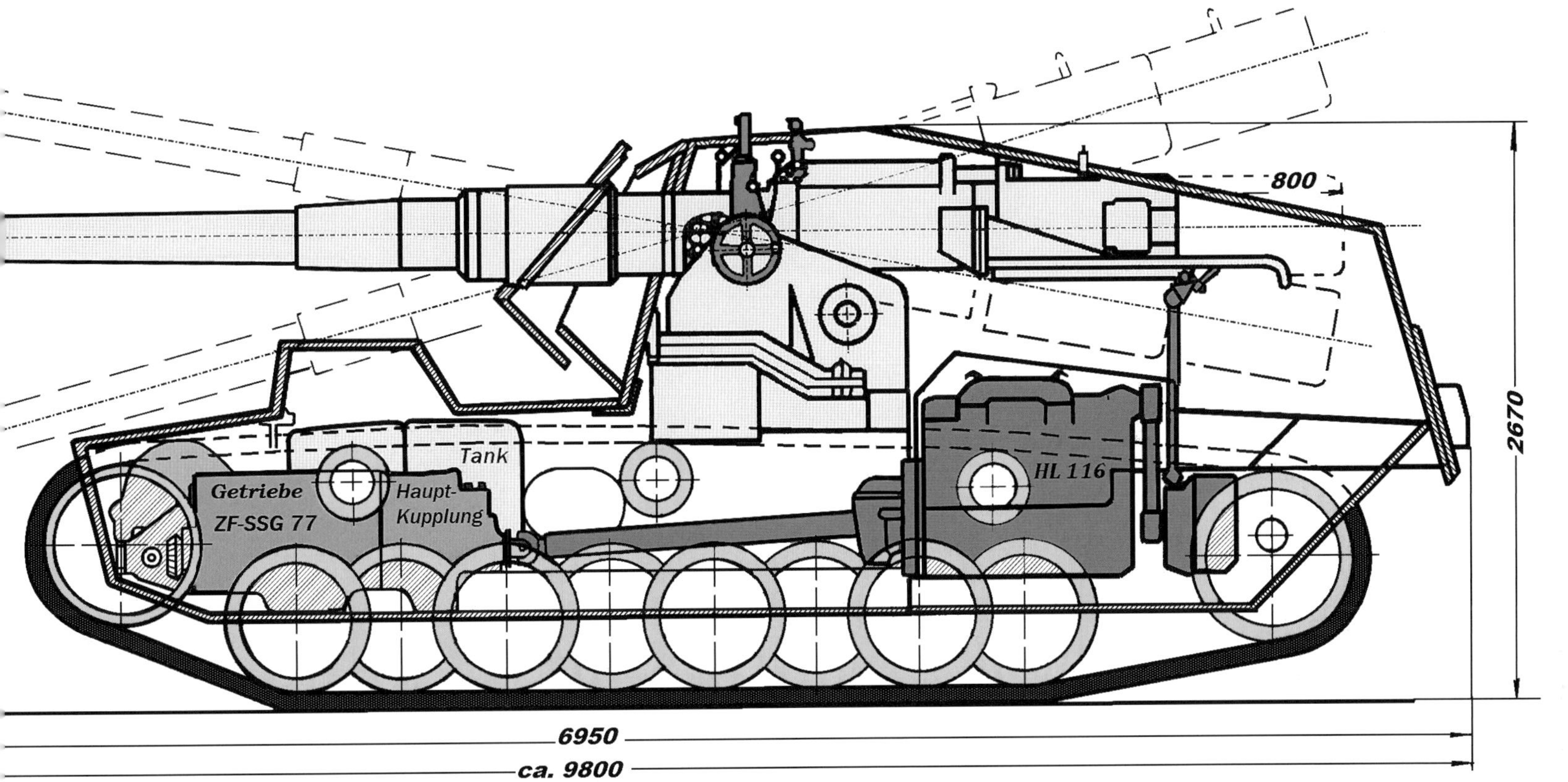

Selbstfahrlafetten L/61 (Panzerselbstfahrlafette für 12,8-cm K 40), auch bekannt unter dem Namen »Sturer Emil«.

Auch die Firmen Daimler-Benz und M.A.N. bekamen nach 1937 die Entwicklungsaufträge für Panzerkampfwagen in der geplanten 30-t-Klasse. Die Daimler-Benz- und die M.A.N.-Entwürfe führten vom VK 3001 (DB) und VK 3001 (M.A.N) Ende 1941 unter dem Eindruck des überlegenen sowjetischen Panzers T 34 zu den Projekten VK 3002 (DB) und VK 3002 (M.A.N.), dem späteren Panzer V »Panther«, der nicht Teil des hier behandelten Themas ist.

Am 1. September 1939 hatte die Firma Henschel zudem durch das HWA den Entwicklungs-Auftrag eines noch schwereren Panzers der 65-Tonnen-Klasse erhalten, den Panzerkampfwagen VII. Fahrgestell und Aufbau des **VK 6501** sollten bei Henschel und der Turm wiederum bei Krupp entstehen. Die Wanne hatte Henschel auf Grund des sonst überschrittenen Eisenbahnverladeprofils dreiteilig ausgelegt. Eine Panzerstärke von 80 bis 100 mm (verstärkte Ausführung) war geplant. Dazu wurden eigens fahrbare 10-Tonnen-Kräne konstruiert, um zu zweit das Fahrzeug auseinander- und wieder zusammenmontieren zu können. Die Verbindung erfolgte durch Spannbolzen.

Der Antrieb sollte mittels eines 12-Zylinder-Maybach-Benzinmotors HL 320 P in den ersten beiden Fahrzeugen erfolgen, während die beiden anderen Gestelle den größeren HL 360 P bekommen sollten[8]. Dazu kam es allerdings wegen Wannenänderungen nicht, so dass letztendlich im VK 6502 drei Motoren vom Typ Maybach HL 224 P mit einer Leistung von 600 PS bei 3000 U/min und ein neuentwickeltes Maybach-Vorwählschaltgetriebe zur Anwendung kamen. Das verwendete Dreiradien-Lenkgetriebe war eine Henschel-Entwicklung. Das Schachtellaufwerk mit je neun Stahllaufrollen und Drehstäben wurde der erhöhten Fahrzeugmasse angepasst und entsprach im Prinzip der Konstruktion des VK 3001 (H).

Die Höchstgeschwindigkeit sollte 25 km/h betragen. Zwei Versuchsfahrzeuge aus Fluss-Stahl waren geplant. Der Drehturm sollte wiederum (nur) eine 7,5-cm-Kwk L/24 und ein MG 34 aufnehmen. Der Funker bediente ein MG 34 in einem separaten Drehturm. Der am 14. März 1940 gegebene Auftrag an Krupp über die Fertigung von acht Panzerwannen und acht Panzertürmen vom Typ VK 6501 wurde am 15. August 1940 von Wa Prüf 6 wieder gestrichen. Die zwei Beschuss-Wannen aus Panzermaterial wurden noch fertiggestellt und einem Beschusstest unterzogen. Eine genietete Panzerwanne war zuvor schon auf dem Schießplatz Kummersdorf erfolgreich beschossen wurden.

[8] S. Zima, Entwicklung schnellllaufender Hochleistungsmotoren, S 321.

Das Projekt VK 3001 (P) »Leopard«

Am 6. Dezember 1939 erhielt das selbständige Konstruktionsbüro von Professor Porsche, die Firma »Dr. Ing. h. c. F. Porsche KG – Konstruktionen und Beratung für Motoren- und Fahrzeugbau«, den Entwicklungsauftrag vom HWA für einen 35- bis 40-t-schweren Panzerkampfwagen, der möglichst einen luftgekühlten Motor besitzen sollte. Die offizielle Bezeichnung lautete **VK 3001 (P)**, Porsche-intern »Sonderfahrzeug I« bzw. Typ 100. Die spätere Bezeichnung »Leopard« war eine inoffizielle Werksbezeichnung zu dem Zeitpunkt, als ein schwereres Panzerprojekt mit dem Namen »Tiger« begonnen wurde.

Hintergrund der Entwicklung war, dass Hitler ab November 1939 das HWA aufforderte, sich operativ auf einen Krieg mit Frankreich einzustellen. Dazu bestand für das Heer die Aufgabe, den technischen Rückstand zu den französischen Panzerkampfwagen hinsichtlich Panzerstärke und Bewaffnung zu verringern. Das Amt sah in Porsche einen kreativen Entwickler, der viel Erfahrung mit luftgekühlten Motoren besaß. Amtsleiter Saur bezeichnete *»Porsche als den ersten Außenseiter, nachdem bis dahin das HWA glaubte, bei Panzerentwicklungen in stärkstem Maße selbst die Bedingungen in den Einzelheiten festlegen zu müssen – und wenn es auch nicht selbst konstruierte – so doch die Firmen so stark gezwungen hat, nach seinen Ideen zu konstruieren, dass bis dahin von einer freien Entwicklung nicht gesprochen werden konnte.«*[9]

Dabei spielte möglicherweise der Ruf Porsches als Genie der damaligen Zeit und die Hochachtung Hitlers gegenüber dem Konstrukteur des »KdF«-Wagens eine wichtige Rolle. Da die Firma Henschel schon 1937/38 einen gleichartigen Auftrag erhalten hatte, folgte das Heereswaffenamt der damals üblichen Verfahrensweise, mehreren konkurrierenden Firmen unabhängig voneinander einen gleichlautenden Entwicklungsauftrag zu geben. Das Amt wollte anschließend die beste technische Lösung auswählen. Diese Vergeudung von Entwicklungskapazitäten konnte sich die deutsche Industrie im Laufe des Krieges allerdings nicht mehr leisten, woraufhin später auf Weisung von Rüstungsminister Speer diese Doppelentwicklungen verboten wurden. Professor Porsche stand zu diesem Zeitpunkt vor der schweren Aufgabe, den mehr als zweijährigen Vorsprung der Firma Henschel im Panzerprojekt VK 3001 aufzuholen, zumal Porsche über keinerlei Erfahrung auf dem Gebiet der Panzer-Konstruktion besaß.

Das konnte Porsche nur mit einer völlig neuen Herangehensweise schaffen. Statt den Henschel-Weg mit Maybach-Benzinmotoren und mechanischem Getriebe ging man in Stuttgart den Weg des luftgekühlten Benzinmotors (**kein** Dieselmotor, wie oft in der Literatur behauptet – d. A.) in Verbindung mit einem elektrischen Antrieb. Mit dem luftgekühlten Motor hatte Porsche in seinem KdF-Wagen gute Erfahrungen gemacht und mit dem elektrischen Antrieb konnte er auf die frühen Erfolge bei Fahrzeugen mit dem sogenannten Mixte-Antrieb zurückgreifen, deren Entwicklungen jedoch Jahrzehnte zurück lagen. Das war im Jahr 1900, als Ferdinand Porsche mit dem ersten funktionsfähigen Vollhybridautomobil der Welt, dem »Semper Vivus«, Neuland betrat. *»Bei diesem Fahrzeug bildeten zwei mit Benzinmotoren gekoppelte Generatoren eine Ladeeinheit, die gleichzeitig Radnabenmotoren und Batterien mit Strom versorgte.«*[10]

Die Generatoren wurden in Umkehr als elektrische Anlasser der Benzinmotoren genutzt. Natürlich konnte dieses Konzept nur zum Teil für das Panzerprojekt übernommen werden. Das Prinzip der Radnabenmotoren und des Batterieantriebes konnte nicht in einem 30-t-schweren Panzerfahrzeug untergebracht werden. Die Lösung dieser anspruchsvollen Aufgabe lief im Konstruktionsbüro der Porsche-KG nach bewährter Arbeitsteilung ab. Ferdinand Porsche hatte die kreativen Vorstellungen, nach denen sein Chefkonstrukteur Karl Rabe einen Ursprungsentwurf ausarbeitete. Auf Basis dieses Vorentwurfes gingen die jeweiligen Experten eines Teilgebietes an die Detaillierung, deren Entstehung von Professor Porsche begleitet wurde. So arbeiteten zum Beispiel der Getriebespezialist Karl Fröhlich, der Motorspezialist Josef Kales, der Fahrwerksspezialist Josef Zahradnik, der Karosseriefachmann

[9] Nachlass Saur, IfZ. ED 442 Box 1.

[10] Porsche-Museum, Ferdinand Porsche-Pionier des Hybridantriebs.

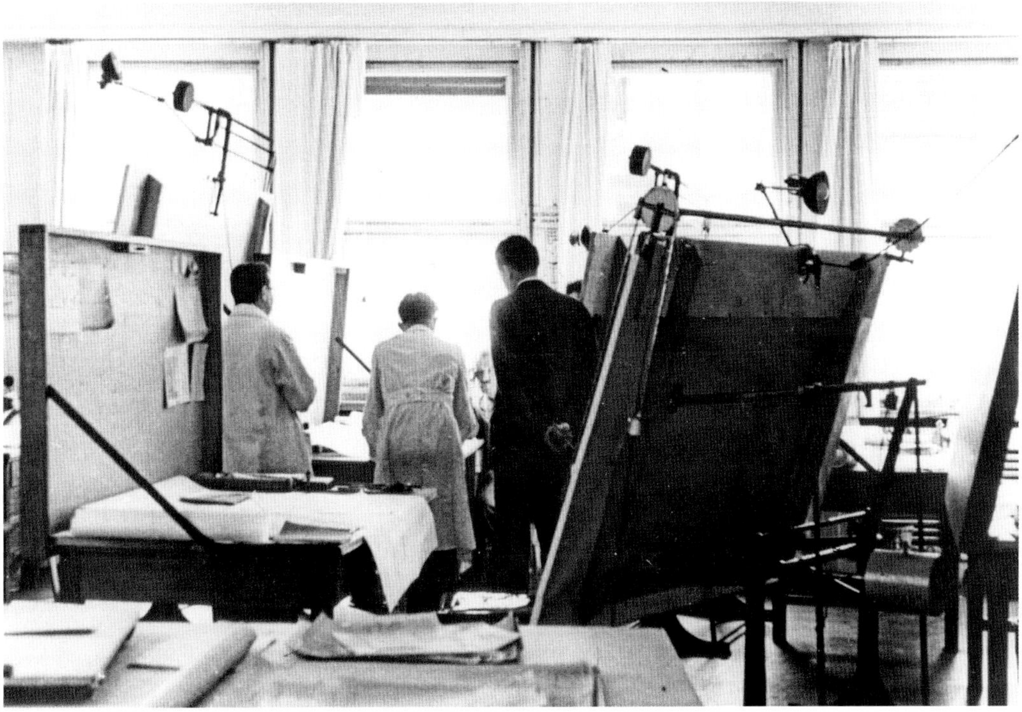

1937 im alten Konstruktionsbüro der Porsche-KG Stuttgart, Kronenstraße 24. (PA)

Das am 27. Juni 1938 bezogene neue Büro in Zuffenhausen, Spitalwaldstraße 2. (PA)

 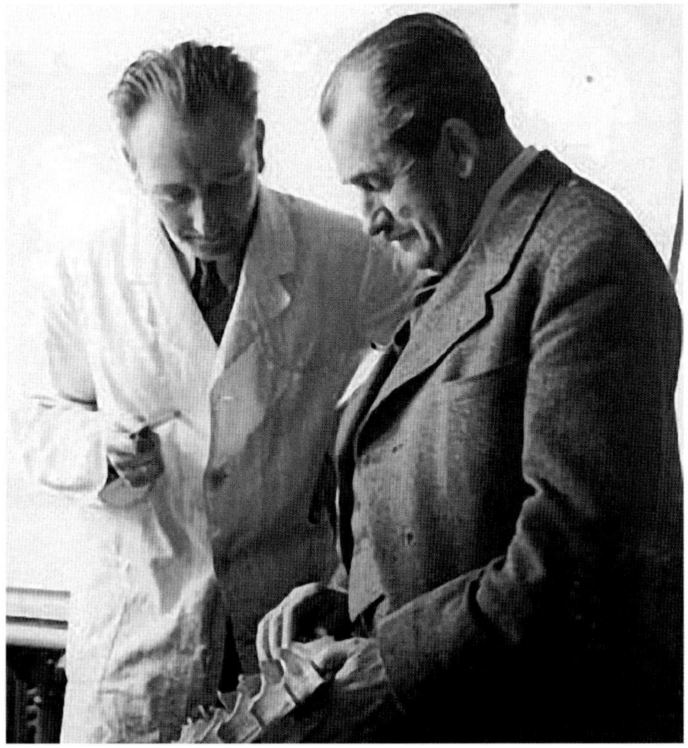

Ingenieur Xaver Reimspieß mit Professor Porsche bei der Begutachtung eines Gebläses. (PA)

Erwin Kales sowie der Bearbeitungsspezialist Oswald Kux an den Detailentwürfen, um daraus einen Gesamtentwurf zu erstellen, der letztendlich von Josef Mickl nochmals durchgerechnet und optimiert wurde.

Dann machten sich Porsches Ingenieure, allen voran der Motorspezialist Xaver Reimspieß, an die Arbeit. So hielt schon drei Tage später, am 9. Dezember 1939, Oberingenieur Reimspieß die ersten Entwürfe in Skizzenform fest. Der Porsche-Typ 100 war auf dem Papier entstanden.

Die Zeichnung zeigte einen konventionellen, 2250 mm niedrigen Panzerkampfwagen im Stil der damaligen Zeit mit einem kleinen Turm für eine Kurzrohr-Kanone vom Kaliber 7,5 cm und einer Länge von L/24 sowie einem Koaxial-MG. Das Wannenoberteil ragte leicht über das Kettenlaufwerk hinaus, um sich die Option der Aufnahme von größeren Geschützen (größerer Turmdrehkreis – d. A.) offen zu halten. Ein niedriger Bodendruck von 0,66 kg/cm^2 sowie 500 mm breite Kettenglieder mit pfeilförmigem Profil waren die ersten Merkmale des 8-m-Fahrzeuges. Interessant an der Zeichnung ist, dass schon damals auf schräge Panzerflächen geachtet wurde. So war die obere Frontplatte, bedingt durch den für Geschosse längeren Durchdringungsweg, nur 25 mm dick, während die fast senkrechte Frontplatte sowie der Turm eine Stärke von 50 mm haben sollten. Dieser damals übliche Absatz war vermutlich der Fahrersehklappe und der MG-Kugelblende des Funkers geschuldet, die das HWA für die meisten Panzer vorsah. Diese nahezu senkrechte Platte war explizit ein Kugelfang und musste deshalb entsprechend stark gepanzert sein.

Weiterhin mussten die Porsche-Ingenieure auf eine Vielzahl von militärischen Vorgaben Rücksicht nehmen, so auf die 7,5-cm-Kampfwagen-Kanone, die Kugelblende mit dem Umriss des MG 34, die genannte Fahrersehklappe, auf die Fahreroptik mit Sehschlitz und Glasblock, auf die Einstiegsluken, die MG-Gurtführungen, auf Turmanschluss, die Funkgeräte mit Umformer und deren Schaltplan mit Antennendurchführungen und Umlegevorrichtungen.

Neu waren für die Porsche-Konstrukteure auch Teile wie Panzerscharniere, Kegelkopfschrauben, Leitrad und Zahnkranz für Triebrad sowie Kette mit Mittelzahn. Diese vom Wa Prüf 6 vorgegebenen Normteile waren eine neue Erfahrung für die Porsche-Ingenieure, die dadurch in ihrer Kreativität stark eingeengt wurden.

Die Aufteilung des Entwurfs war konventionell, mit Fahrer- und Kampfraum auf der vorderen Seite und dem Motorraum im Heck. Der Fahrer saß im ersten Entwurf aus unbekannten Gründen auf der rechten Seite und der MG-Schütze im Bug links.

Um sich die Wünsche und Vorstellungen der Panzertruppe besser vorstellen zu können, fuhren die beteiligten Porsche-Ingenieure Rabe, Komenda, Reimspieß und Klauser am 20. Dezember 1939 nach Wünsdorf in die dortige Panzertruppenschule zur Besichtigung der Panzertechnik. Am 6. Januar 1940 wurde der erste Entwurf des VK 3001 (P) mit Professor Porsche und dem Chefingenieur des Büros, Karl Rabe, besprochen. Porsche hatte Bedenken, ob sich ein so schweres Panzerfahrzeug mit einem mechanischen Schaltgetriebe überhaupt bedienen lassen würde. Vermutlich hatte er noch die Getriebeprobleme des Großtraktors von Daimler-Benz in Erinnerung, deren Technischer Direktor er damals war. Porsche vertrat die Ansicht, dass für diesen Zweck nur ein elektrischer bzw. hydraulischer Antrieb infrage käme. So wollte er die Problematik um die Kraftübertragung und den Vorteil der ununterbrochenen Zugkraft auf seine Weise lösen, denn er hatte schon im Ersten Weltkrieg Zug-Fahrzeuge für besonders schwere Lasten entworfen. Der Professor besann sich auf die B- und C-Züge mit ihrem Mischantrieb, in dem ein Verbrennungsmotor einen Generator antrieb, der wiederum den notwendigen Strom für einen Elektromotor erzeugte. Daher entschloss er sich, für diese Aufgabe einen Fachmann für Benzin-elektrische Mischantriebe in seine Entwicklungsmannschaft zu holen.

Schon am 19. Januar 1940 besuchte Dipl. Ing. Otto Zadnik das Porsche-Büro in Stuttgart. Im Ersten Weltkrieg war Otto Zadnik maßgeblich an der Entwicklung der Benzin-elektrischen C-Züge beteiligt gewesen. Ferdinand Porsche war zu dieser Zeit Technischer Direktor von Austro-Daimler, wo Zadnik in der Versuchsabteilung an den Motorprüfständen die Entwicklung von Flugmotoren

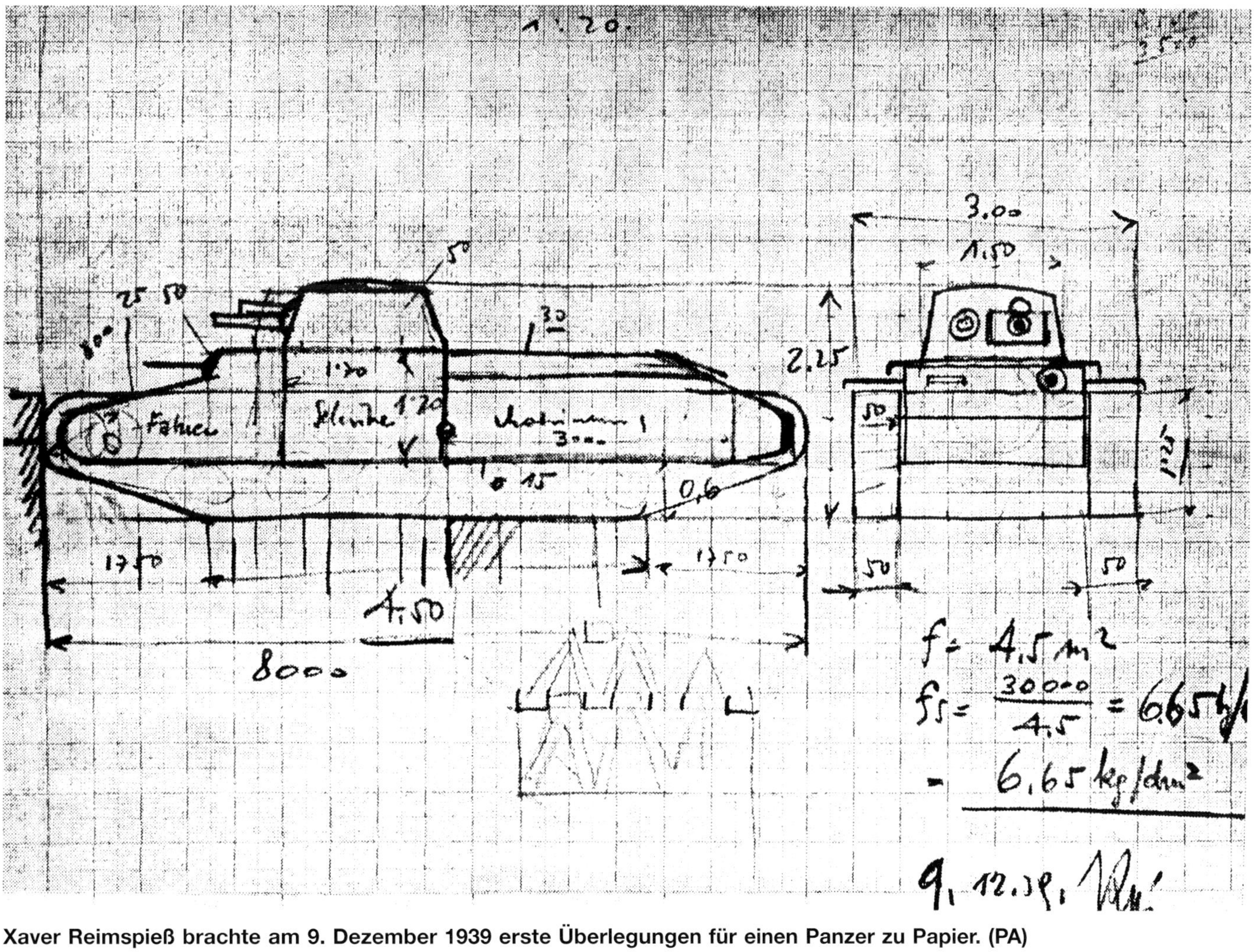

Xaver Reimspieß brachte am 9. Dezember 1939 erste Überlegungen für einen Panzer zu Papier. (PA)

vorantrieb. Diese sogenannten C-Züge bestanden aus einem Generatorwagen mit einem 150-PS-Sechszylinder-Benzin-Motor und einem angeflanschten 300-Volt-Gleichstrom-Generator von 90 kW zur Stromerzeugung. Diese Leistung versorgte neben dem Zugfahrzeug einen großen, vierachsigen und 5,8 m langen Anhänger. Dieser besaß in jedem der acht Räder Elektromotoren mit einer Leistung von jeweils 15 PS. Dieser Anhänger konnte durch Trennung in zwei zweiachsige gekuppelte Fahrgestelle zu einem 8,2-m-langen Tieflader umgestellt werden. Die Fahrleistung reichte für 15 km/h auf der Straße und 27 km/h auf der Schiene, denn er konnte auf der Straße

Professor Porsche und sein neuer Elektro-Spezialist Otto Zadnik. (PA)

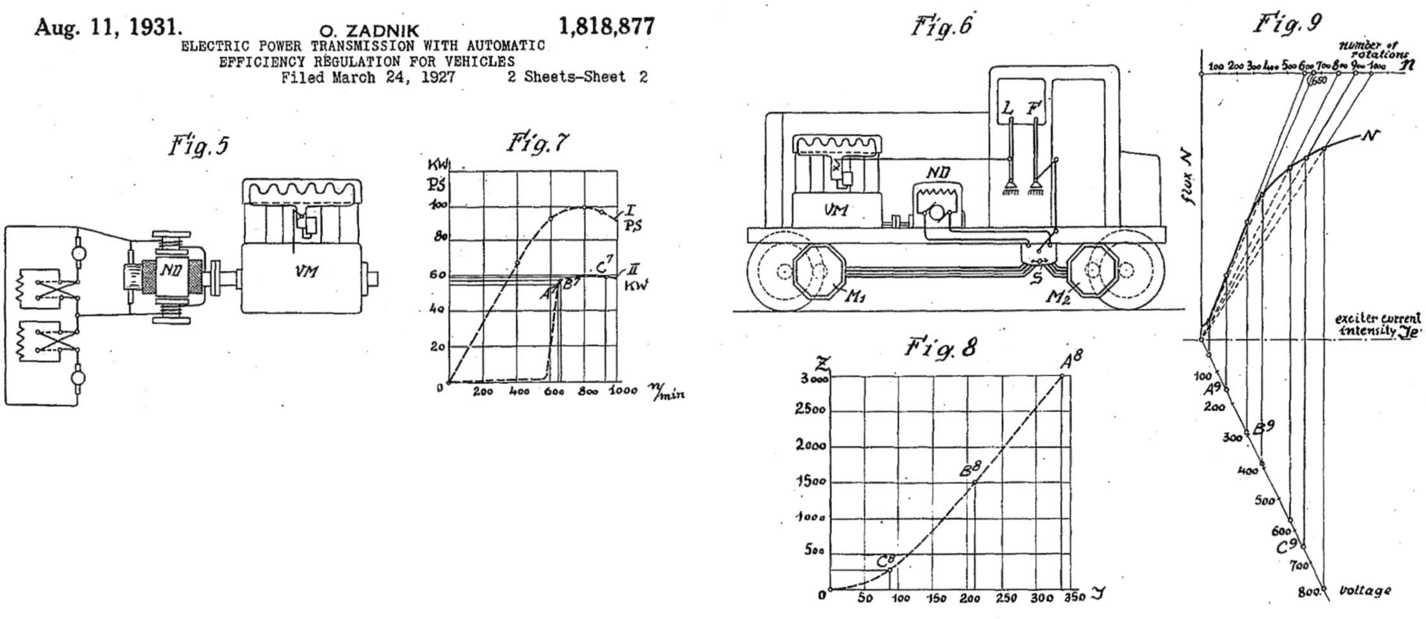

Otto Zadniks Patent über die leistungsfähige Regelung elektrischer Fahrzeugantriebe vom 24. März 1927. (PA)

Der C-Zug aus dem Jahr 1918. Jedes Anhängerrad besaß Radnabenmotoren, die vom Generator des Zugfahrzeuges gespeist wurden. (PA)

wie auf der Schiene eingesetzt werden. Die Nutzlast des Anhängers betrug 22 t bei einem Eigengewicht von 15,3 t. Der hinterradgetriebene Generatorwagen wog 8,4 t.
Der C-Zug wurde im Ersten Weltkrieg zum Transport der schweren Skoda-Haubitzen und -Mörser für die österreichische Armee eingesetzt. Für einen 81,3-t-schweren Mörser samt Bettung wurden fünf C-Züge benötigt. Eine weitere Besonderheit bestand darin, dass der allradgetriebene Anhänger, der normalerweise durch ein 100 m langes Stromkabel mit dem Generatorwagen verbunden war, schwächere Brücken einzeln überqueren konnte, wenn er von diesem getrennt war.
Anhand dieser Erfahrungen erfolgte in Zuffenhausen am 21. Januar 1941 eine weitere Besprechung zum Panzerkampfwagen Typ 100, bei der neben Professor Porsche, Otto Rabe, Xaver Reimspieß und Josef Kales sowie erstmals Otto Zadnik teilnahmen. Mit diesen ersten Vorstellungen fuhr Porsche noch am gleichen Tage nach Berlin zum HWA. Am 5. Februar 1940 startete Zadnik mit den konkreten elektrischen Arbeiten zum neuen Panzerprojekt. Am 17. März 1940 begann ein wichtiger Abschnitt in der deutschen Rüstungspolitik mit der Schaffung eines Ministeriums für Bewaffnung und Munition unter Leitung von Reichsminister Todt. Dieses Ministerium und später seine Sonderausschüsse stärkten die Position der Industrie gegenüber dem Heer wesentlich.
Damit reagierte man auf die Kritiken der Industrie; die Verzögerungen bei der Ablieferung hätten ihre Ursache in der zu weit gehenden Einmischung des HWA in die Konstruktion. Damit verbunden war eine Beschränkung des Amtes auf die Funktion eines Auftragsgebers, der das gelieferte Produkt zwar einer militärischen Prüfung unterziehen konnte, aber aus dem Bereich der Fertigung und Entwicklung herausgedrängt war. Dies spielte auch Porsches Aufgabe in die Hände, zumal Professor Porsche sich sehr gut mit dem Techniker und Minister Fritz Todt verstand.
Für die beiden zentralen Bereiche der Panzerindustrie, die Herstellung und die Konstruktion, wurden neue Organe geschaffen. Ziel dieser war eine ressourcenschonende Produktionssteigerung der bereits in der Fertigung befindlichen Panzertypen sowie die Konstruktion neuer, leistungsfähigerer Typen.
Der erste Punkt hatte Vorrang, und so wurde am 15. Juni des Jahres der Sonderausschuss VI »Panzerwagen« unter Dr. Walter Rohland von den Deutschen Edelstahlwerken geschaffen. Die Untergruppe Panzerwagenfertigung beschloss im Beisein des Generals der Artillerie Leeb, der Obersten Fichtner, Schroetter und Phillipps und

des Ministerialdirigenten Pollert am 17. Juli das Forcieren der Panzertypen Pz. III, IV sowie der 30-t- und 60-t-Panzerkampfwagen. Der Fokus lag auf der Produktionssteigerung der Panzerkampfwagen IV (BW) sowie dem Ziel, 20 Prozent als Ersatzteile zu fertigen. Beratend wirkte dabei die »Erfahrungsgemeinschaft X Panzerwagen« mit, die unter Einfluss Todts stand. Dieser Ausschuss hatte das primäre Ziel, den Ausstoß an Panzern merklich zu erhöhen und dabei zugleich material- und personalschonend zu arbeiten[11]. Neukonstruktionen sah man zu diesem Zeitpunkt noch als nebensächlich an. Die erste Sitzung des Sonderaussschusses unter Dr. Roland, die am 15. August stattfand, setzte den Schwerpunkt auf die Maschinenbeschaffung und beschloss eine Richtlinie für die Herstellung, nach der ab dem 1. Januar 1941 300 schwere Panzer monatlich gefertigt werden sollten.

Am 5. Juni 1940 fand eine große Besprechung mit dem Chef von Wa Prüf 6, Oberst Fichtner, sowie Oberst Holbrich und Oberregierungsrat Kniepkamp über den Porsche Typ 100 statt, die bis abends andauerte[12]. Ein weiterer Schritt erfolgte am 30. Juni anlässlich eines Treffens bei der Firma Steyr-Daimler-Puch AG. Professor Porsche, Ferry Porsche, Karl Rabe und Baron von Malberg von Seiten der Porsche-KG trafen sich mit dem Generaldirektor Meindl, Chefkonstrukteur der Steyr-Daimler-Puch AG, Direktor Oskar Hacker und Dr. Jung-hold. Besprechungsgegenstand war der C-Zug sowie der Porsche Typ 100. Vom 11. bis 13. Juli erfolgte mit Direktor Hacker eine Zeichnungsdurchsicht und Protokollbesprechung des Panzerkampfwagens Typ 100 sowie eine Werksbesichtigung des Neubaus des Nibelungenwerkes in St. Valentin, das das einzige nur als reine Panzerfabrik geschaffene Werk Deutschlands und Österreichs war.

Dieses Treffen führte zu wichtigen Beschlüssen hinsichtlich der Zusammenarbeit mit der Firma Steyr. Oberst Fichtner vom HWA traf sich am 30. Juli 1940 im Porsche-Büro in Stuttgart mit Steyr-Generaldirektor Meindl und

[11] Knittel, Panzerfertigung im Zweiten Weltkrieg.

[12] Die spätere Bezeichnung »Leopard« stammte nicht vom HWA und war dem Amt auch nicht bekannt.

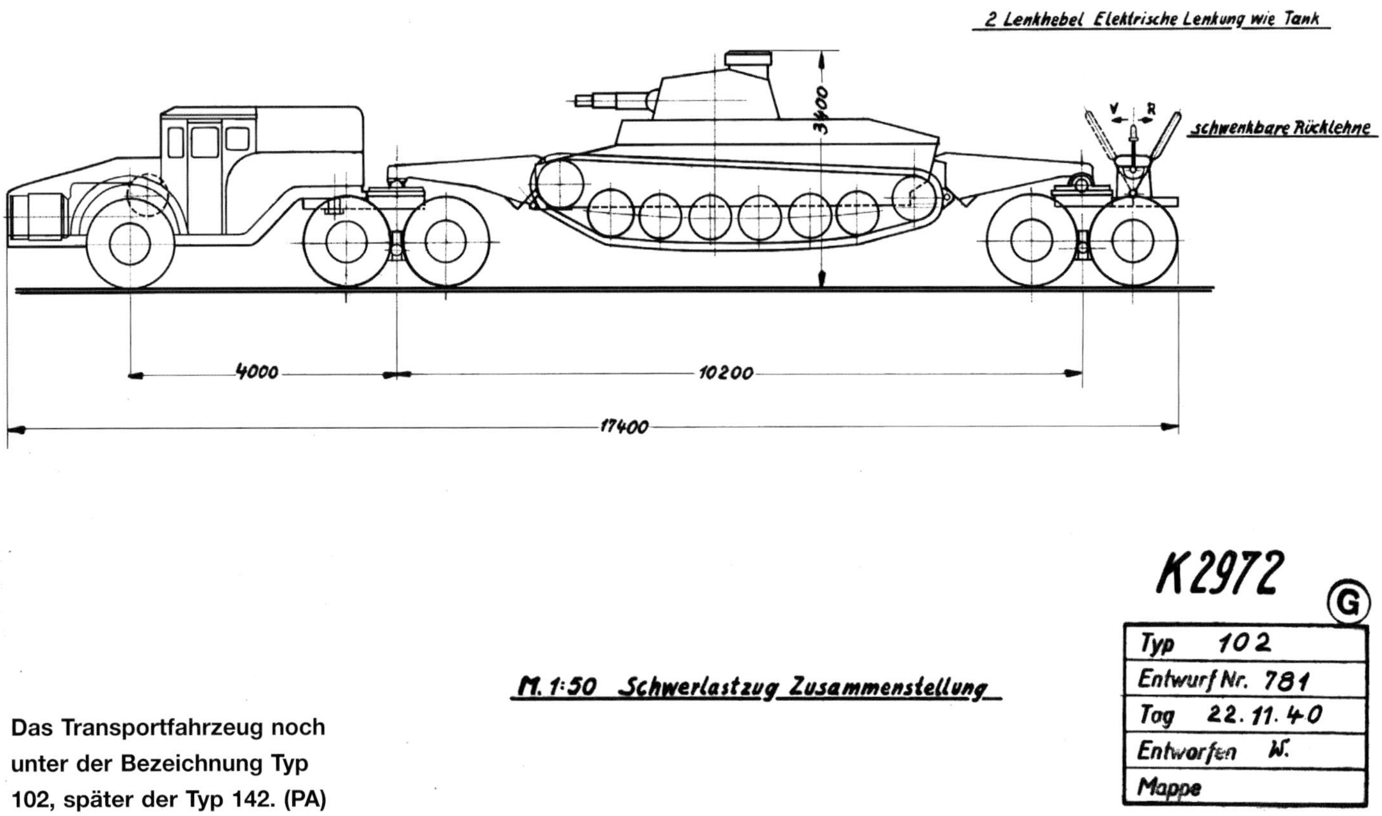

Das Transportfahrzeug noch unter der Bezeichnung Typ 102, später der Typ 142. (PA)

Direktor Hacker, um grundsätzliche Fragen zur Produktion des Porsche Typ 100 zu besprechen.
In Vorbereitung der Prototyp-Herstellung erfolgte am 10. September 1940 in der Heeresversuchsabteilung in Kummersdorf-Schießplatz, nach einer Vorführung und Probefahrt mit erbeuteten französischen Panzern, eine Besprechung zu den benötigten Normteilen wie Fahrersehklappe, Funkgeräte, Richtmittel usw. für den Porsche Typ 100. Anschließend fuhren die Ingenieure Rabe und Zadnik zur Firma Siemens nach Berlin, um die benötigte elektrische Ausrüstung sicher zu stellen. Am 10. und 11. Oktober 1940 folgte eine erneute Besprechung bei Steyr mit den Direktoren Meindl und Hacker und anschließender Besichtigung des Nibelungenwerkes in St. Valentin. Auf dieser Ebene erfolgten noch einige Treffen bis zum Ende des Jahres. Zudem entstand bis zum 22. November 1940 der Entwurf eines Transportfahrzeuges für den Panzerkampfwagen vom Typ 100. Das Fahrzeug sollte aber auch andere Panzer transportieren können, was konstruktiv kein Problem darstellte, da der Abstand der Deichsel variabel war. Dieser Entwurf wurde zu diesem Zeitpunkt als Porsche Typ 102 bezeichnet. Das Panzerfahrzeug war zwischen einem Sattelschlepper und einem lenkbaren Fahrgestell aufgehangen. Der Antrieb des Transportfahrzeuges erfolgte bis hin zu dem hinteren Fahrgestell ebenfalls elektrisch. Als Stromerzeuger hatten die Porsche-Konstrukteure einen 12-Zylinder-Daimler-Benz-Dieselmotor vom Typ MB 819 mit 400 PS Dauerleistung bei 2400 U/min in Verbindung mit einem Generator analog dem Aufbau des C-Zuges gewählt. Der 17,7-Liter-Motor wog 865 kg und entsprach im Grundmotor dem MB 809B. Jedoch wurde das Projekt nicht weiter verfolgt. In der allgemeinen Porsche-Klassifizierung erhielt es später (wegen der Verwechslungsgefahr mit der späteren hydraulischen Variante »Tiger« P-Typ 102 – d. A.) die Bezeichnung Porsche Typ 142.
In den ersten Januar-Wochen des Jahres 1941 kam es zu mehreren Besprechungen im großen Kreis mit Porsche, Rabe und Reimspieß bei der Firma Steyr, wo neben dem Panzerprojekt auch die Möglichkeit ausgelotet wurde, ob die Motoren für den Typ 100 ebenfalls bei dieser Firma gefertigt werden könnten. Zudem hatte Porsche sich entschlossen, neben dem Benzin-elektrischen Antrieb einen Benzin-hydraulischen Antrieb der Firma Voith zu erproben. Schon am 17. Dezember 1940 hatte eine erste Besprechung in St. Pölten zu diesem Thema stattgefunden. Teilnehmer waren neben Professor Porsche Direktor Hacker und von Seiten der Firma Voith Oberingenieur Kugel, Direktor Gsching und Ingenieur Mazanek. Dabei diskutierte man u. a. über die Möglichkeiten der Lenkung von Gleiskettenfahrzeugen. Die Spezialisten von Voith rechneten mit den benötigten Leistungen und Drehmomenten, um ein passendes Doppelturbogetriebe zu konstruieren. Auch wurde die Möglichkeit überprüft, die Lenkeinrichtung auf mechanischem Wege in Verbindung mit Flüssigkeitskupplungen zu lösen. Am 5. Februar 1941 übergab Oberingenieur Kugel von Voith das errechnete Kurvenblatt und die Patentanmeldung vom 13. Januar des Jahres über die »Antriebs- und Lenkanordnung für Gleiskettenfahrzeuge«, die von Direktor Hacker weitergeleitet wurde.
Am **18. Februar 1941** war von der Firma Berger & Mössner aus Feuerbach ein Holz-Modell vom Porsche Typ 100 fertiggestellt worden, was Professor Porsche zusammen mit seinem Fahrer Goldinger noch am gleichen Tag zu Hitler nach Berchtesgaden brachte. Demnach war spätestens zu diesem Zeitpunkt Hitler über die Entwürfe der Panzer-Projekte VK 3001 (P) und VK 3001 (H) informiert, da auch die Firma Henschel ihrerseits ein Modell hatte fertigen lassen. So kam es an diesem Tag am Obersalzberg zur **ersten großen Panzerbesprechung**[13]. Diese Besprechung begann um 15 Uhr und fand zunächst unter Ausschluss von Soldaten statt. Hitler und Todt sprachen zunächst nur mit den Ingenieuren bzw. Konstrukteuren der Panzer-Industrie, da diese sich gegenüber militärischen Dienststellen gehemmt fühlten. Inhaltlich ging es in dieser internen Aussprache um die Meinung jedes teilnehmenden Konstrukteurs, ob es möglich wäre, die bisherigen vorhandenen deutschen Panzer mit einer schwereren Kanone auszurüsten.
Das Heereswaffenamt befürchtete, dass die Panzer durch das höhere Gewicht viel von ihrer Geschwindigkeit einbüßen würden. Alle anwesenden Konstrukteure sahen es für möglich an, die Panzer mit stärkerer Bewaffnung auszurüsten, ohne dafür gleichzeitig eine geringere Geschwindigkeit in Kauf nehmen zu müssen. Nach dieser Aussprache wurden die Militärs hinzugezogen. In der weiteren Besprechung betonte Hitler, dass bei der Panzerwaffe an erster Stelle die Geschwindigkeit stehe, erst dann folge die Bewaffnung und erst an dritter Stelle die Panzerung. Er schloss mit dem Satz: *»Der Panzerwagen ist keine Lebensversicherung«*[14].

[13] Nachlass Saur, IfZ., ED 442 Box 1.

[14] Walter Rohland, Bewegte Zeiten, S. 75.

Es ging zu dieser Zeit nicht um Neukonstruktionen, sondern um die Umkonstruktion bestehender Waffen, speziell um die bessere Geschützausstattung vom Panzer III/IV; so sollte beispielsweise der Panzer III mit der 5-cm-KwK L/60 ausgerüstet werden. Hitler konnte sich **noch** nicht für Neukonstruktionen begeistern. Die Hoffnung auf ein schnelles Kriegsende ließ Neukonstruktionen in den Hintergrund treten. Die Aufwertung bestehender Panzerkampfwagen trat in den Vordergrund. Wa Prüf 6 zeigte anschließend die damit entstehenden Probleme der Umbewaffnung auf, wie:

- Nachteile der längeren Rohre,
- Ladeschwierigkeiten im Turm,
- Beengung des Kommandanten,
- Klemmen des Drehwerkes,
- Verringerung des Munitionsvorrates.

Hitler stellte fest, dass die Ingenieure der Meinung waren, diese Schwierigkeiten lösen zu können, und befahl die sofortige Montage der langen 5-cm-Kanone in je einem Panzer III und IV sowie deren Vorführung. Er betonte abschließend, das HWA müsste auf Forderungen an die Technik und auf das Prüfen der Truppenbrauchbarkeit beschränkt werden. Eigene Konstruktionsarbeiten seien zu unterlassen und das Amt personell abzubauen[15]. Wieviel das Waffenamt davon beherzigte, konnte zu späterer Zeit noch beobachtet werden.

Jedoch weiter zu den laufenden Entwicklungsarbeiten am Porsche Typ 100. Um einen möglichst kompakten Motor zu erhalten, erfolgten auch Konsultationen mit dem Flugzeugmotorenhersteller Hirth, da zwei luftgekühlte 10-Zylinder-Benzin-Motoren das Fahrzeug antreiben sollten. Porsche wählte die Bauart mit zwei Verbrennungsmotoren, die jeweils einen Generator antrieben, um den Platz im beengten Motorraum effektiv ausnutzen zu können. Ein einzelner Motor mit Doppel-Generator hätte das Fahrzeug, wie im späteren Panzerkampfwagen »Maus«, zu hoch werden lassen: in der »Maus« nämlich lag der Doppelgenerator unter der Turmdrehbühne und wurde dadurch unnötig hoch.

[15] KTB des OKW Bd1/2 S.1004.

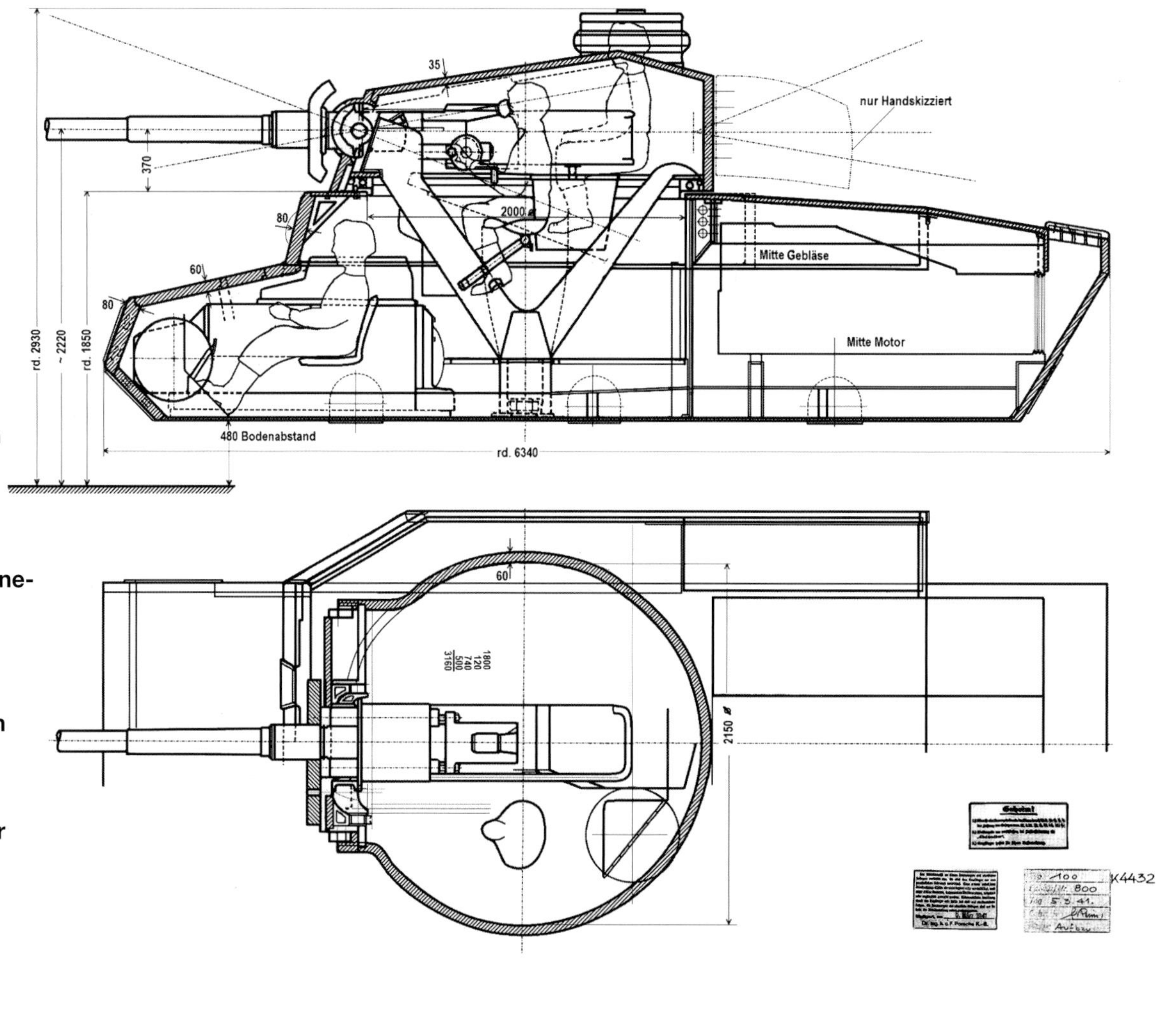

Die von der Zeichnung K 4432 abgenommenen Maße sind mit »rd.« gekennzeichnet, die anderen Maße sind original. Die eingezeichnete Kanone ist *entgegen* anderer Berichte eine 7,5-cm-KwK, was auch am Verschluss und dem Rohrdurchmesser im Verhältnis zur 80-mm-Panzerstärke erkennbar ist. (PA)

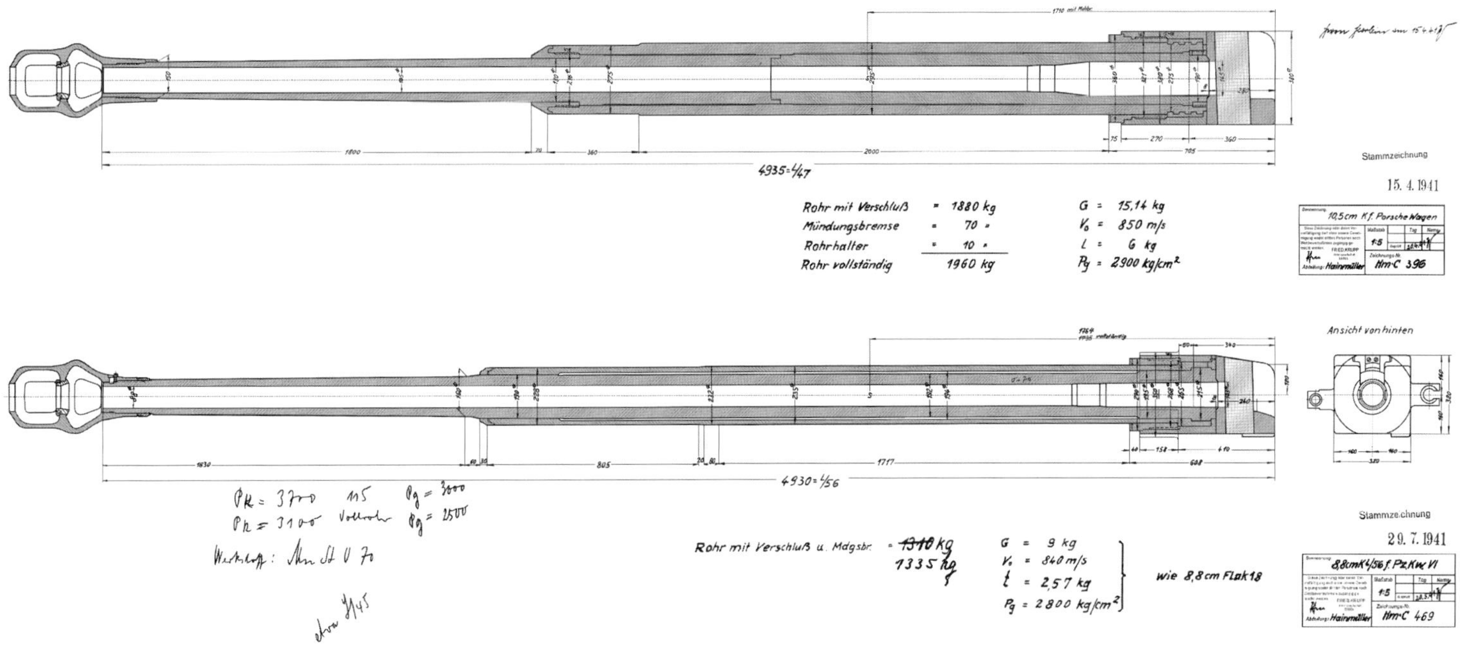

Oben die 10,5-cm-KwK L/47 für den »Porsche-Wagen« vom 15. April 1941 und unten zum Vergleich, die 8,8-cm-KwK 36 L/56 für den Pz.Kw. VI vom 29. Juli 1941.

Zwei Generatoren waren zur damaligen Zeit notwendig, um für jede Seite einen steuerbaren Antrieb zu besitzen, da einzelne Generatoren sich leistungsmäßig gut regeln ließen. Die Ingenieure waren augenscheinlich damals nicht in der Lage, solche hohen Ströme eines Generators aufzuteilen und getrennt zu regeln. Der Einbau der beiden Elektromotoren vorn im Panzer entsprach dem Wunsch des HWA nach einem Frontantrieb sowie einer besseren Gewichtsverteilung. Der kleinere Geschützturm mit einer kurzläufigen Kanone hatte noch einen geringeren Einfluss auf den Schwerpunkt des Fahrzeuges.

Am 1. März 1941 erfolgte in Stuttgart zusammen mit dem Generaldirektor Meindl und dem Chefkonstrukteur Hacker von der Firma Steyr-Daimler-Puch die Fertigungsplanung zum Typ 100, der sechs Prototypen mit einem Auftragswert von 4.500.000 RM vorsah. Ende Juli sollte die Montage beginnen. Die technischen Details zeichneten folgendes Bild vom Panzerkampfwagen Porsche Typ 100:

Die am 05. März 1941 erstellte Zeichnung vom Xaver Reimspieß zeigt einen Entwurf des Porsche Typ 100 mit einem großen Turmdrehkranz-Durchmesser von 2000 mm. Das Wannenoberteil ragte, bedingt durch diesen Turmkreis-Durchmesser, über das Kettenlaufwerk hinaus. Damit war der Panzerkampfwagen in der Lage, statt mit der kleineren 7,5-cm-KwK L/48, wie sie beim Henschel-Entwurf vorgesehen war, mit der aus der 8,8-cm-Flak 18/36 abgewandelten 8,8-cm-KwK ausgerüstet zu werden. Auch eine in die nähere Auswahl gekommene 10,5-cm-KwK L/47 war auf dem Porsche-Fahrgestell verwendbar.

Durch den großen Drehkranz rückte der Turm natürlich weit nach vorn und so musste auf eine Fahrer- und Funkerluke im Dachbereich verzichtet werden. Dafür sahen die Porsche-Konstrukteure seitliche Notausstiege vor, die Wa Prüf 6 jedoch in der späteren Entwicklung aus Gründen der Beschuss-Sicherheit wieder verschließen ließ. Der schon genannte Frontantrieb wurde vom HWA wegen seiner besseren Selbstreinigung der Ketten und der günstigen Zugänglichkeit der Bremsen bevorzugt. Der Motorraum zeigte sich sehr kompakt. Zwei luftgekühlte 10-Zylinder-Benzin-Motoren in V-Form mit je 210 PS bei 2500 U/min war vorgesehen. Dieser Motor, ebenfalls als Porsche Typ 100 bezeichnet, erreichte ein Drehmoment von 67 mkg bei 2000 U/min.

Der Kraftstoff-Verbrauch bei maximaler Leistung betrug 270 gr/PS/L. Ein einzelner Motor wog trocken, einbaufähig und ohne Kühlgebläse 420 kg. Das benötigte Kühlgebläse brachte samt Antrieb nochmals 130 kg dazu. Der Auspuff lag in diesem Entwurf im Heck der Panzerwanne, wie später auch beim Typ 101, bei dem der Schalldämpfer unter dem Panzerschutz untergebracht worden war. Die hier vorgesehene Turmabstützung auf der Bodenplatte wurde später auf Grund der verringerten Panzerstärke der Platte aufgegeben. Zudem schwächten die geplanten Notausstiege im Boden die Festigkeit der Bodenplatte. Die Deckenkonstruktionsteile wurden darauf hin verstärkt, so dass sich der Turmdrehring auf der Wannen-Decke abstützen konnte.

Statt dem Wechselgetriebe befanden sich zwei längsliegende Elektromotoren zwischen Fahrer und Funker. Die Kraftübertragung von den Elektromotoren übernahmen über Hohlwellen Kegelräder. Diese übertrugen die Kraft über Gelenkwellen auf die als Planetengetriebe ausgelegten Vorgelege weiter zu den Kettenrädern. Eingebaute Rutschkupplungen schützten die Aggregate vor Beschädigungen und Stößen. Der Vorteil war, dass die Elektromotoren ein für Panzer im Gelände wichtiges hohes Anfahrdrehmoment besaßen. Auch die unterbrechungslose Zugkraft verschaffte dem schweren Panzerkampfwagen im Gelände einen großen Vorteil. Da Kettenfahrzeuge einen hohen Reibungswiderstand besitzen, konnte ein Panzerfahrzeug bei Verwendung eines herkömmlichen Schaltgetriebes während des Schaltvorgangs so stark abbremsen, dass ein Fahrer im Gelände oft mit einem niedrigeren Gang gefahren ist, als es eigentlich technisch möglich gewesen wäre.

Auch in Bezug auf das Fahrwerk ging Porsche neue Wege. Während das HWA für ihr VK 3001 (H)-Projekt querliegen-

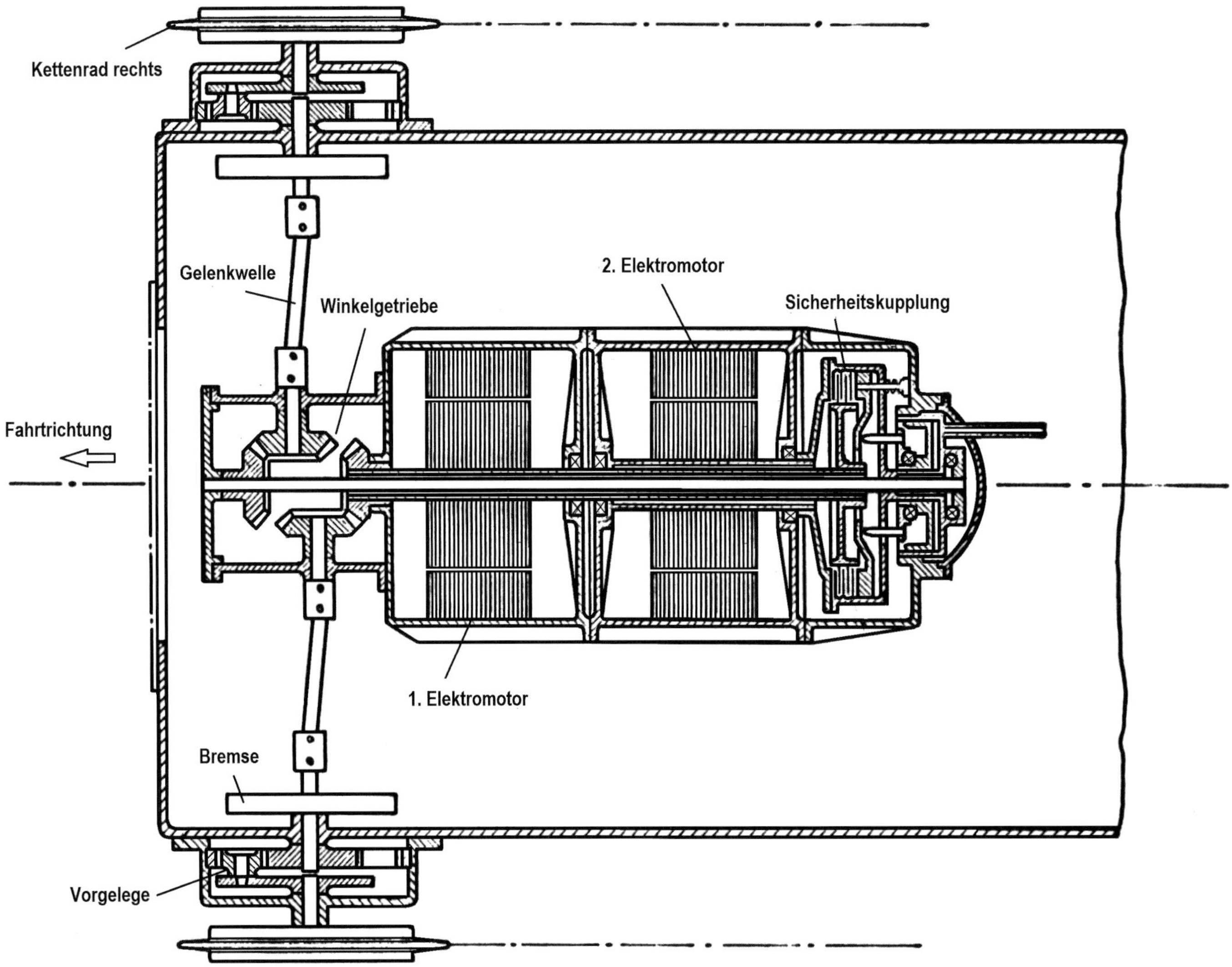

Die Zusammenstellung des patentierten Antriebes mit den beiden Elektromotoren in der Front des VK 3001 (P). (PA)

de Drehstäbe bevorzugte (entsprechend dem Patent Porsches vom 10. August 1931 – d. A.), brachte der Professor bei dem Porsche Typ 100 außen seine ebenfalls patentierten längsliegenden Drehstablaufwerke an den Seitenwänden der Panzerwanne an, die dem Fahrzeug zu einer besonders niedrigen Bauhöhe verhalfen, da die Drehstäbe nicht in den Innenraum ragten.
Jede Seite besaß sechs gummiummantelte Doppellaufrollen mit einem Durchmesser von 600 mm. Der obere Kettentrum wurde über je zwei Stützrollen geführt. Die Kettenbreite betrug 500 mm bei einer Kettenteilung von 160 mm.
Die vorhandene Kettenauflage von 3225 mm und eine Spurweite von 2600 mm ergaben bei einem 35-t-Gewicht den relativ hohen Bodendruck von 0,9 kg/cm². Die längs eingebauten Drehstäbe und deren äußere Anbringung hatten sehr viele Vorteile gegenüber dem Quereinbau. Die Bauhöhe des Fahrzeugs konnte verringert werden. Die geringere Fahrzeughöhe führte zudem zu einer geringeren Fahrzeugmasse. Die Herstellung der Panzerwanne erforderte weniger Kosten und erfolgte in etwa der Hälfte der Zeit, da die vielen qualitativ hochwertigen Bohrungen, wie sie bei dem Henschel-Projekt nötig waren, entfielen.
Diese Fahrwerkselemente konnten sehr einfach montiert werden, was bei der Instandsetzung im Feld einen enormen Vorteil brachte. So betrug der Zeitaufwand des Wechselns der mittleren inneren Laufrolle z. B. nach ei-

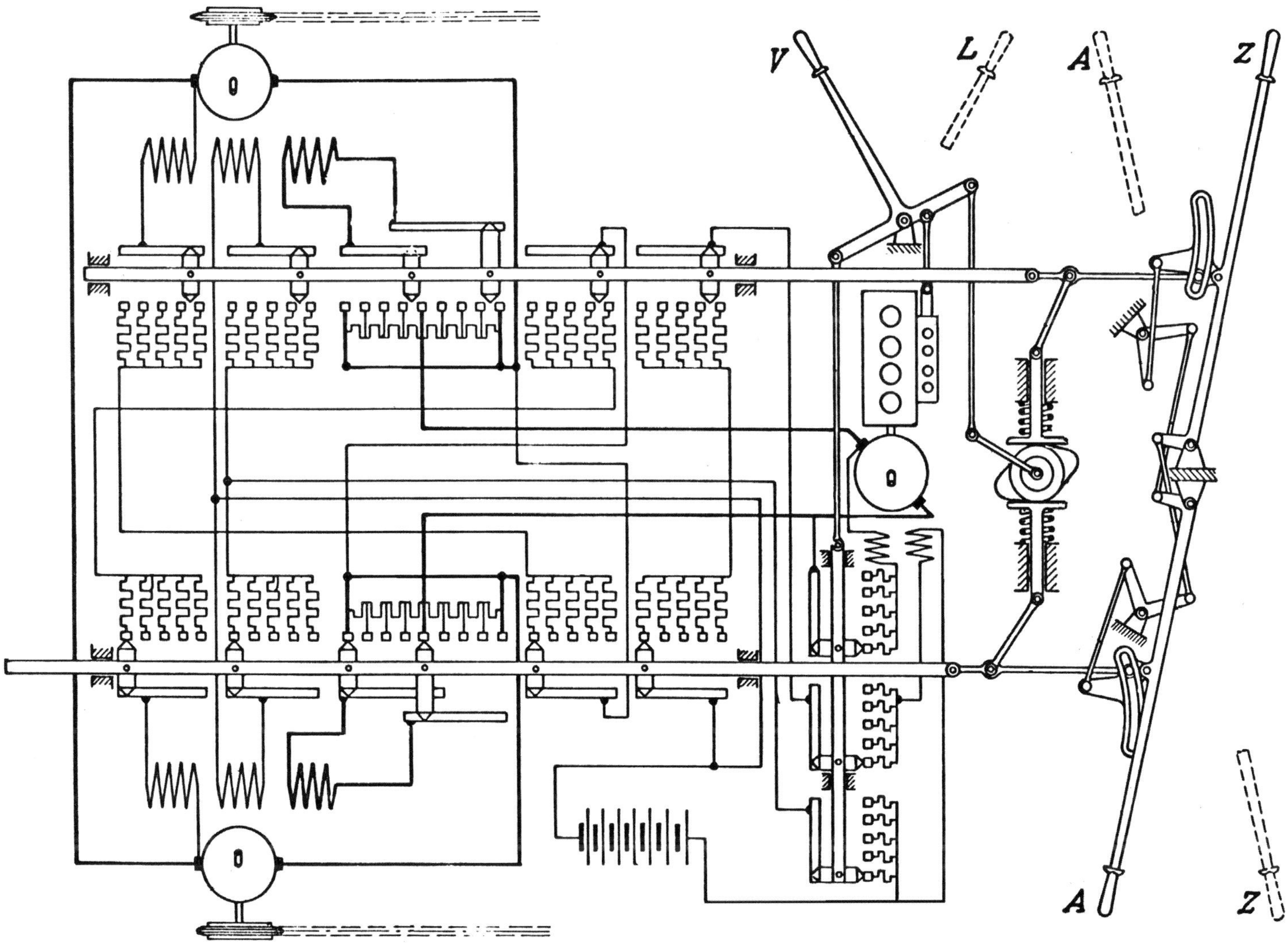

Dazu das prinzipielle Schaltschema des Antriebes dieses Panzerkampfwagens. (PA)

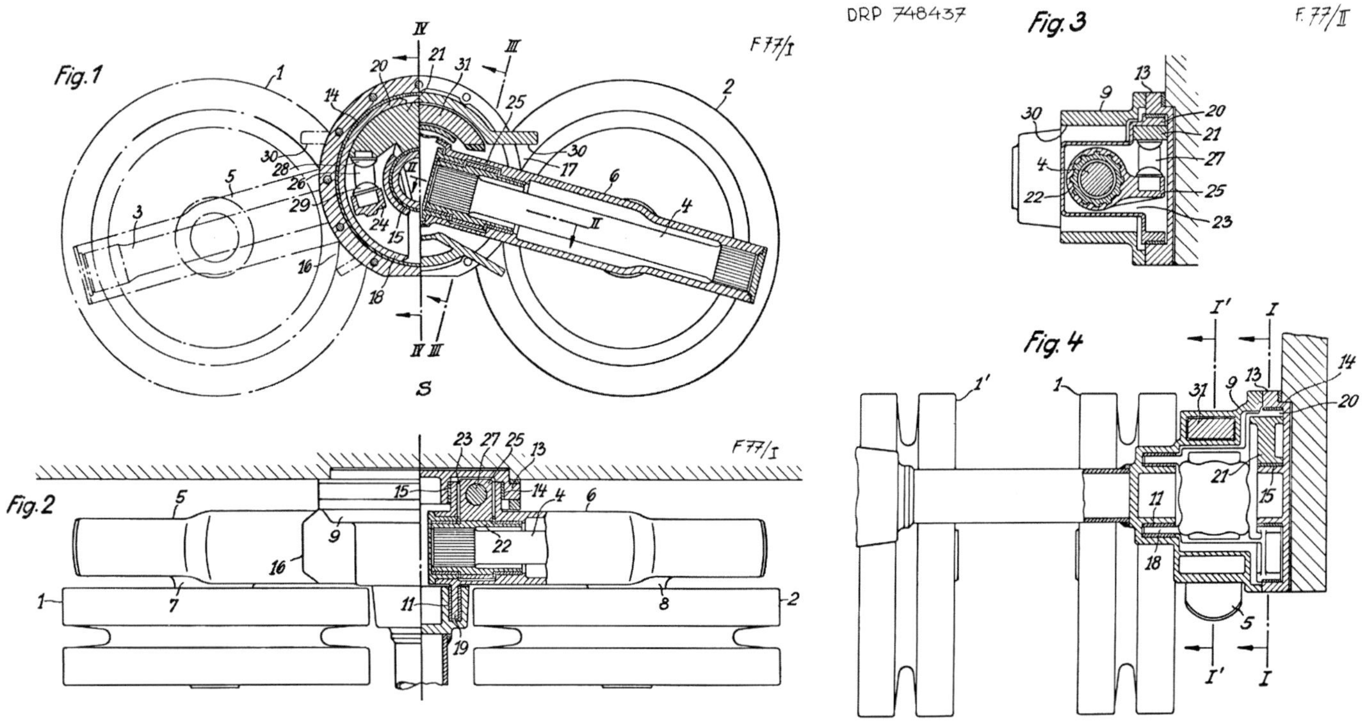

Die erste Version des Kniehebeldrehstabfahrwerkes der Firma Porsche. (A)

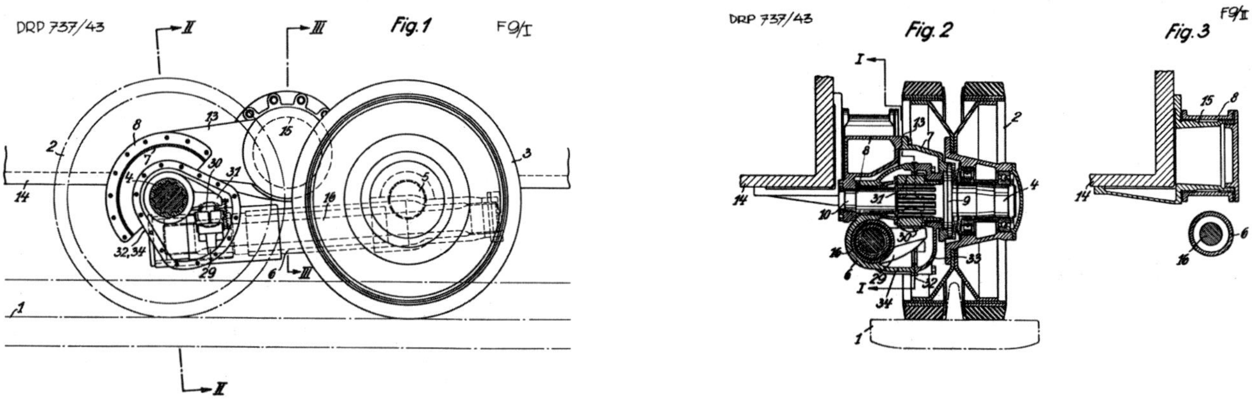

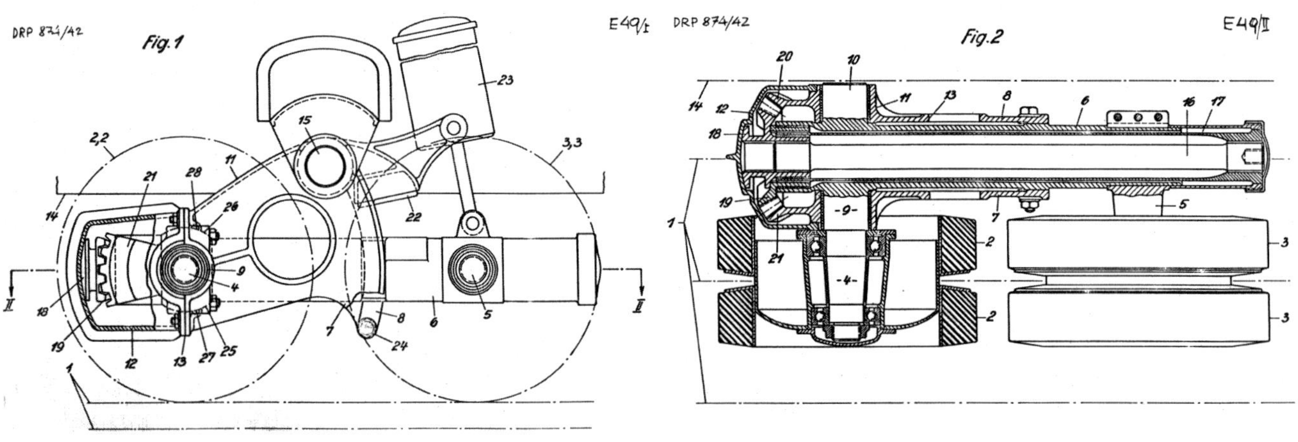

Das ebenfalls patentierte Drehstablaufwerk Professor Porsches: hier noch eine Version mit einem Stoßdämpfer, der später auf Grund der harten Federkennung unnötig wurde. (PA)

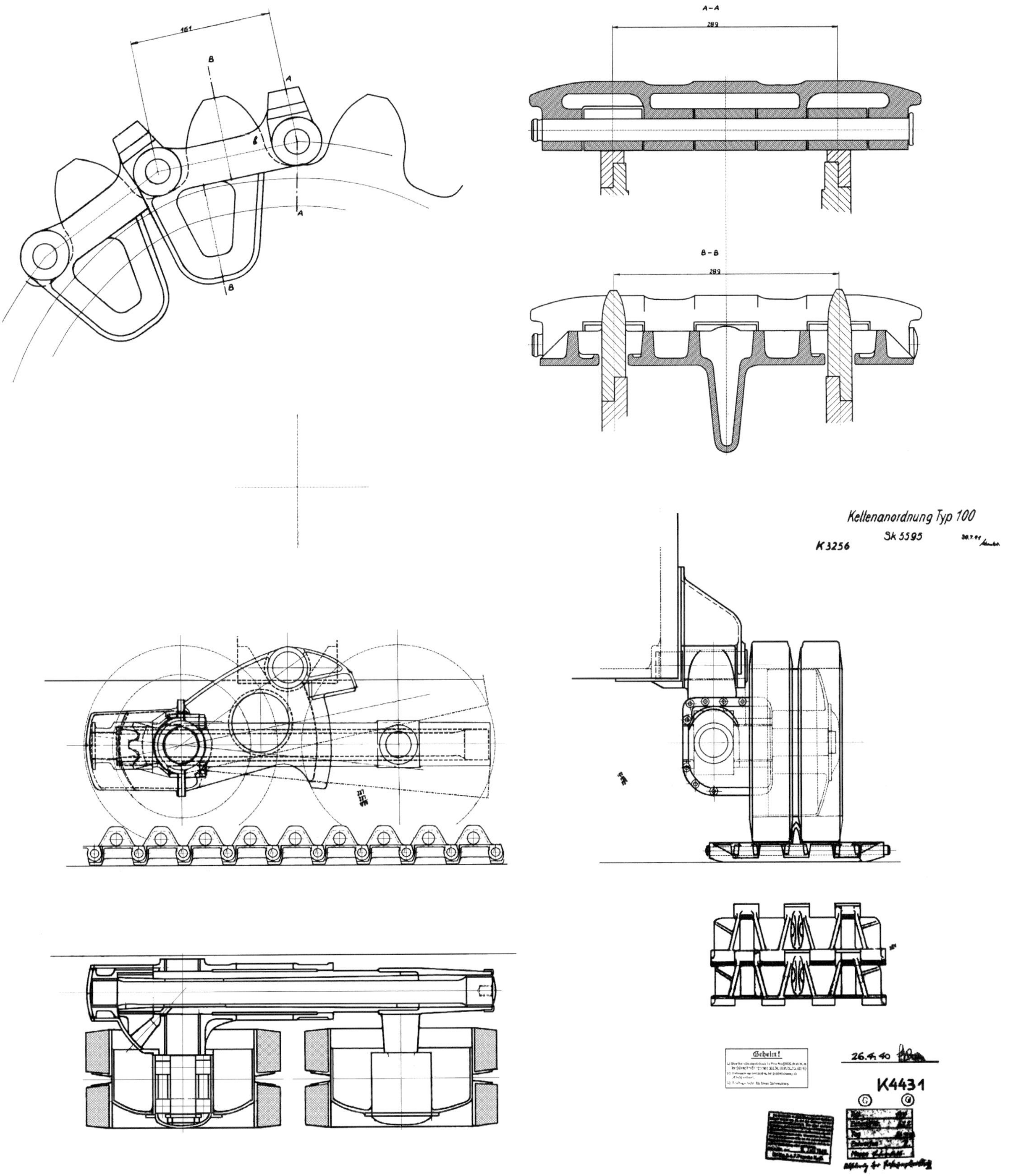

Der finale Entwurf für das Laufwerk des Panzerkampfwagens VK 3001 (P) Typ 100. (PA)

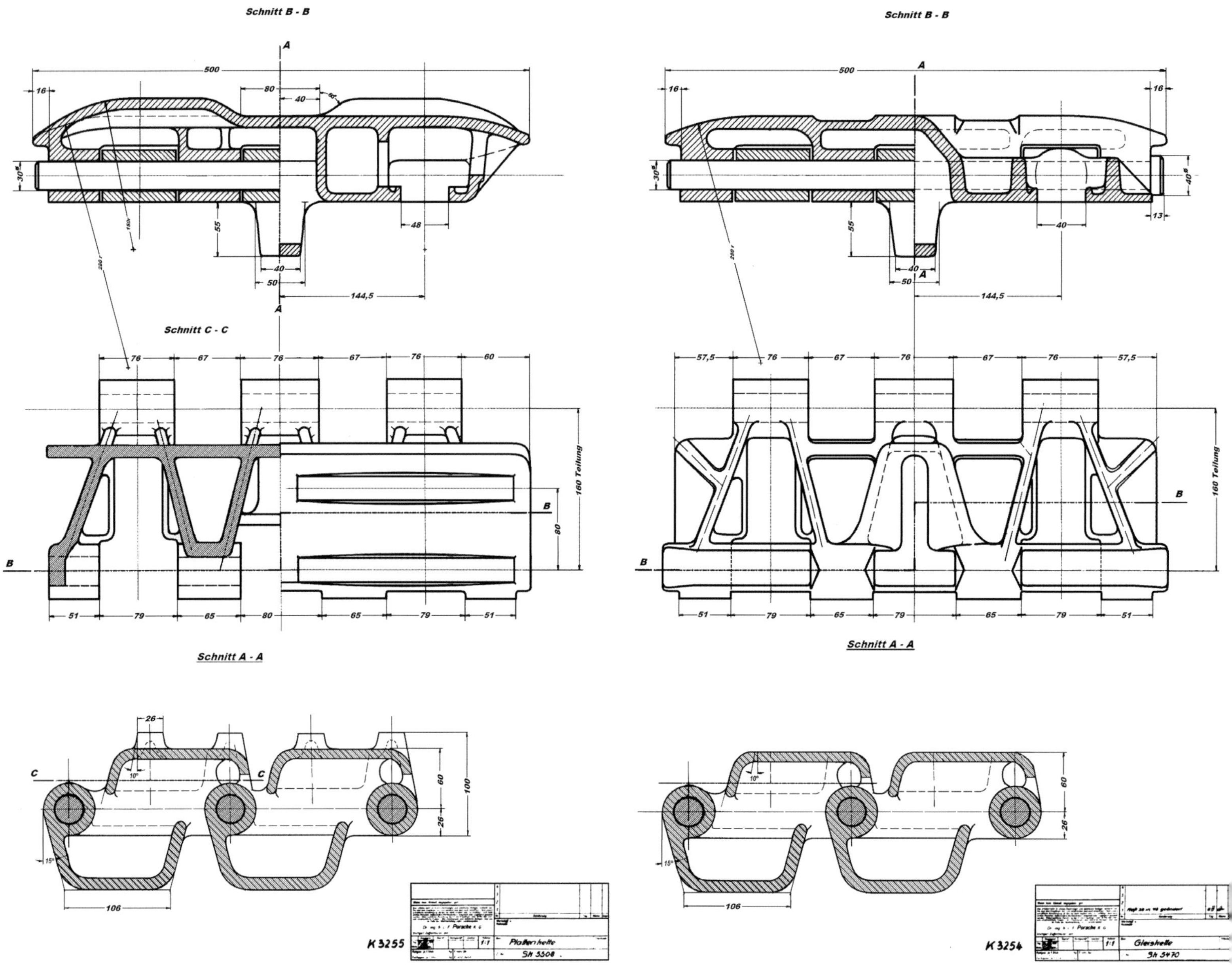

Für den Typ 100 entstanden die verschiedensten Kettenentwürfe. (PA)

nem Minenschaden beim späteren »Tiger« VK 4501 (H) 12 bis 24 Stunden, da nicht weniger als 13 Laufrollen zu demontieren waren, was fünf paarigen Rollen und drei einzelnen Rollen entsprach. Auch der aufwändige Kettenwechsel nach dem Bahntransport von der 520-mm-Verladekette auf die 725-mm-Geländekette mit Anbau der äußeren Laufrollen dauerte bei dem Henschel-Fahrzeug drei Stunden[16].

Der Rollenwechsel bei dem Porsche-Laufwerk ging wesentlich einfacher und war deshalb bei der Truppe wesentlich beliebter. Nachteile ergaben sich allerdings in den relativ kurzen Federwegen und der damit vorhandenen Federhärte, die keine hohen Geschwindigkeiten zuließ. Am 13. März 1941 erfolgte eine Besprechung mit der Firma Krupp über die Durchschlagsfähigkeit der infrage kommenden Geschütze. Einen Tag später fand in Stuttgart erneut eine Beratung über den Hydroantrieb mit der Firma Voith statt, diesmal jedoch mit den Vertretern des Stammwerkes aus Heidenheim. Die prinzipielle Konstruk-

[16] BAMA RH 8/1642.

Das ist kein Tatzelwurm
und auch kein Tausendfüßler,
sondern Dein Tiger von unten.

Hier ist eine Übersicht über die Arbeiten, Schlüssel und Sonderwerkzeuge, die nötig sind, um eine Laufrolle, ein Triebrad, Leitrad oder einen Flansch zu wechseln.

Laufrolle Reihe	1	2	3	4	5
Wie bocke ich die Schwingarme hoch?	Auflaufbock vor innerstes Laufrad des zu hebenden Armes legen, Pz auffahren 1			Kette aufmachen. Mit Winden eine Pz-Seite über Kettenzahnhöhe hochheben	
	Am besten mit 2 soliden Stützplatten, 2 Ölhebern zu 30 t eine Längsseite hochbocken 2				
Wieviele Rollen müssen ab?	1	3	4	8	13
Welche Steckschlüssel, Sonderwerkzeuge brauche ich?	27	27	27	10 (2799/5) 70 50 C 2798 U5 4 Gew. Zapfen M 39 × 1,5 Schraube 18 × 35	15 (2799/5) 70 50 C 2798 U5 5 Gew. Zapfen M 39 × 1,5 Schraube 18 × 110
Wieviele Rollen müssen ab?	1	3	3	5	
	Außenflansch	Innenflansch	Leitrad	Triebrad	
Welche Steckschlüssel, Sonderwerkzeuge brauche ich?	27	27 2798 U10 Schraubenzieher 3	22 50 C 2798 U5 Schrauben M 14 × 90 Gew. Zapfen M 39 × 1,5 Rohr mit 15 mm Innen-⌀, 75 mm lang 6	Schlüsselweite 50, 46 Triebrad mittels Abdrückschraube abdrücken, Kolben mit Feder entfernen, Vorrichtung C 2798 U3 mit Spindel und Mutter, Steckschlüssel 27, 46, Kopfschraube 50, Mitnehmer abnehmen, geteilten Ring abnehmen, Filzring erneuern 7	

Wenn's finster wie in einer Kuh,
kalt, naß und dreckig noch dazu,
im Matsch versunken Bock und Winden,
Hammer und Schlüssel nicht zu finden,

wenn Stäbe brechen, Arme hängen,
drei Rollen fehlen, fünfe zwängen —
dann denkt man sich bei dem Malör:
„was tät hier wohl der Konstruktör?"

Auszug aus der sogenannten »Tigerfibel«. (D 656/27)

tionsarbeit am Porsche Typ 100 konnte im April 1941 abgeschlossen werden.

Am 2. April 1941 erörterten die Krupp-Ingenieure nochmals intern, welche Geschütze die Firma für den Porsche-Wagen anbieten könnte. Wie zuvor schon beschrieben, bestand die engere Auswahl aus der 8,8-cm-Kanone L/56 und der 10,5-cm-Kanone L/47. Zwei Tage später bot die Firma Krupp dem Porsche-Büro schriftlich an, zu den sechs Prototyp-Fahrgestellen sechs Türme mit 80-mm-Front- und 60-mm-Seitenpanzerung anzufertigen. Der geplante Turmdrehkranz-Durchmesser betrug etwa 1900 mm. Die Kosten pro Turm einschließlich einer 8,8-cm-KwK L/56 (ohne die vom Waffenamt zu stellenden Teile) beliefen sich auf 110.000 RM.

Das zuvor benötigte Holzmodell des Turmes mit Attrappen für die Waffen kostete nochmals 5.000 RM. Dieses Modell im Maßstab 1:1 wurde am 25. Mai 1941 an das Nibelungenwerk gesandt, wobei sich der Preis auf 7.724 RM erhöht hatte. Weiterhin wollte Krupp vorerst drei Wannen zum Preis von je 75.000 RM für das als Panzerkampfwagen VI (P) bezeichnete Projekt fertigen. Den Liefertermin der ersten Wanne hatte Krupp für November 1941 vorgesehen, ebenso für den ersten Turm. Die zweite Wanne sollte im Dezember 1941 und die dritte Wanne im Januar 1942 geliefert werden. Beginnend ab diesem Termin sollten auch die restlichen Türme hergestellt werden. Bis zum 10. April 1941 wollte Krupp einen Vorschlag für eine 10,5-cm-Kanone mit der Länge von L/47 und bis zum 18. April einen Vorschlag einer 8,8-cm-Kanone L/56 mit jeweils **größerer Ladekammer** und **höherer Anfangsgeschwindigkeit** abgeben (statt 840/860 m/s eine Vo von 940/920 m/s).

Am 24. April 1941 hatten Krupp und Porsche sich auf die 8,8-cm-Kanone L/56 als Hauptwaffe geeinigt. Die Herstellung der Drehstäbe für die Rollenwagen sollte bei der Firma Hoesch erfolgen. Herr Heerlein und Herr Lettmann von der Firma Krupp fanden sich am 2. Mai 1941 zu einer Besprechung im Porsche-Büro in Stuttgart ein. Von Seiten Porsches nahmen der Junior-Chef Ferry Porsche,

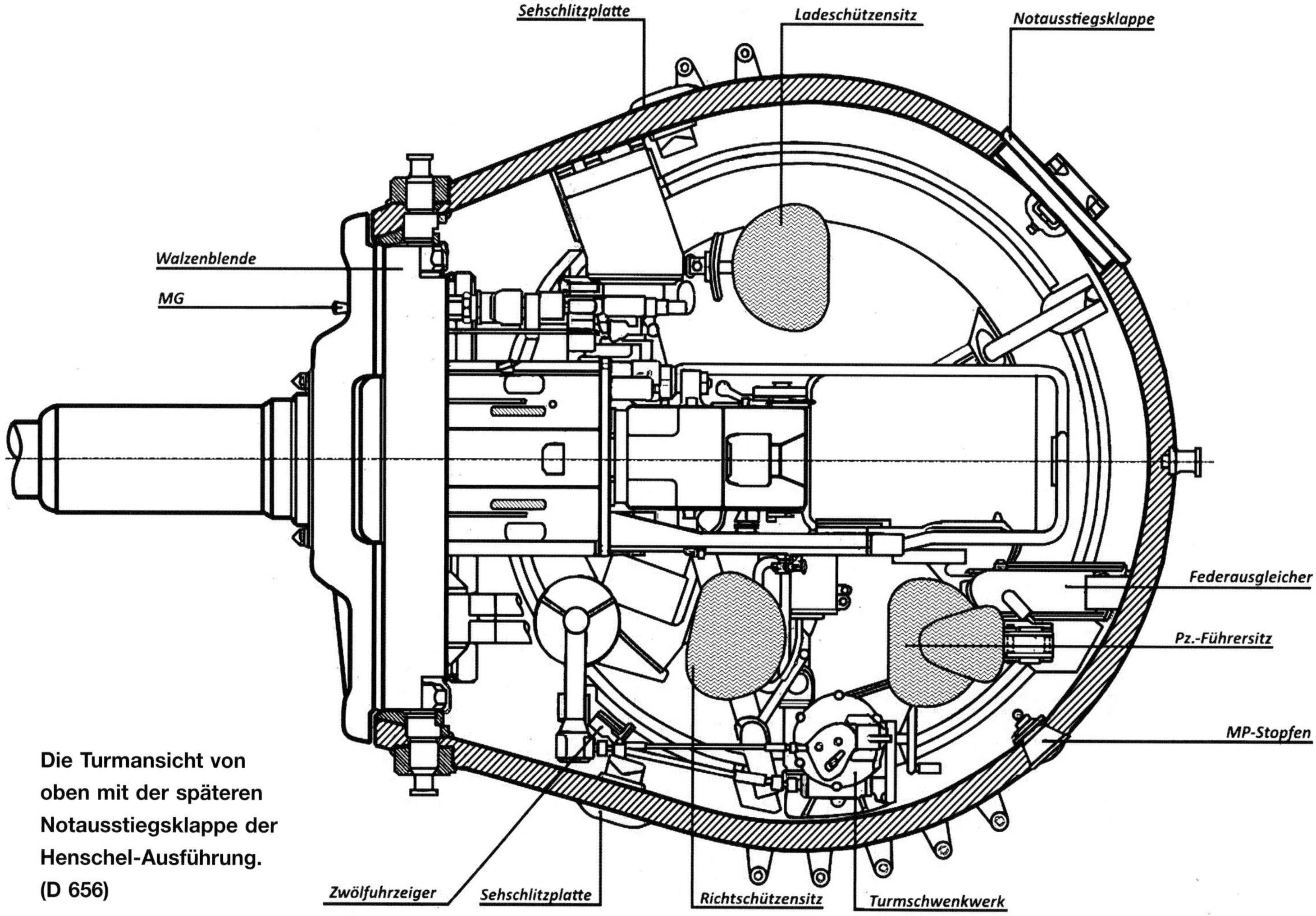

Die Turmansicht von oben mit der späteren Notausstiegsklappe der Henschel-Ausführung. (D 656)

Chefkonstrukteur Rabe sowie die leitenden Ingenieure Reimspieß und Zadnik teil. Folgende Details des vorgesehenen Turmes standen zur Debatte:

1. Änderung des Turmringes, da bedingt durch die Hülsenschleuse der Turm sich nicht wie geplant auf dem Wannenboden abstützen konnte. Die Decke musste so verstärkt werden, dass sich der Turm von selbst tragen konnte. Dazu musste das Deck unter dem Turm um etwa 50 mm zu Lasten des Motordecks zurückgenommen werden.
2. Aufbau des elektrischen Schleifring-Übertragers des Turmes.
3. Die Belüftung des Turmes konnte entweder über Einblasen oder über Ansaugen der Luft mit Hilfe der Motorengebläse ermöglicht werden. Eine Steuerung der Luftmenge sollte über Klappen in der Motorbrandwand erfolgen.
4. Da Fahrer und Funker durch die Turmluken einsteigen sollten, musste ein ungehinderter Zugang über den Richt- und Ladeschützensitz nach vorn gewährleistet werden, der Notausstieg für Fahrer und Funker war über seitliche Luken vorgesehen.
5. Als letztmöglichen Termin für die Fertigstellung des Holzmodells im Maßstab 1:1 gaben die Vertreter von Krupp den 20. Mai 1941 an.
6. Die allgemeine Elektroausrüstung sollte der Ausstattung des Panzers IV entsprechen. Dazu gehörten auch Wechselsprechanlage sowie die 12-Volt-Beleuchtung.

Am 13. Mai 1941 gab es eine erneute große Besprechung mit allen Verantwortlichen im Nibelungenwerk in St. Valentin, bei dem Chefkonstrukteur Karl Rabe am nächsten Tag noch eine Geländefahrt mit einem im Werk hergestellten Panzer IV-Fahrgestell unternahm.

Die Firma Krupp lieferte am 24. Mai 1941 das hölzerne 1:1-Turmmodell per Bahn an das Nibelungenwerk in St. Valentin. Am gleichen Tag erfolgte in Stuttgart eine weitere Besprechung mit Ingenieur Esser von Krupp. Im selben Monat fanden Gespräche über einen luftgekühlten 10-Zylinder-**Dieselmotor** für den Typ 100 mit einer nicht genannten Schweizer Firma statt, vermutlich Brown, Boveri & Cie., da ein Dr. Bayer dieser Firma schon am 20. März 1941 Kontakt mit Chefingenieur Rabe in Stuttgart hergestellt hatte.

Die Firma war unter anderem bekannt für die Produktion von Abgasturboladern, ein Produkt, das in Deutschland zur damaligen Zeit wegen Patent- und Materialproblemen nicht hergestellt werden konnte. Abgasturbolader konnten zur damaligen Zeit auf Grund der Abgastemperaturen (für maximal 700° C) nur für Dieselmotoren oder Gas-Otto-Motoren eingesetzt werden. Das Dieselprojekt erhielt die Porsche-interne Bezeichnung Porsche Typ 200. Es wurde aber vorerst nicht weiter verfolgt, weil der Einsatz von Dieselmotoren in deutschen Panzern erst später mit der Möglichkeit der Herstellung größerer Mengen von synthetischem Dieselkraftstoff interessant wurde[17].

Eigenartigerweise hält sich in der Literatur die Meinung, dass der Porsche Typ 100 generell von zwei Dieselmotoren angetrieben wurde. Dem widersprechen die Aufzeichnungen von Xaver Reimspieß eindeutig, der den Dieselmotor nur als ein nicht ausgeführtes Projekt bezeichnete[18].

Am **26. Mai 1941** fand auf Hitlers Berghof am Obersalzberg die **zweite große Panzerbesprechung** statt, die richtungsweisend für die weitere Entwicklung war. Teilnehmer dieser wichtigen Sitzung waren u. a. Professor Porsche, Reichsminister Dr. Fritz Todt, vom HWA Oberst Philipps, Oberst Fichtner, Oberst Crohn, Oberstleutnant v. Wilke, Oberbaurat Kniepkamp, Hauptamtsleiter Saur und Dr. Hacker von Steyr. Dabei kam es zum Eklat mit Oberst Fichtner von Wa Prüf 6, der einleitend behauptete, dass Deuschland die besten Panzer der Welt hätte und davon am meisten besäße. Das hielt sogar Hitler für übertrieben und widersprach dem energisch (lt. Saur war Oberst Fichtner damit seine Ablösung sicher. Vorher sollte Fichtner noch das Tigerprojekt zum Abschluss bringen – d. A.)[19].

Anschließend wurden weiter grundsätzliche Bewaffnungsfragen erörtert. Laut Hitler war es jetzt notwendig geworden, das Heer mit einer neuen Generation schwerer Panzer auszustatten, die über eine hohe Feuerkraft bei relativer Beweglichkeit verfügen sollten, da laut Hitler Informationen vorlagen, dass die Engländer schwere Panzer an die Front bringen wollten. So forderte er ein 50- bis 60-t-schweres Panzerfahrzeug, dass folgende Merkmale besitzen sollte:

- eine Kanone mit größerer Durchschlagsleistung gegenüber den Feindpanzern,
- eine stärkere Panzerung als bisher (frontal 100 mm, seitlich 60 mm),
- eine Höchstgeschwindigkeit von mindestens 40 km/h.

Damit betraf Hitlers wichtigste Entscheidung die Projekte von Henschel und Porsche, aus denen für Henschel der **VK 3601 (H)** und für Porsche der **VK 4501 (P)** werden sollte. Hitler forderte eine stärkere frontale Panzerung von 100 mm, seitlich sollten 60 mm ausreichen. Auch sollte die Durchschlagsleistung der Kampfwagenkanone so gesteigert werden, dass auf eine Entfernung von 1500 m noch eine 100-mm-Panzerung durchschlagen werden konnte. Dazu musste für die vorgesehene Kanone, die 8,8-cm-Flak 18, eine Leistungssteigerung erfolgen. Dieses Geschütz benötigte einen Bedienkreis von etwa 1850 mm und war vorgesehen für den VK 4501 (P), der diese Voraussetzung erfüllte. Die zweite Waffe, die von Hitler in Erwägung gezogen wurde, war die Kanone 0725, vorgesehen vom HWA für den VK 3601 (H). Diese Waffe besaß an der Laufmündung ein konisches Rohrstück. Mit der als Flanschgeschosse bezeichneten Munition konnten die von Hitler geforderten Durchschlagsleistungen problemlos erreicht werden (die erforderliche hohe Anfangsgeschwindigkeit wurde durch ein Zusammenpressen der sogenannten Stulpen des Hartkerngeschosses auf ein kleineres Endkaliber erreicht – d. A.).

Einen weiteren Vorteil sah Hitler im kleineren Turm-Bedienkreis von 1650 mm, was zu einem geringeren Turmgewicht von etwa 2,2 t bei einer 80-mm-Front- und 60-mm-Seitenpanzerung geführt hätte. Auch konnte das Fahrgestell schmaler gebaut und damit leichter werden oder mehr Munition im Fahrzeug verstaut werden. Für einen Nachteil hielt er den hohen Bedarf an dem Mangelmaterial Wolfram, von dem immerhin 1 kg pro Geschoss benötigt wurde. So wies Minister Todt auf den damaligen Vorrat in Deutschland von nur 700 t Wolfram hin, wobei nur 260 t für Munition zur Verfügung standen. Der größte

[17] Nachlass Eberan von Eberhorst, TUD, B-178b-I und IV.

[18] Porsche-Archiv: »Die Panzerentwicklung bei Porsche« vom 18.07.1964.

[19] Nachlass Saur, IfZ., ED 442.

Während der Probefahrt des Prototypen VK 3601, mit einem zweigestaffelten Schachtellaufwerk und schmalem Panzeraufbau, der jedoch nur für einen Turm mit einer 7,5-cm-KwK ausreichte. (SB)

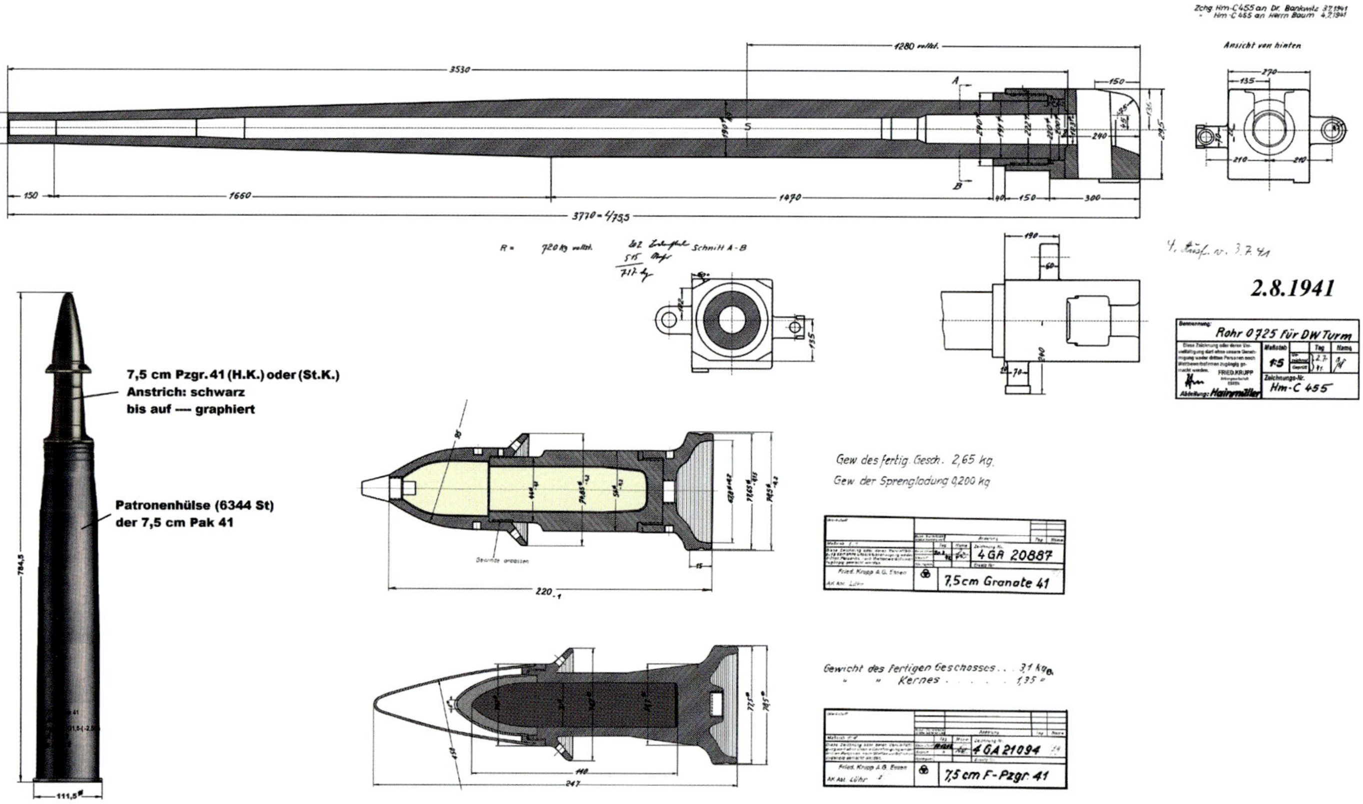

Die konische 7,5-cm-KwK 0725 für den Turm des VK 3001 (H) mit ihrer Munition.

Teil wurde für Materialzusätze, Werkzeuge und Maschinen benötigt. Auch die erwartete hohe Rohrabnutzung war nicht von der Hand zu weisen.

Beim erst genannten Problem verwendete Krupp später als Ersatzstoff Stahl, der allerdings die Durchschlagsleistung von Wolfram bei weitem nicht erreichte. Das zweite Problem versuchte Krupp, wie bei der späteren 7,5-cm-Pak 41 ausgeführt, durch ein zylindrisches Hauptrohr und ein auswechselbares konisches Vorsatzstück zu kompensieren. Aus den oben genannten Gründen wurde letztendlich der Krupp-Turm mit seiner 8,8-cm-KwK bevorzugt, da die 8,8-cm-Kanone zudem die größere moralische und zerstörerische Wirkung am Ziel besaß. Dies hatte für das HWA und damit für die Firma Henschel zur Folge, dass der VK 3601 (H) umkonstruiert werden musste, um den Turm mit dem größeren Bedienkreis und der erhöhten Panzerstärke aufnehmen zu können. Ziel war es, dass je sechs Fahrzeuge von Porsche und Henschel bis zum Sommer 1942 zur Erprobung geliefert werden konnten.

Krupp hatte dessen ungeachtet den Auftrag erhalten, einen Turm mit der 7,5-cm-KwK 0725 für das Henschel-Fahrzeug zu konstruieren. Bei dieser Gelegenheit wurden Hitler die kleinen Holz-Modelle des VK 3001 (P) und des VK 3001 (H) erneut vorgestellt. Das HWA, namentlich Wa Prüf 6, wies Hitler darauf hin, dass bei beiden Varianten Neuland betreten wurde. Bei dem Porsche-Fahrzeug allerdings wäre der Benzin-elektrische Antrieb noch nicht erprobt, während die Firma Henschel schon seit zwei Jahren am 30-t-Fahrzeug eine Fülle von Erfahrungen mit dem Trieb- und Laufwerk gemacht hatte, die für die Beherrschung der größeren Fahrzeuggewichte notwendig waren. Doch Hitler bestand darauf, dass beide Lösungen weiterverfolgt werden sollten[20]. Hacker hielt anschließend noch einen kurzen Vortrag über die Möglichkeiten rationeller Fertigung im Panzerbau. Damit war der erste Angriff von Wa Prüf 6 auf das Porsche-Projekt vorerst abgewiesen.

Im Anschluss fand noch eine interne Besprechung Hitlers mit Minister Todt, Amtsleiter Saur, Dr. Porsche und Direktor Hacker statt. Karl Otto Saur schrieb über diese Besprechung: *»Am 26.5.41 wurde der „Tiger" erstmalig beim Führer besprochen. Es lagen zwei Entwürfe vor: von Henschel, Kassel und von Porsche. ... Porsche schlug als revolutionäre Neuerung den elektrischen Antrieb vor. Er kam leider zugunsten des Henschel-Fahrzeuges nicht zur Serienfertigung, da sein Anlauf insbesondere durch Motorschwierigkeiten nicht rechtzeitig gewährleistet werden*

[20] Dokument, Aktennotiz vom 26.05.41.

konnte.« [21] Schon einen Tag später saßen Oskar Hacker von Steyr und die Porsche-Ingenieure in Stuttgart zusammen, um über diese neue Aufgabenstellung zu beraten.

Ein weiterer wichtiger Abschnitt in der Panzerentwicklung begann am 21. Juni 1941. Im Einvernehmen mit dem Chef der Heeresrüstung Generaloberst Fritz Fromm erfolgte durch Minister Todt die Bildung einer Panzerkommission. Dieses Datum widerlegt die in der Literatur aufgestellte Behauptung, Porsche habe den Entwicklungsauftrag nur bekommen, weil er Chef der Panzerkommission war. Diese Kommission hatte die Aufgabe, alle militärischen, technischen und fabrikatorischen Kräfte dienstlicher und ziviler Stellen zusammenzufassen und zu einer einheitlichen Planung, Erprobung und Fertigung zusammenzuführen[22]. Jedoch ging die Anregung laut Saur von Hitler persönlich aus, *»der feststell(t)e, dass unsere Panzerentwicklung zu militärisch, bürokratisch gemacht wurde. Die Konstruktionsvoraussetzungen wurden der Industrie aufdiktiert, und diese mußte dem Zwange folgend, die Sache konstruieren. Das gab keine Panzer sondern Kompromisse aus Diktatur und dem Wollen aus diesem Diktat herauszukommen. Es ging darum, aus Höchstverwirklichung militärischer Forderungen und höchster Leistungskraft der Ingenieure den Panzer zu bauen. Das war der Panzerkommission gelungen«*.[23]

Diese Kommission setzte sich aus Offizieren des Chefs der Heeresrüstung, des Heereswaffenamtes wie **Oberst Fichtner** (später Oberst Holzhäuer – d. A.), Vertretern der Industrie, wie dem Konstrukteur Michael von **Alkett**, Direktor Wiebecke von **MAN**, Direktor Wunderlich von **Daimler Benz**, Dr. **Maybach** für die Motoren, Direktor Dr. von Soden für die Getriebe von **ZF**, Ingenieur Aders von **Henschel** und Direktor Bleichert von der **Miag** und des Ministerium für Bewaffnung und Munition in Person **Karl-Otto Saur** zusammen. Später kam noch als Vertreter der Wissenschaft **Professor von Eberan** vom Institut für Kraftfahrwesen der TH Dresden sowie der Panzerexperte und Vertreter des Rüstungsamtes **Generalleutnant Ritter von Radlmeier** dazu. **Professor Porsche** wurde Vorsitzender (später Dr. Stiehler von Heydekampf, Direktor von Henschel – d. A.), **Direktor Oskar Hacker** von **Steyr** war geschäftsführender Stellvertreter.

Der Vorschlag, Professor Porsche als Vorsitzenden einzusetzen, kam von Minister Todt. Daimler-Benz hatte bis dahin einen Vertrag mit der Firma Porsche auf zivilem Gebiet, der mit Kriegseintritt 1939 nicht mehr gegeben war. Daimler-Benz schlug jedoch Dr. Todt vor, Porsche als Berater zu engagieren. Todt war einverstanden. Todt und Porsche verstanden sich von Anfang an sehr gut. Mit diesem Schritt konnte Todt den Einfluss des HWA bei Neukonstruktionen einschränken, da die Panzerkommission deren Forderungen im Vorfeld zu prüfen hatte. Damit wuchs der Einfluss der Industrie, was auch Professor Porsche zu Gute kam. Unter diesen Umständen konnte er seine Kreativität voll entfalten.

Mit dem Auftauchen der russischen Panzer ab dem 22. Juni erfolgte ein Zwang zur Produktinnovation der deutschen Panzerwaffe. Zeitgleich mit der Arbeitsaufnahme der Panzerkommission fand im HWA am **1. Juli 1941** eine Besprechung mit Henschel statt, bei der die Firma den Auftrag für die Entwicklung eines 45- bis 50-t-Fahrzeuges mit Drehturm und hub- und senkbaren Panzerschürzen auf Basis der bereits entwickelten Studienmodelle erhielt. Dies entsprach dem späteren VK 4501. Zunächst belief sich der Auftrag auf 60 Stück, wurde aber auf Grund der Mindermenge an Rohstoffbedarf auf eine Serie von 100 Fahrzeuge erhöht. Henschel übernahm vom VK 3601 (H) die wichtigsten Baugruppen wie Lenkgetriebe, Seitenvorgelege und das Laufwerk mit Treibrad. Am gleichen Tag saßen in Stuttgart bei Karl Rabe Vertreter der Firmen Simmering-Graz-Pauker (SGP) und BBC zusammen, um über einen Motor für das neue Porsche-Projekt Typ 101 zu beraten. Am 10. Juli 1941 erfolgten mit Heerlein von Krupp als Vertreter des Wannenherstellers die ersten Gespräche über den von Hitler geforderten VK 4501 (P), dem späteren »Tiger« P.

Aber auch die Arbeiten am Projekt Porsche Typ 100 gingen weiter. Am 7. Juli 1941wurde endlich der erste Motor für den Typ 100 aus Steyr per LKW nach Stuttgart geliefert und sofort auf dem dortigen Motorprüfstand montiert, so dass dieser am 14. Juli das erste Mal laufen konnte. Der zweite Motor vom Typ 100 folgte am 30. Juli und wurde ebenfalls in Stuttgart auf der Motorbremse getestet. Am 22. Juli fuhren Rabe, Reimspieß und Fender zur Firma Skoda nach Pilsen, um über die Getriebeherstellung für den Typ 101 zu verhandeln. Anschließend erfolgte am nächsten Tag eine Probefahrt mit einem Skoda-Panzer im Werksgelände. Zurück in Stuttgart folgten Besprechungen mit Vertretern der Firmen Bosch, Voith und Behr.

---

[21] Nachlass Saur, IfZ., ED 442.

[22] Dokument, Rundschreiben des Reichsministers für Bewaffnung und Munition.

[23] Nachlass Saur, IfZ., ED 442.

Professor Porsche hatte am 31. Juli 1941 erstmals Gelegenheit, während der Tagung des Panzerausschusses nach einem Vortrag von Oberst Fichtner erbeutete und wieder fahrbereit gemachte sowjetische Panzer in Kummersdorf-Schießplatz zu besichtigen. Dabei inspirierten ihn die gummisparenden Laufrollen des KW 1 und KW 2 (sogenannte »Russenlaufrollen«) zur Übernahme dieses Prinzips für sein Projekt Typ 101. Dabei wurden die Gummibandagen nicht mehr auf Druck belastet und die Haltbarkeit stieg. Auch wurde weniger Gummi benötigt, was ein Mangelprodukt zur damaligen Zeit war. So betrug der Gummibedarf für ein Henschel-Fahrzeug VK 4501 370 kg, während die späteren gummisparenden Laufrollen nur 110 kg benötigten.

Das HWA bezeichnete die Bauart später als Laufrollen nach dem »Porsche-Prinzip« und übernahm sie, nach einigem Zögern, auch für den späteren »Tiger« H 1 und H 3 sowie zum Teil noch für den Panzerkampfwagen »Panther«. Dabei musste Wa Prüf 6, genau wie schon die sowjetischen Konstrukteure vor ihnen, die höheren Laufgeräusche und einen größeren Kettenverschleiß in Kauf nehmen.

Am 25. August 1941 entstand am zweiten Motor vom Typ 100 einen Pleuelschaden, wobei die Kurbelwelle stark angegriffen wurde und deshalb ausgetauscht werden musste. Schon am 2. September lief der Motor Nr. 2 wieder auf dem Prüfstand. Die gesamten Arbeiten überschnitten sich mit der Entwicklung zum Typ 101, der jetzt eine besondere Dringlichkeit besaß. Die ab August als »Tiger-Programm« bezeichnete Planung sah einen bedingungslosen Schwerpunkt auf diesen neuen schweren Panzerkampfwagen vor. Der Porsche Typ 100 besaß damit nur noch den Charakter eines Experimentalfahrzeuges.

In einem Dokument vom 23. September 1941 schreibt jedoch ein erregter Minister Todt an den Chef des HWA General von Leeb, dass das Porsche-Projekt vom HWA zu Gunsten des Henschel-Fahrzeuges behindert worden sei:

»1.) Das Heereswaffenamt hat angeordnet, dass auf den Porsche-Panzerwagen nicht der von Prof. Porsche vorgesehene Turm mit 2000 mm Durchmesser kommt, sondern der Turm von Henschel mit 1900 mm. Ich kann seit der Beauftragung Prof. Porsches durch den Führer den Eindruck nicht verlieren, dass beim Heereswaffenamt das Prestige verfochten wird, dass schließlich doch ein Heereswaffenamt-Panzerwagen gefertigt werden soll. In den Turm von 1900 mm wird kaum die Flak 41 untergebracht werden können. Ich muss Ihnen mitteilen, dass ich bei jeder Anwesenheit beim Führer immer wieder gefragt werde, ob auch wirklich die hochleistungsfähige Flak 41 in den Porsche-Panzer hineingeht. Prof. Porsche hat mir gegenüber versichert, dass er die Möglichkeit der Unterbringung der Flak 41 betreibt. Ich kann ihn nicht von dieser Aufgabe entlasten und die Entschuldigung annehmen, dass die Flak 41 nicht mehr unterzubringen ist, weil das Heereswaffenamt einen engeren Turm angeordnet hat. Der Führer hat auch kein rechtes Vertrauen dazu, dass an Stelle der Flak 41 nun ein anderes 8,8-cm-Rohr konstruiert wird. Der Führer will in dem neuen schweren Panzerwagen die Flak 41 ohne einschränkende Bestimmung einsetzen. Ich mache schon heute darauf aufmerksam, dass wir alle die grössten Beanstandungen des Führers zu erwarten haben, wenn eines Tages bei der ersten Vorführung der Wagen ein anderes Rohr als das der Flak 41 besitzt. Für meine Person als Reichsminister für Bewaffnung und Munition vertrete ich aus Überzeugung und auch, weil ich den Willen des Führers zu vertreten habe, mit aller Energie die Aufgabe, dass bei dem schweren Panzer kein anderes Geschütz in Frage kommt, als das Rohr der Flak 41.«[24]

Sicherheitshalber sandte Minister Todt eine Kopie des Schreibens an Oberst Schmundt in der Reichskanzlei, der

[24] Dokument Todt vom 23.09.1941.

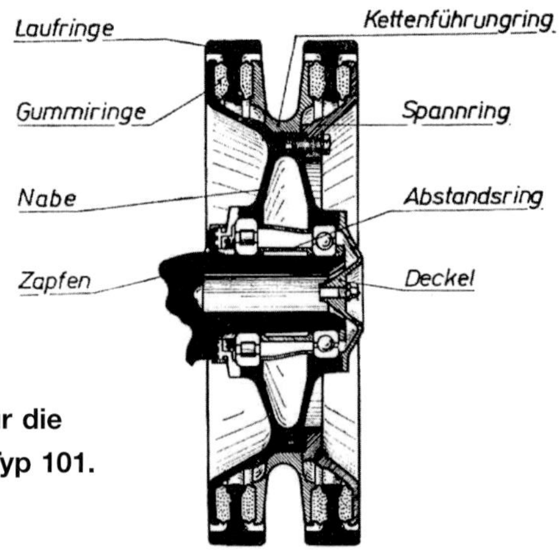

Die gummisparende Laufrolle des sowjetischen Panzers KW 1, die als Vorbild für die späteren deutschen Panzer diente. Rechts die Laufrolle des späteren Porsche-Typ 101.

wiederum eine Kopie an den Chef des OKW schickte. Dies konnte das HWA nicht auf sich beruhen lassen, so dass schon am 27. September 1941 eine Stellungsnahme durch den Chef von Wa Prüf 6 Oberst Fichtner an General Leeb erfolgte. Neben der Aussage, dass die Verringerung des Turmes von 2000 mm auf 1820 mm allein und ausschließlich durch die Firma Krupp entstand, war die Erläuterung zur Entwicklung des VK 4501 sehr interessant, so dass sie hier ebenfalls auszugsweise wörtlich wiedergegeben werden soll: *»2.) ... Der jetzt bei Henschel in Entwicklung befindliche Pz.Kpfw. 4501 ist eine Weiterentwicklung der dort bereits seit Anfang 1937 in Konstruktion und Versuch befindlichen 30-to. Pz.Kpfw. Entsprechend den von Herren Ob.d.H. gegebenen Weisungen war als Bestückung für den schweren Pz.Kpfw. Typ Henschel die 7,5 cm Kw.K. L/24, später eine 10,5 cm Kw.K. L/28 vorgesehen, die einen Turm-Bedienungskreis* (Durchmesser – d. A.) *von 1650 mm erforderte. Professor Dr. Porsche wurde Ende 1939 beauftragt, einen schweren Panzerkampfwagen in der Größenordnung 25/30-to zu entwickeln, für den mindestens eine 7,5-cm-Kw.K. L/24, möglichst eine 10,5-cm-Kw.K. verlangt war. Im Frühjahr 1941 wurde im Zuge der Leistungssteigerung der Kampfwagen-Waffen der Einbau der 8,8-cm-Kw.K. L/36 für den Pz.Kpfw. Porsche vorgesehen. Der Turm dazu wurde von Dr. Porsche K.G. bei Krupp unmittelbar in Auftrag gegeben und in direkter Zusammenarbeit dieser beiden Firmen entwickelt. Das Amt hat entgegen der sonstigen Gepflogenheiten hierfür keinen Entwicklungsauftrag an die Firma Krupp erteilt. In Auswertung der Kriegserfahrungen und auf Grund der vom Führer erhobenen Forderungen auf erhöhte Panzerdurchschlagsleistung schälte sich für die Fertigung – Ausstoßbeginn Mai/Juni 1942 – ein Wagen 4501 Typ Porsche mit der 8,8-cm-Kan. und ein Wagen 3601 Typ Henschel mit der Waffe 0725 heraus. Auf Grund der weiteren Weisungen des Führers, dass konische Rohre nicht mehr verwendet werden sollen, musste für den Pz.Kpfw. Typ Henschel der von Prof. Porsche bei Krupp entwickelte Turm, unter geringen Änderungen, übernommen werden, da infolge der Kürze der Zeit eine andere Lösung nicht möglich war. Diese Maßnahme zwang die Amts-Entwicklung zu einer Änderung des Fahrgestelles, so dass auch der Typ Henschel zu einem 45-to Fahrzeug wurde. Es hat also einen Henschel-Turm mit einer 8,8-cm-Kw.K. und 1900 mm Bedienungskreis nie gegeben; im Gegenteil, es wird der Porsche-Turm auf das Henschel-Fahrzeug gesetzt.«*[25]

[25] Dokument Wa Prüf 6 vom 27.09.1941.

Der weitere Inhalt besteht aus einer Suade ausführlicher Versicherungen, dass Wa Prüf 6 die Firma Porsche immer unterstützt habe und jede Gelegenheit zum Studium von erbeutetem und eigenem Gerät genutzt habe. Wa Prüf 6 versicherte, dass sie stets mit Rat und Tat der Firma Porsche zur Verfügung stehen würde, wenn es Professor Porsche nur wolle. Damit wurde Porsche indirekt vorgeworfen, zu wenig auf Wa Prüf 6 zu hören, was, vom Charakter Professor Porsches ausgehend, sicher nicht ganz unbegründet war. Zum Problem des 8,8-cm-Flak 41-Einbaues teilte Oberst Fichtner mit, dass er auf diese Frage hin von der Firma Porsche K.G. die Information erhalten hatte, dass vorläufig nur die L/56 für den VK 4501 in Frage komme.

Fichtner wies auch noch darauf hin, dass Hitler ursächlich auf die Durchschlagsleistung von 140 mm auf 1000 m bestanden hatte, ohne ausdrücklich das Kaliber 8,8-cm zu fordern. So versuchte die Firma Rheinmetall diese Leistung mit einer 7,5-cm-KwK mit zylindrischem Rohr auf Grundlage der Pak 44 zu erreichen. Diese Maßnahme würde zudem zu einem günstiger geformten Tum führen. Im Punkt 6 teilte der Chef von Wa Prüf 6 mit, dass sie den Firmen Krupp und Rheinmetall nunmehr einen Auftrag zur Entwicklung eines mit der 8,8-cm-Flak 41 bestückten Turmes für den VK 4501 (Porsche und Henschel) gegeben hätten. Damit meinte das Amt den Turm des späteren VK 4502, von dem später 50 Stück hergestellt wurden. Dieses Rechtfertigungsschreiben wurde in 11-facher Ausfertigung an die verschiedenen Abteilungen erstellt, als wollte man die anderen Abteilungen im Amt warnen.

Am 3. November 1941 erfolgte durch Rabe und Reimspieß die Besichtigung der ersten, in Arbeit befindlichen Wanne vom Typ 100 im Nibelungenwerk von St. Valentin, der in den nächsten Tagen weitere Absprachen mit der Firma Steyr folgten. Inzwischen konnte die Firma Krupp am 18. November 1941 melden, dass die erste Wanne des Typs 101 (der VK 4501 P) fertig geschweißt war und dabei keine Probleme aufgetreten waren. Einen Rückschlag gab es jedoch, als einer der Prüfstandsmotoren vom Typ 100 einen Defekt hatte und erneut zerlegt werden musste.

Professor Porsche wurde am 16. November nach Berlin gerufen, um an einem Frontflug nach Smolensk teilzunehmen. Da bestand die Möglichkeit, die ersten erbeuteten neuen sowjetischen Panzer vom Typ T 34 zu besichtigen. Die Panzer-Sonderkommission traf unter Führung von Oberst Fichtner am 18. November 1941 im Armee-Hauptquartier in Orel ein. Neben den Vertretern des HWA wie Oberbaurat Kniepkamp waren mit Professor Porsche,

Ein erbeuteter T34 der ersten Generation mit gummibandagierten Laufrollen in Kummersdorf. (SB)

4452.41

Hier ist die verbesserte Fahrersehklappe des T 34, wie sie später im Porsche Typ 180 Anwendung finden sollte, gut zu erkennen. Die gemessenen Panzerstärken wurden aufgemalt. Interessant sind die verschiedenen Ketten-Generationen. Auch die Leiträder scheinen einen unterschiedlichen Durchmesser zu besitzen. (B)

Direktor Dr. Hacker (Steyr), Direktor Dr. Rohland (Verein. Stahlwerke), Direktor Wunderlich (Daimler Benz), Direktor Dorn (Krupp AK), Ober-Ing. Aders (Henschel), Ing. Oswald (MAN) und Ober-Ing. Zimmer (Rheinmetall) alle wichtigen Panzerentwicklungsfirmen vertreten.

Die Anwesenden wurden von Generaloberst Guderian mit einer Rede zur desolaten Panzerlage begrüßt. Weiterhin legte er seine Forderungen zur Verbesserung der vorhandenen Panzerfahrzeuge und der Neukonstruktionen dar. Danach trat die Kommission ihre Fahrt an die Front des Panzerregimentes 35 an. Auch wurden das Panzerschlachtfeld in der Gegend von Orel sowie deutsche Frontwerkstätten besichtigt. Letztere klagten über fehlende Ersatzteile und die kälteempfindlichen deutschen Panzer. Zudem war die Versorgungslage der Wehrmacht mit Ersatzteilen und Ausrüstung katastrophal.

Nach der Rückkehr der Panzer-Sonderkommission von ihrer Besichtigungsfahrt erfolgte nach der Abschlussbesprechung Guderians am 22. November der Rückflug. Am gleichen Tag kam Professor Porsche nach Stuttgart zurück und berichtete seinem Chefingenieur Karl Rabe von den dort gemachten Eindrücken und Erfahrungen. Er beschrieb besonders den neuartigen sowjetischen Panzer vom Typ T 34, der die Wehrmacht zur damaligen Zeit vor große Probleme bei der Panzerbekämpfung stellte und die deutsche Panzerentwicklung später nachhaltig beeinflussen sollte.

Die **dritte große Panzerbesprechung** fand am **29. November 1941** in Berlin in der Reichskanzlei statt, bei der

Ein erbeuteter Panzer T 34 der zweiten Serie. Die spätere Ausführung war wegen Gummi-Mangels mit einfachen Stahlrollen ausgerüstet. (SB)

auch Professor Porsche zugegen war. Hauptthema war die beschleunigte Entwicklung des »Panther« nach dem Vorbild des sowjetischen T 34 und die Erstellung einer Panzerkapazität von zunächst 600 Stück im Monat. Hitler stellte in seiner Rede u. a. fest, dass die deutschen Panzer einem Teil der russischen Panzer und englischen Infanterie-Panzer in Bezug auf Panzerung und Durchschlagsleistung der Kanonen nicht mehr voll gewachsen waren. Entgegen seiner Meinung anlässlich der zweiten Panzerkonferenz vom 18. Februar des Jahres sah er jetzt die Verstärkung der Panzerung selbst auf Kosten der Schnelligkeit als vorrangig an. Als erste Maßnahme sollten die vorhandenen Panzertypen mittels Vorpanzer-Platten und dem Einsatz von Sondermunition (Panzergranate 40) verbessert werden. Bei den künftigen Neukonstruktionen hielt Hitler eine Typenbegrenzung für vorrangig wichtig. Auf drei Typen sollte sich die Produktion zukünftig beschränken:

- der leichte Typ, entsprechend dem bisherigen Panzer III,
- der mittlere Typ, entsprechend dem Panzer IV,
- der schwere Typ: die Konstruktionen von Henschel sowie von Porsche.

Neben dem schweren Panzertyp bekam Porsche die Aufgabe, einen überschweren Panzertyp (die spätere »Maus«) zu konstruieren.

Desweiteren forderte Hitler, dass die Sturmgeschütze wieder der Infanterie unterstellt werden mussten und dazu ein Geschütz erhalten sollten, mit dem mit hoher Wirksamkeit gegnerische Panzer bekämpft werden konnten. Hitler forderte weiter, dass bei den Konstruktionen sehr

viel mehr auf die Produktion Rücksicht genommen werden musste und im Interesse einer flüssigen Massenproduktion auf Vereinfachung der Konstruktionselemente Wert gelegt werden sollte. Oberst Fichtner gab die Auffassung der Front wieder, dass der Truppe eine höhere Schussentfernung des Geschützes lieber wäre, als eine stärkere Panzerung.
Diese letzten Aussagen Hitlers waren für das Porsche-Projekt »Tiger« alles andere als vorteilhaft, da Professor Porsche bisher seinen Schwerpunkt bevorzugt auf innovative Technologien gelegt hatte. Beim Porsche Typ 100 konnte Professor Porsche noch seinen Ideal-Entwurf ausarbeiten und sich dann einen Hersteller suchen, der sein Projekt umsetzte, beim Porsche Typ 101 fehlte ihm bei der Entwicklung und Produktion die Zeit.
Am 21. Dezember kamen neue Probleme dazu. Der erste Motor vom Typ 100 neigte auf dem Motorprüfstand zur Ölschaumbildung. Zwischen Weihnachten und Silvester erfolgten umfangreiche Versuche mit einer geänderten Schmierung. Zusätzlich wurde ein Ölschleuderblech eingebaut. Kurz vor dem Jahreswechsel 1941/42 führte die Porsche-Mannschaft viele Versuche mit dem Motor durch, um bestehende Schmierungsprobleme zu lösen. Die Änderungen der Schmierung zeigte letztendlich gute Resultate, doch die Freude währte nur kurz.
Bereits am 1. Januar 1942 war wieder ein Motor auf dem Prüfstand in Stuttgart defekt. Es folgte eine Besprechung wegen der Motorlagerung mit Dr. Wichelt und Professor Mader von der Firma Junkers. Am 13. Januar 1942 begaben sich die Ingenieure Rabe und Zadnik ins Nibelungenwerk, um den Fortschritt der Arbeiten am Typ 100 zu begutachten. Es war geplant, dass der nun als »Leopard« bezeichnete Wagen in der darauffolgenden Woche endlich fahren sollte. Sie interessierten sich auch

Die erste Fahrt des VK 3001 (P) am 24. Februar 1942 in St. Valentin. (PA)

Professor Porsche und sein Elektrospezialist Otto Zadnik vor dem Typ 100. (PA)

für die beginnenden Montagearbeiten an den Fahrwerksteilen für den Typ 101.

Die **vierte große Panzerkonferenz** vom **23. Januar 1942** in Rastenburg-Ostpreußen stand im Zeichen einer Antwort auf den sowjetischen Panzer T 34. Der T 34, der den deutschen Konstruktionen deutlich überlegen war, beeindruckte durch die Einfachheit seiner Konstruktion und seine Robustheit. Der verwendete russische Dieselmotor W-2 war zudem ein Meilenstein in der Motorenentwicklung, da er eigens für einen Panzer entwickelt worden war

Am 24. Februar 1942 geht es bei Eis und Schnee zur ersten Probefahrt des Panzers Porsche Typ 100. Die Ingenieure begutachten das rechte Antriebsrad. Otto Zadnik und Professor Porsche stehen im Turmersatzgewicht. (PA)

und nicht auf schon vorhandene Motoren zurückgegriffen wurde. Zudem war der T 34 sehr gut zur Serienfertigung geeignet, so dass es nicht verwunderlich war, dass Professor Porsche als Antwort auf diese Konstruktion sagte: »Nachbauen!«, was auf die Ablehnung der Militärs und der Industrie stieß. Zudem wollte Hitler eine Überlegenheit in Panzerung und Bewaffnung für die Zukunft schaffen, die vom Gegner nicht so schnell eingeholt werden konnte. Die begonnenen Projekte eines VK 3001 von den Firmen Daimler-Benz und M.A.N. sollten als VK 3002 die deutsche Antwort auf die sowjetischen Panzer werden.
Hitler forderte die beschleunigte Entwicklung des Panzers V »Panther« nach dem Vorbild des sowjetischen Panzers T 34 und die Erstellung einer Panzerkapazität von zunächst 600 Stück im Monat. Allerdings sah er zu diesem Zeitpunkt den Wert der Panzerwaffe aller Voraussicht nach durch die bevorstehende Großeinführung der neuen wirkungsvollen Panzergranaten nach dem Prinzip der »Hohlladung« wesentlich gemindert. Er befürwortete deshalb eine Umstellung der Produktion auf eine größere Menge von Selbstfahrlafetten, die schneller und billiger hergestellt werden konnten[26].
Die Herstellung des VK 3001 (P) erwies sich für das Nibelungenwerk auf Grund des neuen Antriebs als erheblich aufwendiger als bei dem ebenfalls im Werk gebauten Panzer IV. Zwei von eigentlich sechs Prototypen wurden letztendlich fertiggestellt[27]. Die lang erwartete Vorführung des ersten Versuchsfahrzeuges vom Porsche Typ 100

[26] Nachlass Saur, IfZ., Ed 442, Box 1.

[27] M. Winninger, Das Nibelungenwerk, S. 185.

Aus der Ortschaft geht es ins Gelände der Umgebung. (PA)

fand am 24. Februar 1942 im Beisein von Professor Porsche und Ferry Porsche im Einfahrgelände des Werkes statt. Am 27. März 1942 stand auch das zweite Fahrzeug bereit für Versuchsfahrten. Von diesen Probefahrten existieren einige Bilder vom Porsche Typ 100, der nur werksintern als »Leopard« bezeichnet wurde.

Die spätere Erprobung erfolgte ohne die Geschütztürme, da Krupp die Türme nicht fristgerecht liefern konnte und inzwischen der Auftrag zu Gunsten des VK 4501 (P) storniert worden war. Um ein vergleichbares Fahrgewicht zu erhalten, wurde als Turmersatz ein Belastungsgewicht aufgesetzt. Es erfolgten ausgiebige Fahrtests im Gelände und auf der Straße, um genügend Kenntnisse über das Verhalten des Benzin-elektrischen Antriebs im Panzerfahrzeug sowie deren Kühlprobleme zu bekommen. Diese Informationen waren um so wichtiger, da inzwischen, wie oben beschrieben, der Auftrag für den schwerer gepanzerten VK 4501 (P) begonnen wurde.

Da dieses Projekt von Hitler den Tarnnamen »Tiger« erhielt, wurde zwecks der besseren Unterscheidung im Werk der kleinere VK 3001 (P) als das kleinere »Raubtier«, als »Leopard« bezeichnet. Die erste Erwähnung beider Tarnnamen finden sich im Tagebuch von Chefingenieur Karl Rabe unter dem 13. Januar 1942, also erst kurz vor der Vollendung des ersten Fahrzeugs vom Typ 100. Diese Bezeichnung war auch den offiziellen Stellen nicht bekannt, wie 1945 ein Nachkriegsverhör Karl-Otto Saurs ergab. Dies zeigte, dass der in der Literatur genannte »Leopard« nichts mit dem Porsche-Fahrzeug zu tun hatte, sondern mit dieser Bezeichnung der stark gepanzerte Gefechtsaufklärer VK 1602 gemeint war, der bis Januar 1943 auf der Entwicklungsliste des Heeres stand.

Die Fahrt geht auch durch die Ortschaft St. Valentin. (PA)

Der Typ 100 im Einfahrgelände des Nibelungenwerkes. (PA)

Am 27. März 1942 erfolgte eine weitere Vorführung in St. Valentin, die laut Xaver Reimspieß gut verlief. Der »Leopard« des Nibelungenwerkes sorgte für keine Probleme mehr. Ein weiterer Motor vom Typ 100 kam am nächsten Tag zusammen mit einer 1:1-Panzerattrappe vom neuen Porsche »Sonderfahrzeug 2« (Porsche Typ 101) unter Militärbewachung von Stuttgart ins Nibelungenwerk in St. Valentin. Laut Professor Porsche brachte die Erprobung des »Sonderfahrzeuges 1« (Porsche Typ 100) wertvolle Erkenntnisse und Erfahrungen über die elektrische Steuerung und Lenkung sowie wichtige Ergebnisse über das Verhalten luftgekühlter Motoren im Panzerkampfwagen.

Die Probefahrten des »Leopard« liefen ohne größere Probleme. (PA)

Im oberen Bild sind gut die Frischluftzufuhr (hinter dem Turm) und die Abluft-Öffnungen vor den beiden Schalldämpfern der Motoren zu erkennen. Das Fahrzeug trägt einen Gewichtssimulator, aus dem Otto Zadnik herausschaut. (A)

Professor Porsche, gut zu erkennen an seinem Hut, während einer späteren Testfahrt (es liegt kein Schnee mehr) im werkseigenen Einfahrgelände. (PA)

Der Panzer VK 4501 (P) »Tiger«

Wie schon im Kapitel zuvor festgestellt, begann die Entwicklung des Porsche Typ 101 schon zu einem Zeitpunkt, als der Porsche Typ 100 erst als Modell im Maßstab 1:10 existierte. Der Auftrag zum neuen Typ 101 entstand auf Grund der Erfahrungen aus dem Westfeldzug, wo die stark gepanzerten französischen Panzer den deutschen Panzern ihre Grenzen aufzeigten. Mit der Forderung Hitlers vom **26. Mai 1941** nach einem stärker gepanzerten Fahrzeug entstand ein großes Problem für das Porsche- wie auch für das HWA-Projekt. Durch vergrößerte Panzerung erhöhte sich mit dem Gesamtgewicht auch der Achsdruck, das Fahrwerk musste verstärkt werden. Auch die Mobilität musste den neuen Voraussetzungen angepasst werden. Die notwendige höhere Motorleistung verlangte einen größeren Motorraum, was wiederum zu einer größeren Fahrgestell-Länge führte.

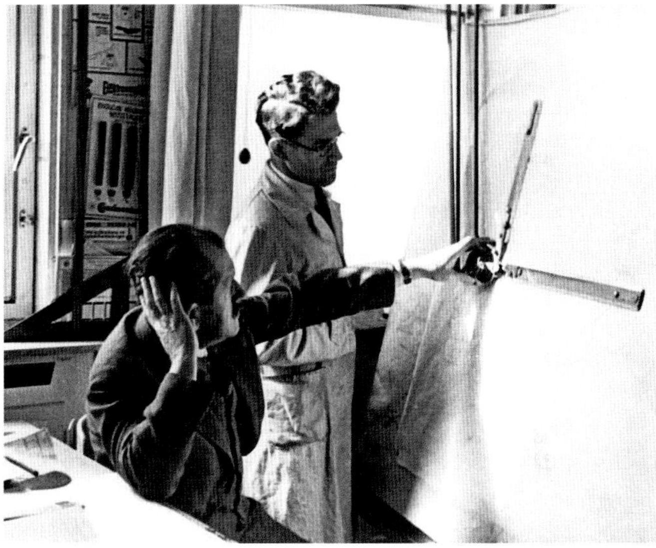

Professor Porsche im Zeichensaal der Porsche-KG. (PA)

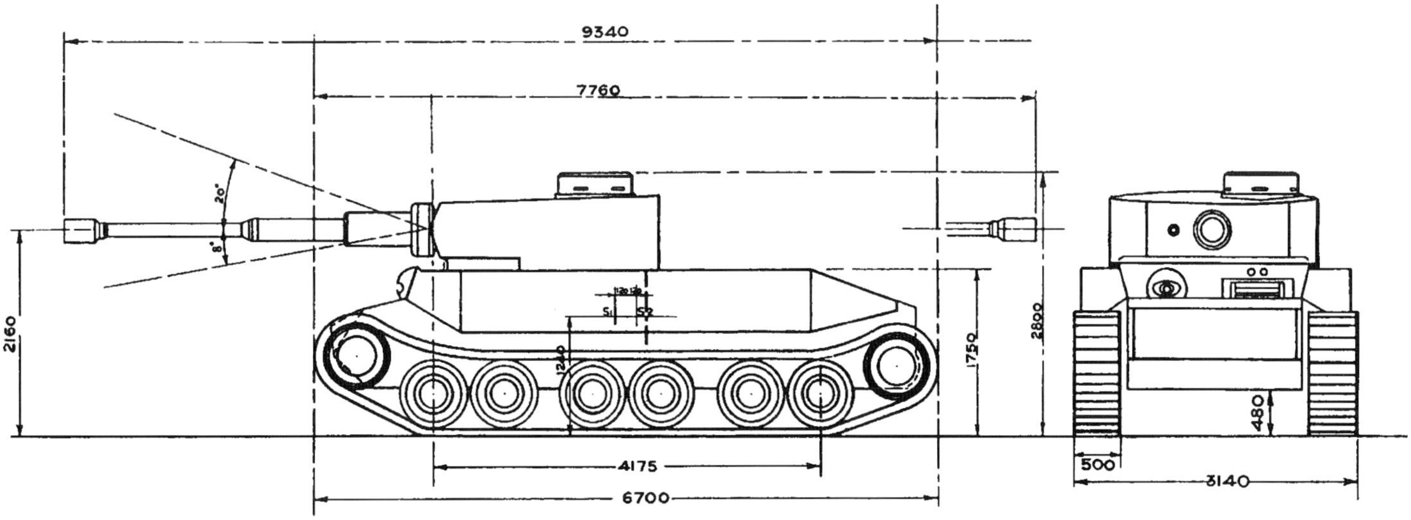

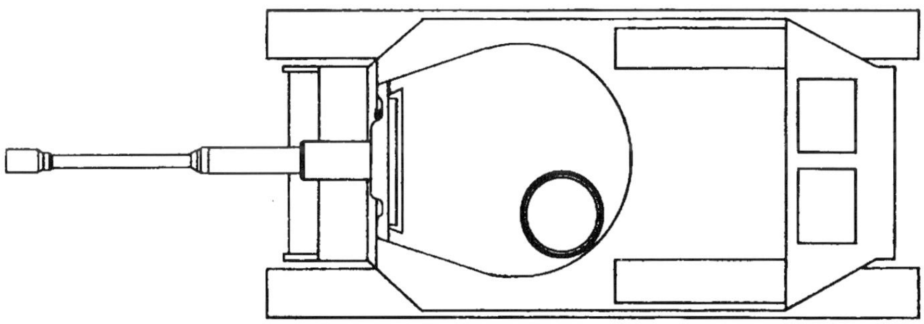

Auf dieser frühen Zeichnung waren noch die schmaleren 500-Ketten wie beim Porsche Typ 100 eingezeichnet. Diese Ketten wurden auch als Verladeketten bezeichnet, da damit das Standard-Verlademaß von 3150 mm problemlos eingehalten werden konnte. (PA)

Der Turmentwurf entsprach dem Entwurf des Typ 100. Er besaß einen Umriss in Hufeisenform, wobei sich die rechte Seite weiter nach innen bog. Die ersten acht Türme besaßen niedrigere 80-mm-starke Seitenwände und ein profiliertes, 25-mm-starkes Turmdach. Durch den stärker gepanzerten Turm, der bedingt durch den großen Turmdrehkreis schon weit vorn saß, verschob sich der Schwerpunkt des Fahrzeuges, so dass Porsche als Konsequenz die beiden bisher vorn liegenden Elektromotoren quer ins Heck verlagern musste. Da das Militär auf Grund der besseren Selbstreinigung den Frontantrieb bevorzugte, verwendete Porsche auch auf den vorderen Leiträdern Zahnkränze, was ungewöhnlich war und zu einer Auffälligkeit des als VK 4501 (P) bezeichneten Porsche Typ 101wurde. Laufrollen und Rollenwagenfederung wurden verstärkt und die Ketten von 500 mm auf 600 mm, später sogar auf 640 mm verbreitert.

Die Stützrollen konnten entfallen, da die Laufrollen auf einen Durchmesser von 794 mm vergrößert wurden. Die Gummibandagen unterlagen durch die Gewichtszunahme einer sehr großen Belastung. Da der Rohstoff Kautschuk ein Sparmaterial war, entschied sich Porsche, die gummisparende Laufrolle, ähnlich wie die in den sowjetischen KW-Panzern verwendeten Rollen, zu übernehmen.

Vom Chef des OKW, Wi Rü Amt erfolgte am 3. Juli 1941 die Information an das Nibelungenwerk, dass Hitler angeordnet hatte, die Fertigung des schweren Panzerkampfwagens 4501 (P) mit allen Mitteln zu beschleunigen und dass man die für die Auftragserteilung sonst übliche Erprobung nicht abzuwarten bräuchte. Nach den dem Amt vorliegenden Unterlagen war eine Fertigstellung von 10 Stück im Mai, 10 Stück im Juni, 12 Stück im Juli und 15 Stück im August 1942 möglich. Die Serie sollte 100 Fahrzeuge betragen.

Erstmals erwähnt wurde der Porsche Typ 101 im Tagebuch von Karl Rabe am 10. Juli 1941. Der Eintrag erfolgte im Zusammenhang mit einem Treffen von Porsche mit Ingenieur Heerlein von der Firma Krupp. Schon zwei Tage später fanden erste Vorbesprechungen mit der Firma Voith aus Heidenheim über einen hydraulischen Antrieb für den Typ 101 statt. Diese neue Hydraulik-Version bezeichnete man bei der Porsche KG später als Porsche Typ 102. Ende Juli 1941 bekam die Firma Skoda den Auftrag zur Vorgelege-Herstellung für den Typ 101. Die Federstäbe für die Kniehebelfederung sollten von der Firma Hoesch geliefert werden.

Die Firma Krupp erhielt am 22. Juli den offiziellen Rüstungsauftrag über 100 Rohbauwannen sowie über die Herstellung und Montage von 100 kompletten Panzertürmen. Als Empfänger und Montagefirma hatte das HWA das Nibelungenwerk in St. Valentin bestimmt. Am gleichen Tag suchten Karl Rabe mit Reimspieß und Fender das Skoda-Werk in Pilsen auf. Es ging hauptsächlich um das Vorgelege-Getriebe für den Typ 101. Am nächsten Tag fand noch eine Probefahrt in einem Skoda-Panzer statt. Nach Stuttgart zurückgekehrt, erfolgte eine Umkonstruktion des Planetengetriebes.

Ab dem 24. Juli 1941 kam es in kürzeren Abständen zu weiteren Beratungen mit den Firmen Voith, den Nibelungenwerken und Krupp. Am 1. August 1941 besichtigte Porsche erstmals in Kummersdorf erbeutete russische Panzer, was für den Professor sehr interessant war. Die nachfolgenden Besprechungen im Rüstungsministerium bei Dr. Fritz Todt dauerten bis zum 8. August. Skoda stellte schon am 9. August den ersten Entwurf einer Laufkette für den Typ 101 fertig.

Am 5. September 1941 erfolgte die Zeichnungsübergabe für den neuen Motor vom Typ 101 an die Firma Simmering-Graz-Pauker. Auch in Besprechung mit anderen Firmen, wie MAN, Junkers und Krupp, suchte man die besten Lösungen für das Projekt. Ende des Monats kamen Vertreter der Firma Teves nach Stuttgart, um über die Einzelheiten des Bremssystems zu beraten. Ab dem 9. Oktober 1941 beschäftigten sich Porsches Ingenieure zusätzlich mit einer Dieselvariante für den Typ 101. Dazu entstanden zu Prüfzwecken zwei Einzylinder-Dieselmotoren mit je 1,5-Liter Hubraum, einmal als Direkteinspritzer, der Typ 158, und einmal als Vorkammermotor System Simmering, der Typ 159.

Am 10. Oktober fand in Stuttgart eine große Beratung mit Vertretern von Simmering-Pauker Wien und von Steyr statt. Oskar Hacker, General von Radlmeier sowie Dr. Voith und Ing. Kugel vervollständigten die Runde. Am nächsten Tag beteiligten sich noch Professor Kamm und Dr. Huber von der TH Stuttgart an der Besprechung bei Porsche. In Stuttgart-Vaihingen besuchten die Porsche-Ingenieure am 17. Oktober 1941 eine Vorführung eines erbeuteten russischen Panzers. In den nächsten Tagen folgten Besprechungen mit Dr. Dorn und Heerlein von Krupp sowie mit Vertretern der Firmen von Rheinmetall, Skoda, Knecht und Teves.

Am 2. November 1941 fand in Wien eine lange und intensive Besprechung mit Franz Xaver Reimspieß, Professor Porsche, Karl Rabe seitens der Porsche KG mit Generaldirektor Schuster und Dr. Hacker von Simmering-Pauker-

Graz AG sowie von Steyr, Direktor Walter zum Typ 101 statt. Es ging dabei hauptsächlich um das geplante Motorenprogramm. Dabei fiel der Entschluss, zusätzlich auch einen Motor mit Wasserkühlung unter der Bezeichnung Porsche **Typ 130** zu entwickeln.

In den Hallen V und VI des Nibelungenwerkes wurden eigene Abteilungen geschaffen, denen ein sogenanntes »Tiger-Büro« vorstand. In der Halle V fanden sämtliche Versuchs- und Montagearbeiten am Porsche-Tiger statt, während in der Halle VI in der mechanischen Fertigung die benötigten Fahrwerksteile hergestellt wurden[28].

Am 13. und 14. November befand sich Porsche im Führerhauptquartier. Am nächsten Tag folgten ganztägige Termin-Besprechungen mit Steyr, Simmering und Voith in Stuttgart. Anfang Dezember gab es nach Porsches Fahrt vom 29. November zu Hitler stürmische Debatten im Stuttgarter Büro zwischen dem Professor und Karl Rabe. Bei der Montage tauchten viele Probleme auf, so dass Porsche oft ins Nibelungenwerk fuhr. Otto Zadnik verblieb meist mehrere Tage vor Ort, wobei er oft von Xaver Reimspieß begleitet wurde. Die Porsche-Ingenieure pendelten laufend zwischen St. Valentin, Pilsen, Fallersleben und Stuttgart.

Am 21. Dezember lief der erste Motor vom Typ 101 auf dem Motorprüfstand in Stuttgart, wobei erneut eine starke Ölschaumbildung festgestellt wurde. Dies machte eine Änderung des Schmiersystems notwendig, in dem Umlenkbleche in das Kurbelwellengehäuse eingebaut wurden. Die dafür notwendigen Zeichnungen wurden umgehend an die Firma Simmering gesandt, um schon beim nächsten Motor diese Änderung durchzuführen.

Die ersten beiden, mittlerweile fertiggeschweißten Wannen mit den Nummern 150 001 und 150 002 waren am 27. Dezember 1941 nebst Zubehör, das die Deckel der sechs Ablassöffnungen, die MG-Kugelblende, die Teile der Fahrersehklappe sowie die beiden Motortüren in der Schottwand umfasste, an das Montagewerk in St. Valentin ausgeliefert worden. Am 31. Dezember kamen auch die Wannen 150 003 und 150 004 zum Versand ins Nibelungenwerk. Unterdessen erfolgten eingehende Laufwerksversuche für den Typ 101 im Labor des VW-Werkes in Fallersleben.

Das Jahr 1942 begann mit einem Besuch von Professor Maier von der Rüstungsinspektion des Waffenamtes. Rabe und Ferry Porsche suchten am 8. Januar die Firma Daimler-Benz auf, um auch bei diesem Hersteller nach einem geeigneten Dieselmotor für den Porsche Typ 101 zu suchen. Karl Rabe suchte des Weiteren die Firma Junkers auf, um sich zum Thema der Motorlagerung von Typ 100 und Typ 101 beraten zu lassen. Die gewonnenen Ergebnisse wertete man schon am nächsten Tag in Stuttgart aus. Während der Motor vom Typ 100, wie schon zuvor beschrieben, auf dem Prüfstand gut lief, hatte am 17. Januar 1942 der Motor vom Typ 101 einen Kolbenfresser und musste daraufhin zerlegt werden. Eingehende Besprechungen folgten.

Am 18. Januar 1942 erfolgte beim Krupp-eigenen Schießplatz Meppen ein erster Beschuss der als Gerät 5-38 bezeichneten 8,8-cm-KwK 36 L/56. Die ersten 20 Schuss dienten zum Anschießen des Rohres, der Einregulierung der Rohrbremse, der Erprobung des Verschlusses und

Die Rohbauwanne eines Typ 101 zeigt deutlich den Motorraum für die zwei 10-Zylinder-Motoren und die seitlichen Lüfteröffnungen. (SB)

Die Rohbau-Wanne Nummer 150 002 im Krupp-Werk. (PA)

[28] M. Winninger, Das Nibelungenwerk, S. 195.

des Hülsenauswurfes. Probleme gab es mit einzelnen Hülsenklemmern und einem mehr oder weniger starken Nachflammen. Letzteres Problem lag an der Mündungsbremse, da mit dem normalen Pulver der 8,8-cm-Flak 18 geschossen wurde, die bekanntermaßen keine Mündungsbremse besaß. Zur Beseitigung des Mangels sollte später mit einer Salzvorlage geschossen werden. Die weiteren fertiggestellten 8,8-cm-Kanonen sollten später mit je 14 Schuss eingeschossen werden. Für Mitte Februar 1942 hatte das HWA zudem noch einen Massenbeschuss eines schon abgenommenen Geschützes von etwa 300 Schuss geplant.

Aber auch Details zu den geplanten Drehtürmen von VK 3601 und VK 4501 wurden am 21. Januar zwischen Krupp, Henschel und Wa Prüf 6 besprochen. Neben dem Wegfall der mittigen Säule plante man Klappen für die Reservemunition im Bühnenboden ein.

Eine Woche später, am 20. Januar, tagte in St. Valentin die große Runde mit Generaldirektor Meindl und allen Beteiligten zum Thema Tiger-Produktion. Auch bei Krupp in Essen besprachen die Abteilungsleiter mit Dr. Rohland vom Panzerausschuss Details der Wannen-Konstruktion. Es ging hauptsächlich um die Vereinfachung der Porsche-Wannen. Krupp hatte im Vorfeld zwei im Winkel von 90° geschweißte 30-mm-Panzerplatten mit einem 3,7-cm-Geschütz beschossen. Eine davon war mechanisch bearbeitet und im Winkel von 90° geschweißt, die andere Platte autogen gebrannt und im Winkel von 30° geschweißt. Die Wirkung des Beschusses war dieselbe, so dass kein besonderer Vorteil ersichtlich war. Das autogene Brennen als Fertigungsmethode konnte ein hohes Einsparungspotential darstellen. Dieses Protokoll der Erprobung sollte Hitler von Rohland zur nächsten Besprechung vorgelegt werden.

Ein weiterer Punkt des Sonderausschusses VI-»Panzerwagen« drehte sich um das Thema der rationellen Fertigung schwerer Türme. Dabei lag der Fokus auf der Methode des Pressens von Türmen, in dem ein wesentliches Einspar-Potential lag. Dabei zeigte sich, dass der hufeisenförmige Turm vom VK 4501 mit seiner Form und seiner Wandstärke von 100/80 mm für das Pressen aus Termin- und Gewichtsgründen ungeeignet war.

Erhebliche Nacharbeiten wurden notwendig. Auf alle Fälle musste die Decke wieder ausgeschnitten und aus Gründen der Gewichtsersparnis durch ein leichteres Deckblech ersetzt werden. Wollte man bei den Seitenwänden auf die Nennstärke von 80 mm kommen, musste man im unteren Bereich eine Stärke von 90 bis 95 mm in Kauf nehmen. Damit wäre aber auch keine 100-mm-Stirnwand möglich gewesen, sollte der ganze Turm nicht von 110 bis 115 mm auf 100 mm verjüngend stark werden. Auch der neuentwickelte **Turm 4501-verstärkt-** (erste Erwähnung eines neuen »Tiger« am 23. Januar 1942 – d. A.) eignete sich in der derzeitigen Form nicht zum Pressen. Türme in Abmessungen des »Tiger-Programms«, die entsprechend konstruiert waren, machten

Die 8,8-cm-KwK 36 L/56 im Panzermuseum Bovington.

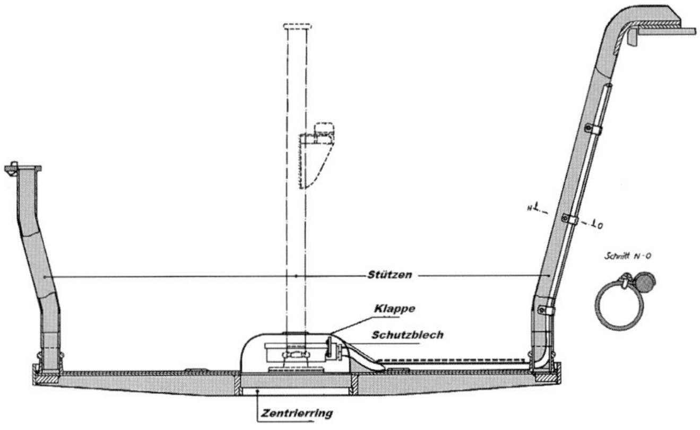

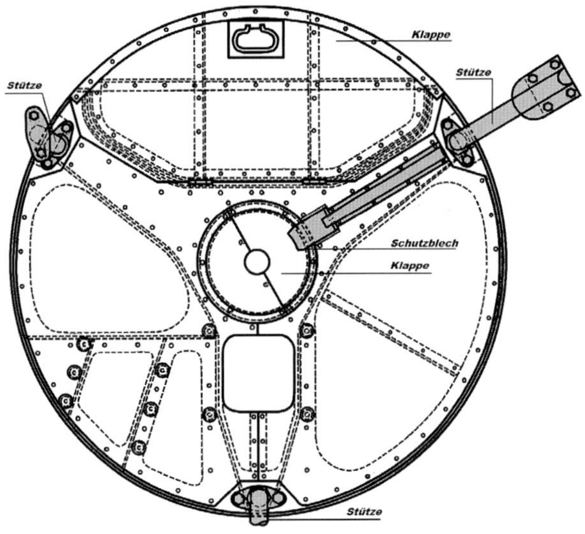

Die Drehbühne unter dem Turm mit der Munitionsklappe. (D 656)

eine Presse von 10.000 bis 15.000 t Druckkraft notwendig, die zwar als Schmiedepresse schon vorhanden, jedoch vollständig ausgelastet war[29].

Noch im Januar bestellte die Firma Krupp beim Heer Abteilung WuG 6 die Funkgerätesätze für die 100 Türme des Typs 101. Vorgesehen war die Anlieferung der Funk-Ausrüstung für Februar 1942 mit sechs Fu 5-Sätzen, für März 1942 mit neun Fu 5-Sätzen, für April 1942 mit 12 Fu 5-Sätzen, ab Mai jeden laufenden Monat weitere 15 Fu 5-Sätze. Für die drei bestellten VK 4501-Henschel-Türme wurde ab Februar pro Monat ein Funkgerätesatz benötigt. Erstaunlicherweise orderte Krupp auch für sechs Türme des gestoppten Typ VK 3601 (Henschel) je Monat zwei Funkgerätesätze Fu 5.

Im Januar erfolgten mit den Wannen 150 005, 150 007 und 150 008 drei weitere Lieferungen nach St. Valentin. Dort trug man den Wunsch an Krupp heran, für die nächsten sechs Wannen die elektrische Ausführung zu liefern, um die aufwändige Umstellung in der Montage zu vermeiden. (die im Dezember gelieferte Wanne 150 004 war damals noch eine hydraulische Ausführung – d. A.).

Am 23. Januar wurde Porsche ins Führerhauptquartier beordert. Am gleichen Tag schickte die Firma Porsche an Krupp die Information, dass zur besseren Unterscheidung sämtlicher Zeichnungen und Stücklisten, die nur für den hydraulischen Antrieb galten, die Typenbezeichnung von 101 in 102 geändert wurde. Damit galt als Bezeichnung für die hydraulische Version des »Tiger« P ab diesem Zeitpunkt **Porsche Typ 102**. Eine weitere Änderung im Detail betraf die Druckluftanlage. Die zwei großen Druckkessel der Druckluftanlage wurden durch vier kleinere Luftkessel ersetzt.

Anfang Februar bekam Krupp von dem alleinigen Geschützhersteller Wolf-Buckau das zweite 8,8-cm-Geschütz (Gerät 5-38) sowie zwei Geschütze vom Typ 0725 für den VK 3601 zugesandt. Am 27. und 28. Januar 1942 fand bei der Dr. Porsche KG eine Besprechung mit Vertretern der Firmen Krupp und Daimler-Benz statt. Reimspieß teilte den Anwesenden mit, dass die Stirnwand an dem künftigen Fahrzeug nicht wie bisher eine Neigung von 45°, sondern eine Neigung von 30° zur Horizontalen erhalten sollte. Ferner sollte die Fahrersehklappe so ausgebildet werden, dass diese auch als Ausstieg genutzt werden konnte, also nach außen schwenkbar sein sollte (ähnlich dem T 34 – d. A.).

Die Abmessungen hatte Reimspieß mit etwa 450 x 350 mm vorgesehen. Da der Inhalt dieser Besprechung letztendlich die Wannen ab Nr. 150 101 betraf, wird dazu näher in einem späteren Kapitel eingegangen (Typ 180). Zwei Tage später tagte bei Krupp die Sitzung der Panzerkommission zum Thema »Tiger-Programm« mit anschließender Besichtigung der Fertigung unter Vorsitz von Dr. Rohland. Inhaltlich ging es zu Beginn um drei Vorschläge. Als Erstes schlug Krupp vor, die Einzelteile der Typ 101-Wanne unter weitgehender Ausschaltung der mechanischen Bearbeitung autogen auf das Fertigmaß zu schneiden. Da Wa Prüf 6 Nachteile in der Beschusssicherheit befürchtete, war Krupp bereit, mittels eines Vergleichsschusses den Einwand zu entkräften. Von Professor Porsche kam der Wunsch, dass ab Wanne 150 101 die Wannenkonstruktion so geändert werden sollte, dass die Frontplatte nur 30° gegen die Horizontale geneigt sein sollte. Dr. Rohland machte zudem den Vorschlag, dass in Zu-

[29] BAMA RH 8/2793.

kunft die Panzerung des VK 4501 nur noch mit chromnickelhaltigen austenitischen Elektroden geschweißt werden sollte. Nach einer längeren Debatte wurde Folgendes vereinbart:

1. Die Firma Krupp sollte bis April ein Beschussmodell in bisheriger Gehäuseform, aber entsprechend dem Vorschlag unbearbeitet autogen geschnitten herstellen.
2. Ab Wanne Nr. 101 sollte die Firma Krupp die Lieferung von Wannen mit 30° geneigter Frontplatte autogen geschnitten vorsehen.
3. Für die umfangreichen Konstruktionsarbeiten, die für die Erfüllung der Punkte 1 und 2 notwendig waren, sollte die Firma Porsche der Firma Krupp etwa vier Konstrukteure zur Verfügung stellen.
4. Bei dem Beschuss im April sollte neben der autogen geschnittenen Wanne eine Wanne beschossen werden, bei der die Blechstöße genauso ausgeführt wurden, wie bei den ersten 100 Wannen.
5. Bezüglich der Schweißung der beiden Beschusskörper sollten beide Varianten zu einem in bisheriger Weise und zum anderen entsprechend dem Vorschlag von Dr. Rohland (ohne harten Decklagen) nur austenitisch geschweißt werden.
6. Falls der Beschuss der nach dem Kruppschen Vorschlag autogen geschnittenen Wanne ein ungünstiges Ergebnis hatte, sollten im August 1942 nach Ablieferung der ersten 100 Wannen weitere Wannen in der bisherigen mechanisch bearbeiteten Form hergestellt werden. Ebenso sollte vorgegangen werden, wenn die neue Form mit der autogen geschnittenen und 30°-geneigten Frontplatte nicht rechtzeitig konstruktiv fertig würde.
7. Es wurde beschlossen, dass die Serie der VK 4501-Wannen in Zukunft entsprechend dem Vorschlag von Dr. Rohland ohne harte Decklagen nur austenitisch mit chromnickelhaltigen Elektroden geschweißt werden sollte. Wa Prüf 6 behielt sich eine nochmalige Überprüfung vor.

Die Technologie des »Pressens von Türmen« wurde, so die Erklärung des Krupp-Vertreters, deshalb nicht angewandt, weil die Termine von Beginn der Konstruktion bis zum Beginn der Fertigung immer sehr kurz waren. Um die zur Herstellung und Erprobung der Pressgesenke erforderliche Zeit zu gewinnen, müssten die Abmessungen der gepressten Teile jeweils schon bei Konstruktionsbeginn festgelegt worden sein, ohne dass noch eine wesentliche Änderung der Pressform möglich war. Diese Forderungen konnten von der Konstruktion nicht erfüllt werden. Außerdem stand für die Durchführung dieser Pressarbeiten nur eine kleine Zahl von geeigneten Pressen zur Verfügung. Trotz aller Schwierigkeiten wollte man diese Fertigungsmöglichkeit in der Zukunft weiterverfolgen.

Es wurde die Frage gestellt, weshalb die für die schweren Fahrzeuge entwickelten Türme im Vergleich zu den russischen Fahrzeugen eine so breite Front hatten. Krupp wies darauf hin, dass es konstruktiv durchaus möglich war, eine Geschützblende schmal zu gestalten. Diese musste aber entsprechend höher sein, so dass die dem Beschuss ausgesetzte Fläche in der Höhe mal Breite ungefähr dieselbe war. Zum Abschluss informierte Oberst Fichtner, dass auf Grund des starken Abzugs von Arbeitskräften die Fertigstellung der VK 3001- und VK 3601-Fahrzeuge der Firma Henschel vorläufig zurückgestellt worden sei. Die in Arbeit befindlichen Panzerungen für die noch fehlenden vier VK 3601-Fahrzeuge sollten trotzdem fertiggestellt werden. Die bisherigen Termine konnten dabei überschritten werden. Wo diese vier Wannen untergebracht werden sollten, mussten Krupp und Wa Prüf 6 noch vereinbaren. Von den acht VK 3001-Fahrzeugen sollten nur vier Stück als Einfahr-Fahrzeuge fertiggestellt werden. Die restlichen vier Wannen wurden ebenfalls bis auf weiteres zurückgestellt[30].

Am 2. Februar 1942 trug Professor Thoma aus München bei Porsche seinen Entwurf eines Panzerantriebs mit Hilfe eines **hydrostatischen** Getriebes vor (siehe Kapitel »Technik im Detail«), den er in späteren Jahren an einem Panzer IV verwirklichen konnte. Professor Porsche entschied sich allerdings am nächsten Tag, anlässlich eines erneuten Besuchs von Vertretern der Firma Voith, für den **hydrodynamischen** Antrieb von Voith.

Die Firma Krupp arbeitete im Februar 1942 an weiteren Turm-Entwürfen für die VK 4501-Baureihe. So sollte geprüft werden, ob der Turm VK 4501-verstärkt- mit der 8,8-cm-KwK L/71 auf Grund des kleineren Bedienkreises von 1850 mm auch auf das Henschel-Fahrzeug aufgesetzt werden konnte. Damit war der spätere »Tiger« H 3 gemeint. Beim Porschefahrzeug sollte stattdessen geprüft werden, ob eine 10,5-cm-KwK L/70 (die Kanone des Panzerkampfwagens »Löwe« – d. A.) im verstärkten Turm untergebracht werden konnte, da beim Porsche-Fahrzeug der Durchmesser der Wannendach-Aussparung 2000 mm betrug.

Intern fasste Krupp die in der Entwicklung befindlichen schweren Kampfwagentürme nochmals zusammen:

[30] BAMA RH 8/2793, Seite 145.

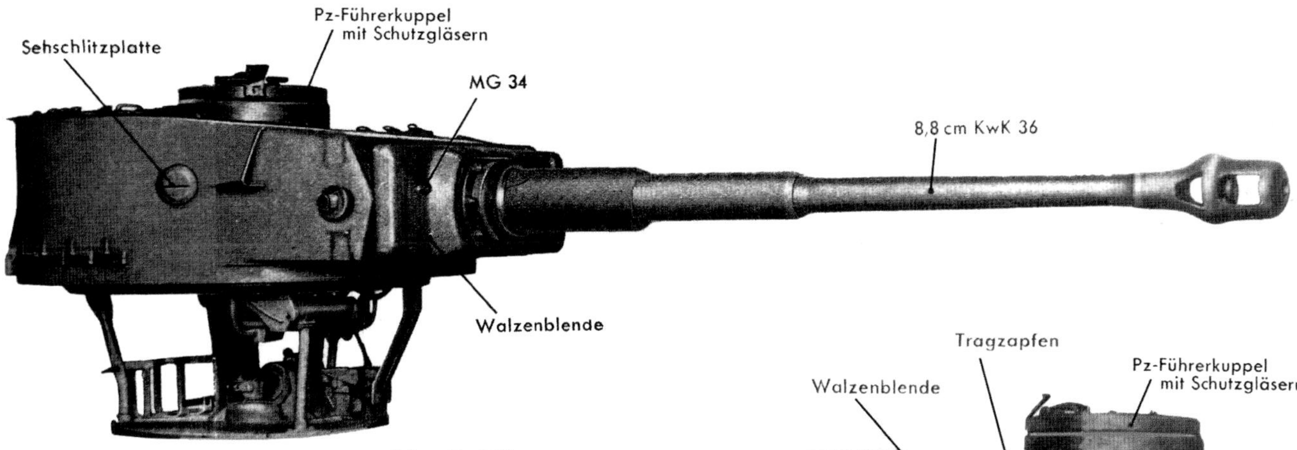

Der spätere VK 4501 (H)-Turm mit dem hohen Dach. Das flache Dach der ersten sieben Porschetürme bekam der Henschel-Turm nie, da die Standhöhe des Ladeschützen durch die auf dem Wannenboden befindlichen querliegenden Drehstäbe eingeschränkt gewesen wäre. (D 656)

1. Entwurf eines 8,8-cm-L/56-Turmes mit einem Bedienkreis-Durchmesser von 1650 bis 1700 mm in der Bauart VK 4501-verstärkt- mit einer Wandstärke von 80/50 mm bzw. 80/40 mm, falls das Gewicht zu hoch werden sollte. Der Turm war bestimmt für das von Krupp zu entwickelnde Fahrzeug VK 3002 und für den VK 3002 der Firma MAN als Ersatz für den 7,5-cm-L/70-Turm.
2. Entwurf eines 8,8-cm-L/71-Turmes für den VK 4501-verstärkt- mit dem Bedienkreis-Durchmesser von 1850 mm. Laut Oberst Fichtner sollte dieser Turm für das Henschel-Fahrzeug geeignet sein. Sobald Wa Prüf 6 die Entwurfsskizze erhalten hatte, sollte die Weitergabe an Henschel zwecks Prüfung erfolgen.
3. Entwurf eines 10,5-cm-L/70-Turmes (VK 7001) für das Porsche-Fahrzeug mit dem Bedienkreis-Durchmesser von 2000 mm. Bauart: verstärkter VK 4501-Turm.
4. Neben dem Entwurf des 10,5-cm-L/70-Turmes für den VK 7001 war noch zu untersuchen, wie groß der kleinste Bedienkreis-Durchmesser bei einem 12,8-cm-L/50-Turm und einem 15-cm-L/40-Turm war. Für große und kleine Erhöhungen sollte zudem noch festgestellt werden, ob auf dem Fahrzeug noch ein kleineres Geschütz von etwa 5-cm- oder 7,5-cm-Kaliber untergebracht werden konnte.

Unterdessen erinnerte Steyr-Daimler-Puch am 5. Februar die Firma Krupp an ihre Aufgabe, für die neuen Fahrzeuge auch Beschreibungen und ein Ersatzteilverzeichnis beizustellen. Laut OKH sollten die Bücher umfassen:

1. Gerätebeschreibung und Bedienungsanweisung:
   a) für den Turm,
   b) für den Aufbau ohne Turm (Fahrgestell),
2. Pflegeheft,
3. Fristenheft,
4. Instandsetzungsheft (Aus- und Einbau, Zerlegen),
5. Ersatzteilliste.

Da die Indrucklegung der ersten vier Bücher durch Wa Prüf 6 erfolgte, verlangte man schon im März den ersten Entwurf, um eine zeitgerechte Fertigstellung zu gewährleisten. Im selben Monat entstand auch die **»vorläufige Ausrüstungsliste für VK 4501, Aufbau und Turm, Stand Januar 1942«,** die neben dem Turm mit der 8,8-cm-KwK 36 (Gerät 5-38) noch einen 7,5-cm-KwK 40 (Gerät 5-37)-Turm der Firma Rheinmetall enthielt.

Der 8. Februar 1942 war für Professor Porsche persönlich, aber auch für das Panzerprojekt ein schwarzer Tag. Minister Dr. Fritz Todt kam an diesem Tag unter ungeklärten Umständen bei einem Flugzeugabsturz ums Leben. Wie schon in der Einleitung beschrieben, verstanden sich

die beiden Techniker gut. Ihr Umgang miteinander war erfüllt von einer gegenseitigen Hochachtung. Todt war Techniker und Fachmann gewesen, ließ sich aber auch von anderen Fachleuten beraten, wenn er etwas nicht verstand. Als Todts Nachfolger wurde von Hitler am 10. Februar der jüngere Albert Speer ernannt. Speer war kein Techniker, sondern der Star-Architekt Hitlers, der es verstanden hatte, Hitler für sich einzunehmen. Er war der Typ Mensch, der von anderen keine Widersprüche duldete, es sei denn von Hitler. Für ihn war Professor Porsche deswegen nicht der richtige Ansprechpartner, denn Porsche musste von der (abweichenden) Meinung seines Gegenübers überzeugt sein statt ihr blind zu folgen.
Gemäß den Planungen begannen ab Anfang Februar 1942 auf dem Schießplatz Meppen in der Stellung -3500 m- die Einschießungen von jeweils fünf Geschützen des Typs 8,8-cm-KwK 36. Die als Montagefirma auftretende Dortmund-Hoerder Hüttenverein AG (DHHV) stellte die Geräte den Beteiligten vom HWA und von Krupp vor. Jedes Gerät wurde mit je 15 Schuss abgenommen. Bis auf zwei Versager verlief alles vorschriftsmäßig. Beanstandet wurde erneut das Nachflammen nach dem Schuss. Wa Prüf 4 unternahm noch einen Massenbeschuss von insgesamt 250 Schuss, bei dem am angewärmten Rohr Nachflammer ausblieben. Als größter Rohr-Rücklauf maßen die Prüfoffiziere 555 mm, was bei einem Grenzmaß von 560 mm noch als normal angesehen wurde.
Am 3. Februar befanden sich die Wannen 150 006, 150 009 und 150 010 von Krupp auf dem Weg nach St. Valentin. Die Firma Krupp erhielt die Anfrage vom Nibelungenwerk, welche Wannenausführung als Nächstes zum Versand kommen konnte, da die letzten beiden Wannen hydraulische waren. In St. Valentin erfolgte eine überwiegende Anlieferung von Einbauaggregaten für die elektrische Wannenausführung, so dass eine aufeinanderfolgende Lieferung von sechs elektrischen Wannen wünschenswert war.
Probleme gab es indessen bei der Turmherstellung mit der Lieferung der Turmkugellager der Firma Kugelfischer. Eine Anfrage ergab, dass Kugelfischer die Produktion infolge von Kohlen- und Strommangel vorübergehend eingestellt hatte. Erst nachdem sich das Rüstungsministerium mit dem Schweinfurther Stromversorger in Verbindung gesetzt hatte, konnte die Lieferung von zwei fertigen Lagern sowie neun Lagern in Eilfertigung sichergestellt werden. Allerdings waren von den Kugellagern sechs Lager rissig und wurden deshalb am 27. Februar an Kugelfischer komplett zurückgesandt. Diese Verzögerung hatte auch Folgen für die nachfolgenden Gewerbe. In diesem Fall konnten von Krupps 2. Mechanischen Werkstatt die für den Turm benötigten Schleifringkörper ohne die Kugellager nicht fristgerecht fertiggestellt werden.
Am 24. Februar legten Krupp und Porsche die Einbauschritte für die Turmmontage fest:

- Montage des Umformers,
- Hülsenschleusenknie mittels Hilfsvorrichtung zentrieren und befestigen,
- Schleifringübertrager mittels genauer Zentrierung einsetzen,
- Hülsentrichter in Hülsenschleusenknie einsetzen,
- Turmgehäuse mit Kugellager waren mittels 200 mm langer Montagebolzen aufzusetzen. Damit sollte eine Beschädigung des Luftanschlusses und des Wasserablaufrohres vermieden werden.

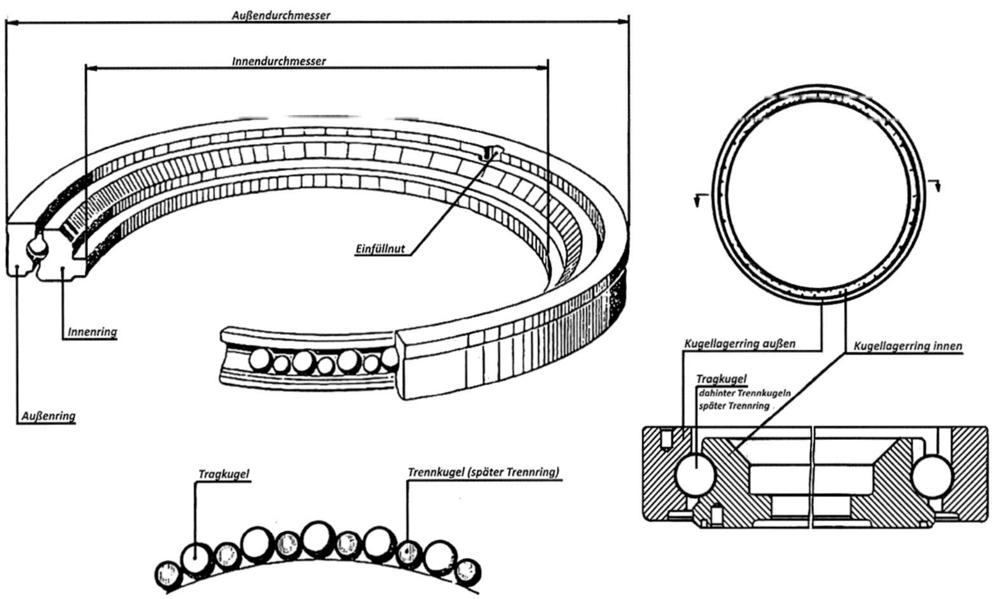

Das Kugellager des Turmdrehlagers, so wie es im Turm des VK 4501 zum Einsatz kam. (D 656)

- Montage der Schleusenanschlagleiste,
- Einschrauben sämtlicher weiterer loser Teile, wie Sitz, Schutzblech und Turmzurrung.

Am 24. Februar gelangte eine weitere Wannenlieferung nach St. Valentin. Da von den vier gelieferten Wannen drei Stück hydraulische Ausführungen waren, stellte das Nibelungenwerk an Krupp erneut die Anfrage, ob statt der hydraulischen Wannen nicht zuerst die Wannen für den elektrischen Antrieb vorzuziehen seien. Krupp sah sich allerdings nicht in der Lage, die laufende Herstellung von 50% hydraulischen und 50% elektrischen Wannen umzustellen, da keine Lagermöglichkeit für die schon begonnenen hydraulischen Wannen in Essen bestand. Sämtliche Panzerteile mussten sofort nach Fertigstellung versandt werden.

Krupp und das Waffenamt verständigten sich am 3. März über die zu liefernden Geschütze für den VK 4501. Von der als Gerät 5/38 bezeichneten 8,8-cm-KwK L/56 sollten von der Maschinenfabrik-Buckau 100 Stück und von der DHHV 150 Stück hergestellt werden. Geplant war dabei die Auslieferung des ersten Gerätes 5/38 (Henschel) für den Turmbauer Wegmann auf Anfang März. Die

Vergleich Porsche VK 4501 (P) und AK-VK 7001 vom 27. Februar

Lfd. Nr.	Bennung		VK 4501 (P)	VK 7001
I. Maße:				
1	Gehäuselänge	mm	6.200	6.850 z.T. wegen größeren Bedienungskreises
2	Panzerung vorn	mm	100	100
3	Panzerung seitlich	mm	80	80
4	Bodenstärke	mm	25	30
5	Deckenstärke	mm	25	40
6	Turm		8,8 cm L/71v	10,5 cm L/70
7	Bedienkreis-Durchmesser	mm	1.850	2.420
8	Kettenlänge	mm	14.300	15.000
9	Kettenbreite	mm	600	750
10	Kettengewicht	kg/m	~150 (zu niedrig)	~250
11	Auflagelänge	mm	4.200	4.340
12	Schusszahl (im Turm)		50 (0)	76 (46)
13	Patronengewicht	kg	15	40/41
II. Gewichte:				
1	Gehäuse mit Einbauteilen	kg	20.960	27.000
2	Laufwerk ohne Ketten, mit Seitenvorgelege	kg	10.077	9.900
3	Ketten	kg	4.300	7.500
4	Triebwerk	kg	6.588	3.710
5	Turm mit Geschütz komplett	kg	9.600 (verst. 12.500)	19.200
6	Geschütz-Munition m. Lagerung	kg	900	3.300
7	MG-Munition (2000 Schuss)	kg	80	80
8	Verschiedenes	kg	1.084	1.300
9	Betriebsstoffe	kg	510 640 Liter Kraftst.	1000 Liter Kraftst. und Wasser
10	Ersatzteile	kg	565	810
11	Besatzung mit Ausrüstung	kg	500	500
12	Unvorhergesehenes	kg	436	750
	Gesamtgewichte	**kg**	**55.500**	**75.000**

Eine Gegenüberstellung der Abmessungen und Gewichte von VK 4501 (P) und VK 7001.[31]

[31] BAMA RH 8/2795.

gleiche Verteilung von 100/150 Stück betraf auch die als Gerät 5/808 bezeichnete 8,8-cm-KwK L/71. Der erste Satz von 15 Stück sollte bis zum 1. September 1942 von Wolf-Buckau geliefert werden. Als Hersteller der bestellten drei Versuchsgeräte 5/808 war der Produzent der Seriengeräte vorgesehen.

Am 12. März schrieb Direktor Müller von Krupp an Ingenieur Krömer, den Beauftragten für das »Tiger-Programm« im Rüstungsministerium, dass die für April festgelegten Termine zur Lieferung von zehn fertigen Türmen an das Nibelungenwerk nicht zu halten seien. Der Grund dafür waren verspätete bzw. gar nicht gelieferte Maschinen. Auch die fehlenden Arbeitskräfte kamen zu spät und besetzten nur 80% der Stellen. Der restliche Bedarf konnte nur durch ungelernte russische Zivilarbeiter abgedeckt werden.

Die Konstruktion wurde ebenfalls zu spät abgeschlossen, zumal noch einige Änderungen notwendig wurden. Des Weiteren konnten die ersten zehn Turmkugellager statt wie gefordert am 1. Februar erst am 14. bzw. 17. März 1942 auf Grund von Nachbehandlungen geliefert werden. Auch die erste Rate der Geschütze und Optiken musste zum erstgenannten Termin einbaufertig zur Verfügung stehen. Deshalb konnten die ersten Porsche-Türme erst Anfang Mai 1942 und der Henschel-Turm erst noch einige Tage später geliefert werden.

Die Antwort erfolgte einen Tag danach. Darin wurde festgestellt, dass, wenn auch verspätet, alle Voraussetzungen für die Ablieferung der Türme im April geschaffen worden seien. *»Die durch die rückständige Anlieferung verschiedener Teile bisher entstandenen Verzögerungen müssen demnach durch geeignete Maßnahmen bei der Montage wieder aufgeholt werden.«*[32] Der darauffolgende Briefwechsel entsprach inhaltlich dem Vorherigen und muss nicht weiter dargelegt werden.

[32] BAMA, RH8/2795.

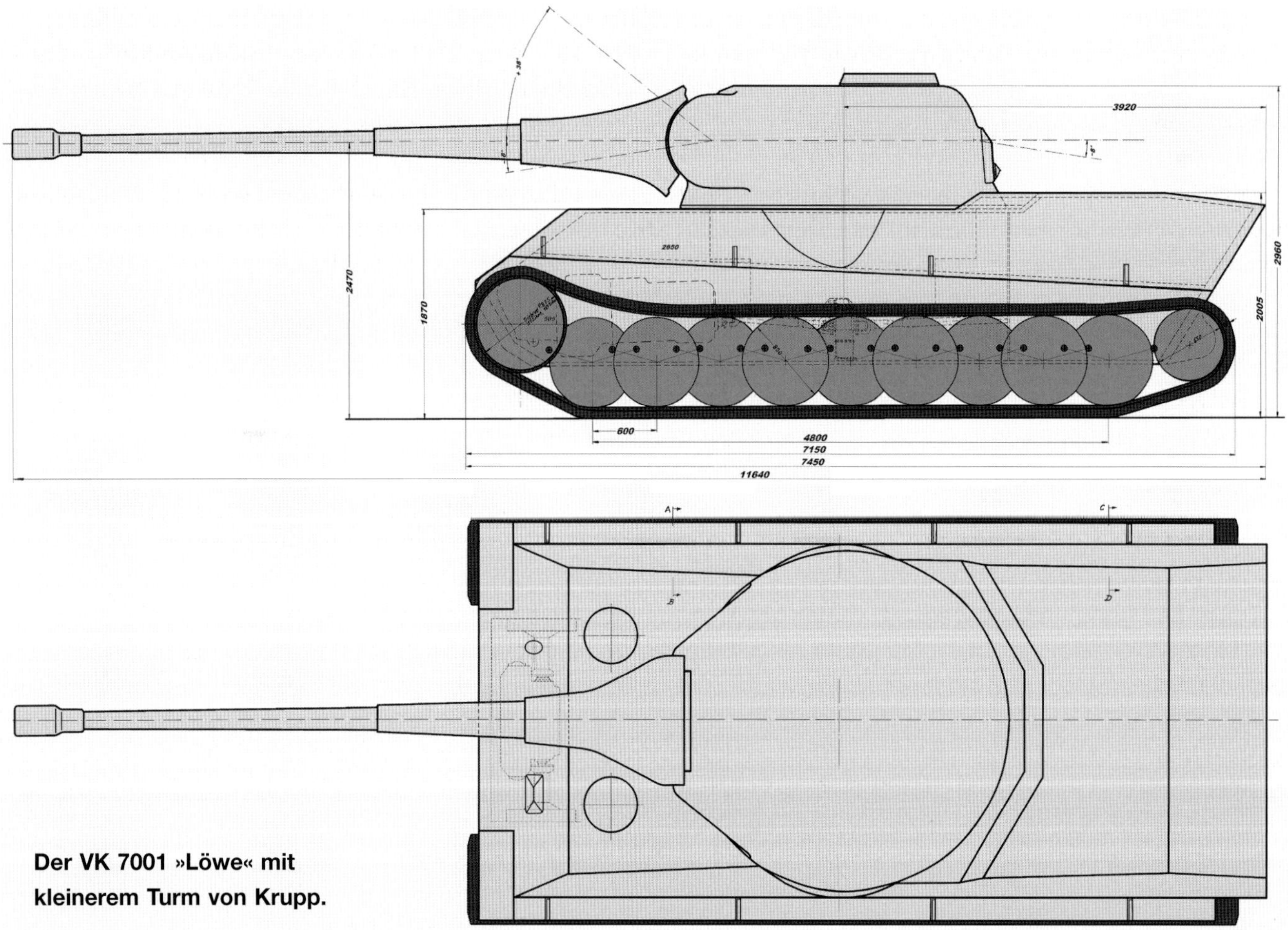

Der VK 7001 »Löwe« mit kleinerem Turm von Krupp.

Die vom 5. bis 6. März 1942 stattfindende Rüstungsbesprechung hatte für das »Tiger-Programm« insofern Belang, weil Hitler betonte, er lege großen Wert darauf, dass bereits die ersten »Tiger« sofort nach Fertigstellung an die Front kommen mussten. Die notwendige Erprobung sollte gleichzeitig an der Front erfolgen. Diese Forderung war absurd, weil damit unnütze Ausfälle dieser wertvollen Fahrzeuge vorprogrammiert waren. Des Weiteren forderte Hitler, dass der geplante 72-t-Panzerwagen »Löwe« ein 100-t-Fahrzeug werden musste und das erste Probefahrzeug noch vor dem Frühjahr 1943 in Betrieb genommen werden sollte.

Nach Verhandlungen mit der Reichsbahn sollte die Frage der Verbreiterung der Panzerkampfwagen nochmals geprüft werden. Um für den Bahntransport mehr Spielraum zu haben, hatte das Reichsbahnzentralamt eine Verbreiterung des Eisenbahn-Verlademaßes von 3350 mm bzw. für den »Tiger« auf 3550 mm zu prüfen, denn es bestand im europäischen Eisenbahnnetz noch an vielen Stellen der Gleisabstand von 3500 mm. Unter Zugrundelegung dieses Abstandes und unter Abzug von 75 mm für den zulässigen Seitenausschlag der Fahrzeuge sowie 100 mm für Betriebsunregelmäßigkeiten ergab sich die Notwendigkeit des internationalen Durchgangsprofils für Fahrzeuge mit 3150 mm. Die Verringerung der Betriebsunregelmäßigkeiten von 100 mm auf 25 mm war ein Zugeständnis, damit dieses Breitenmaß für den Transport von Panzerwagen ausnahmsweise auf 3300 mm vergrößert werden konnte. Diese Vergrößerung galt allerdings nur bis zu einer Höhe von 2600 mm über der Schiene (Stand 1942).

Hitler war mit der späteren Antwort anscheinend nicht zufrieden, da er am 4. April Generalleutnant Gercke, den Chef des Feldtransportwesens, aufforderte, die Verladebreite mit Hilfe von Schablonen in den Breiten 3350 mm, 3400 mm, 3500 mm und 3550 mm nochmals vor Ort zu prüfen. Die Konstrukteure bekamen die Aufgabe, festzustellen, ob diese Verbreiterung für die laufende »Panther«- und »Tiger«-Fertigung noch ausgenutzt werden konnte[33].

Am 9. März 1942 erfolgte vom Werk Simmering-Graz-Pauker die Anlieferung des ersten verbesserten Motors vom Typ 101 zum Test auf dem Stuttgarter Prüfstand. Diese Versuche am 15. und am 21. März verliefen erfolgreich. Als Leistung wurden 320 Brems-PS bei 2400 U/min gemessen. Jedoch waren bereits am 22. März bei dem überarbeiteten Motor Typ 101 auf dem Prüfstand die Kolben durchgebrannt, da der Motor zu heiß wurde. In der Nacht zum 28. März gab es wieder eine Motor-Havarie, als am 10. Zylinder erneut ein Kolbenfresser auftrat.

Auf dem Prüfstand der spätere Simmering-Motor 101/2 mit der neuen Luftführung. (PA)

Am 16. März 1942 informierte Hitler Amtsleiter Sauer, dass ein möglicher Nachbau des Panzers T 34 nicht weiterverfolgt werden sollte, da die Panzerkampfwagen V und VI bei annähernd gleicher Geschwindigkeit die bessere Panzerung und Bewaffnung besäßen. Hitler verlangte von Saur die Vorlage der Fotos vom Porsche-Tiger. Dieser zeigte ihm am 19. März zudem die geplanten Zahlen zur Tiger-Produktion: Oktober 1942 (bis einschließlich September) 60 Porsche- und 25 Henschel-Tiger, März 1943 (bis einschließlich Februar) weitere 135 Fahrzeuge beider Baureihen, so dass insgesamt 220 »Tiger« zur Verfügung standen. Hitler betonte, dass möglichst schnell entschieden werden sollte, ob Porsche- oder Henschel-Tiger gebaut werden sollten, damit nur einer in größerer Serie ausgestoßen werde. Unter Umständen war eine Vorentscheidung möglich, falls der Porsche-Tiger außerordentlich befriedigte[34].

Am nächsten Tag hatte Karl Rabe Besuch von einer OKH-Kommission wegen der geplanten Ausrüstung der Typen 101, dem eine Besprechung mit Krupp zu Fragen des Turmes folgte. Am 28. März wurde, zusammen mit einem Motor vom Typ 100, eine Panzer-Attrappe aus Holz vom Typ 101 unter Militärbewachung nach St. Valentin ins

[33] Nachlass Saur, IfZ., Ed 442, Box 1.

[34] Nachlass Saur, IfZ., Ed 442, Box 1.

Dieses spätere Modell des »Tiger« (P) besitzt allerdings schon den hohen Turm mit Notausstieg und Dachlüfter. (SB)

Nibelungenwerk verschickt. Rabe hatte der Firma Berger & Mössner aus Feuerbach zudem den Auftrag erteilt, im Maßstab 1:10 ein Modell vom »Tiger« P zu fertigen.

Anlässlich einer weiteren Rüstungskonferenz, die am 21. März stattfand, erkundigte sich Hitler bei Professor Porsche, ob es möglich sei, in einem Panzer eine zusätzliche Kühlung, z. B. für die Wüste, und auch eine Heizung einzubauen. Porsche antwortete, dass dies möglich sei und er für den »Tiger« schon eine Lösung gefunden habe. Des Weiteren erhielt er den Entwicklungsauftrag zur selbständigen Konstruktion eines 100-t-Panzers, der späteren »Maus«. Damit hatte Porsche ein neues Panzerprojekt erhalten, ohne dass das vorhergehende Projekt überhaupt einmal gefahren war. Der Professor war mit seiner Devise, alle Aufträge anzunehmen, das Risiko eingegangen, sich in der Vielzahl an Projekten zu verzetteln.

Auf dem Schießplatz von Kummersdorf fanden am 17. März Beschussversuche der Walzenblende aus vergütetem Sonderstahlguss statt. Auf 100 m erfolgte ein Beschuss mit einer 5-cm- sowie einer 7,5-cm-Panzergranate. Das kleinere Kaliber erzielte nur an den geschwächten Stellen, wie den Öffnungen des Turmzielfernrohres und des MG-Durchbruches, einen Durchschuss. Dagegen war eine Durchschuss-Sicherheit bei dem Kaliber 7,5-cm auf die 100-m-Schussentfernung nicht gegeben. Die vorgeschlagene bessere Vergütung konnte nicht mehr für die erste Serie verwirklicht werden, da sich diese ersten 100 Walzenblenden schon in der Fertigung befanden.

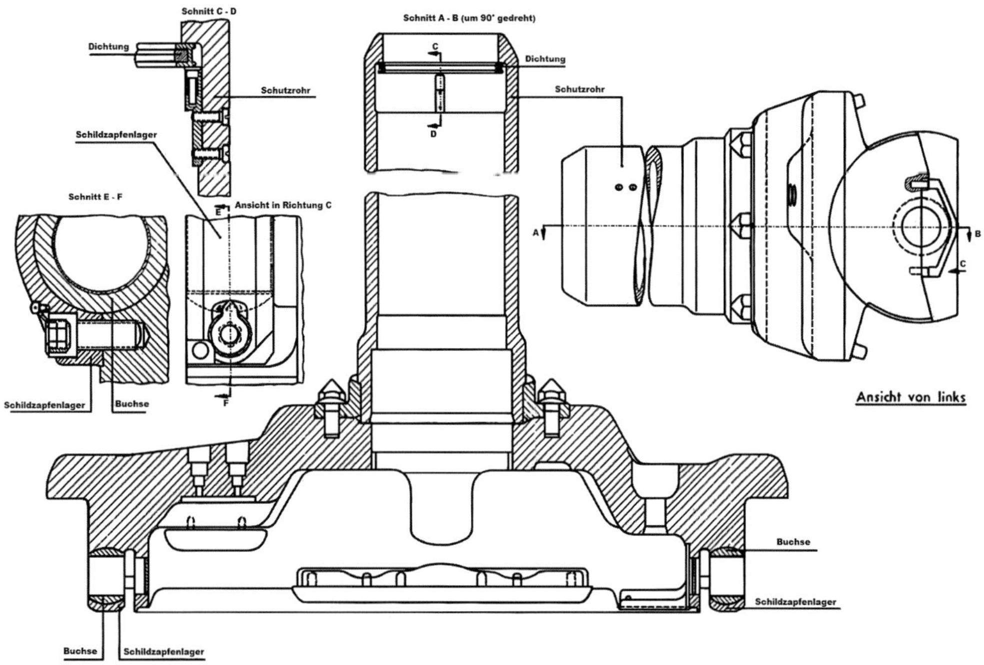

Querschnitt durch die Panzerblende der 8,8-cm-KwK 36. (D 656)

Darin war die Kritik enthalten, dass Porsche und Krupp die Blende entwickelt hatten, ohne Wa Prüf 6 hinsichtlich der Beschusssicherheit der Konstruktion und der fertigen Ausführung eingeschaltet zu haben. Am 23. März fand in Stuttgart eine Abstimmung zwischen Porsche, Krupp und dem Rüstungsministerium über die Stückzahlen der einzelnen Panzerwannen statt. Darin legten die Teilnehmer fest, dass 50 Stück vom Porsche Typ 101 elektrisch und luftgekühlt und 50 Stück vom Typ 101 hydraulisch und luftgekühlt gefertigt werden sollten.

Des Weiteren sollten Motorabdeckungen für 25 Wannen vom Typ 130 elektrisch und wassergekühlt sowie für 25 Wannen vom Typ 131 hydraulisch und wassergekühlt vorbereitet werden, wobei letztere voraussichtlich nicht zur Ausführung kam. Für die Wannen-Nummern 150 101 bis 150 165, also dem späteren Porsche Typ 180 bzw. VK 4502 (P), legten die Teilnehmer fest, dass die Fahrersehklappe einen Ausschnitt von 500 mm im Durchmesser erhalten sollte. Die Lage in der Stirnwand betrug 570 mm von der Mitte und 400 mm ab der Oberkante. Die Klappe sollte komplett von Krupp hergestellt werden. Auch die geplante Kugelblende sollte möglichst ebenfalls von Krupp gefertigt werden.

Porsche hatte bis zum 30. März die endgültigen Zeichnungen dazu bereitzustellen. Es sollte zudem versucht werden, die oberen Seitenwände soweit über die Oberkante Decke hinauf zu verlängern, dass eine Schutzkante für das Turmschwenklager entstand. Zur Deckenauflage sollten weiche Leisten aufgeschweißt werden. Die Bohrungen für die Befestigung des Lauf-, Leit- und Antriebswerkes sollten mit den Wannen vom Typ 4501 (P) passgenau sein. Die Auspuff-Austritte sollten nicht durch die Wannen-Wände erfolgen.

Auch alle Öffnungen im Wannenboden entsprachen denen des VK 4501 (P). Ausgenommen war die weggefallene Hülsenschleuse. Die notwendigen Einzel- und Zusammenbau-Zeichnungen hatte Porsche bis zum 8. April anzufertigen. Im Anschluss an die bereits aufgegebenen 15 Wannen sollten sofort weitere 45 Wannen aufgelegt werden. Alle genannten Termine mussten laut dem Vertreter des Ministeriums unbedingt gehalten werden, da sonst für Krupp der Anschluss an die Lieferung der Wannen vom Typ 101 verloren gegangen wäre. Die Neigung der Stirnwand des VK 4502 (P) wurde auf 35° mit überragender Oberkante festgelegt. Bis auf weiteres sollte, zumindest bei den ersten 15 Wannen, die Ausstiegsluke mit der Fahrersehklappe und die Kugelblende in der Stirnwand ausgeführt werden. Dafür sollte eine Stirnwand mit Bugteil des Porsche Typ 180 zum Beschuss vorgezogen werden. Zudem erhielt der Wannenboden im vorderen Teil eine 20 mm starke Verdoppelung zwecks besseren Minenschutzes.

In Essen fanden am gleichen Tag, dem 23. März 1942, zwei weitere wichtige Besprechungen statt. Es ging um das »Tiger-Programm« mit seinen Lieferfristen. Neu dabei war Diplom-Ingenieur Krömer, den Speer als Sonderbeauftragten für das »Tiger-Programm« eingesetzt hatte. Krömer wies nochmals auf die besonders hohe Dringlichkeit dieses Programms hin. Laut Krömer bestand Hitler darauf, dass alle Termine unter allen Umständen gehalten werden mussten. Dr. Müller von Krupp hielt erneut dagegen, dass die Firma Krupp noch andere, vom Führer persönlich befohlene Aufgaben hatte.

Es fehlten auch zum Teil die zur Erfüllung des Programms versprochenen notwendigen Arbeitskräfte und Maschinen. Auch waren erstklassige Arbeitskräfte aus der Tiger-Fertigung eingezogen worden, was sich nachteilig auf die gestellten Termine auswirkte. Die am 4. Juli 1941 gestellten Termine für zehn Porsche-Türme und einen Henschel-Turm für April 1942 konnten so nicht gehalten werden. Weitere Ursachen waren die schon beschriebenen Lieferschwierigkeiten der Kugellager von der Firma Kugelfischer, die obendrein noch fehlerhafte Lager lieferte.

Auch die Beistellung der Optiken durch das OKH verzögerte sich um anderthalb Monate. Bei den Waffen sah die Lage ähnlich aus, zumal von den verspätet gelieferten neun Geschützen drei Stück erheblich fehlerhaft waren. Die Lieferung des Boehringer-Sturm-Ölgetriebes L3S1 für den Henschel-Turm war immer noch nicht erfolgt. Krömer machte Krupp den Vorwurf, das Ministerium über die Schwierigkeiten mit den Zulieferern nicht rechtzeitig informiert zu haben, was Dr. Müller zurückwies. Man habe immer das Ministerium rechtzeitig informiert. Wenn die festen Zusagen nicht eingehalten wurden, konnte die Firma Krupp nicht dafür verantwortlich gemacht werden, dass die Termine nicht zu halten waren. Krömer stellte nun seinerseits die Forderung auf, dass zwei Porsche-Türme am 15. April 1942 und acht Porsche-Türme am 30. April 1942 von Essen ins Nibelungenwerk abgesendet werden sollten. Als Entgegenkommen dazu brauchten die ersten 100 Türme nicht wasserdicht zu sein.

Ingenieur Talmon von Krupp sagte unter diesen Umständen als Termin für den 1. Turm den 25. April, für den 2. Turm den 1. Mai und für den 3. bis 10. Turm laufend bis zum 15. Mai zu. Krömer hielt diese Termine jedoch für untragbar. Dr. Müller wies darauf hin, dass die Lieferung von zehn Porsche- und einem Henschel-Turm bis Ende April zugesichert worden war und die Verzögerung damit nur wenige Tage betrug. Man traf letztendlich die Vereinbarung, dass zwei Türme bis zum 15. April 1942 zu versenden seien, auch wenn deren Montage noch nicht ganz abgeschlossen war. Die endgültige Fertigstellung sollte dann von Krupp-Monteuren im Nibelungenwerk vollendet werden. Krupp erhielt von Krömer noch die Information, zu welchen genauen Terminen die weiteren Türme benötigt würden. Krupp bekam die Aufgabe gestellt, festzustellen, in welchem Fertigungszustand sich die einzelnen Türme befanden.

Der Termin Ende Mai 1942 durfte auf keinen Fall mehr überschritten werden. Das Nibelungenwerk wünschte die Lieferungen jener Teile vorab, welche vorher in die Wanne eingebaut werden mussten, wie z.B. die Schleifring-Übertrager und Generatoren des Turmschwenkwerkes. Die Fertigstellung des Henschel-Turmes war ebenfalls besonders vordringlich und sollte in den ersten Tagen des Monats Mai 1942 erfolgen. Zum Thema der Wannenproduktion des Porsche Typ 101 teilte Krömer mit, dass in Zukunft nicht mehr die Hälfte der Wannen als hydraulische Ausführung geliefert werden sollten, sondern in verstärktem Maße die Herstellung der elektrischen Antriebe forciert werden musste.

An das Nibelungenwerk wurden bisher, Stand 23. März 1942, folgende Wannen versandt:

- 14 Wannen mit hydraulischem Antrieb,
- 14 Wannen mit elektrischem Antrieb.

Bis Ende März kamen noch zwei weitere Wannen von jeder Ausführung zur Auslieferung. Die weiteren Forderungen Krömers waren:

- **bis Ende April 1942:**
  16 Wannen mit hydraulischem Antrieb und 30 Wannen mit elektrischem Antrieb,
- **im Mai 1942:**
  zwei Wannen mit hydraulischem Antrieb und 14 Wannen mit elektrischem Antrieb,
- **im Juni 1942:**
  fünf Wannen mit hydraulischem Antrieb und 12 Wannen mit elektrischem Antrieb,
- **im Juli 1942:**
  zehn Wannen mit hydraulischem Antrieb und sechs Wannen mit elektrischem Antrieb.

Da die Forderungen die Lieferzusagen von Krupp überschritten, sollte dazu noch in den nächsten Monaten eine Vereinbarung über die weiteren Stückzahlen mit der Firma Krupp geschlossen werden[35].

Am 4. April schrieb das Nibelungenwerk an Krupp, dass die im April zu liefernden Wannen dem aktuellen Entwicklungsstand entsprechen mussten, da durch die bestehende Verzögerung der Auslieferung keine Nacharbeit mehr möglich war. Bezüglich der zehn hydraulischen Wannen fühlte sich das Nibelungenwerk außerstande, die nachträglich geforderten Änderungen durchzuführen, da alle Bohrwerke für die Fertigung der elektrischen Wannen eingesetzt worden waren. Krupp wurde vor die Wahl gestellt, ob Krupp-Monteure im Nibelungenwerk die hinteren beiden Deckel wechseln oder die Wannen zurückgeschickt werden sollten. Zugleich fragte man an, ob Krupp den ungefähren Terminplan für die April-Lieferung der Wannen zusenden könnte. Noch am gleichen Tag kam das Telegramm mit der gewünschten Aufstellung:

- Bisher wurden geliefert: 14 hydraulische Wannen und 14 elektrische Wannen plus den restlichen je zwei Wannen für den Monat März.
- Für den Monat April zwei hydraulische Wannen und 10 elektrische Wannen.
- Für den Monat Mai zwei hydraulische Wannen und 14 elektrische Wannen.
- Für den Monat Juni fünf hydraulische Wannen und 10 elektrische Wannen.
- Für den Monat Juli 15 hydraulische Wannen.
- Für den Monat August 10 hydraulische Wannen.

Unterm Strich bestand die Planung, von jedem Wannentyp 50 Stück zu liefern.

Von Krupp erfolgte eine Anfrage an die Porsche KG, wann mit wassergekühlten Motoren beim Typ 101 zu rechnen war, damit die entsprechenden Grätings rechtzeitig gefertigt werden konnten. Von Porsche kam darauf die Antwort, dass der Einsatz wassergekühlter Antriebe noch nicht grundsätzlich geklärt werden konnte.

Weitere Rückschläge stellten sich bei der Motorenfertigung ein. Am 2. April hatte ein Motor vom Typ 101 auf dem Prüfstand erneut einen Kolbenfresser. Nach Erneuern der »Mahle«-Kolben lief der Motor am darauffolgenden Tag wieder im Labor. Auch am nächsten Tag wurde der Motor weiter getestet, u.a. unter einer 1/2 Stunde

[35] BAMA RH 8/2797 S. 152.

Im Bild oben rechts das 1:1-Holzmodell vom Typ 101 einschließlich eines Turmentwurfs. Davorstehend die Werksleitung des Nibelungenwerkes. (SB)

Voll-Last. Danach zerlegte man den Motor in Anwesenheit von beiden Porsches und eines Ingenieurs der Kolbenfirma Mahle. Die Arbeiten an den Motoren liefen fieberhaft weiter. Es wurden umfangreiche Luftmengenmessungen vorgenommen. Vertreter von Voith und Hirth waren wegen der Veränderungen am Gebläse vor Ort, da die Motoren zu wenig Luft erhielten. Auch eine neue Ölpumpe wurde per Kurier aus Wien geholt und montiert. Die erneuten Luftmessungen wurden am 11. April die ganze Nacht hindurch fortgesetzt, auch Professor Porsche war bis 5 Uhr früh dabei. Die Durchsatz-Werte hatten sich von einem Drittel auf ein Halbes verbessert, doch erst der Einsatz eines zweistufigen Gebläses von Voith brachte am 13. und 14. April den gewünschten Erfolg auf dem Prüfstand.

Krupp teilte am 7. April 1942 dem Nibelungenwerk mit, dass am 10. April die gewünschten Motorabdeckungen und der vorgezogene Porsche-Turm per LKW zum Versand kommen würden. Die vorher einzubauenden Turmteile, wie Schleifringkörper, 24-Volt-Schützen für 200 Ampere und Generator (der Leonard-Umformer – d. A.) waren schon seit dem 1. April per Bahn-Expressgut unterwegs. Um unerwünschten Terminverzögerungen entgegenzuwirken, schlug Porsche vor, dass die Lieferung der gesamten Motorabdeckung unter Umgehung der Heeresabnahmestelle erfolgen sollte. Diese sechs Motorgrätings waren allerdings nur Probeabgüsse, die nach der geplanten Vorführung wieder zu Krupp zurückgesandt werden sollten. Wie angekündigt, kam am 10. April der Turm 150 001 mit eingebautem Rohr Nr. 4 im Nibelungenwerk an.

Weiterhin gehörten zur Lieferung das TZF 9b Nr. 4 drei Sitzpolster, MG-Stopfen und weitere Einzelteile. Der Turm besaß jedoch noch mehrere Mängel. So ließ sich der Lukendeckel von außen nicht schließen, ein Laufwechsel am MG war auf Grund der Feder der mechanischen Abfeuerung nicht möglich, die Zurrung ließ sich nicht festlegen und das Höhenrichten war nur bis 16° möglich, da der Dichtrahmen gegen das Zielfernrohr stieß. Für alle war jedoch wichtig, dass der Turm zeitgerecht auf die Wanne aufgesetzt werden konnte.

Am 13. April 1942 ging nach den geschilderten problematischen Luftversuchen gegen 15 Uhr der erste Motor vom Typ 101 mit dem LKW nach Steyr ab. Zwei Tage später kamen auch die Motor-Abdeckungen im Werk an. Diese Eile war nicht unbegründet, da Hauptamtsleiter Karl Otto Saur im Vorfeld die »hervorragende« Idee hatte, die ersten »Tiger« vom Typ Porsche und Henschel zu Hitlers Geburtstag am 20. April 1942 im Führerhauptquartier Rastenburg vorführen zu lassen, was natürlich den Druck auf alle Beteiligten enorm erhöhte. Die Monteure bei Henschel wie auch im Nibelungenwerk arbeiteten Tag und Nacht, die Montage sah wie ein Ameisenhaufen aus und hatte nichts mehr mit einer rationellen Arbeitsweise zu tun. Man stand sich eher gegenseitig im Weg.

Am 17. April 1942 war der Kraftakt geschafft, so dass der erste Porsche Typ 101 um 18:30 Uhr aus eigener Kraft aus der Halle V fahren und mittels Kran auf einem Tiefladewagen vom Typ SSt der Firma Krupp verladen werden konnte.

Am 19. April 1942 kam der Transport auf einem Nebenbahnhof beim Hauptquartier »Wolfsschanze« bei Rastenburg/Ostpreußen an.

In Karl Rabes Tagebuch steht unter dem 20. April:
»Heute ist Führers Geburtstag. Ich bin den ganzen Tag im Büro. Mittags ruft Prof. P. an, die Vorführung Typ 101 hat gut geklappt. Prof. P. erhielt das Kriegsverdienstkreuz 1. Klasse mit Schwertern.« [36] Der weitere Ablauf ist nicht aktenkundig belegt, es existiert nur eine sehr subjektive Erinnerung des Chefingenieurs des Henschel-WA-Entwurfes, Dr. Erwin Aders, die viele Jahre später niedergeschrieben wurde: *»... Die Gleisketten ragten zu beiden Seiten je 50 mm über das Eisenbahnprofil hinaus. Die Eisenbahn-Direktionen sperrten daher die Linie Kassel-Rastenburg* (Ostpreußen – d. A.) *für alle anderen Transporte derart ab, dass Begegnungen vermieden wurden. Auf einem Nebenbahnhof beim Hauptquartier lief der Transport am 19. April ein. Ein 70-t-Kran der Reichsbahn stand um 9 Uhr unter Dampf bereit. Wir durften aber nicht sogleich auf einer öffentlichen Straße ins Hauptquartier fahren, sondern mussten warten, um mit unserem „Nebenbuhler“ (Porsche) zusammen die gesperrte Straße zu benutzen. Wir hatten eine Stunde zu warten und nutzten sie zu Probefahrten und Einstellarbeiten aus; ... Der Transport aus St. Valentin (Nibelungenwerk) traf gegen 10 Uhr ein. Ein Plattformwagen mit einem Notstrom-Aggregat war dabei, man hatte offenbar unterwegs noch Schweißarbeiten gemacht* (mit dem Schweißgerät hatte man vermutlich die am Heck liegenden Ersatzkettenglieder angebracht – d. A.). *Die Gleisketten lagen dabei, sie wurden ausgelegt, und das Fahrzeug wurde daraufgesetzt* (wieso hatte man unterwegs die Gleisketten abgenommen? Und wie machte man es während der Bahn-Fahrt? – d. A.).

---

[36] PA, Tagebuch von Porsche-Chefkonstrukteur Karl Rabe: 1940–1945.

Das verladene Vorführfahrzeug am 17. April 1942 im Übergabebereich der werkseigenen Anschlussbahn. Das Verlademaß konnte, im Gegensatz zur Konkurrenz, eingehalten werden. (PA)

Zufälliger- und unglücklicherweise stand es nun quer zum Schienenweg. Die erste Fahrt musste also mit einer Drehung im rechten Winkel beginnen. Das gelang nicht, die (nur 500 mm breiten – d. A.) *Gleisketten wühlten sich bei den hartnäckig wiederholten Versuchen nach und nach immer tiefer ein und standen nach einer Stunde auf der Packlage der Pflasterung. Der Konstrukteur Reimspieß erbat Hilfe bei uns, sein Kollege von der elektrischen Planung (Zadnik) verbat sie sich aber. Porsche stand dabei und ließ alles geschehen. Wir erhielten dann Weisung zur Abfahrt zum Eingang des Hauptquartiers und stellten unser Fahrzeug im Walde ab. Später erst erfuhren wir, dass nach unserem Abgang der Dampfkran noch einmal angeheizt worden war und das Porsche-Gefährt am Kranhaken in Abfahrtrichtung gedreht wurde. Auf fester Straße entsprach es den Erwartungen und erreichte auch den Abstellort im Walde* (Was kein Kunststück war, da das Henschel-Fahrzeug mit seinen 725 mm breiten Ketten einen Bodendruck

Die 500-er Ersatzkettenglieder liegen noch auf dem Boden des Tiefladewagens. Das Fahrzeug trägt den noch unfertigen Turm mit der Nummer 150 001. (PA)

von etwa 1,05 kg/cm² besaß, im Gegensatz dazu hatte das Porsche-Fahrzeug mit der schmalen 500-er Kette einen Bodendruck von 1,41 kg/cm² auf fester Straße – d. A.).

Am nächsten Morgen – 20. 04. 1942 – fuhren die beiden Panzerfahrzeuge ins Hauptquartier. Gegen 10:30 Uhr versammelten sich die „Größen" des 3. Reiches und der Wehrmacht. Goebbels und Göring fehlten. Als Hitler gegen 11 Uhr erschien, wurden die Vertreter der Industrie in der Reihenfolge Krupp-Nibelungenwerke-Henschel vorgestellt. Porsche erhielt dann das Kriegsverdienstkreuz I. Klasse. Danach ließ sich Hitler eine halbe Stunde lang die Konstruktion des Porsche-Fahrzeuges und des Drehturmes (Ob. Ing. Heerlein, Krupp) erklären. Es war offenkundig, dass alle Vorurteile schon zugunsten von Porsche gefällt waren.

Für Henschel hatte Hitler nur 2 bis 3 Minuten übrig. Immerhin bestieg er auch den Henschel-Panzer, rang sich eine Frage ab, die das Kühlsystem betraf (weil er die Gitter für die Kühlluft im Dach sah) und stieg wieder hinunter. Ich hatte schon bei dieser Gelegenheit das Gefühl, dass Hitler meine Abneigung und meine kalte Einstellung spürte und wohl dadurch gehemmt war. Die eigentliche Vorführung bestand an dem Vormittag in der Geradeausfahrt der Fahrzeuge auf der guten festen Landstraße, die an der „Wolfsschanze" vorbeiführte; beide Panzer verschwanden schnell in der Ferne, keiner kam aber wieder zurück. Bei Henschel mussten die noch unerprobten Bremsen erst richtig eingestellt werden; von Porsche erfuhr man nichts. Während wir dann noch beim Hauptquartier auf weitere Weisungen warteten, wurde bekannt, dass am Nachmittag vor Göring noch eine zweite Vorführung stattfinden werde.

Der Reichsmarschall kam gegen 15 Uhr in geradezu operettenhafter Aufmachung, in großer Pracht und Herrlichkeit. Er übergab den Marschallstab samt dem Galanteriedegen an einen Volksgenossen aus St. Valentin zum Halten und bestieg nach Hitler den Porsche-Panzer. Wieder wurde erklärt, aber das Henschel-Fahrzeug diesmal gar nicht beachtet. Als bei den Fahrübungen das Porsche-Fahrzeug abgegangen war, drängte zu meinem Entsetzen der Hauptamtsleiter Otto Saur darauf, dass sich der Henschel-Panzer auf dem neben der Straße gelegenen Brachfeld tummele. Ich war auf ein katastrophales Versagen gefasst, wurde aber auf gewissermaßen „triumphale" Weise enttäuscht. Wie wenn die Vorführung eingeübt gewesen wäre, fuhr unser Panzer davon, überquerte ohne Zögern, wie selbstverständlich, einen Feldweg mit leichter Steinstrecke und gewann in der Ferne wieder die Landstraße.« [37]

Da keine Fotos darüber existieren, ist es nicht belegt, ob der Henschel-Panzer zu diesem Zeitpunkt überhaupt einen vollwertigen Turm besaß. Wie in der Besprechungsnotiz vom 23. März 1942 schon zu erfahren war, konnte die Firma Krupp frühestens Anfang Mai den ersten Henschel-Turm liefern.

Neben den ersten Absprachen mit Krupp zum Nachfolger des Typ 101, dem neuen Typ 180, erhielt Krupp am 18. April von der Firma Porsche die neuen Konstruktionszeichnungen des Motorraumes für den Typ 102, für welchen die Firma Voith das Hauptgetriebe wie auch das Lenkgetriebe zu entwickeln hatte. Jedoch war zwischenzeitlich ein neues Problem aufgetaucht. Das Nibelungenwerk sah sich nicht mehr in der Lage, die angelieferten Rohbauwannen im Werk unterzubringen. Durch die Zulieferprobleme und Änderungswünsche kam man mit der Montage nicht mehr hinterher. Da vor allem nicht klar war, wie es mit dem hydraulischen Typ 102 weitergehen sollte, musste vor allem diese Wannen-Ausführung zurückgestellt werden. So schrieb das Nibelungenwerk am 23. April 1942 an Krupp, dass die hydraulische Wanne mit der Nummer 150 009 an Krupp zurückgeschickt werden sollte. Weiterhin bat man Krupp, keine weiteren hydraulischen Wannen mehr zu schicken, da im Werk die Lager- und Verlademöglichkeiten weitaus schwieriger waren als bei Krupp. Sämtliche zehn hydraulischen Wannen waren zudem von Krupp auf Grund der Änderungen an den hydraulischen Aggregaten so umfangreich zu ändern, dass es einfacher erschien, diese in elektrische Wannen umzubauen. Auch war es für Krupp sicher einfacher, die bei der Vorführung neuerlich verlangte Anbringung von Ausstiegsluken durchzuführen.

In St. Valentin informierte man in dieser Angelegenheit gleichzeitig noch die Firma Porsche und das Rüstungsministerium. Doch Krupp schickte dessen ungeachtet die fünfte hydraulische Wanne samt Begleitmannschaft nach St. Valentin, wo sie am 27. April ankam. Das Nibelungenwerk forderte umgehend die sofortige Rücksendung dieser und der unterwegs befindlichen weiteren fünf hydraulischen Wannen samt Begleitkommando. Aber Krupp reagierte nicht. Auch nach Mahnungen vom 28. und 29. April durch Direktor Dr. Judtmann passierte nichts. Nach dem 29. April antwortete Krupp, dass man die in-

---

[37] W. Spielberger, Der Panzer-Kampfwagen Tiger, S.76.

zwischen wieder eingetroffenen neun Wannen ändern wollte, die zehnte Wanne mit der Nummer 150 009 sollte jedoch in St. Valentin bleiben und dort geändert werden. Das Nibelungenwerk antwortete darauf eine Woche später, so, dass man die Wanne Nummer 150 009, die sich gerade auf dem Abtransport befand, noch zurückhalten konnte. Allerdings sah man sich außerstande, die Wanne vor Ort zu ändern oder gar umzubauen. Da bekannt wurde, dass man dem Vorschlag des Werkes, der Umwandlung der hydraulischen Wannen in elektrische Wannen, nicht folgen wollte, sah man sich erst recht nicht in der Lage für eine Umkonstruktion. Nach einer Besprechung mit Krömer wurde vorgeschlagen, die Wanne zusammen mit dem ersten und zweiten Turm für die notwendigen Änderungen nach Essen zurückzusenden. Die Rücksendung sollte zeitlich nach dem Eintreffen des dritten Turmes, also etwa zum 10. Mai, erfolgen. Dieser dritte Turm 150 003 war für das erste vollständig ausgerüstete Fahrzeug mit der Wanne-Nummer 150 002 vorgesehen. Dieses Fahrzeug sollte bis Mitte Mai nach Kummersdorf zum Beschuss abgesendet werden, da das Fahrzeug 150 001 auf Grund seiner Provisorien dafür nicht geeignet war.

Zwecks erster Unterweisung über den fachlich richtigen Einbau der 8,8-cm-KwK im Tiger-Turm gab es für zwei Waffenfeldwebel und zwölf Waffenmeistergehilfen von den schweren Panzerkompanien 501 und 502 vom 27. April bis 5. Mai im Krupp-Werk eine erste Einweisung. Unterdessen erfolgte am 22. April 1942 eine Versandanzeige einer autogen geschnittenen Beschuss-Wanne für den Typ 101 an die Station Kummersdorf-Schießplatz. Dieser Beschuss fand am 30. April, wie schon im Vorfeld beschlossen, jeweils gegen eine autogen geschnittene und eine maschinell bearbeitete Wanne statt. Die mechanisch bearbeitete Beschuss-Wanne kostete 74.052 RM und die autogenbearbeitete Beschuss-Wanne 61.983 RM. Bei beiden Krupp-Wannen war jeweils eine Seite weich und die andere Seite hart ge-

Am 30. April 1942 auf dem Schießplatz Kummersdorf. Die Neigungswinkel der Panzerplatten waren aufgetragen worden. (SB)

Die Seitenansicht der Krupp-Wanne I. (SB)

Die Beschuss-Wanne Krupp I in Kummersdorf-Schießplatz von hinten gesehen. (SB)

Die zweite Krupp-Wanne Ia fertig zum Beschuss. (SB)

Die Seitenansicht der zweiten Krupp-Wanne Ia vor dem Beschuss. (SB)

Die Kettenschürze erfüllte nicht die gestellten Erwartungen an den Kettenschutz. (B)

schweißt worden. Zudem war eine Wanne von der Dortmund-Hoerder Hüttenverein AG zum Vergleich vor Ort. Beide Firmen verwendeten zwar Panzerbleche ähnlicher Zusammensetzung und Festigkeit. Im Mittel lag die Festigkeit für die Stärke 80 mm bei 110 kg/mm^2 und für 100 mm bei 100 kg/mm^2. Durch das höhere C- und Mo-Gehalt des DHHV-Materials erwies sich dieses insgesamt als spröder.

Die mit Brennschnitt bearbeitete Wanne erbrachte eine wesentliche Einsparung an maschineller Bearbeitung, die sich aus einer Verringerung an Maschinen und Maschinenzeit ergab. Dagegen erhöhte sich die Anzahl der Schneidegeräte sowie der Gas- und Sauerstoffbedarf. Außerdem mussten geeignete Arbeitskräfte ausgebildet werden. Aber auch die brenngeschnittenen Kanten bedurften einer gewissen Nacharbeit, in der Regel durch Schleifen, damit die später gesetzten Schweißnähte den Beanspruchungen standhalten konnten. Diese Beanspruchungen der Schweißnähte zeigten sich in:

- dem Beschuss,
- der Zug- und Druckkräfte, die beim Fahren und Lenken auftraten,
- der Dauerwechselbeanspruchung durch das Ketten-Laufwerk,
- den Verwindungskräften, die im Gelände bei Kampffahrzeugen auftraten,
- der Eigenspannung der Schweißnähte, die vor und nach der Entspannung der fertigen Wannen vorhanden war.

Als Verbindungsarten von Panzerplatten wurden an den Beschuss-Wannen getestet:

1. die einfach aufeinander gelegten Kanten,
2. die Verzahnung,
3. die Zapfen,
4. die Schulterauflage.

Der Beschuss der Wannen hatte gezeigt, dass es nicht richtig war, nur eine Verbindungsart für Panzerplatten untereinander zu verwenden. Die oben beschriebene Nummer 1 war zwar die einfachste, jedoch die schwächste Verbindungsart und wurde dort eingesetzt, wo ein zusätzlicher Schutz durch Trieb- und Laufwerksteile anzunehmen war. Die Nummer 2 reichte bei dem größten Teil der Schweißkanten aus, wenn die anschließenden Bleche durch andere Mittel gegen ein Herausdrücken nach innen oder außen gesichert waren. Nur an den Hauptblechen, die dem Beschuss direkt ausgesetzt waren, genügte eine Verzahnung allein nicht, hier waren zusätzlich Zapfen nötig. Es zeigte sich deutlich, dass eine Verbindung zwischen Bugdeckblech und Fahrerfront mittels Verzahnung, wie beim Krupp-Gehäuse verwendet, schlechter als die Verbindung des DHHV-Gehäuses mittels Schulterauflage war. Selbst eine schwalbenschwanzförmige Verzahnung reichte nicht, abgesehen davon, dass ein etwa gleichzeitig in zwei Ebenen ausgeführter Schwalbenschwanz eine teure und komplizierte Zahnform darstellte.

Interessant war die Aussage, dass die Verbindung Bugdeckblech-Fahrerfront in Zukunft nicht mehr von Bedeutung sei, da beide Bleche durch ein einziges Blech ersetzt werden sollten ***(VK 4501 P 2)***. Die Nummer 3 hatte sich einwandfrei bewährt. Die Zapfenlänge sollte der Dicke des aufnehmenden Bleches entsprechen. Die Zapfen mussten sauber eingepasst werden, da eine spätere Feldreparatur schwierig war. Bei der Nummer 4 war weiterhin eine maschinelle Bearbeitung in Kauf zu nehmen und wurde bei der Auflage von dünneren auf dickeren Blechen verwendet, wie zum Beispiel der Wannendecke auf der Fahrerfront.

Getestet wurde weiterhin die Nützlichkeit einer beweglichen Schürze vor dem Wannenbug, die das Laufwerk und

Die Krupp-Wanne I nach dem Beschuss. Die Sprenggranate hat die Bugplatten-Naht oben einreißen lassen. (SB)

besonders die Kette schützen sollte. Die bei der DHHV-Beschuss-Wanne des VK 4501 (H) montierte Schürze ergab, dass dieser Zweck nur unvollkommen erreicht wurde und sich der Aufwand nicht lohnte. Schürze und das dazugehörige Hebelwerk wurden so verformt oder ganz abgerissen, dass der Schaden größer war als der Nutzen.

Die Verschweißung erfolgte bei allen Panzerwannen austenitisch. Die Elektroden, V 4 A und Thermanit M, stellten eine der legierungsreichsten austenitischen Elektrodenformen dar. Nach dem Test wurde kein eindeutiger Unterschied im Vergleich von harter und weicher Decklage festgestellt. Diese legierungsreichen Elektroden wurden später durch die legierungsärmeren Schweißelektroden vom Typ »V 12C extra« ersetzt.

Kritisiert wurden dagegen die stellenweise groben Schweißfehler, die durch den Beschuss zu Rissen führten. Es musste festgestellt werden, dass bei Treffern von 5- und 7,5-cm-Panzergranaten sich im Umkreis die Rissbildung nicht vermeiden ließ. Der Treffer einer 15-cm-Sprenggranate auf dem oberen Bugdeckblech war bei dem Krupp-Gehäuse I von schwerer Wirkung, da die Schweißnähte auf ganzer Länge aufrissen und das Gehäuse auf Grund des entstandenen großen Spaltes nicht mehr schusssicher war. Bei dem DHHV-Gehäuse konnte dieser Schaden durch die Schulterauflage vermieden werden. Treffer mit 10,5-cm-Spenggranaten waren dagegen in der Wirkung gering bis bedeutungslos.

Es hatte sich gezeigt, dass der Beschuss einer 100 mm starken Panzerplatte mit einer 7,5-cm-Panzergranate (Vo von 630 m/s) auf 90° und einer Entfernung von 100 m keine Sicherheit gewährleistete. Eine Durchschlagssicherheit ergab sich erst ab einer Panzerplatten-Stärke von 105 bis 110 mm. Oberst Fichtner zeigte sich von dem Resultat tief enttäuscht, dass die Stirnwände (lt. Stückliste Nr. 109) von der 7,5-cm-Panzergranate-Rot glatt durchgeschlagen wurden. Baurat Rau von Wa Prüf 6 stellte zahlreiche Flocken und Ausbrüche fest, die die Vermutung nahe legte, dass das Panzermaterial nicht in Ordnung war. In einer späteren Auswertung vom 13. Mai gab Baurat Rau zu, dass an Hand des Beschusses von Vergleichsblechen eine Garantie für Beschusssicherheit der Stirnwände nicht gegeben werden konnte.

Eine Steigerung der Festigkeit war auch bei Änderung der Analyse kaum möglich. Eine weitere Verstärkung der Stirnwände konnte bei den ersten 100 Wannen nicht mehr vorgenommen werden. Inzwischen kamen allerdings oberflächengehärtete Stirnwände zum Einbau, so dass eine gewisse Erhöhung des Beschusswiderstandes zu erwarten war. Die festgestellten Flocken waren letztendlich nur Verunreinigungen, die den Beschusswiderstand nicht nennenswert herabsetzten.

Auf Grund der Problematik mit den Durchschüssen unternahm Krupp am 19. Juni einen weiteren Beschuss-Test auf das Panzergehäuse VK 4501 (P). In diesem Fall erfolgte der Beschuss einer 100-mm-Stirnwand (109), die unterdessen eine serienmäßig durchgeführte Oberflächenhärtung erhalten hatte. Diese Vergütung zeigte Wirkung, da beide Schüsse unter den gleichen Bedingungen, also unter 90° mit 7,5-cm-Panzergranate rot, nicht durchgingen. Der erste Schuss bewirkte ein 7 bis 8 mm tiefes Abblättern der Chromschicht, der zweite Schuss eine Ausbeulung um 4 cm, wobei ein 20 x 40 mm großes Stück wegflog. Das war deutlich besser als zuvor, aber eine volle Durchschlagssicherheit war auch damit nicht gewährleistet.

Aufgrund der Rohstoff- und Legierungslage beschloss Wa Prüf 6, die Analysevorschriften dahin zu ändern, dass der Chrom-Gehalt entsprechend auf 1,7 bis 2,3 % herabgesetzt sowie ein Nickel-Gehalt von 0,4 bis 1,0 % neu eingeführt werden musste. Die Summe aus beiden Gehalten sollte mindestens 2,7 % betragen. Der Nickelgehalt sollte ausschließlich aus Schrott gewonnen werden. Diese

Krupp-Wanne I und Ia nach dem Beschuss von innen. Die unterschiedlichen Versteifungs-Arten sind gut erkennbar. (B)

neuen Qualitäten sollten als 60-, 80- und 100-mm-starke Bleche in Kummersdorf beschossen werden. Die Festigkeitsvorschriften blieben dagegen unverändert, d. h. Bleche von 55 bis 80 mm besaßen eine Festigkeit von 100 bis 115 kg/mm^2, Bleche von 85 bis 120 mm waren mit 95 bis 105 kg/mm^2 Festigkeit zu liefern. Bei der Herstellung der Panzerplatten kam es immer wieder zu Fehlern durch falsche Schmelze oder Walzfehler, die sich oft in mehr oder weniger starken Rissen äußerten. Nach Genehmigung des Tolerierungsantrages durch die Abnahmebehörde das HWA mussten diese Risse aufwändig verschliffen und verschweißt werden. Aber auch Herstellungsfehler waren unter diesem Zeitdruck keine Seltenheit, die sich z. B. durch falsches Bohren ergaben. Diese Bohrungen mussten anschließend wieder zugeschweißt werden.

Für die weitere Fertigung ergaben sich für Krupp die folgenden Anweisungen: Vom Porsche Typ 101 waren 90 Wannen für elektrischen Antrieb und zehn Wannen für hydraulischen Antrieb zu fertigen. Der finale Liefertermin wurde für den Oktober 1942 eingeplant. Das HWA ersuchte Krupp, die Bezeichnung des neuen Porsche Typ 180 anstatt mit VK 4501/2 P einheitlich auf die Bezeichnung VK 4502 (P) zu ändern. Des Weiteren hatte Krupp eine Beschusswanne vom Typ 101 nach dem neuen Brennschneideverfahren herzustellen. Um spätere Nacharbeiten zu vermeiden, sollte Krupp vorerst nur 30 Wannen vom Typ 180 herstellen. Die übrigen Wannen sollten nur vorbereitet werden.

Zum Typ 101 erfolgte die Anweisung, dass die vorgesehene Hülsenschleuse nicht verwendet, sondern verschlossen werden sollte. Für den Schutz der Turmfuge war eine halbkreisförmige oder polygonartige Leiste vorzusehen. Da bei dem Turm vom Typ 101 die Turmblende bei abwärts gerichtetem Geschützrohr die seitlichen Lufteinlässe der Motorgebläse streifte, war die Turmblende entsprechend abzuändern (siehe Bild unten).

An dieser Aussparung waren an den Henschel-Tigern die umgebauten, ehemaligen Porsche-Türme zu erkennen, wie hier am Beispiel des »Tiger« 131 vom Tankmuseum Bovington.

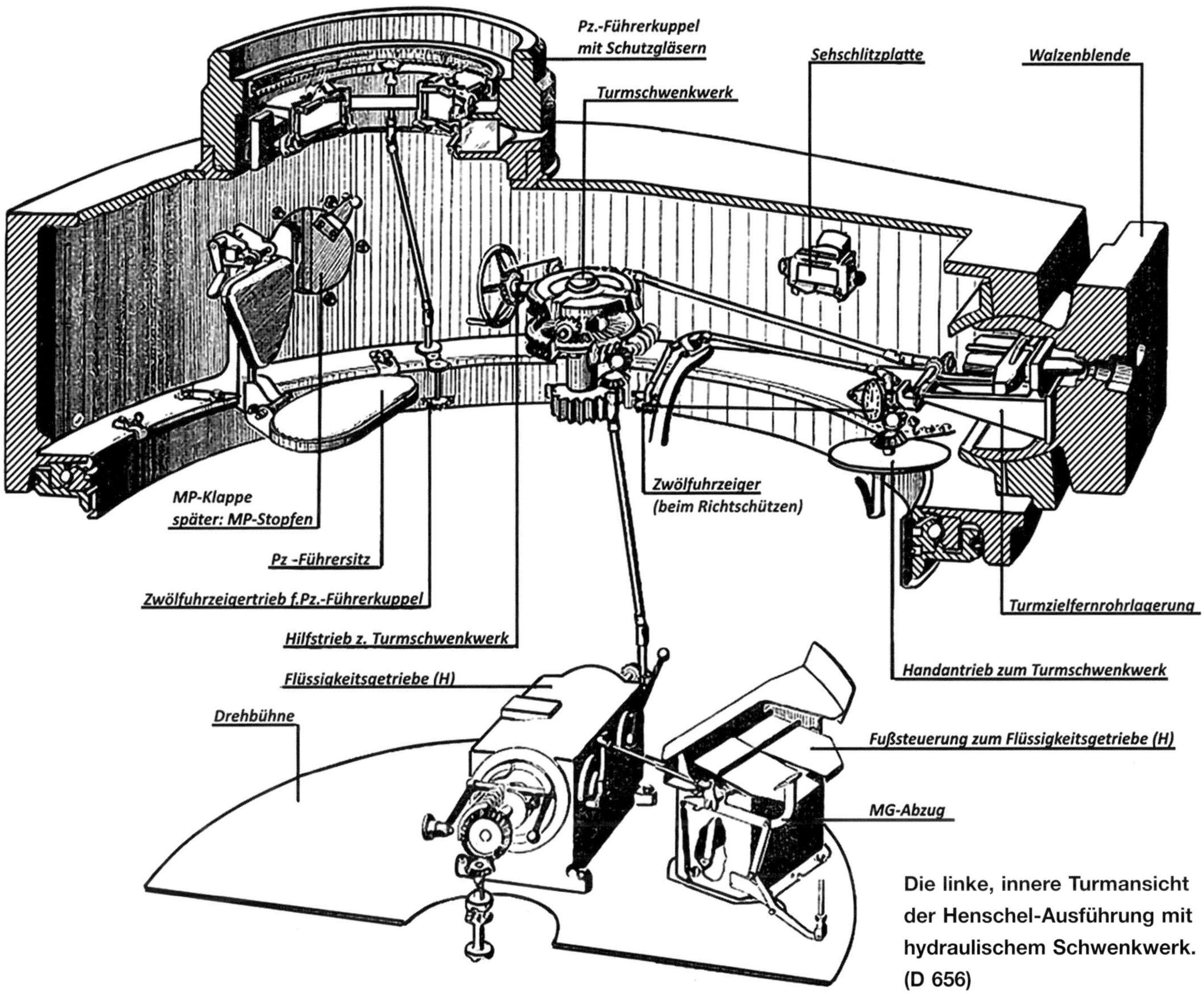

Die linke, innere Turmansicht der Henschel-Ausführung mit hydraulischem Schwenkwerk. (D 656)

Am 1. und am 2. Mai treffen bei der Firma Porsche jeweils zwei Motoren vom Typ 101 ein. Zwei Tage später erkundigte sich das Nibelungenwerk erneut bei Krupp, wann genau der Turm 150 003 frühestens in St. Valentin sein konnte, da der Turm 150 001 bekanntermaßen für die Erprobung in Kummersdorf ungeeignet war. Auch benötigte man die Ausrüstungsliste, die schon mit Henschel abgestimmt worden war. Schon am nächsten Tag kam die Antwort, dass der dritte Turm 150 003 mit Rohr 103 am 10. Mai zum Versand kommen sollte, damit dieser am 12. Mai dem Nibelungenwerk zur Verfügung stünde. Um weitere Verzögerungen bei der Turmlieferung zu vermeiden, erfolgte am 5. Mai eine Besprechung mit den Vertretern von Krupp, dem Nibelungenwerk und Wa Prüf 6. Dabei standen folgende Fragen zur Debatte:

1. Welche Änderungen sofort und rückwirkend am ersten Fahrzeug vorzunehmen wären,
2. Welche Änderungen ab welchem bestimmten Fahrzeug wirksam wären und
3. Welche Änderungen in der laufenden Serie von 100 Fahrzeugen nicht mehr durchgeführt werden könnten.

Als Sofort-Änderungen ab dem ersten Turm legten die Beteiligten fest, dass die Zubehörlagerung wie festgelegt erfolgen und die Richtungszahlen an der Kommandantenkuppel zunächst durch Hervorheben mit Farbunterschieden verbessert werden sollten. Später sollte von Krupp eine Vertiefung dieser Skalenanordnung erfolgen. Am ersten Fahrzeug sollte bereits ein Gepäckkasten nach dem Muster Panzerkampfwagen IV (BW) an der Turmrückwand angebracht werden. Zwischen Gepäckkasten und Turm-

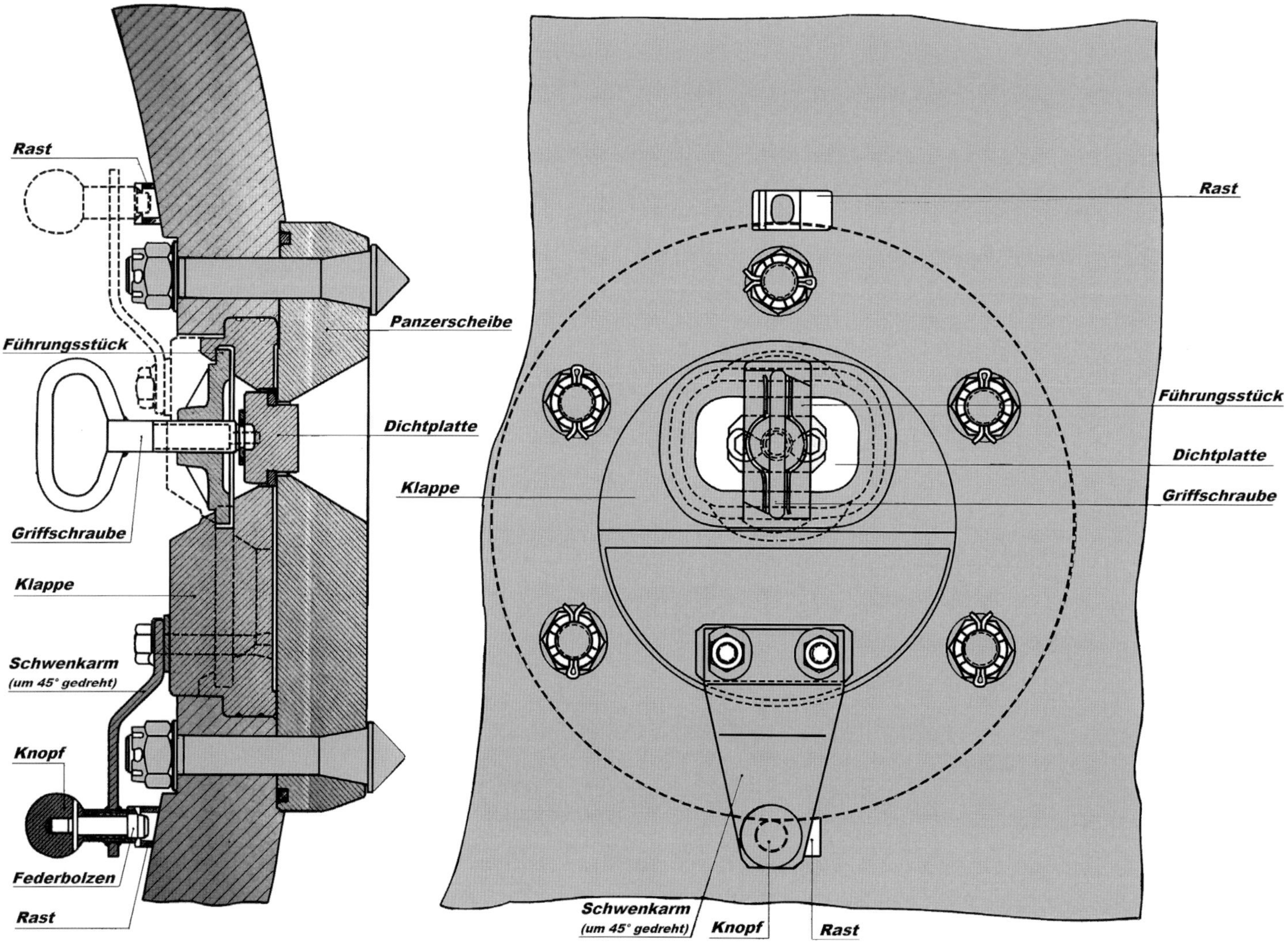

Die MP-Klappen zur Nahverteidigung befanden sich hinten rechts und links im Turm. (D 656)

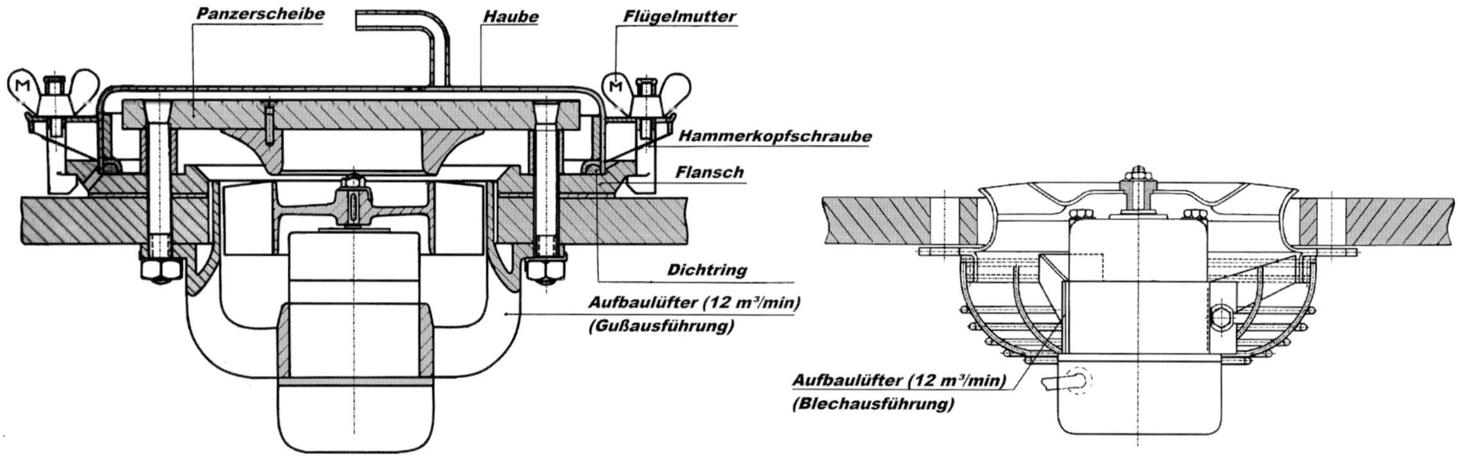

Der ab Turm 150 011 geplante Einbaulüfter, wie er bereits im Henschel-Turm zum Einsatz kam. Links aus Gussmaterial und rechts aus Blech gefertigt. (D 656)

rückwand sollte die Anbringung von voraussichtlich 15 Reservekettengliedern erfolgen. Die Kontrolllampe für die Abfeuerung war nach vorn zu versetzen. Auch die Verlegung des Höhenrichtbogens und der Richtungsuhr nach vorn sollte von Krupp geprüft werden. Kritisiert wurde an den beiden schon gelieferten Türmen der schwere Gang der Höhenrichtmaschine. Wenigstens in der Mittellage von +10° bis -3° sollte mit dem bisherigen Ausgleicher eine leichte Gängigkeit erreicht werden.
Des Weiteren untersuchte Krupp, anstelle der bisherigen MP-Klappe hinten rechts eine Notausstiegsklappe einzubauen. Diese Untersuchung sah man als besonders dringlich an, da bei dem Porsche-Fahrzeug die gesamte Besatzung auf die beiden Luken in der Turmdecke angewiesen war und so die Gefahr bestand, dass unter feindlichem Beschuss der zweite Mann bereits nicht mehr herauskam. Ein weiterer Punkt der Besprechung betraf die Festlegung, dass die geplante Hülsenschleuse wegfiel und vorläufig als Hülsenfänger dienen sollte. Krupp bekam die Aufgabe, eine zweckmäßigere und raumsparende Anordnung eines Hülsenfängers zu finden. Hinsichtlich einer Änderung der Form der Kommandantenkuppel sollte mittels eines Beschussversuches die Gefährdung durch Wa Prüf 6 geprüft werden. Der letzte Punkt legte fest, dass ab Turm 150 011 ein Aufbaulüfter wie bei dem Turm des Henschel-Fahrzeugs montiert werden sollte.

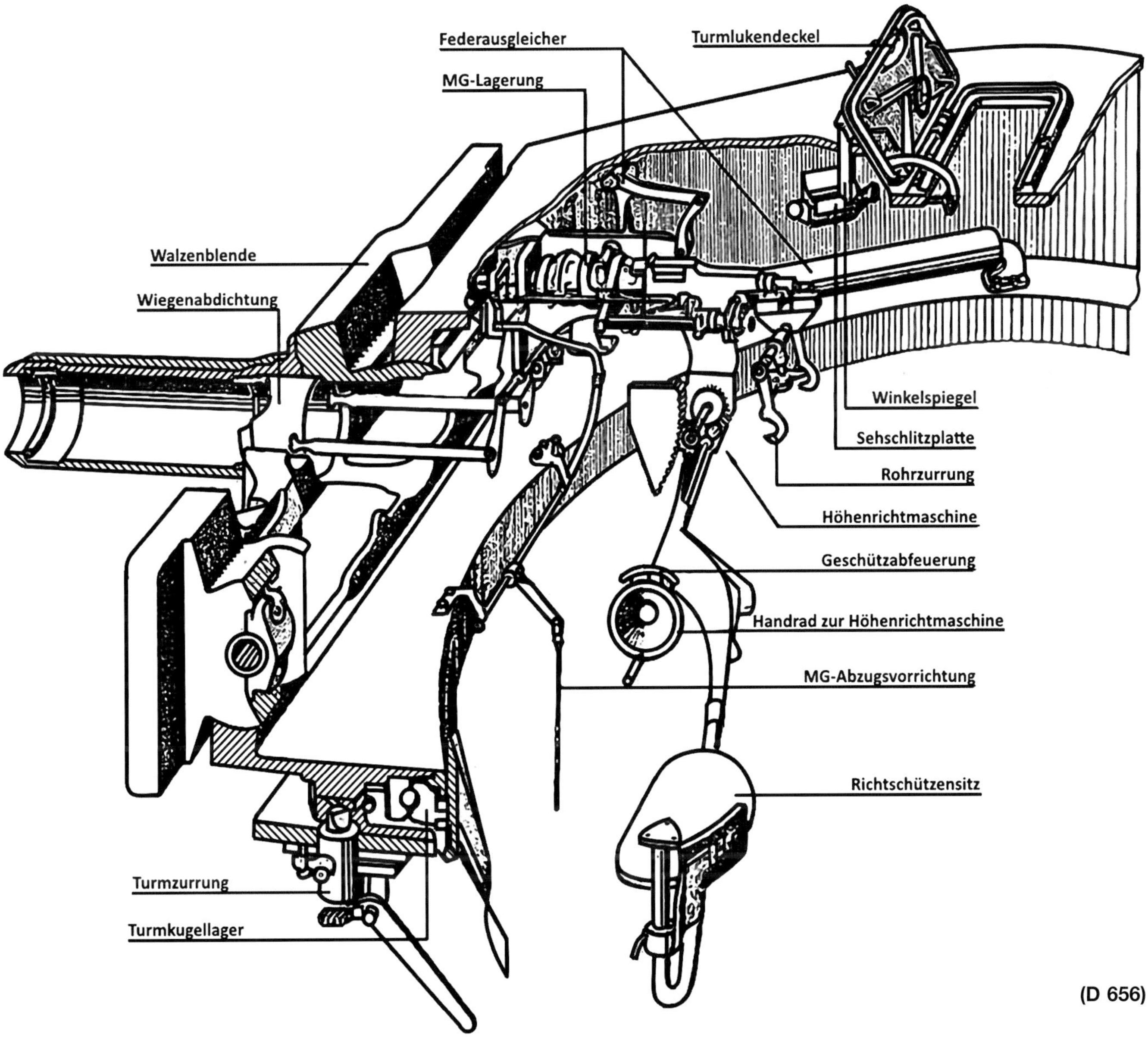

(D 656)

Weitere technische Details wurden, neben den schon oben genannten Punkten, zwischen Porsche und Wa Prüf 6 festgelegt:

- Einbau von Abweiser-Leisten ab Turm Nummer 150 001,
- Anbringung der Sprengringe und Kettenbolzen von außen, sowie einer Auflaufleiste,
- Änderung bei der Innenausrüstung im Turm: Beseitigung der unpraktischen Gruppenaufhängung von Gasmasken, Kochgeschirr und Fernhörerkästen,
- die vom Amt geforderte komplette Abdichtung der Bremsen hielt Porsche für unzweckmäßig, da dadurch Kondenswasser und Lecköl nicht mehr aus der Bremstrommel entfernt werden können,
- es waren Spezialwerkzeuge wie Kettenspanner, Wagenwinden, zwei Wagenheber-Böcke, sowie die Abschleppstangen ab dem ersten Fahrzeug bereitzustellen. Ab Fahrzeug 150 101 hatte Porsche geplant, einen hydraulischen Wagenheber einzubauen, der das Fahrzeug an vier Punkten anheben konnte. Die Hebeplattform des teleskopartigen Wagenhebers sollte gleichzeitig als Bodenventil ausgebildet werden,
- die Turmklappe für Handgranaten konnte durch die Anbringung der Minenwerfer entfallen,
- ein Abweiser für die Antenne war nicht mehr erforderlich, da die Antenne isoliert war,
- eine Montage von Drahtgittern über sämtliche Grätings beginnend ab dem ersten Fahrzeug,
- der Turm 150 002 musste überarbeitet werden, da das Geschütz mit Rohr Nr. 3 verkantete und das Schwenkwerk zu schwergängig war,
- der Einbau eines Notausstiegs entweder an der rechten Hinterseite des Turmes oder unter dem Funkersitz im Wannenboden mit 50 cm Durchmesser,
- ein Schwungkraftanlasser bzw. ein zweiter, von der Batterie unabhängiger Anlasser war im Fahrzeug vorzusehen,
- ein Panzerschutz für die Bremsen war seitlich gegeben. Von vorn und von unten war er erst ab dem 21. Fahrzeug möglich. Bis zum 20. Fahrzeug konnte dieser erst anlässlich einer Reparatur angebracht werden,
- ab dem ersten Fahrzeug mussten Auskratzer für Treib- und Leiträder montiert werden,
- ein Turm-Kran für den Laufradwechsel sollte von der Firma Porsche untersucht werden,
- eine Verstärkung des Wannenbodens im vorderen Drittel auf 40 mm war für einen ausreichenden Minenschutz

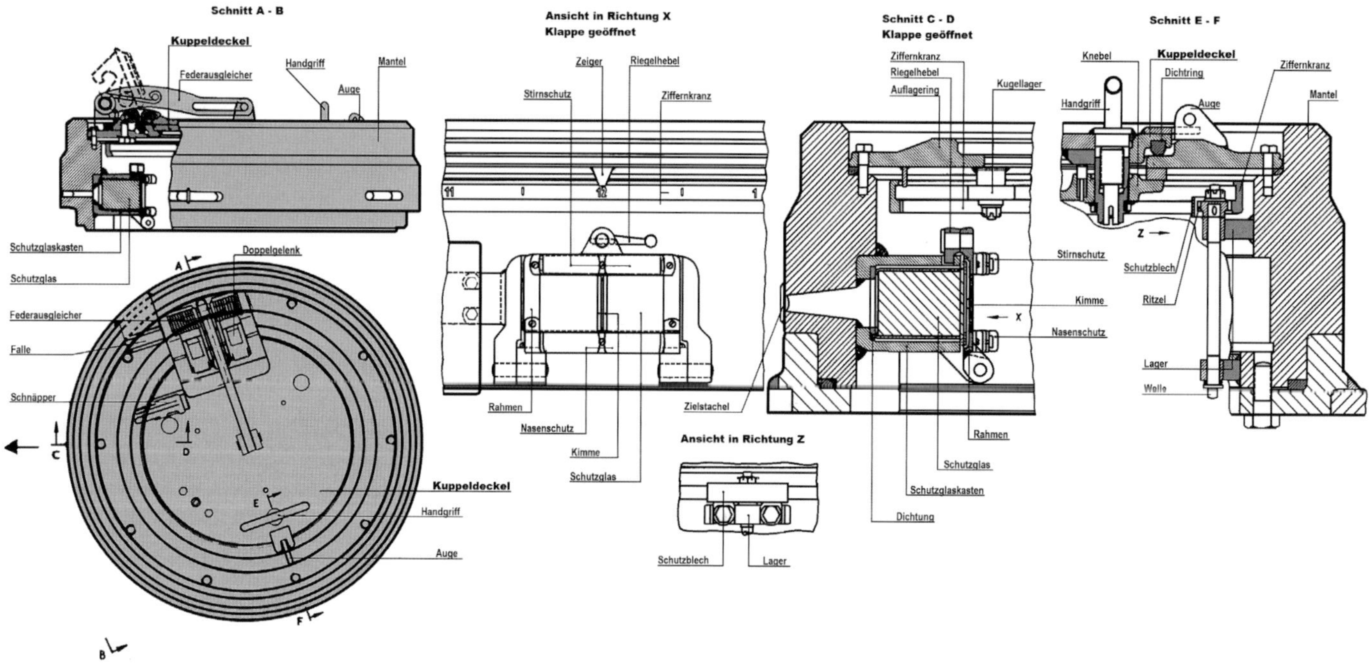

Die Kommandantenkuppel alter Ausführung war sehr exponiert und dadurch empfindlich gegen Beschuss. Dazu kam noch, dass der Kommandant den Kopf in Höhe der Sichtgläser hatte. Ein Treffer auf diese Kuppel führte in der Regel zum Ausfall des Kommandanten. Die spätere neue Kuppel war nicht nur günstiger geformt, sondern schützte ihn auch durch die abgewinkelten Spiegel besser gegen Verletzungen durch Treffer. (D 656)

notwendig. Ein Gewichtsausgleich konnte durch Schwächung der Seitenwand im unteren Teil hinter den Laufrollen erfolgen,

- zum Problem der gefährdeten Kommandantenkuppel schlug Wa Prüf 6 einen zusätzlichen Kegelpanzer bis in Höhe der Durchblicke vor,
- die Mündungsbremse in der aktuellen Form barg die Gefahr von Frühkrepierern durch Hineinwerfen von Schmutz und Ähnlichem, deshalb war zu überprüfen, ob durch ein Drahtgitter oder dem Drehen der Mündungsbremse der Mangel behoben werden konnte,
- an den vorderen Außenkanten der Fahrzeuge sollten zwei Begrenzungskugeln als Anhalt für den Fahrer angebracht werden.

Am 12. Mai 1942 schrieb Krupp an das HWA, dass zwecks Sicherstellung der laufenden Produktion von Panzergehäusen ein Anschlussauftrag dringend erforderlich war. So gab Krupp an, dass neben den bis Ende April

Die ersten Fahrerprobungen im Werk mussten auf Grund der noch unfertigen Benzinmotoren rein elektrisch erfolgen. Zur Spannungserzeugung dienten die Generatoren des Typ 100. Die Übertragung erfolgte über ein Kabel zum turmlosen Typ 101. Damit hatte der Typ 100 im Mai 1942 doch noch eine Aufgabe bekommen. Dieses System der Energieübertragung hatte Porsche auch für eine mögliche Unterwasserfahrt geplant. (A)

Professor Porsche im VK 3001 (P) – dem »Stromspendefahrzeug«. (A)

gefertigten 34 Wannen weitere 131 Wannen bis Dezember 1942 vorzusehen waren. Laut dem vom »Panzerausschuss Panzerwagen« aufgestellten Programm III hatte man nochmals 288 Panzerwannen vom Typ VK 4501 (P) eingeplant. Dies ergab 453 Panzerwannen. Da die bisherige Auftragshöhe 200 Wannen vom Typ 101 umfasste, fehlte für über 253 Panzerwannen noch ein Anschlussauftrag. Dies betraf natürlich auch die Turm-Montagen. Das HWA antwortete, dass bis zum 15. Juni 1942 über die Zukunft des Porsche- oder Henschel-Fahrzeuges entschieden werden sollte. Ministerialrat Baier von WuG 6 sah allerdings ein, dass Krupp nicht länger mit der Materialbestellung warten konnte und gestatte vorerst eine Stückzahl von weiteren 100 Porsche-Fahrzeugen unter Vorbehalt auf weitere 253 Stück. Zur Frage der Entscheidung, welcher VK 4501 letztendlich gebaut werden sollte, äußerte Ministerial-Direktor Brommer vom HWA, dass diese Frage nicht ausschließlich nach militärtechnischen Gesichtspunkten, sondern selbstverständlich auch nach Arbeitskraft- und Rohstoffbedarf entschieden werden sollte.

Das Nibelungenwerk gab am 13. Mai 1942 folgende Auslieferungstermine für den Typ 101 und Typ 102 bekannt:

Mai 1942	Typ 101 = 10 Stück	Typ 102 = 0 Stück
Juni 1942	Typ 101 = 10 Stück	Typ 102 = 0 Stück
Juli 1942	Typ 101 = 11 Stück	Typ 102 = 1 Stück
August 1942	Typ 101 = 13 Stück	Typ 102 = 1 Stück
September 1942	Typ 101 = 14 Stück	Typ 102 = 1 Stück
Oktober 1942	Typ 101 = 14 Stück	Typ 102 = 1 Stück
November 1942	Typ 101 = 14 Stück	Typ 102 = 1 Stück
Dezember 1942	Typ 101 = 4 Stück	Typ 102 = 5 Stück

Im Nibelungenwerk lagerten zu diesem Zeitraum neben den 18 Wannen für den elektrischen Antrieb sieben abgeänderte Wannen für den hydraulischen Antrieb und eine nicht abgeänderte hydraulische Wanne. Indessen hatte Krupp dem Nibelungenwerk am 15. Mai bestätigt, dass nun auch diese zehnte Wanne mit der Nummer 150 009 zwecks Änderung zurückgeschickt werden konnte. Zum Thema der Änderungen an den Türmen Nummer 150 001 und 150 002 hatte man sich verständigt, dass beide Türme im Werk zum Verladen auf die Transport-Fahrzeuge fertiggemacht würden. Der Turm Nummer 150 003 war zu diesem Zeitpunkt schon von Essen auf dem Weg nach St. Valentin, der Turm 150 007 mit Rohr 112 kam am 19. Mai in St. Valentin an. Nach dem Aufsetzen des Turmes 150 003 auf die Wanne 150 002 wurde von Siemens- und Krupp-Technikern das elektrische Schwenkwerk angeschlossen. Dabei wurden auch Änderungen, wie Abschaltung der Grunderregung des Steuerapparates und des Feldes bei Abschalten des Umformers, durchgeführt. Die anschließende Probefahrt verlief gut. Allerdings lief ein Doppellüfter auf Grund einer zu geringen Ölzufuhr heiß, so dass erst Tage später das zweite Fahrzeug nach Kummersdorf überführt werden konnte.

Auf Anfrage des HWA erstellte Krupp am 19. Mai zur Aufstellung des Fertigungsaufwandes eine Panzerwanne vom Typ 101. Darin betrug die Fertigungszeit einer autogen geschnittenen Wanne aufgeteilt in:

1. Anzeichnen = 50 Stunden
2. Autogenschneiden = 80 Stunden
3. Mechanische Bearbeitung = 220 Stunden
4. Zusammenbau und Schlosserei = 360 Stunden
5. Schweißen = 600 Stunden.

Für die Wannen ab der Nummer 150 101, die nach einer anderen Ausführung des Autogenschneidens hergestellt werden sollten, wurde ein weiteres Absinken der Arbeitszeiten erwartet.

Für den Werkstoffbedarf für eine Panzerwanne Typ 101 rechnete man mit:

- Panzerblechen = 28.000 kg,
- Schmiedeteilen, Stabstahl usw. legiert = 600 kg,
- unlegiertem Stahl = 3.000 kg,

somit in der Summe mit 31.600 kg an Eisen- und Stahlmaterial.

Der Maschinenbedarf zur Herstellung von 30 Wannen vom Typ 101 betrug laut Aufstellung:

- sieben Brennmaschinen,
- eine Langhobelmaschine,
- vier Vertikal-Fräsmaschinen, eine Ausleger-Fräsmaschine, drei Horizontal-Fräsmaschinen,
- eine Doppelständer-Fräsmaschine,
- drei Horizontal-Bohrwerke, zwei Radial-Bohrmaschinen, eine Ständer-Bohrmaschine,
- vier Spitzen-Drehbänke, zwei Shaping (Stoß – d. A.)-Maschinen sowie eine Bügelsäge.

In der mechanischen Fertigung I in der Halle VI wurden im Frühjahr 1942 u. a. die Antriebs- und Leiträder samt Bremstrommeln für den Typ 101 hergestellt. (PA)

Zu den Besprechungs-Punkten vom 5. Mai nahm Krupp am 20. Mai Stellung. So wurden ab Turm 150 003 die Innenzahlen im Zifferring der Kommandantenkuppel vertieft ausgeführt. Der Richtbogen und die Kontrolllampe ließen sich nach vorn versetzen. Die MG-Lagerung wurde von Daimler-Benz entsprechend der Bauart vom Panzerkampfwagen III übernommen und der Turm 150 002 kam zur Überprüfung nach Essen zurück. Das Problem des Notausstieges wurde noch überprüft. Zum Thema Kommandantenkuppel sah man in dem vorgeschlagenen kegeligen Abweiser eine erhöhte Gefahr für die Sehschlitze. Auch das Problem Mündungsbremse konnte noch nicht endgültig geklärt werden und sollte von Wa Prüf 4 nochmals geprüft werden. Im Nibelungenwerk waren unterdessen am 21. Mai Turm Nummer 150 004 mit Rohr 111, am 23. Mai die Nummer 150 008 mit Rohr 105, am 27. Mai Turm 150 009 mit Rohr 118 und am 28. Mai Turm 150 010 mit Rohr 125 angeliefert worden. Bis zur Nummer 150 007 besaßen die Türme eine niedrigere Deckenhöhe. Das Gewicht dieser Türme betrug 9800 kg.

Auf Grund der schlechten Standhöhe des Ladeschützen befürwortete das Amt eine größere Turmhöhe, die ab Turm Nummer 150 008 verwirklicht werden konnte. Bei allen Türmen bestand noch der Mangel, dass sich der

Am 3. Juni 1942 besuchte der Chef des HWA, General Emil Leeb, das Nibelungenwerk. In Halle V der Tigerproduktion wurde ihm von Otto Zadnik der Fahrschalter mit den beiden Lenkhebeln erklärt. Im Hintergrund steht vom Porsche Typ 101 eine Wanne mit Turm. (PA)

Lauf des Koaxial-MG nur im Bereich -8° bis +12° wechseln ließ. Auch waren die Türme nicht auf Dichtheit geprüft worden. Pro Turm fehlten 16 der benötigten Zubehörteile. Da es immer noch Lieferprobleme mit Fahrzeugmotoren gab, bat das Nibelungenwerk am 29. Mai die Firma Krupp, mit der Anlieferung der nächsten Türme mit den Nummern 150011 bis 150 022 noch zu warten, so dass es ausreichte, diese Türme bis zum 12. Juli an das Nibelungenwerk zu liefern. So sollte Turm 150 011 möglichst erst in der letzten Juni-Woche eintreffen, so dass dieser und auch die folgenden Türme mit allen vorgesehenen Änderungen versehen werden konnten.

Als am 23. Mai 1942, anlässlich einer Führerbesprechung, über die (Ssyms-)Transportfahrzeuge gesprochen wurde, legte Hitler fest, dass für die schweren Panzer vom Typ »Tiger« zunächst 60 bis 80 schwere Transportfahrzeuge gefertigt werden sollten. Er sah es als nicht notwendig an, genau so viele Fahrzeuge wie Panzer zu fertigen. Das Verhältnis 1:2 hielt Hitler für ausreichend. Er verlangte, dass diese Fahrzeuge auch für andere schwere Lasten zu gebrauchen sein sollten[38]. Allerdings be-

[38] W. Boelcke, Deutschlands Rüstung im Zweiten Weltkrieg, S. 125.

Das Einfahrgelände bestand oft aus schwerem Boden, was für den Panzer IV schon nicht einfach war, für schwerere Panzer, wie den KW 1 im Hintergrund und den Typ 101, sehr problematisch war. Der hohe Bodendruck ließ den Wannenboden des Porsche Typ 101 aufsitzen, er schliff praktisch über den Boden. (PA)

dachte Hitler dabei nicht, dass die Verladeketten des VK 4501 (H) zu den sechsachsigen Schienenwagen gehörten und so auf diesen ständig mitgeführt werden mussten. Als später der VK 4503 (H), der später als »Tiger« B bzw. »Tiger« 2 bezeichnet wurde, mit seinen breiteren Verladeketten dazu kam, entstanden neue logistische Probleme.
Am 4. Juni äußerte Hitler, anlässlich einer Rüstungskonferenz mit Speer, dass zu untersuchen sei, ob ein »Tiger« nicht mit einer 120-mm-Frontpanzerung versehen werden konnte. In dem Zusammenhang bemerkte Hitler, dass er mit einem langsam fahrenden, überschweren Panzer als eine Art fahrende Festung einverstanden war. Damit meinte er das Projekt eines 100-t-schweren Panzerkampfwagens, die spätere »Maus«.
Da im Mai und Juni 1942 die drei gelieferten Türme vom Typ 101 noch überarbeitet werden mussten, erfolgten die Erprobungen in St. Valentin unter realitätsnahen Bedingungen mit einem etwa 10-t schweren Belastungsgewicht. Dieses Ersatz-Gewicht war mit Stahlblech ummantelt und mit Beton gefüllt worden (siehe auch Kapitel »Auf den Spuren des Tiger«).

Eine Panzer-IV-Wanne neben dem sowjetischen Panzer KW 1 vor dem Steilhang. (PA)

Professor Porsche auf dem Turmersatzgewicht im Gespräch mit Soldaten. (PA)

Fahrversuche mit einem der ersten Fahrgestelle und dem 10-t-Belastungsgewicht. (PA)

In einem solchen Gelände wollte Porsche die Möglichkeiten des Fahrgestells ausloten und ließ das Fahrzeug auf der Stelle wenden. Die folgende Serie von Fotos zeigt eindrucksvoll, welche Mühe das Wenden bereitete. Die Abgase und die erhitzte Luft lassen die Anstrengung erahnen. Solche Experimente des Einwühlens sollte Professor Porsche später noch oft durchführen, so in Döllersheim oder in Böblingen.

Professor Porsche versucht ein Wendemanöver auf der Stelle im schweren Gelände der Einfahrstrecke. (A)

Geschafft! Das Wendemanöver ist geglückt, die Ketten sind durch die seitlich zusammengeschobene Erde kaum noch sichtbar. (PA)

Die Testfahrten deckten, neben dem hohen Bodendruck, auch die erheblichen Schwachstellen in der Gebläsekühlung der beiden Benzinmotoren auf, die noch lange für Probleme sorgten. Ab dem 20. Juni 1942 wurde, neben den umfangreichen Erprobungsfahrten von beiden Tiger-Typen, nach der erfolgten Turmmontage ein Erprobungsschießen des zweiten Fahrzeuges vom Typ 101 in Kummersdorf-Schießplatz durchgeführt.

Neben den Wa Prüf 6-Offizieren war auch Professor Porsche und Otto Zadnik zugegen. Das Fahrzeug mit der Wannen-Nummer 150 002 hatte das Nummernschild »WH 07105« erhalten, um im öffentlichen Verkehrsraum fahren zu können. (PA)

Auf der Schießbahn West wurde eine Vielzahl von Messfühlern angebracht, bevor der erste Schuss aus dem Rohr 103 des Turmes 150 003 abgefeuert wurde. Im Hintergrund die Baracke für die Staub- und Klimaversuche der Nebenbatterie West. (PA)

Hinter der Null-Linie der Beobachtungsturm der Schießbahn West sowie ein Gebäude der Schießplatzbahn. (A)

Bei Krupp hatten sich bei der Wannen-Produktion im Juni 1942 neue Umstände ergeben. Der erste Punkt war schon bekannt, da Porsche verlangt hatte, dass das Verhältnis zwischen elektrisch- und hydraulisch angetriebenen Wannen nicht mehr 1:1, sondern 1:9 sein musste. Das Nibelungenwerk forderte, dass statt der bisher vorgesehenen hydraulischen Wannen ab sofort elektrische Wannen geliefert werden sollten. Außerdem sollten sämtliche Änderungen sofort nach Eingang erledigt werden. Dafür war das Werk bereit, einen Monat Terminverzögerung in Kauf zu nehmen. Krupp erinnerte daran, dass seit Beginn der Fertigung im Dezember 1941 rund 200 Änderungen eingebracht worden waren. Ein großes Problem für Krupp war die starke Einberufungswelle im Mai, die das Personal der Tiger-Wannen-Abteilungen besonders stark getroffen hatte. Für die weitere Produktion verlangte die Firma Porsche, dass ab der 50. Wanne einige Wände und ab der 60. Wanne alle weiteren Wände aus oberflächengehärteten Panzerplatten zu bestehen hatten. Deshalb kam es zu folgenden Auswirkungen für die Produktion:
Nach den alten Terminen war vorgesehen, bis Ende Mai 30 hydraulische und 31 elektrische Wannen zu liefern. Nach den neuen Forderungen des Nibelungenwerkes waren es 44 elektrische Wannen. Da bisher 25 elektrische Wannen geliefert wurden und bis Ende des Monats noch acht Wannen dazu kamen, konnte der Rückstand von 12 elektrischen Wannen unmöglich aufgeholt werden. Da die hydraulischen Wannen erheblich umgeändert werden mussten, konnte von diesen Wannen keine rechtzeitig fertiggestellt werden, zumal der Arbeitskräftemangel die Übernahme zusätzlicher Umbauarbeiten unmöglich machte. Es war nur mit größten Schwierigkeiten möglich, die große Zahl der von der Firma Porsche verlangten Änderungen vorzunehmen, weitere Änderungen konnten unmöglich angenommen werden. Sonst wäre die Fertigung in den nächsten zwei bis drei Monaten gefährdet gewesen. Auch reichten die vorhandenen Einbauteile für die gewünschte Anzahl der elektrischen Wannen unmöglich aus. Deshalb konnte Krupp für die elektrischen Wannen nur folgende Liefertermine vertreten:

- bis Ende Mai = 33 Stück,
- Juni = 16 Stück,
- Juli = 16 Stück,
- August = 16 Stück,
- September = 9 Stück,

sowie die noch fehlenden drei hydraulischen Wannen (sieben hydraulische Wannen waren bereits abgeliefert worden).

Die weiteren Liefertermine der Typ 101-Gehäuse verlängerten sich um einen halben Monat, auf Mitte Oktober. Beginnend mit sechs Stück, ab November auf 15 Stück steigend. Der Richtpreis betrug laut Krupp für eine Panzerwanne Typ 101 bei einer Menge von 100 Stück 70.000 RM, für einen Panzerturm für den Typ 101 bei ebenfalls 100 Stück 36.000 RM.
Die Änderungswünsche gingen jedoch weiter. So forderte das OKH am 19. Juni eine Unterwasser-Fahrfähigkeit des Fahrzeuges. Diese Forderung hatte man im Vorfeld im Interesse einer schnellen Fertigung zurückgestellt. Dies schien dem Amt nicht mehr vordergründig zu sein, denn diese erneuerte Auflage zwang zur Änderung der gesamten Luftführung. Die geplanten Änderungen konnten erst ab Fahrzeug Nummer 150 016 vorgenommen werden. Für die ersten drei bis 15 Fahrzeuge musste man für später einen nachträglichen Umbau einplanen.
Dazu waren von Krupp zwei Schweißer und zwei Monteure zusätzlich zu stellen. Mit der Übernahme dieser Arbeiten war eine weitere Verzögerung der laufenden Fertigung unvermeidlich. Porsche antwortete, dass der Termin für die Unterwasser-Fähigkeit auf Grund des rechtzeitigen Anschlusses an die derzeitige Ausführung hinausgeschoben werden musste, so dass für 30 Fahrzeuge vom Typ 101 und für die zehn Fahrzeuge vom Typ 102 die derzeitige hintere Motorabdeckung zum Einbau gelangte. Ab Fahrzeug Nummer 150 003 sollten die Eintrittsgrätings als Ersatz aus Panzerblech vorgesehen werden. Für 25 Fahrzeuge sollte zur Erreichung einer besseren Luftführung eine einfache Modelländerung Berücksichtigung finden. Für die schon gelieferten 15 Austrittsgrätings mussten nachträglich ein Schutzgitter (Maschenweite von 750 x 950 x 35 und 4 mm stark) angepasst und eingeschweißt werden.
Inzwischen bereitete das HWA die Übernahme der Fahrzeuge zur Erprobung vor. So entstand am 1. Juni 1942 die »**Anweisung für die vorläufige Durchführung der Abnahme des Pz.Kpfwg. VI**.« Darin stand unter:

A.) Fahrgestell I. Pz.Kpfwg. VI (P1) und II. Pz.Kpfwg. VI (H1)
»a) ***Fertigungsüberprüfung:***
1.) Nachprüfung sämtlicher Schmierstellen gemäß Schmierplan auf gründliches Durchschmieren und Zugänglichkeit.
2.) Überprüfung der sorgfältigen Abdichtung aller Getriebegehäuse usw. gegen übermäßigen Durchtritt von Schmiermitteln. Es dürfen nur so viele Ölspuren vorhanden sein, wie zur Selbstschmierung der Dichtung erforderlich sind.

3.) Nachprüfen, ob Schanzzeuge, Zubehör- und Ausrüstungsteile in die zugehörigen Halter passen und vorhanden sind, soweit sie von der Firma mitzuliefern sind.
4.) Nachprüfen der Schweißnähte nach Einfahrt und Prüfungsfahrt auf etwaige Rissbildung der Nähte und des Pz-Materials.
5.) Sinngemäße Überprüfung des Fahrzeugs wie bei Pz. Kpfw. III bzw. IV.«

»b) ***Fahrerprobung:***
1.) Bei der Abnahmefahrt ist auf leichte und störungsfreie Bedienbarkeit aller Bedienungshebel usw. des Pz.Kpf. Wg. zu achten.
2.) Die Fahrerprobung hat sich auf mindestens je eine Stunde auf der Straße und im Gelände zu erstrecken.
3.) Die Fahrgestelle müssen folgende Bedingungen erfüllen:
a) Höchstgeschwindigkeit des auf ein Gefechtsgewicht von 57 t gebrachten Fahrzeuges auf gerader Straße mittlerer Beschaffenheit bei Motordrehzahl ***n = 2500 U/min*** *40 km/h* (für den **Henschel-Tiger war die Drehzahl auf 2600 U/min** begrenzt worden – d. A.).
b) Steigvermögen aufwärts 30° im mittleren Gelände.
c) Bodenfreiheit 480 mm.
d) Verkehrssichere Lenkbarkeit bei voller Geschwindigkeit auf Straße.
e) Verkehrssichere Bremsverzögerung aus voller Fahrzeuggeschwindigkeit.«[39]

Diese Aufstellung enthält eine Auffälligkeit bezüglich der Höchstdrehzahl des Motors zur Abnahme. Während der Porsche-Motor mit der zulässigen Höchstdrehzahl von 2500 U/min geprüft werden sollte, begrenzte man bei Henschels Maybach-Motor HL 210 die Höchstdrehzahl von 3000 U/min auf die oben genannten 2600 U/min. Damit konnte aber die maximale Motorleistung von 650 PS nicht erreicht werden. War dies ein Schreibfehler oder eine besonders schonende Abnahme des HWA-Tigers?

---

[39] BAMA, RH 8/2791 S. 67.

Das praktische Schießen vom 1. Juli offenbarte, dass die Motorbelüftung nicht ausreichte, die Pulvergase aus dem Turm abzusaugen. In den Porsche-Turm musste daher zusätzlich ein Deckenventilator, wie im Turm des VK 4501 (H) vorgesehen, eingebaut werden. (PA)

Neben den Vorschriften zur Abnahme erfolgte auch schon im Februar 1942 die Aufstellung einer vorläufigen Ausrüstungsliste, in der genau aufgeführt war, welches Teil der Ausrüstung wo gelagert wurde. Im Laufe der Entwicklung flossen natürlich verschiedene Änderungen ein. Um diese Liste aufzustellen, besichtigten Vertreter von Wa Prüf 6 und Krupp gemeinsam eine Wanne und einen Turm. Dabei prüfte man auch die Zugänglichkeit.

Aber auch die Ausbildung der Truppe am Typ 101 wurde in St. Valentin vorbereitet. Hier konnten die Konstrukteure von Porsche, Skoda und Krupp ihre Arbeit denen erklären, die diese später zu reparieren hatten. So fand eine sehr interessante Vortragsreihe unter der Bezeichnung ***»im Rahmen der Schulung für den Pz.Kpf.Wg. VI (4501P) der zum Nie-Werk abkommandierten Soldaten der Panzerwaffe«***[40] im Nibelungenwerk im Gefolgschaftssaal der Halle V statt. Dazu wurden zwei Abteilungen gebildet. Diese bestanden in der Regel aus technischem Personal und Panzerfahrern der neuaufgestellten schweren Panzerabteilung 501, die als Erste mit dem Porsche-Tiger ausgerüstet werden sollte. Diese Einheit war für den Afrika-Einsatz vorgesehen und sollte die »Tiger« mit den für problematische Klimalagen günstigeren luftgekühlten Motoren erhalten. Dass diese Motoren alles andere als hitzebeständig waren, wusste man zu diesem Zeitpunkt noch nicht.

Hier das originale Vortragsprogramm:

»4.6. Do. Dipl.-Ing. Dr. Judtmann:	*Allgemeines über die Kraftübertragungen, Vergleich der mechanischen-, elektrischen- und hydraulischen Anlagen.*
5.6. Fr. Dipl.-Ing. Reimspieß:	*Luftgekühlte Benzinmotoren.*
8.6. Mo. Dipl.-Ing. Reimspieß:	*Luftgebläse Pz.Kpf.Wg. VI.*
9.6. Di. Dipl.-Ing. Reimspieß:	*Kraftstoff-Förderung und Schmierung der Motoren.*
10.6. Mi. Dipl.-Ing. Zadnik:	*Allgemeine Einführungen in das Wesen der Elektrotechnik.*
11.6. Do. Dipl.-Ing. Zadnik:	*Kraftübertragung beim Pz.Kpf.Wg. VI, Allgemeine Funktionserklärung der einzelnen Geräte.*
12.6. Fr. Dipl.-Ing. Hügel:	*Stromerzeuger.*
15.6. Mo. Dipl.-Ing. Hügel:	*Antriebselektromotoren.*
16.6. Di. Dipl.-Ing. Schmitt:	*Elektro-Schaltplan.*
17.6. Mi. Dipl.-Ing. Zadnik:	*Zusammenwirken der Antriebsaggregate im Pz.Kpf.Wg. VI als kurze Zusammenfassung der bisherigen Vortragsstunden.*
18.6. Do. Dipl.-Ing. Fender:	*Laufwerk: a) Laufrollen mit Drehstabfederung.*
19.6. Fr. Dipl.-Ing. Fender:	*Laufwerk: b) Leitrad und Antriebsrad.*
22.6. Mo. Dipl.-Ing. Fender:	*Laufwerk: c) Bremsen und ihre Funktion.*
23.6. Di. Krupp Essen N.N.:	*Arbeitsweise der Höhen- und Seitenrichtmaschinen, deren Aufbau und Behandlung am Pz.Kpf.Wg. VI.«*

»Zur Beschäftigung der verhältnismäßig großen Anzahl der anwesenden Panzermänner wird der Rest der Unterrichts-Halbtage durch praktische Übungen, möglichst im Zusammenhang mit der Fertigung und dem Versuch, ausgefüllt, zu deren Leitung Werksangehörige noch bestimmt werden. Folgende praktische Übungen sind vorgesehen:

1.) Montage von Laufrädern.
2.) Montage von Drehstabfederung.
3.) Montage von Antriebsrädern.
4.) Montage von Leitrad und Bremsen.
5.) Montage von Ketten.
6.) Montage von Kühlluftgebläsen.
7.) Montage von Elektromotoren im Fahrzeug.
8.) Ein- und Ausbau von Benzinmotor-Aggregaten.
9.) Durchführung von Ölwechsel.
10.) Bremsenentlüftung und Bedienung.
11.) Brandbekämpfung.
12.) Fahrtechnik.

Die fallweise Ergänzung bzw. Abänderung der Vortragsreihe bleibt vorbehalten. Herr Leutnant Joschko der Panzertruppe stellt die Abteilungen 1 und 2 entsprechend zusammen. Die Abteilungsleiter der technischen Abteilungen sind zu den Vorträgen eingeladen und sind ermächtigt, das eine oder andere Gefolgschaftsmitglied zur Teilnahme an den einschlägigen Vorträgen zu bestimmen.«[41]

Man hatte sich im Nibelungenwerk schon viel Mühe gegeben, die komplizierte Technik der Truppe näher zu bringen.

[40] BAMA, RH 8/2791 S. 27.

[41] BAMA, RH 8/2791.

Die weiteren Änderungswünsche am Turm führten zu Arbeiten an einem Gewichtsausgleich für die beiden Lukendeckel im Turm, zur Schaffung zusätzlicher Sehmöglichkeiten für den Ladeschützen in Form von Winkelspiegeln in der Turmdecke sowie zum Tieferlegen des Richtschützensitzes um 40 mm. Die Standhöhe des Turmes war durch die geringstmögliche Höhenlage der Drehbühne im Fahrzeug in Verbindung mit der durch die Waffe bedingten Turmhöhe gegeben. Jedoch konnte der Rand der Plattform um 10 mm Höhe tiefer gelegt werden. Indessen begann man, sich mit der Unterwasserfahrfähigkeit der Fahrzeuge zu beschäftigen. Dies betraf auch die benötigten Ausrüstungsgegenstände, wie etwa eine zur Turmkranzabdichtung mittels Gummischlauchs notwendige Auto-Fußluftpumpe mit Rückschlagventil und einem 2-m-langen Schlauch sowie einen sogenannten Momentpumpennippel-Anschluss. Weiterhin gehörten ein Edco-Luftdruckprüfer für 0,7 bis 3 atü und ein Spezialschraubenschlüssel mit Kardangelenk zum Anziehen der Spindeln für den Blendenrahmen dazu.

Wa Prüf 6 legte daraufhin fest, dass auf je 10 Fahrzeuge »Tiger« (Porsche bzw. Henschel) zwei Fußpumpen, zwei

Hitler zwischen Gauleiter Eigruber und Direktor Judtmann während der Führung durch Halle V. Oben im Bild eingeblendet die abgestellten Wannen und Türme des Porsche Typ 101. Unten rechts die Fahrschalter mit den beiden Fahr- und Lenkhebeln. (BSB)

Auch hier stapeln sich die Panzerwannen des Porsche Typ 101 übereinander, zum Teil hochkant. Die Platzprobleme des Werkes waren deutlich sichtbar. (BSB)

Luftdruckprüfer sowie zwei Kardanschlüssel im Gefechtstross mitzuführen waren. Für den Luftschacht machte Porsche im Juli den Vorschlag, für den Porsche Typ 101 und Porsche 180 einen einheitlichen Luftschacht von einem Innendurchmesser von 664 mm zu schaffen. Dazu sollte ab Turm 150 031 mittels Abdrehens des ansonsten unveränderten Lukendeckel-Rahmens auf 660 mm Durchmesser die erstrebte Lösung eines Einheitsluftschachtes möglich sein.

Da Hitler ein sehr großes Interesse am Porsche-Tiger besaß, besuchte er am 20. Juni 1942 ohne Vorankündigung auf dem Weg nach München gegen 8 Uhr früh das Nibelungenwerk in St. Valentin. Neben der Halle VI mit der Fertigung des Panzer IV wurde ihm vor allem die Halle V mit der Porsche-Tiger-Fertigung gezeigt.

Daraufhin wurden Hitler am 23. Juni 1942 durch Speer die geplanten Fertigungszahlen für den 12. Mai 1943 mit 285 Stück an Panzerkampfwagen »Tiger« vorgelegt, womit Hitler sich zufriedengab. Allerdings fokussierte er zu diesem Zeitpunkt den Schwerpunkt der zukünftigen Motorenentwicklung auf luftgekühlte Dieselmotoren speziell für die Panther- und Tigerbaureihe, so dass sich für Professor Porsche ein weiteres Betätigungsfeld erschloss. Dazu wurde eine neue Kommission unter der Leitung von Professor Porsche, Oberbaurat Augustin vom Rüstungsministerium und Oberstleutnant Holzhäuer von Wa Prüf 6 gegründet. Das Projekt luftgekühlter Dieselmotoren lief unter der Porsche-internen Bezeichnung Typ 220 und hatte später auch Auswirkung auf den Porsche Typ 180.

Am nächsten Tag tat Kniepkamp bei Krupp in Essen seine Meinung über den Porsche-Tiger kund. So teilte er mit, dass das Porsche-Fahrzeug statt den geplanten 45 t jetzt 60 t wog und nur eine Geschwindigkeit von 35 km/h erreichte. Der Kraftstoffverbrauch der luftgekühlten Motoren lag um das Anderthalbfache auf der Straße höher als bei dem Henschel-Fahrzeug, im Gelände betrug der Verbrauch sogar das Zwei- bis Dreifache. Als Grund nannte er den schlechten Wirkungsgrad des elektrischen Antriebes im Teillastbereich. Auch war die Luftkühlung der Benzinmotoren ungenügend, so dass die Motoren schon nach 100 km Fahrleistung verschlissen waren. Verbunden damit war auch ein erhöhter Ölverbrauch von 98,5 Liter des einen und 55 Liter des anderen Motors.

Dagegen funktionierte die elektrische Lenkung gut. Diese Aussage muss allerdings relativiert werden. Sicherlich war der Wirkungsgrad im Teillastbereich schlecht sowie die Kühlung ungenügend. Beim Bewerten dieser Ergebnisse muss man aber die Anweisung berücksichtigen, dass das Testfahrzeug unter den härtesten Bedingungen in Kummersdorf zu testen war, um so seine Schwachstellen zu entdecken. Das Fahrzeug sollte auf dem Hinderniskurs aufs Äußerste belastet werden, um herauszufinden, welche Teile wann ausfallen würden. Man kann den Eindruck gewinnen, dass die Porsche-Fahrzeuge absichtlich verschlissen wurden, um ihre Unzulänglichkeit zu beweisen. Die laufenden Änderungen und der Abzug von Arbeitskräften durch Einberufungen nötigten Krupp am 27. Juni

Professor Porsche hatte sich als Leiter der Panzerkommission nicht nur um sein Panzer-Projekt zu kümmern, sondern musste auch vor Speer den Prototyp des Konkurrenten vom HWA vorführen. Auch dieses Fahrzeug besaß noch ein Turm-Ersatzgewicht. Im rechten Hintergrund ein sogenannter VK »Sport« bereit zur Ausfahrt. (SB)

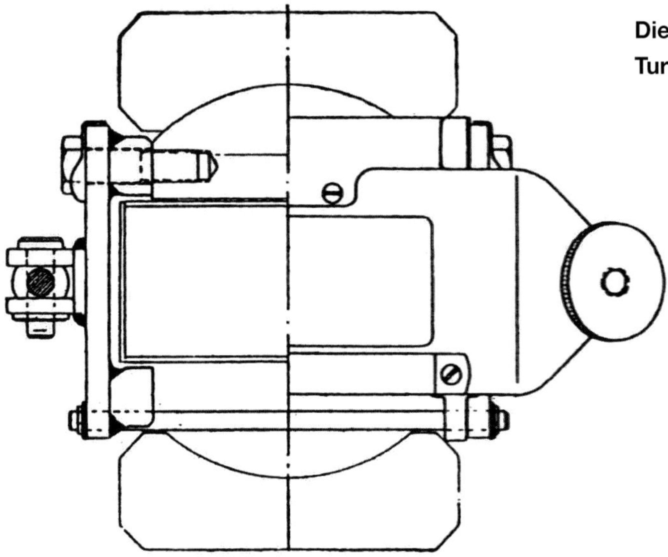

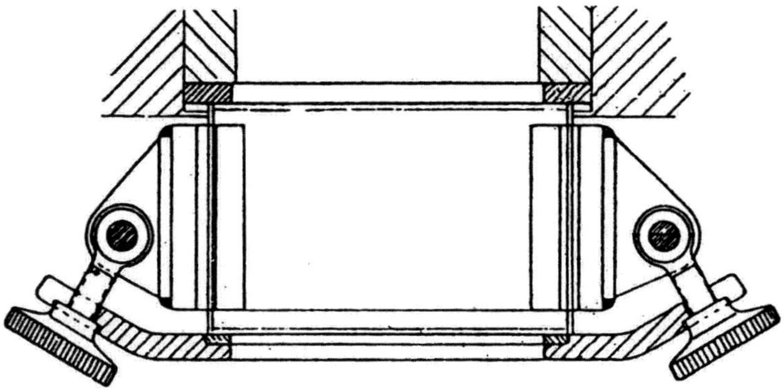

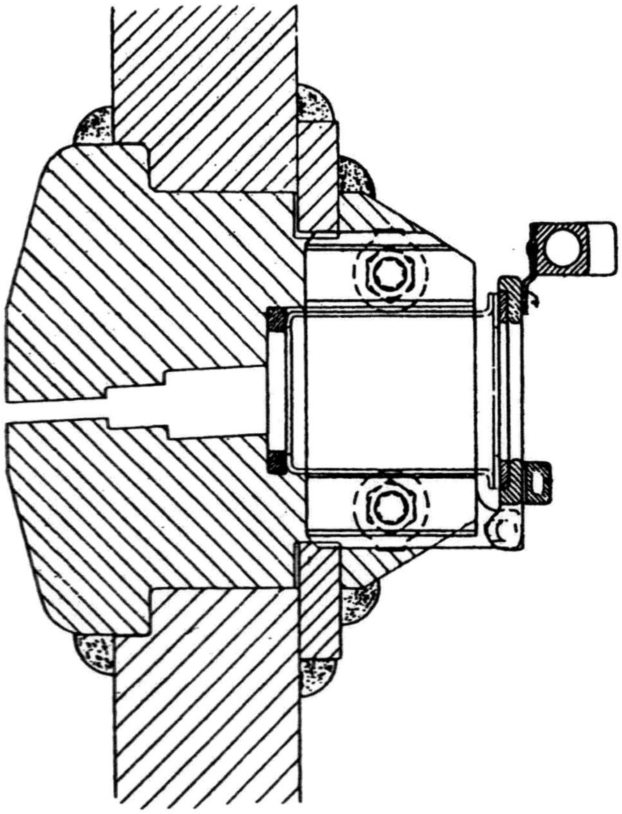

Die Sehschlitzplatte, die sich vorn rechts und links im Turmmantel befand. (D 656)

1942 zu erneut geänderten Lieferfristen für die Wannen. Bisher hatte Krupp einschließlich Ende Juni 53 elektrische und sieben umgebaute hydraulische Wannen an das Nibelungenwerk geliefert, die notwendig gewordene neue Planung sah weiter vor:

Juli = 12 elektrische Wannen,
August = 10 elektrische Wannen,
September = 10 elektrische Wannen,
Oktober = 5 elektrische Wannen und 3 hydraulische Wannen.

Anschließend sollte die Lieferung des Typs **VK 4502 (P 2)** (Typ 180) erfolgen:

Ende November = 6 Stück,
Dezember = 10 Stück,
Januar 1943 = 15 Stück usw.

Diese Steigerung auf 15 Stück war jedoch nur möglich, wenn die angeforderten Ersatzkräfte beschleunigt zugewiesen und eingearbeitet würden[42].

Anlässlich einer Sitzung der Waffenkommission am 24. Juni 1942 mit Minister Speer stand auf Punkt 1 der Dringlichkeitsliste, dass für die ersten Selbstfahrlafetten auf Tiger-Chassis aus der Tigerfertigung die notwendigen Chassis zur Verfügung gestellt werden müssten. Dieses frühe Datum zeigt, dass die geplante Sturmgeschütz-Fertigung keine spätere Notverwendung der Porsche-Panzerwannen war.

[42] BAMA, RH 8/2792, S. 22.

Das Fahrzeug mit der Wannen-Nummer 150 001 auf der Werksstraße im Nibelungenwerk. Auf Grund des vorn weit herausragenden Geschützrohres wurde der Turm üblicherweise während des Marschs auf 6 Uhr (nach hinten) gedreht. (PA)

Am 25. Juni konnte der Turm 150 011 mit Rohr 120 an das Nibelungenwerk geliefert werden. Zu den Terminen für die Ablieferung der Türme Nr. 150 012 bis 022 kündigte Krupp Verzögerungen an, die durch die Einberufung von 27 Facharbeitern und vier Schüsselkräften sowie durch die nachträgliche Anbringung des Notausstieges verursacht worden waren.

Der voraussichtliche Versand von Turm Nr. 150 022 verschob sich daher auf den 31. Juli 1942. Zu diesem Zeitpunkt, Ende Juli, konnten die noch fehlenden Zubehörteile der schon gelieferten zehn Türme, wie die acht MG-Überzüge, fünf Kisten mit Verschlussvorratsteilen, zehn Verschlussüberzüge, zehn Stellschlüssel für A.Z., 20 Mündungskappen -durchschießbar-, zehn Mündungskappen, zehn Entlader, zehn Taschen für Mündungskappen, sechs Überzüge für TZF 9b und elf Fettbüchsen über das HWA, vervollständigt werden. Das HWA legte fest, dass ab August alle Türme mit dem Nebelwurfgerät der Firma Gebr. Müller, jeweils links und rechts am Turm, und mit zwei Schaltkästen für dieses Gerät auszustatten waren.

Bezugnehmend auf die Befehlswagen-Ausführung des »Tiger«, teilte am 30. Juni 1942 das Nibelungenwerk Krupp mit, dass **nur die Türme mit der neuen Bauhöhe** zur Anwendung kommen sollten. Als Befehlswagen war die Wanne 150 006 mit dem ersten Turm mit hoher Decke, der Nummer 150 008, herzurichten. Dazu benötigte man im Nibelungenwerk von der Firma Krupp die dafür benötigten Teile sowie Werkzeuge und Monteure, um die Ausstiegsluke und die Antennen-Durchführung im Turm anzu-

Das Fahrzeug mit Turm Nummer 150 005 – noch mit der alten einteiligen 640er Kette und altem Leitrad – wird auf der Werkstraße erprobt. (PA)

bringen. Ebenfalls fehlte infolge des Fortfalls des Koaxial-MGs der notwendige Verschlusspilz der Blendenöffnung, der beschusssicher sein musste.

Der Turm 150 012 mit Rohr Nr. 107 wurde am 1. Juli ans Nibelungenwerk geliefert. Zuvor wurde erstmals vorher der Turm auf Dichtheit geprüft. Dabei stellte man fest, dass Wasser vor allem über die Sehschlitz-Einsätze eindrang. Auch ein MG-Laufwechsel des Koaxial-MGs war nach wie vor nur bei einer Erhöhung von -8° bis +12° möglich. Auf Grund des Terminverzuges kam der Turm dennoch zum Versand. Dr. Judtmann vom Nibelungenwerk erkundigte sich bei Krupp nach den weiteren Lieferterminen, denn das Werk in St. Valentin plante, im Juli zwei Probefahrzeuge und 10 Serienfahrzeuge, im August 12 Fahrzeuge und ab September je Monat 15 Fahrzeuge zu liefern.

Jedoch war es völlig unklar, ob die Rückstände von Mai und Juni mit insgesamt 18 Fahrzeugen überhaupt aufgeholt werden konnten. Dr. Judtmann war der Meinung, dass sich Herr Krömer vom Rüstungsministerium gegebenenfalls damit abfinden musste. Bezüglich der Porsche-2-Serie galten nach wie vor die Termine, ab Dezember 1942 in gleicher Stückzahl diese Fahrzeuge abzuliefern. Die Herstellung des Probefahrzeuges VK 4502 auf einem provisorischen Fahrgestell, für das der neue Turm bis Mitte Oktober zu liefern war, hing von der Lieferung der notwendigen Zeichnungen ab.

Zum Thema Notausstieg im Turm ging indes die Diskussion weiter. Porsche stellte am 4. Juli in einem Schreiben an Krupp fest, dass auf den Turmzeichnungen von Krupp die Öffnung für die Maschinenpistole im Verschlussdeckel der Notausstiegsöffnung fehlte. Krupp erklärte, dass diese bisherige Öffnung im abwerfbaren Lukendeckel nicht unterzubringen war. Wa Prüf 6 hatte sie auch nicht in Auftrag gegeben. Krupp wollte ab Turm Nr. 150 013 die notwendige Lukenöffnung vorsehen. Die Nachrüstung der Türme 150 001 bis 012, wie sie Wa Prüf 6 forderte, hielt Krupp für sehr schwierig, da eine nachträgliche Bearbei-

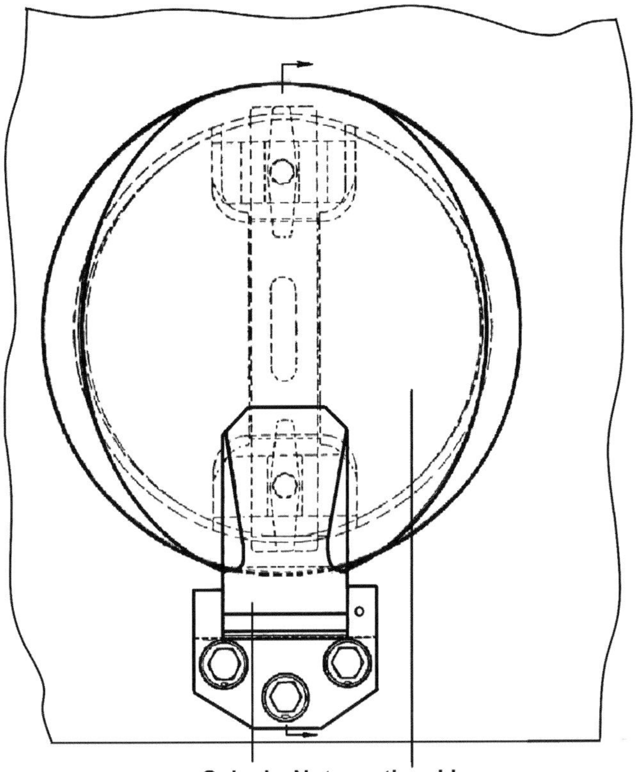

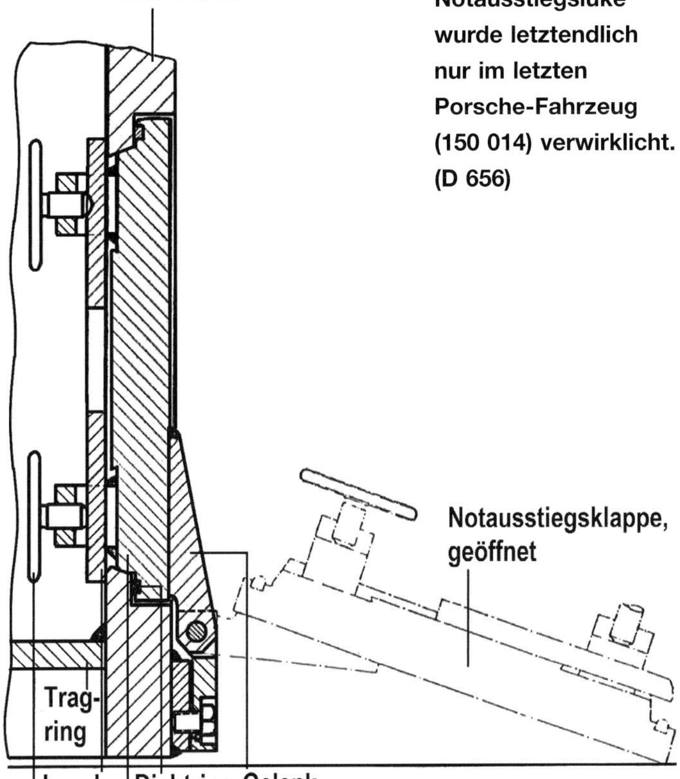

Die geplante Notausstiegsluke wurde letztendlich nur im letzten Porsche-Fahrzeug (150 014) verwirklicht. (D 656)

tung im Nibelungenwerk kaum möglich sowie der Rücktransport der Türme nach Essen zu umständlich war.

Wa Prüf 6 indes wollte die Notausstiegsluke gerade für das Befehlsfahrzeug für eine dauerhafte Benutzung haben. Krupp nannte am 14. Juli die Probleme der neuen Forderung: Infolge der Rundung des Turmes musste der gerade Feststellbügel dieser Luke durch einen gebogenen Feststellbügel ersetzt werden. Da die Luke ca. 100 kg schwer war, bestand speziell in der Hangstellung beim Ein- oder Aussteigen durch Zudrücken der Klappe die Gefahr von Quetschungen. Daraus ergab sich die Notwendigkeit der Anbringung eines Federausgleichers. Da der maximale Schwenkradius des Turmes 1215 mm betrug, war die geplante Anbringung eines Scharniers noch möglich, da die Ansauggrätings einen Berührungsradius von ca. 1400 mm besaßen.

Zum Problem Gepäckkasten machte das Nibelungenwerk Krupp darauf aufmerksam, dass bei einer Unterwasserfahrt der Gepäckkasten mit 0,4 atü Wasserdichte ausgeführt sein musste. Mit dem gewünschten BW-Gepäckkasten (Panzerkampfwagen IV – d. A.) mit 2 mm Blechstärke konnte keine gewünschte Wasserdichtheit unter dem vorgegebenen Druck erreicht werden. Hierfür müsste der Gepäckkasten aus 4 mm Blech gefertigt werden. Da der Gepäckkasten vom Pz.Kpf.Wg. IV für den »Tiger« nur eine Notlösung darstellte, empfahl man Krupp eventuell einen neuen Gepäckkasten zu konstruieren, zumal der Neigungswinkel des Pz.Kpf.Wg. IV ein anderer war als der des Tiger-Turmes (deshalb das Schräghängen der ersten Kästen – d. A.). Zu beachten war allerdings, dass der Gepäckkasten für den Fall der Unterwasserfahrt binnen weniger Minuten abgenommen werden konnte und vom Tross nachzuführen war. Der Aufwand rechtfertigte nicht den Nutzen. Da der Turm 150 013 erst ab dem 10. August benötigt wurde, sollte er die Halterung für Kettenglieder und Gepäckkasten schon besitzen. Des Weiteren erwartete man, dass bereits die Ausstiegsluke mit einem seitlichen Scharnier eingebaut würde. Nach dem Eintreffen dieses Turmes sollte Turm 150 001 an Krupp zurückgesendet werden. Auf Grund der eingetretenen Verzögerungen sollten nun Turm 150 013 und 150 014 als Befehlswagen eingerichtet werden. Oberst Fichtner schlug Krupp dagegen vor, dass das Nibelungenwerk die Einarbeitung der Öffnungen für die Notausstiege im Turm selbst vornehmen sollte, so dass Krupp nur noch die Lukendeckel nach St. Valentin zu liefern brauchte. Die erforderlichen Scharniere werde das Werk in kürzester Frist selbst herstellen. Damit war es möglich, einen erheblichen Teil der im Nibelungenwerk lagernden Türme noch mit den Notausstiegsluken zu versehen, ohne dass ein Rücktransport nach Essen notwendig war.

Die Entwickler-Mannschaft (v.l.n.r. Professor Porsche, Xaver Reimspieß, Emil Rupilius, Otto Zadnik und Ferry Porsche) bei einer erregten Debatte. (PA)

Ausgiebige Debatten über den Motor am Übergang zum Einfahrgelände im Nibelungenwerk. (PA)

Ob am Bahnübergang zum Einfahrgelände ... (PA)

... oder im Gelände selbst waren weiterhin Motor- und Kühlungsprobleme zu lösen. Hier der »Tiger« mit der Turmnummer 150 004. Das Fahrgestell ist eines der ersten fünf Gestelle mit den großen Kettenanschlägen und fehlenden seitlichen Kettenblechen. (A)

Die Überprüfung des Antriebs im zerfahrenen Gelände. (PA)

Am 23. Juli gab die Firma Porsche ihre neue Typeneinteilung bekannt. Nach dieser Klassifizierung sollte der VK 4501 (P) ab dem 31. Fahrzeug die Porsche-**Typenbezeichnung 103** erhalten. Das hieß im Detail, dass es in Zukunft 30 Fahrzeuge vom Typ 101, zehn Fahrzeuge vom Typ 102 sowie 60 Fahrzeuge vom Typ 103 geben sollte. Die Grundform war bei allen drei Typen gleich, der Typ 103 sollte nur neue Lufteinlass- und Luftauslassgitter auf Grund der neuen Motorluft-Führung erhalten. Damit entstanden 31 neue Einzelzeichnungen unter dieser Bezeichnung. Am nächsten Tag teilte die Firma Porsche der Krupp AG zudem mit, dass der Porsche **Typ 130** (VK 4501 (P) mit wassergekühlten Motoren) aus dem »Tiger-Programm« hinfällig geworden war. Die Lieferung der Luftdurchlässe Mitte-Links und Mitte-Rechts für die 25 geplanten Fahrzeuge von diesem Typ wurde damit storniert.

Bei der Erprobung der beiden »Tiger« in Kummersdorf seit dem 10. Juli gab es unterdessen Probleme mit dem elektrischen Turm-Schwenkantrieb des Porsche-Fahrzeuges. Die elektrische Schwenkzeit des Turmes betrug 27 Sekunden (von 3 Uhr auf 9 Uhr über 12 Uhr). Per Hand wurde von 12 Uhr auf 3 Uhr in 60 Sekunden geschwenkt. Das Schwenken von Hand war allerdings auf Grund der Schwergängigkeit nur bis zu einer Neigung von 7 Grad möglich. Das größte Problem dabei war, dass bei dem elektrischen Schwenken des Turmes ab 7,5 Grad hangabwärts die Kupplung durchrutschte, so dass der Turm auf 12 Uhr zurücklief. Nach dem Nachstellen der Kupplung in der Umschalteinrichtung des Schwenkmotors begannen hangaufwärts bei 12 Grad die Leitungen (bei einer Stromaufnahme von 130 A) zu schmoren, so dass der Versuch abgebrochen werden musste.

Elektrische Turmschwenkung:

Steigung	Schwenkbereich von	über 12 Uhr	bis	Stromaufnahme im Ampere	Bemerkungen
Hangabwärts					
4°	5°°		7°°	40	
5°	5°°		7°°	50	
7°	5°°		7°°	110	
7,5°	10°°		2°°	80	)Kupplung rutscht durch,
8°	13°°		13°°	80	)Turm lässt sich auf Zwischenstellung nicht halten
11°	11°°		11°°	80	)lief in 12 Uhr-Lage zurück
Hangabwärts	**von**	**über 5**	**bis**	130	Leitungen fangen an zu schmoren, Turm lässt sich nicht auf 2.30 Uhr halten. Bei 3.30 und 4.15 Uhr hält der Turm

Die Messung bei einer Steigung von hangaufwärts 12° erfolgte, nachdem die Kupplung in der Umschalteinrichtung des Schwenkmotors nachgestellt worden war. Weitere Messungen konnten infolge Leitungsfehler nicht durchgeführt werden.

Turmschwenkung von Hand:

Steigung	Schwenkbereich von	über 12 Uhr	bis		Bemerkungen
Hangabwärts					
4°	5°°		7°°		
5°	5°°		7°°		
7°	5°°		7°°		geht zu schwer
7,5°					nicht möglich
12,5°					nicht möglich
Hangabwärts					
12°					nicht möglich

Zadnik, der zur Erprobung in Kummersdorf war, forderte von Krupp die Entsendung eines Fachmanns ins Nibelungenwerk, da die Fahrversuche in Kummersdorf für einige Zeit unterbrochen wurden.

Als Hitler am 23. Juli den Bericht vom Juni über die Erprobung der »Tiger«-Panzer in Kummersdorf gelesen hatte, legte er in Absprache mit Speer fest:

a) Dass die »Tiger« noch 1942 frontreif sein müssten, spätestens jedoch im September des Jahres.

b) Dass die »Tiger« nur mit einer schonenden Fahrweise zu betreiben wären, da jedes Fahrzeug durch eine Überbeanspruchung in kurzer Zeit unbrauchbar gemacht werden könnte.

c) Dass die »Tiger« zunächst zur Verwendung in Frankreich vorzusehen waren und damit die ungünstigen russischen Verhältnisse ausschieden. Daher konnten diese erleichterten Verwendungsbedingungen bei der Prüfung der Fahrzeuge zur Anwendung kommen.

d) Der russische 52-t-schwere Panzer (KW 1) sollte derselben Beanspruchung im Dauerversuch unterworfen werden, um festzustellen, dass das russische Panzermaterial auch nicht der Höchstbeanspruchung gewachsen war.

e) Bei den zunehmenden Fahrzeuggewichten, wie dem gerade zu entwickelnden 100-t-Panzer, war eine schonungslose Fahrweise unmöglich. Diese Fahrzeuge müssten mit Gefühl gefahren werden.

f) Zur Beurteilung der beiden »Tiger«-Modelle waren diese Maßstäbe anzusetzen.[43]

Dazu ist anzumerken, dass zu Punkt c) Hitler Stunden zuvor geäußert hatte, dass die erste Tiger-Kompanie im Raum Leningrad beschleunigt einzusetzen sei.

[43] W. Boelcke, Deutschlands Rüstung im Zweiten Weltkrieg, S.156 und Nachlass Saur.

Am 27. August 1942 besucht Rüstungsminister Speer erstmals das Nibelungenwerk. Er wurde von Generaldirektor Meindl und Direktor Dr. Judtmann durch das Betriebsgelände geführt. Mit dabei neben Vertretern des HWA, Professor Porsche und Direktor Hacker von Steyr. Speer zeigte sich trotz aller Verbesserungen weiter skeptisch gegenüber der Porsche-Konstruktion. (PA)

Am 27. Juli 1942 fanden in Kummersdorf weitere Vergleichsfahrten zwischen Porsche- und Henschel-Tiger statt. Beide Versuchstypen liefen 200 bis 300 km auf der Versuchsstrecke in Kummersdorf. Dabei zeigten sich verschiedene Mängel an den Antriebsrädern, Laufrollen und an den Motoren, die aber zum größten Teil behoben werden konnten. Dennoch rechnete man mit weiteren Schwierigkeiten. Deshalb wurde der geplante Termin für den Abtransport einer Tiger-Kompanie mit zehn Fahrzeugen bis zum 8. August auf Ende August verschoben.
Auf Grund Hitlers Weisung legte Wa Prüf 6 fest, dass die derzeitigen Versuche nicht mit Höchstgeschwindigkeit und Höchstbeanspruchung auf Dauer durchgeführt werden sollten, da sonst der Fertigstellungstermin nicht annähernd eingehalten werden konnte. Diese Versuche mussten für die späteren Monate vorgesehen werden.
Am gleichen Tag fand in Wien eine Besprechung bei Simmering-Pauker-Graz statt. Neben der Porsche-Leitung waren die Direktoren Hacker und Walter sowie General Radlmeier anwesend. Dabei ging es inhaltlich auch um die neuen Typen. Am nächsten Tag fuhren alle ins Nibelungenwerk in St. Valentin. Neben der Besprechung am Tiger-Montageband fand eine Geländefahrt mit einem »Tiger« statt, die die Porsche-Ingenieure stark beeindruckte. Am 29. Juli fand des Weiteren eine Besichtigung bei Steyr-Motorenbau statt, wobei die dort hergestellten Daimler-Benz-Flugmotoren vor allem für das Projekt »Maus« von Interesse waren.
Bekanntermaßen hatte Speer von Anfang an eine Aversion gegen Professor Porsche und seine Panzer-Konstruktion. Jedoch war ihm klar, dass Porsche direkten Kontakt zu Hitler hatte und so musste er sich nach allen Seiten absichern. Wie konnte er ihn gefahrlos zum Verlierer des Konstruktionswettbewerbs degradieren? Also rief er eine Kommission aus Fachleuten ins Leben, die das gewünschte Ergebnis liefern konnte, ohne dass Speer der Schuldige war. Diese Kommission sollte allerdings nur ein Gutachten über den Porsche-Tiger erstellen, vom Henschel-Tiger des HWA war keine Rede! Interessanterweise stand die Kommission unter der Leitung des HWA und des OKH, wobei Speer ausnahmsweise von Todts Linie der industriellen Eigenverantwortung abfiel. Dadurch konnte das HWA seine Abneigung gegen Professor Porsches Sonderstellung endlich voll zur Geltung bringen. Mit Oberst Thomale hatte Speer einen Panzermann an die Spitze der Entscheider gestellt, der besonders an einem robusten Panzer interessiert war. Dies war Porsches Typ 101 aber nicht, so dass das weitere Geschehen absehbar war. Allerdings war zu diesem Zeitpunkt auch das Henschel-Fahrzeug alles andere als zuverlässig. Doch darüber hatte Oberst Thomale nicht zu befinden.

Speer während einer Probefahrt mit dem Panzerfahrgestell 150 005 im Nibelungenwerk. Er fuhr neben einem Panzerkampfwagen IV mit Turmersatzgewicht diesen Porsche-Tiger ohne Turm. (PA)

Eine weitere Probefahrt des Ministers mit dem kompletten Fahrzeug mit der Chassis-Nummer 150 007 und einem Turm mit hoher Decke während der Durchfahrt des leeren Wasserbeckens am Ende der Einfahrtsstrecke. Da das Fahrzeug schon den hohen Turm mit den Haltewinkeln für die Nebelwerfer und einen Turmlüfter trägt, kam als Turm nur die Nummer 150 011 oder 150 012 in Frage. (PA)

Auch Fahr- und Kletterversuche in der Schottergrube mit einem Turmersatzgewicht wurden durchgeführt. Vermutlich zeigt das Foto den hydraulischen »Tiger«. Dass der wesentlich leichtere Panzerkampfwagen IV im Vergleich dazu eine bessere Leistung erbrachte, muss nicht verwundern. Der Bodendruck beider Fahrzeuge war zu unterschiedlich. (PA)

Generaldirektor Meindl, Minister Speer und Professor Porsche schauen etwas ratlos. (PA)

Der Professor und Ferry vor der Halle IV im Nibelungenwerk. (PA)

Im August 1942 erfolgten auch umfangreiche Tests der Staubdichtheit und deren Filterung im Werk, um den Motorproblemen auf die Spur zu kommen. Denn die Konstrukteure hatten festgestellt, dass der hohe Verschleiß der Typ 101-Motoren auch mit der schlechten Filterung der Ansaugluft zu tun hatte. Dafür wurde das Fahrzeug mit zusätzlichen Ansaugfiltern und geänderten Luftleitblechen ausgerüstet. Auffällig war, dass dieses Fahrzeug schon die neue zweiteilige Kette mit sternförmigen Leit- und Antriebsrädern besaß.

Die Staubfahrt mit den speziellen Luftleitblechen und zusätzlichen Staub-Filtern. (PA)

(PA)

(PA)

(PA)

Indessen war die Produktion des Porsche-Tigers auf Grund der immer noch existierenden Motorprobleme gestoppt worden. Die vier als Truppen-Versuchsfahrzeuge deklarierten Porsche-Tiger befanden sich zu dieser Zeit auf dem Truppenübungsplatz Döllersheim. Nach dem Abzug der schweren Panzerabteilung 501 zur neuen Umschulung, diesmal vom Porsche- auf den Henschel-Tiger, wurden ab dem 10. August 1942 Teile der ebenfalls neu

Fahrausbildung mit dem Fahrzeug 150 023, das ein Ersatzgewicht und geänderte Kettenabdeckungen besaß. Die Fahrersehklappe und die MG-Kugelblende fehlten noch. (A)

aufgestellten schweren Panzerabteilung 503 nach Österreich auf den Truppenübungsplatz Döllersheim geschickt. Ihr Ziel war die Ausbildung am Porsche-Tiger.

Eine interessante Schilderung darüber gibt es von dem damaligen jungen Panzersoldaten Franz-Wilhelm Lochmann: »*Es war ein toller Panzer, der mich sofort begeisterte. Beide Seiten des Laufwerks wurden jeweils von einem Ottomotor, einem Generator und einem Elektromotor angetrieben. Das Auto fuhr wie eine Straßenbahn. Die Antriebe beider Fahrwerksseiten wurden getrennt gestartet, zwei Knüppel regulierten Vorwärts- und Rückwärtsfahrt sowie die jeweils gewünschte Geschwindigkeit. Eindeutig besser als beim Henschel-Tiger, den wir später kennenlernen sollten, erschien uns das Laufwerk. Die 8,8-cm-Kanone war für uns der letzte Schrei. Der Turm war sehr weit nach vorne versetzt, so dass Fahrer und Funker keine Luke nach oben hatten. Üblicherweise musste die gesamte Besatzung durch den Turm ein- und aussteigen. Uns war sehr schnell klar, dass insbesondere Fahrer und Funker im Ernstfall sehr schlechte Karten haben würden, obwohl beide die Möglichkeit hatten, das Fahrzeug auch durch Bodenluken zu verlassen. Ich habe diesen Panzer relativ gut kennengelernt, weil ich praktisch ständig Funkrahmenübungen mit ihm gefahren habe. Leider war die Technik dieses genialen Panzers noch nicht zur Serienreife entwickelt. Bei unseren Übungen gab es täglich Komplikationen. Insbesondere erinnerte ich mich an festgefahrene Fahrzeuge in schwierigem Gelände und gehäufte Motorbrände.*«[44]

Das Thema Motorbrände begleitete die Porsche-Motoren vom Typ 101 stetig, da die Motorabdichtung nie zur

[44] Rubbel, Erinnerungen an die Tigerabteilung 503, Seite 131.

Zufriedenheit gelöst wurde. Speziell die Kurbelwellenabdichtung an der Schwungscheiben-Seite sorgte für Probleme. Das austretende Öl band den Staub und verschmutzte damit die Kühlrippen der Zylinder. Dadurch kam erschwerend die Überhitzung der Motoren dazu, die das Motoröl dünnflüssig werden ließ, wodurch es noch leichter austrat. Ein Teufelskreis. Kam das auslaufende Öl mit den heißen Motorteilen, wie der Auspuffanlage, in Verbindung, konnte sich daraus schon ein Motorbrand entwickeln. Die Motorprobleme betrafen jedoch auch die Maybach-Motoren des Henschel-Tigers, was bei der Erprobung in Kummersdorf-Schießplatz auch zu Tage trat. Noch am 10. August liefen die Motoren vom Typ 101 auf dem Prüfstand. Die neuen Mahle-Kolben gaben immer noch Grund zur Sorge. Im September verglichen die Porsche-Ingenieure die Vergleichswerte der Motordauerläufe in Stuttgart und bei

Das untere Fahrzeug mit Turm Nummer 150 005 abgestellt in der Remise. Jedes Fahrzeug war in der Anbringung der Ausrüstung individuell. Oben das Fahrzeug mit der Turmnummer 150 007. (SB)

Simmering-Pauker-Graz. Die Probleme schienen in der Luftführung der Motorkühlung zu liegen.
Die folgende Bildserie zeigt die schon einschlägig bekannten Bergeübungen von Porsche-Tigern. Sie entstand am 26. August 1942 auf dem Truppenübungsplatz Döllersheim im Beisein der Porsche-Ingenieure und den Panzersoldaten der schweren Panzerabteilung 503. Die vier Truppenübungsfahrzeuge besaßen noch den niedrigen Turm mit zentraler Erhebung im Turmdach (für die Kanone in der tiefsten Absenkung), die später **zum Teil** auf die hohen Türme umgerüstet wurden, um die Standhöhe für den Ladeschützen zu verbessern.

Fahrt zum Truppenübungsgelände. (PA)

Der zum Bergeversuch ausgewählte Panzer mit der Turmnummer 150 007 wird eingewiesen. Neben den Porsche-Leuten waren auch Offiziere der schweren Panzerabteilung 503 zugegen, wie Abteilungschef Oberstleutnant Post und der Kompaniechef der 1. Kompanie, Oberleutnant Förster. (PA)

Langsam wird das Fahrzeug an den Graben heran dirigiert. (PA)

Der als Havarist vorgesehene Panzer besitzt am Turm Reserve-Kettenglieder, die sich hier unter der sogenannten, schrägsitzenden »Rommelkiste« befinden. Die beiden Abschleppseile wurden schon vorsorglich am Bug befestigt, um den Panzer nach dem Einsacken im Sumpfgraben besser bergen zu können. Der Turm war wieder auf 6 Uhr gedreht. (PA)

Der Panzerfachmann General Radlmeier verfolgt aufmerksam die Berge-Übung. (PA)

Die zwei Porsche-Tiger mit den Türmen 150 005 und 150 006 standen bereit, das festgefahrene Fahrzeug zu bergen. Um die rückseitige Abschlepp-Vorrichtung nutzen zu können, mussten die Reserve-Kettenglieder am Heck entfernt werden. (PA)

(PA)

Oben rechts stehen Zadnik und Porsche vor dem festgefahrenen Porsche-Tiger. Mittels zweier weiterer »Tiger« P sollte der versackte Porsche-Tiger geborgen werden. (PA)

Der Soldat des Bergefahrzeuges räumt das Abschleppseil weg. Ingenieur Zadnik im Gespräch mit den Panzersoldaten der schweren Panzerabteilung 503. Professor Porsche, der zum Ausgangspunkt zurückläuft, provozierte oft das Festfahren seiner Panzertypen, um daraus Schlussfolgerungen für Fahrwerk und Antrieb zu ziehen. (PA)

Die Bergung des festgefahrenen Fahrzeuges mittels des Zweierzuges verlief problemlos. (PA)

Auch die Bergung rückwärts mit nur einem Bergefahrzeug wurde geübt. In diesem Fall war der Havarist das Fahrzeug 150 005 mit der Antenne und rechts angeschlagenem Seil. (PA)

Auch das antennenlose Fahrzeug mit der Turmnummer 150 006 musste in den Graben, um anschließend geborgen zu werden. Diesmal war das Abschleppseil links angeschlagen. (PA)

Krupp lieferte am 15. August den Turm Nummer 150 013 mit eingebautem Rohr 112 an das Nibelungenwerk. Der Turm wurde erneut vorher auf Dichtheit geprüft. Dabei betrug der Wassereinbruch etwa 2,5 Liter in 10 Minuten. Dieser Turm sollte auf das erste Truppenfahrzeug montiert werden, das noch den alten Turm mit niedriger Decke besaß. Zur selben Zeit beschäftigten sich die Fachleute von Krupp mit dem Problem des aussetzenden Schwenkwerkes während des Tests vom 23. Juli in Kummersdorf. Dafür wurden auf einem Schießplatz in der Nähe des Nibelungenwerkes Fahr- und Schießversuche mit zwei Fahrzeugen unternommen. Anwesend war neben Offizieren der Truppe auch Ingenieur Schmidt von Porsche. Dazu wurde der Turm in verschiedenen Schwenklagen bis zu einer Schräglage von 16 Grad ohne Beanstandungen getestet. Das Soll von 15 Grad wurde dabei noch überschritten. Der Turm konnte rundum bei Stillstand der Motoren (keine Batterieladung) problemlos elektrisch geschwenkt werden. Die Beanstandungen waren den Fachleuten unerklärlich. Als nachteilig wurde dagegen die Tatsache empfunden, dass sich der Turm schon bei geringer Schräglage nicht mehr von Hand drehen ließ. Auch die bisherige Art der Turmzurrung war unhaltbar, da sich die Zurrung schon bei normalen Erschütterungen des Fahrzeuges löste und der Turm sofort zu schwenken begann. Für die Kommandanten- und Ladeschützenluke war in die Serienfahrzeuge je ein Federausgleicher zu montieren.

Am 20. August 1942 erfolgte von Wa Prüf 6 die Weisung an die Firma Krupp, dass die Türme nicht mehr als VK 4501 und VK 4502, sondern ab sofort als »Tiger« 1 und »Tiger« 2 zu bezeichnen waren. Krupp schrieb am 25. August an das Ministerium, dass die Termine für die ersten 60 Fahrzeuge der ersten Serie zwar geklärt seien, aber die Planung über die restlichen 40 Fahrzeuge noch nicht erfolgt wäre. Da Krupp andererseits erfahren hatte, dass die Firma Wegmann einen Auftrag von zusätzlich 40 Türmen für den Henschel-Wagen erhalten hatte, lag die Vermutung nahe, dass die 40 Porsche-Fahrzeuge unter den Tisch fallen würden und dafür 40 Henschel-Fahrzeuge gefertigt werden sollten (womit Krupp nicht falsch lag – d. A.).

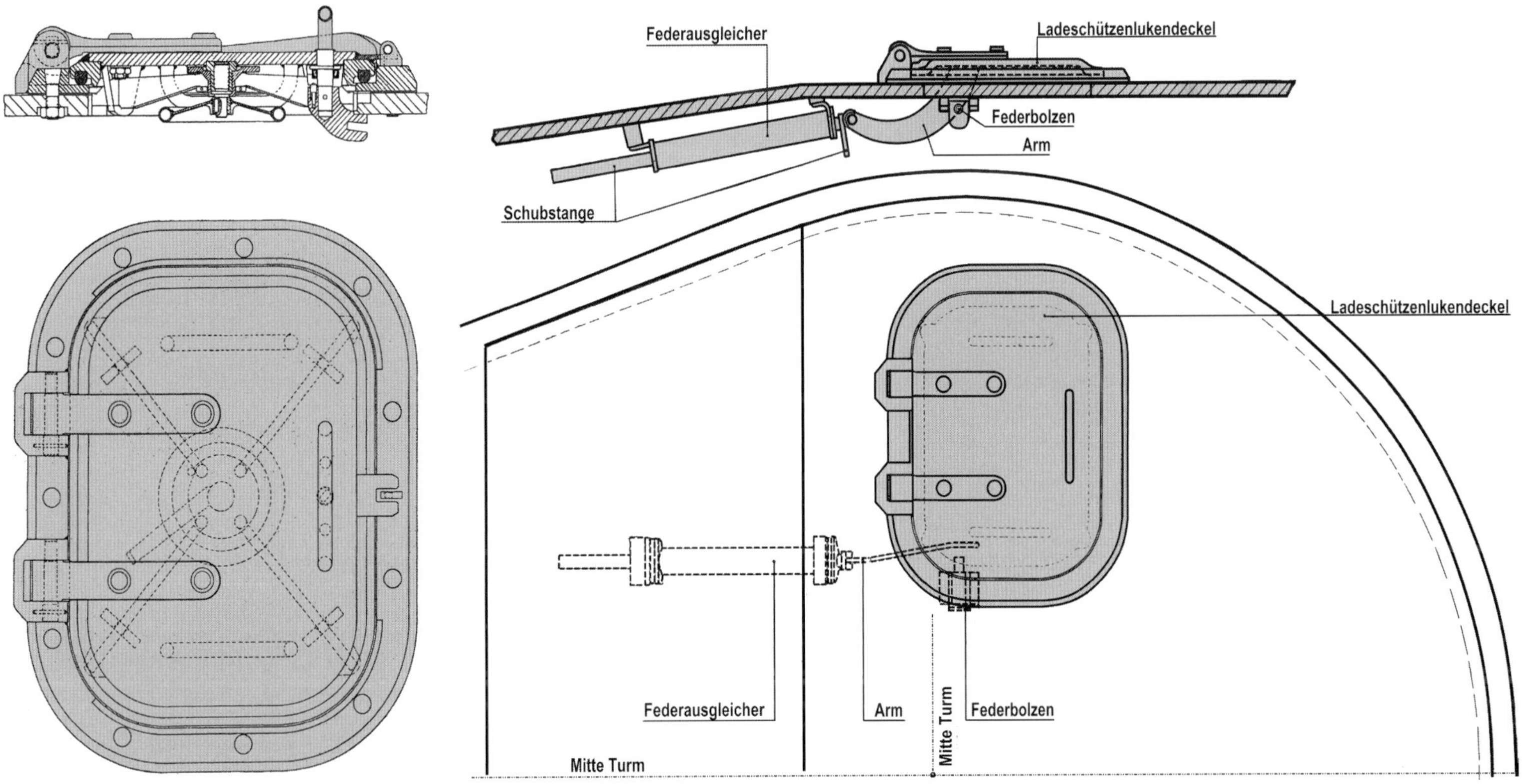

Prinzip des Gewichts-Ausgleichers der Ladeschützenluke. (D 656)

Das Ministerium widersprach der Behauptung, dass die 40 Porsche-Fahrzeuge nicht gebaut werden sollten. Die 40 Henschel-Fahrzeuge seien nur in Auftrag gegeben worden, weil die Termine für die Porsche-Fahrzeuge nicht klar wären. Man verständigte sich auf ein Treffen mit Krömer, um die Angelegenheit zu klären. Bezüglich des Problems mit dem Gepäckkasten konnte Wa Prüf 6 sich daraufhin festlegen, dass die Forderung der Wasserdichtheit nicht mehr bestand. Regenwasser- und Staubdichtheit reichten aus. Den Raumbedarf für einen Mann legte das Amt mit 50 bis 60 Liter fest. Die Form sollte möglichst für Porsche und Henschel übereinstimmen. Auf die unterschiedlichen Ersatzkettenglieder der beiden Typen sollte Rücksicht genommen werden.

Am 1. September erfolgte eine Rücksprache des Nibelungenwerkes mit Krupp, um den beanstandeten Turm 150 003

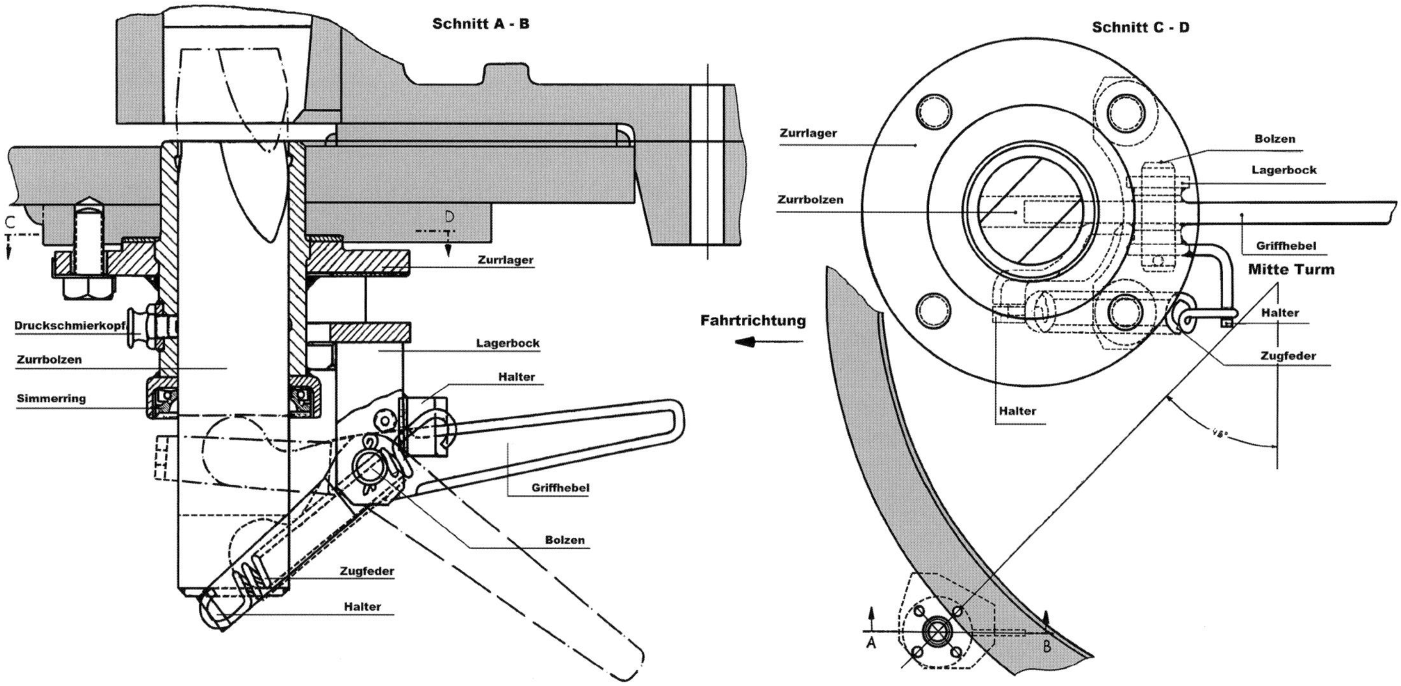

Die von der Truppe kritisierte Turmzurrung der ersten Turmserie, wie sie bei den Porsche-Tigern zur Anwendung kam. (D 656)

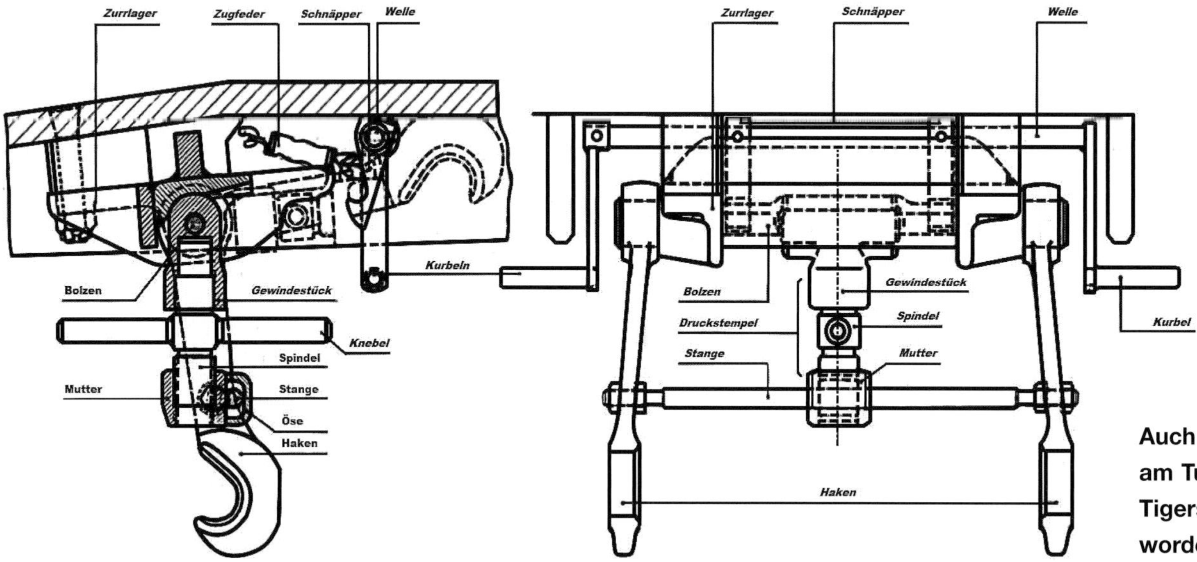

Auch die 0°-Zurrung am Turmdach des Porsche-Tigers war kritisiert worden. (D 656)

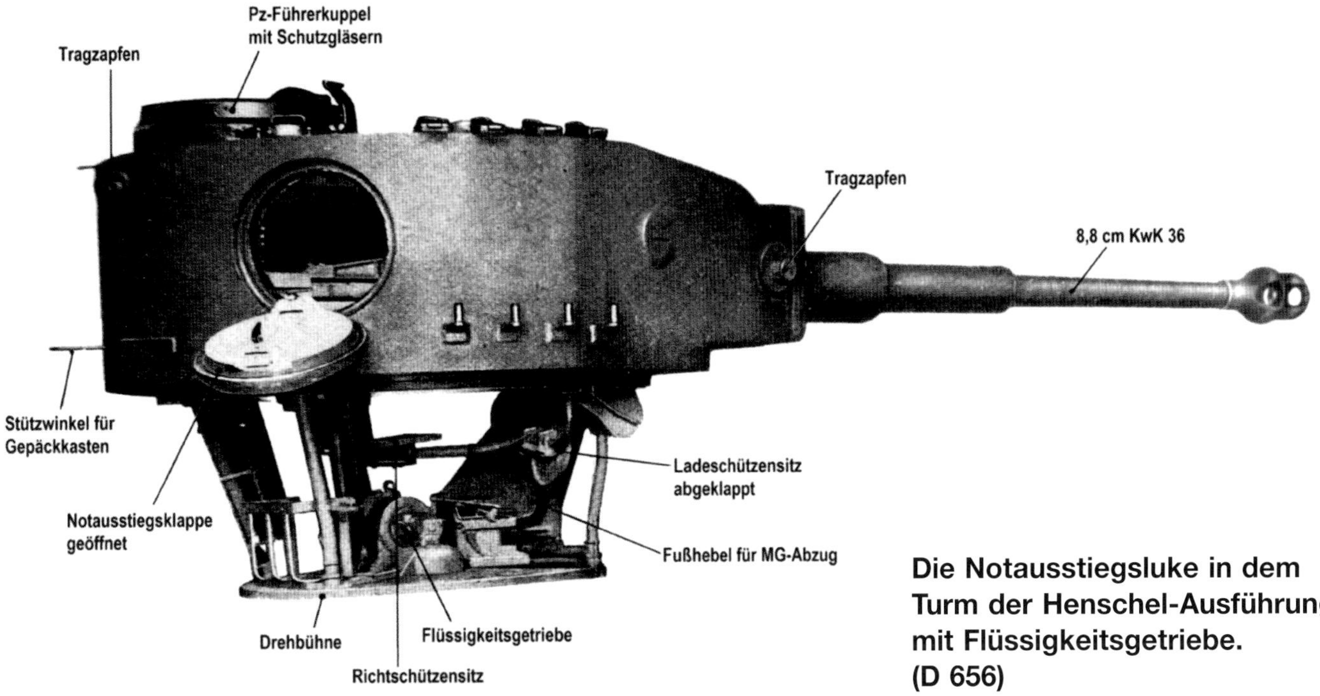

Die Notausstiegsluke in dem Turm der Henschel-Ausführung mit Flüssigkeitsgetriebe. (D 656)

des Kummersdorf-Wagens zwecks Reparatur nach Essen zurückzusenden. Sämtliche Türme sollten nun eine Rutschkupplung am Höhen- und Seitenrichtwerk erhalten. Weiterhin erfolgte, wie schon zuvor beschrieben, der Einbau eines Gewichtsausgleichs für die Kommandanten- und Richtschützen-Luke. Krupp bat darum, dass zuerst bei der Auslieferung der jeweils neueste Turm, in dem Fall der Turm 150 013, zu verwenden war. Auch Turm Nummer 150 014 sollte rechtzeitig geliefert werden, so dass bis Ende September etwa drei der neuesten Türme an das Nibelungenwerk geliefert werden konnten. Sollten die Türme nicht rechtzeitig eintreffen, so wären der Reihe nach Turm 13, 12 und 11 auf die Serienfahrzeuge 1, 2 und 3 aufzubauen. Die Nebelwurfgeräte konnten bisher noch nicht geliefert werden und waren vom Nibelungenwerk direkt anzufordern.

Krupp wurde informiert, dass die vier Truppenübungsfahrzeuge, welche nach Döllersheim gegangen waren, noch mit den alten Türmen mit niedriger Decke ausgerüstet waren. Diese Türme sollten nach Rücklieferung ins Werk zum Umbau zur Verfügung gestellt werden. Zum Thema Notausstieg erfolgte die Information, dass die Klappe ab Turm Nummer 150 013 bereits eingebaut werden sollte. Für Turm 150 008 bis 012 erfolgte eine Nachlieferung der Klappe, wobei das Nibelungenwerk die runde Öffnung im Turmmantel nachträglich »einzuspindeln« hatte. Die Türme 001 bis 007 erhielten keine Notausstiegsklappe, da die Turmwände 80 mm niedriger waren und dadurch die Unterbringung einer so großen Öffnung nicht möglich war.

Anlässlich einer Besprechung zwischen der Panzerabteilung 502 und Wa Prüf 6 am 21. August wurde von der Truppe der Wunsch geäußert, neben der Höherlegung des Höhenhandrades die Richtgeschwindigkeit zu verringern. Durch eine Begrenzung des Höhenrichtfeldes auf 15° wie beim VK 4502 konnte das Handrad um 45 mm nach oben und 65 mm nach rückwärts verlegt werden. Die Herabsetzung der Richtgeschwindigkeit von 0,95°/Umdrehung auf 0,5°/Umdrehung verminderte die maximale Richtkraft von etwa 7 kg auf etwa 4 kg.

Am 9. September 1942 forderte Hitler in einer Rüstungskonferenz, dass neben der neuentwickelten 8,8-cm-Flak vom Typ 41 auch die erste Serie der Porsche-Tiger sofort nach Afrika geliefert werden sollte, da er die luftgekühlten Motoren des Porsche-Fahrzeuges als für Afrika besonders geeignet einschätzte. Damit die neue Flak möglichst schnell auch in einem gepanzerten Fahrzeug zum Einsatz kam, forderte Hitler am 20. September, dass der Porsche-Tiger teilweise als Sturmgeschütz mit 200-mm-Frontpanzerung und eben dieser 8,8-cm-Kanone mit einer Länge von L/71 zu projektieren war (der spätere Panzerjäger »Ferdinand« – d. A.).

Hitler war sich darüber im Klaren, dass der neue Porsche-Tiger 2 (Typ 180) mit seiner 8,8-cm-KwK L/71 nicht vor Mitte 1943 einsatzbereit war und zog vermutlich deshalb diese schneller zu realisierende Variante vor. Des Weiteren sollte ebenfalls auf einem Tiger-Fahrgestell der Einbau eines 21-cm-Mörsers überprüft werden. Die Panzerplatten dazu sollten dem Bestand der Kriegsmarine entnommen werden. In diesem Zusammenhang äußerte Hitler, dass er die Information erhalten habe, der Kraftstoffvorrat des Porsche-Fahrzeuges im **schweren** Gelände ermögliche nur eine Reichweite von 50 km. Er fand dies als taktisch untragbar. Hitler forderte eine Reichweite von mindestens 150 km[45]. Dazu muss angemerkt werden, dass der Porsche-Tiger einen Kraftstoffvorrat von 520 Litern besaß, der »Tiger« des HWA aber einen Kraftstoffvorrat von 534 Litern (einschließlich Reservetank), welcher damit im schweren Gelände bei einem Kraftstoffverbrauch von 900 bis 935 Litern Benzin auf 100 km auch nur eine Reichweite von 50–80 km erreichte[46]. Die Datenblätter des Heeres nennen als Fahrbereich mit einer Kraftstofffüllung für den »Tiger« 1 Ausführung E rund 110 km im **mittleren** Gelände. Diese Zahlen wurden ihm anscheinend von Speer und dem HWA nicht genannt, so dass dadurch ein einseitiges Bild entstand.

Die schwere Panzerabteilung 502 hatte indessen mit vier Henschel-Tiger am 22. September 1942 ihren ersten Kampfeinsatz vor Leningrad, der im versumpften Gelände zu einem Desaster wurde. Zuvor gab es jedoch erhebliche Probleme mit den Maybach-Motoren und Olvar-Getrieben. Oberst Thomale sagte dazu wörtlich, *»... er lehne es ab, deutsche Menschen mit einem derartigen Wagen in das Gefecht zu schicken ...«*. Ein Vertreter der Firma Maybach stellte dem gegenüber, dass den Firmen stets gesagt worden sei, die Fahrzeuge brauchten nicht unbedingt truppenbrauchbar zu sein. Es sei nur mit allen Mitteln ihr Versand an die Front anzustreben, um sie dort auf Feldbrauchbarkeit prüfen zu können[47]. Ein Fahrzeug wurde abgeschossen und die restlichen drei Panzer fuhren sich fest. Der Überraschungseffekt war verloren gegangen, zumal die Rote Armee Tage später einen steckengebliebenen Henschel-Tiger bergen und auswerten konnte.

Am 1. Oktober übernahm Oberstleutnant Holzhäuer von Generalmajor Fichtner die Leitung der Abteilung Wa Prüf 6. Die seit Anfang August zur Ausbildung nach Döllersheim verlegte 1. Kompanie der schweren Panzerabteilung 503 führte am 2. Oktober 1942 ein Versuchsschießen mit einem »Tiger« (P) durch. Ziel war die Erprobung der Lüftungsverhältnisse nach dem Schuss. Daran nahmen u. a. neben Porsche-Ingenieur Schmidt der Kommandeur der schweren Panzerabteilung 503, Oberstleutnant Post, und der Kompaniechef der 1. Kompanie, Oberleutnant Förster, teil. Allerdings hatte Wa Prüf 6 dafür nur zehn Schuss bewilligt. Die ersten drei Schuss erfolgten bei geschlossenen Luken, eingeschalteter Motorentlüftung und abgeschaltetem Turmentlüfter.

Ein Schuss bei geöffneten Luken und eingeschalteter Motorentlüftung, je ein Schuss bei geöffneten Luken sowie geöffnetem Deckel der Kommandantenkuppel und geschlossenen Einstiegsluken bei abgeschalteter Motor-Entlüftung und eingeschaltetem Turmentlüfter. Dies hatte im Kampfraum neben dem Nachflammen auch eine starke Rauchentwicklung zur Folge. Der Versuchsablauf wurde wiederholt, mit dem Unterschied, dass noch zusätzlich Frischluft von etwa 10 m³/min über einen Schlauch mit 50 mm Durchmesser eingeblasen wurde. Dabei kam es diesmal zu **keinem** Nachflammen, auch die Rauchbelästigung war gering. Man hatte die Erkenntnis gewonnen, dass anstelle des Entlüfters ein auf Belüften gepoltes Lüftungsaggregat mit einer Leistung von mehr als 12 m³/min ein besseres Ergebnis brachte. Damit war die Besatzung auch unabhängig vom Luftstrom des Fahrzeugmotors.

Am 15. Oktober kam noch der Henschel-Tiger mit der Nummer 250 017 zu Vergleichsfahrten auf den Truppenübungsplatz Döllersheim.

Am 5. Oktober fand in St. Valentin eine Besprechung zwischen Krupp, Porsche und dem Nibelungenwerk zum Thema der Turmänderungen statt. Ab Turm Nr. 14 wurden bereits die geänderten Rutschkupplungen an Höhen- und Seitenrichtmaschine, der Gewichtsausgleicher an dem Kommandanten-Lukendeckel sowie das Tropfblech unter dem Schwenkmotor angebracht. Nach Möglichkeit sollte auch der Luftschlauch für die neue Belüftungsart sowie die Haken für MP-Magazin- und MG-Werkzeugtasche montiert werden. Das Nebelwurfgerät hatte Krupp noch nicht erhalten und sollte deshalb von der Truppe montiert werden. Die Zeichnung des Rauchsignalkorbes, der im toten Winkel an der Kommandantenkuppel-Rückseite befestigt werden sollte, war zuerst an das HWA und von da an Krupp zu senden. Abgestellt wurden folgende Mängel:

- das Herausschwenken des Ladeschützensitzes über das zulässige Maß,
- die sich selbständig lösende Turmzurrung wurde mittels einer Schnapp-Feder gesichert,
- das Turmaufsetzen durfte nur von geschultem Personal durchgeführt werden. Die zwei Führungsstifte wurden fest eingeschraubt mitgeliefert,

[45] W. Boelcke, Deutschlands Rüstung im Zweiten Weltkrieg, S. 186.

[46] »Instandsetzung ...«, sowie »Erinnerungen an die Tigerabteilung 503«.

[47] W. Spielberger, Der Panzer-Kampfwagen Tiger, S. 94.

- die Halter der Kinonblöcke (Schutzglasblöcke – d. A.) mussten einwandfrei geöffnet und geschlossen werden können,
- die Fußstützen waren so geändert worden, dass die Lagerung der zusammenlegbaren Granatenbehälter nicht berührt werden konnte,
- die Haltebügel für den Gepäckkasten wurden weiterhin angeschweißt, da es die einfachste Ausführung darstellte,
- zum Aufsetzen des Turmes waren drei gleichlange Drahtseile ausreichend. Jedoch war der Trichter im Turm zu montieren, bevor dieser aufgesetzt wurde.
- das Scherenfernrohr, mit dem jeder zweite Wagen ausgerüstet werden sollte, sollte mittels einer Klemmschraube am Kuppelring befestigt werden, wodurch ein Schwenken rundherum ermöglicht wurde,
- ab dem 25. Turm erfolgte der Einbau eines Prismenspiegels vor der Ladeschützenluke, ein Satz sollte als Reserve mitgeführt und in der Ausrüstungsliste nachgetragen werden,
- die Türme 25 und 26 waren als erste Befehlstürme vorzusehen. Bei diesen Türmen musste der Ladeschützensehschlitz an der rechten Turmseite geschlossen und dessen in das Turminnere ragenden Teile abgebrannt werden,
- die Gepäckkastengestaltung sollte so ausgearbeitet werden, dass 300 mm (200 mm Höhe Kettenglied + 100 mm Halter) Raum für die Befestigung der Kettenglieder an der Turmrückwand bestand. Da aber jedes zweite Kettenglied ohne Zähne ausgeführt wurde, gab es die Möglichkeit, diese Kettenglieder am Turmheck anzubringen und damit den Abstand auf 200 mm zu verringern,
- die Anleitung zum Abdichten des Fahrzeuges sollte über der MG-Öffnung hinter dem Kommandantensitz angebracht werden,
- die bisher an das Nibelungenwerk gelieferten Türme waren bei Anlieferung neuer Türme mit den gleichen Waggons, samt den Trichtern und Schrauben, an Krupp zurückzusenden,
- eine von der Truppe gewünschte Schnellzurrung in möglichst steiler Geschützstellung entfiel infolge der entsprechenden Rutschkupplung,
- beim Typ 180 war die Frage nach der Änderung des Fahrersehschlitz-Halters durch einen Winkelspiegel-Einbau erledigt, bei Typ 101 war eine Änderung nicht mehr möglich,
- der verstellbare Kommandantensitz war im Turm Nr. 14 bereits vorgesehen,
- die mitgelieferten Lukenschlüssel waren zum Teil nicht bearbeitet und passten auch nicht am Haltebügel des Lukendeckels vorbei.

Das Nibelungenwerk schrieb am 5. Oktober an die Firma Krupp, dass am 20. Oktober 1942 in Berka bei Eisenach

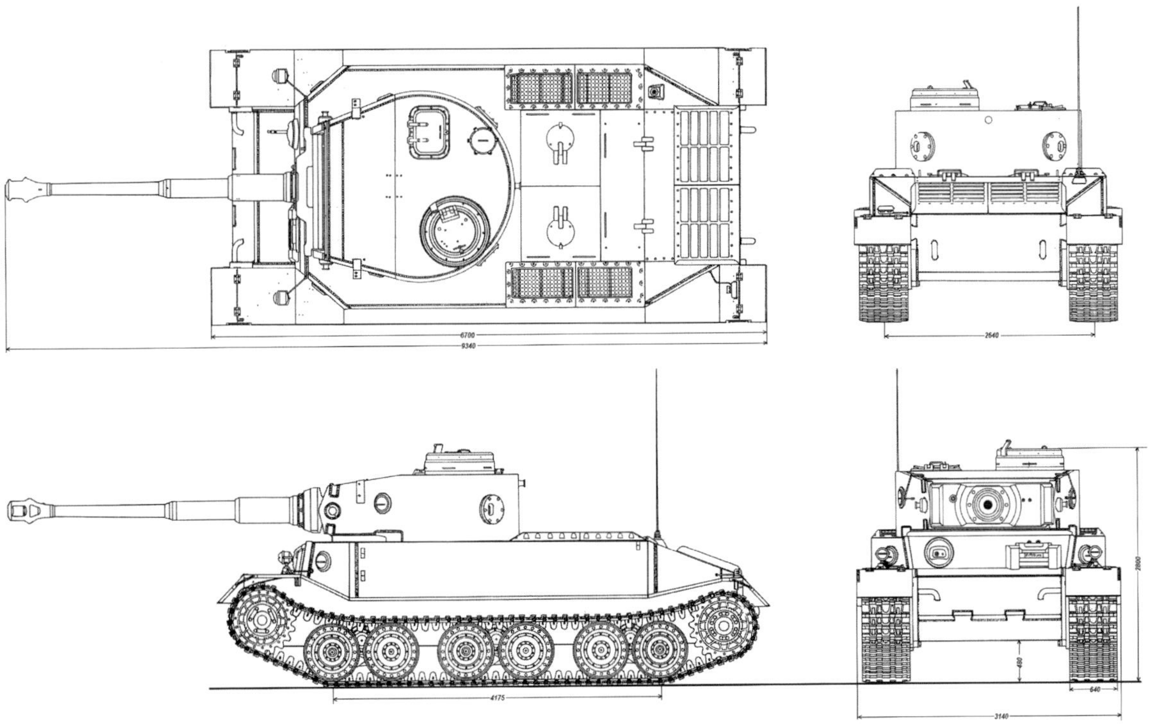

Der »Tiger« (P 1) mit hohem Turm und Deckenlüfter. Es fehlt noch der Notausstieg. (SB)

eine Vorführung von »Tiger«-Fahrzeugen stattfinden sollte. Für diese beiden Fahrzeuge hatte man die neuesten Türme vorgesehen. Deshalb erging eine Bitte an Krupp, alles daran zu setzen, dass die beiden Türme mit den Nummern 150 014 und 150 015, die für Panzer-Befehlswagen vorgesehen waren, bis zum 15. Oktober an das Nibelungenwerk versandt werden sollten. Diese Türme besaßen als Besonderheit, dass sie für einen zweiten Funkgeräte-Satz vorgesehen waren. Dazu gehörte der Verschluss der Öffnung für das Koaxial-MG sowie der Sichtklappe des Ladeschützen. Zusätzlich war die Kommandantenluke mit einer Öffnung für ein Scherenfernrohr sowie dahinter einem Rauchsignalkorb ausgestattet. Dafür wurde das Scharnier der Luke nach hinten versetzt und bekam einen Federausgleicher zum Gewichtsausgleich. Der Sitz des Kommandanten war faltbar konstruiert. Der Notausstieg sollte erstmals serienmäßig eingebaut werden.

Am 14. Oktober verkündete Oberbaurat Kniepkamp anlässlich einer Besprechung bei Krupp, dass das Henschel-Tiger-Versuchsfahrzeug 3000 km zurückgelegt hätte und die Lenkung sehr leicht ginge (nach zwei Motor- und Lenkgetriebewechseln in Kummersdorf – d. A.). Von diesem Modell (VK 4501 H) sollten 200 Stück bis Mitte 1943 gebaut werden. Anschließend war der Anlauf des »Tiger« 3 (VK 4503 H) vorgesehen, wahrscheinlich jedoch nicht vor September 1943. In diesem neuen Henschel-Modell sollte der Motor (Maybach HL 230) und die Kühlanlage des »Panther« eingebaut werden. Als Getriebe hatte Wa Prüf 6 vorgesehen, wahlweise ein Maybach-Olvar-, ein ZF-Allklauen-, ein elektromagnetisches oder ein vollautomatisches AEG-Dreigang-Flüssigkeits-Getriebe zu erproben.

Das Laufwerk sollte aus einer doppelten statt der dreifachen Schachtelung bestehen. Aufgrund des größeren Gewichtes des Fahrzeuges kam eine weitere Laufrolle zum Einbau. Um den höheren Bodendruck auf günstigere 0,7 kg/cm² zu senken, wollte man eine 1000-mm breite Kette verwenden (was nie geschah – d. A.). Der Porsche-Tiger 2 sollte nicht gebaut werden (VK 4502 P). Auch der Bau der 100 Porsche-Tiger 1 (VK 4501 P) war bis auf weiteres stillgelegt worden. Dazu sollte Ende Oktober ein vergleichender Fahrversuch zwischen beiden Tiger-Modellen in Berka bei Eisenach stattfinden[48]. Damit griff Kniepkamp in seiner ihm eigenen Art der eigentlichen Entscheidung schon voraus.

[48] BAMA, RH 8/2803.

Am 19. Oktober teilte Krupp daraufhin mit, dass der erteilte Auftrag über 100 Türme für den Porsche-Tiger bereits in Arbeit war. Bis zu diesem Stopp des Wagens Porsche-Tiger 1 (Typ 101) hatte die Firma bereits 15 Türme ans Nibelungenwerk versandt. Da die Anlieferung der Panzerteile und der Geschütze programmgemäß gelaufen war, befanden sich zu diesem Zeitpunkt 85 Geschütze und die gleiche Anzahl an Panzerteilen in der Werkstatt. Da die Gefahr der Verstopfung bestand, sollten die Türme ohne konstruktive Änderungen versandt werden, da es unmöglich war, die ganze Serie in der 2. Mechanischen Werkstatt zu lagern. Dazu muss noch angemerkt werden, dass sich bereits die Türme für den neuen VK 4501 (P 2) in der Produktions-Vorbereitung befanden.

Krupp nannte die geplanten Produktions-Zahlen der Türme vom Typ 101 (P 1):

- geliefert = 15 Stück
- November 1942 = 15 Stück
- Dezember 1942 = 15 Stück
- Januar 1943 = 15 Stück
- Februar 1943 = 15 Stück
- März 1943 = 5 Stück
- April 1943 = 2 Stück
- Mai 1943 = 5 Stück
- Juni 1943 = 5 Stück
- Juli 1943 = 5 Stück
- August 1943 = 3 Stück
- Summe = 100 Stück

Die Fertigstellung des ersten neuen Turmes für den Typ 180 hatte Krupp für Ende Dezember 1942 zugesichert. Im Nibelungenwerk waren indessen die Türme 150 014 und 150 015 eingetroffen.

Das HWA antwortete darauf am **29. Oktober 1942** in einem Eil-Telegramm, **dass die Fertigung des Panzerkampfwagen VK 4501 (P 1) sofort, die des VK 4501 (P 2) nach der Fertigstellung der geforderten drei Probegehäuse** (drei Wannen und drei Türme – d. A.), **einzustellen sei**. Dafür erhielt die Firma Krupp den Anschluss-Auftrag für die Lieferung von 90 kompletten Panzergehäusen vom Typ VK 4501 (Henschel). Die noch vorhandenen Panzertürme des Typ 101 (P 1) waren für diesen Auftrag zu verwenden. Damit war die Entscheidung des HWA über die Produktionseinstellung des Porsche-Tigers schon gefallen, bevor die dafür gegründete Tiger-Kommission darüber entschieden hatte. Die ganze Sache hatte also ganz offensichtlich nur den Charakter einer Farce. Dennoch erfolgte in Berka eine der aufwendigsten Vorführungen von Wa Prüf 6.

Die »Entscheidung« in Berka v.d.H.

Zuerst muss dieser relativ unbekannte Truppenübungsplatz einmal vorgestellt werden, der auch nach dem Krieg von der Roten Armee und der NVA weiter genutzt wurde. Der Übungsplatz Berka liegt auf dem südlichen Höhenzug des Hainich und wurde seit 1936 von der Wehrmacht als Standortübungsplatz des Eisenacher Panzerregimentes 2 genutzt. Allerdings begann die militärische Geschichte des Hainich schon früher. 1871/72 richtete hier das Herzogtum Weimar-Eisenach ein Militärübungsgelände ein. 1933/34 wurde insgeheim für das Kampfgeschwader 253 südlich des Kindels (Gelände südlich des Hainich – d. A.) ein Flugfeld mit Rasenpiste angelegt.

Des Weiteren errichtete die Firma »Gebrüder Thiel« aus Ruhla an diesem Ort einen Versuchsplatz für ihre hergestellten Granaten- und Bombenzünder. Die Wehrmacht erwarb im Jahre 1936 zudem weitere Waldflächen für die 7. Panzerdivision Thüringen[49]. Dies betraf eine Fläche von 85,6 ha mit den Forstorten »Haselwurzel«, »Seeberhof«, »Galilea«, »Vier Winde« und »Trockene Kutte«. Zur gleichen Zeit begannen die Arbeiten für einen Schießplatz der Wehrmacht im »Langen Tal« bei Berka-Sulzrieden[50]. Die von der sogenannten »Nesseltal-Bahn« benutzte Bahnstrecke Bufleben-Großenbehringen nutzte das Militär, um Ausrüstung und Panzerfahrzeuge zum Versuchsplatz zu transportieren.

[49] Groth, Die Chronik der Gemeinde Behringen S. 49 und 69.

[50] Lämmerhirt, Wüstungen im Hainichgebiet, S 21.

Diese Nachkriegsaufnahme zeigt einen Culemeyer-Transport eines Kesselwagens der Reichsbahn, so wie er auch von Großenbehringen aus zum Kindel erfolgt sein kann. (BA)

Die Fahrzeugverlegung vom Bahnhof bis zum Stützpunkt erfolgte über die sechs Kilometer lange Strecke auf der Reichsstraße 84 per Achse. Zwei Gleise im Bahnhof Großbehringen waren für eine Culemeyer-Anlage ausgebaut, bei der über eine Rampe der vollständige Eisenbahnwaggon auf vielachsige Straßenroller-Fahrzeuge geladen und so direkt zum Kindel transportiert werden konnte[51].

Da die Möglichkeiten der Panzererprobung im Bereich Kummersdorf-Schießplatz nicht ausreichten, um die erschwerte Erprobung der Geräte unter truppenähnlichen

[51] Rockstuhl, Nesseltalbahn-Kindelbahn, S. 140 und 150.

Die Aufnahme wurde vermutlich im Bereich des Flugplatzes auf dem unterhalb des Hainich liegenden Kindel gemacht. (F)

Bedingungen ausreichend durchzuführen, wurde im Jahre 1939 im Bereich des Standortübungsplatzes mit der Planung eines Versuchsgeländes für die Verskraft begonnen. Jedoch muss es schon 1938 Panzererprobungen der Verskraft auf dem Hainich gegeben haben. Eine Aufnahme mit dem Bildtitel »Großenlupnitz 1938« zeigt eine österreichische Fiat-Ansaldo CV-35 Tankette.

Der Versuchsplatz befand sich auf sehr schwerem und hartnäckigem Lössboden. Daher bot es sich an, spezielle Streckenführungen anzulegen, um Dauererprobungen unter anspruchsvollen Bedingungen vornehmen zu können. Dazu wurde ein Teil des Standortübungsplatzes für die Verskraft abgetrennt. Anschließend erfolgte das Abstecken entsprechender Strecken, um anschließend breite Schneisen anzulegen und die nötige Infrastruktur herzustellen.

Für die Pflege und den Untersuchungs- und Instandsetzungsdienst benötigte die Verskraft neben den Fahrstrecken eine Infrastruktur, so dass am südlichen Hainich direkt an der Straße 84 neben einem Wachhäuschen eine große Werkhalle, eine Baracke mit Sozialräumen und Büros sowie Waschwannen zur Fahrzeugreinigung entstanden. Der ungewöhnlich schwere Boden, der bei Wind und Wetter sehr rasch austrocknete, verlangte besondere Maßnahmen zum Reinigen des Fahrwerkes. Neben Hochdruckreinigern entstanden Waschwannen mit Betonschwellen zum Aufweichen der hart gewordenen Verschmutzungen und zum besseren Lösen des Schlammes durch Bewegen der Laufwerke.

In Berka wurden vor allem die Ketten-Fahrzeuge der Wehrmacht im schwersten Gelände auf ihre Verwendbar-

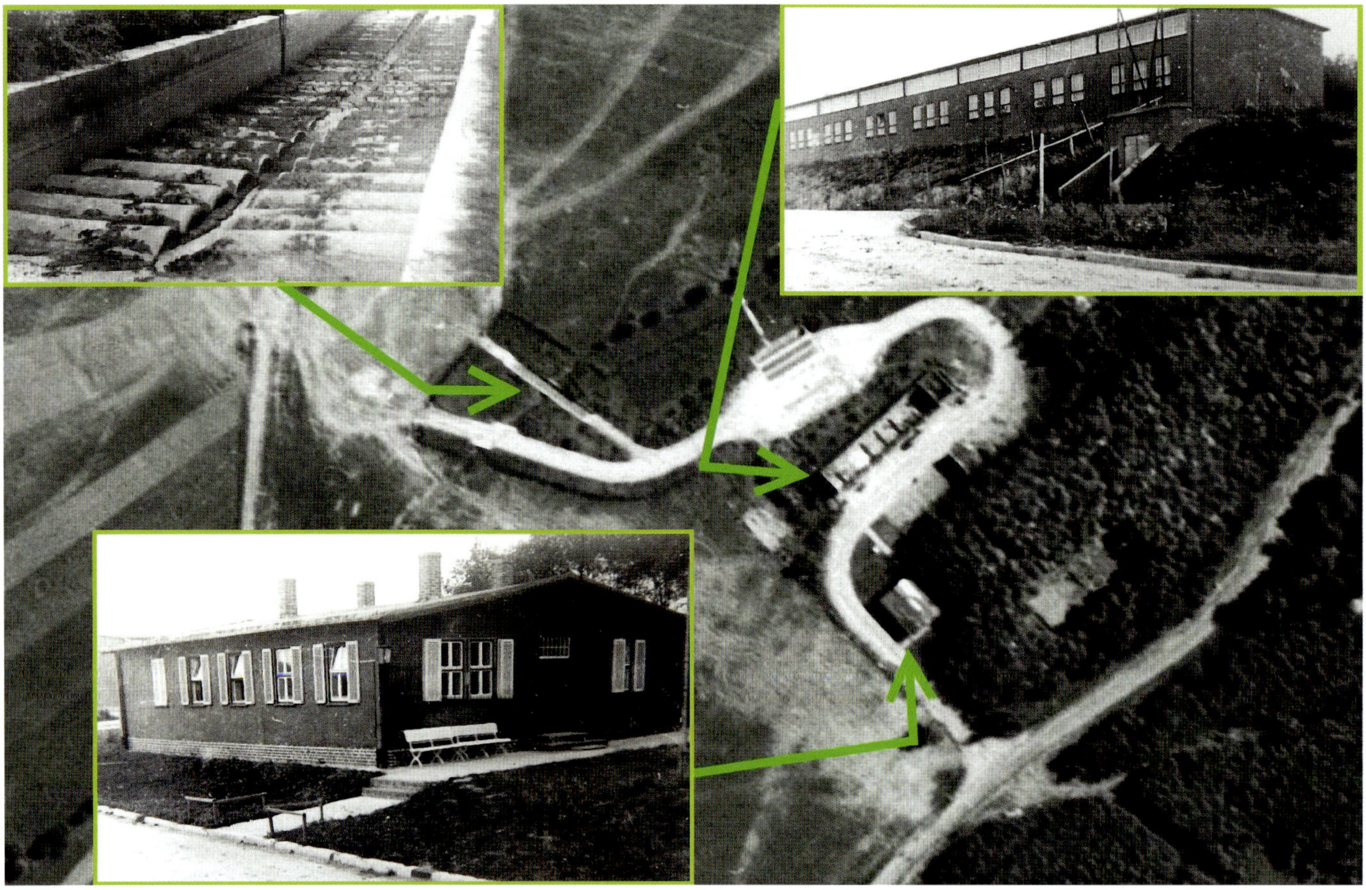

Die Außenstelle Berka der Verskraft auf dem Kindel: Oben links die Waschwanne, gleich an der Einfahrt aus dem Testgelände kommend, diente zum ersten Säubern des Kettenlaufwerkes. In der Mitte befand sich ein Bach, dessen Wasser entweder mittels eines Wehrs in die Wanne eingelassen oder durch ein Rohr abgeleitet werden konnte. Damit konnte der Schlamm zugleich mit Hilfe des »Treisbach« weggespült werden. Die Betonschwellen erzeugten zudem einen Rütteleffekt, der den angeweichten Schlamm abschüttelte. Unten im Bild die Baracke gleich nach der Einfahrt von der Straße. Diese enthielt die Sozialräume und die Zimmer für den Versuchsdienst. Oben rechts die Werkstatthalle. (LBD)

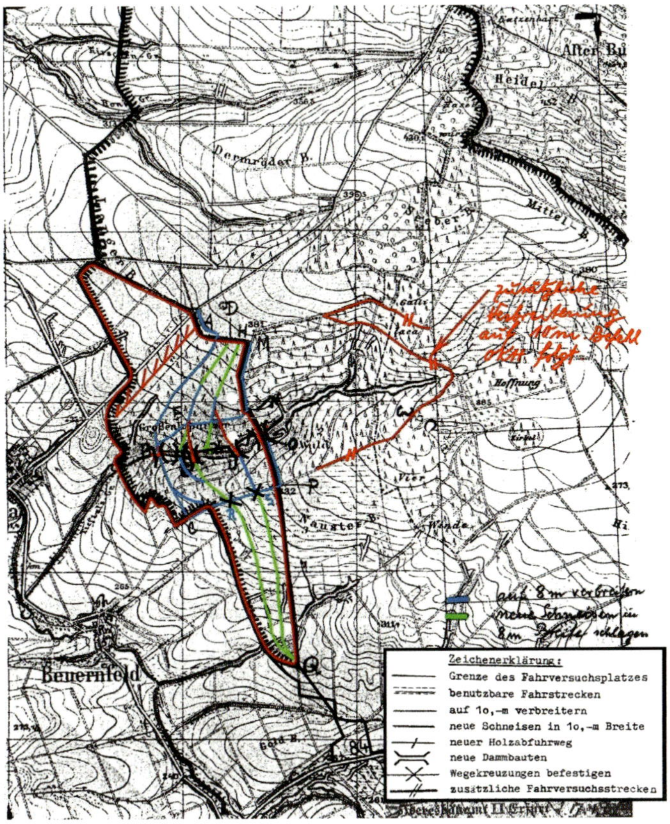

Die Karte des Erprobungsgeländes Großenlupnitzer Wald mit den notwendigen Änderungen der Trassen.

keit getestet. Diese für die Erprobung angelegten Strecken im Großenlupnitzer Wald besaßen den großen Vorteil, dass diese wind- und sonnengeschützt lagen und somit in ihrem Schwierigkeitsgrad annähernd gleich blieben. Berka wurde auch für Vorführungen und Vergleiche gewählt, wenn es galt, besonders schwierige Bedingungen zu testen. So zum Beispiel für den hier beschriebenen Vergleich der beiden Tiger-Typen 1942 sowie 1943/44 für eine Vorführung von Berge- und Abschleppgeräten vor einem größeren Kreis von Frontoffizieren[52]. Von September bis Oktober 1944 erfolgte noch eine ausgiebige Erprobung von einem VW-Kübelwagen Typ 276, einem Typ 82 und einem Steyr 1,5 to mit angehängter 3,7-cm Pak 37 sowie Munitions-Anhänger auf der Rundstrecke Nr. 1 in Berka.

Eine der großen Vorführungen von Wa Prüf 6 fand laut Oberst Essers Unterlagen in den ersten beiden November-Wochen des Jahres 1942 statt. Willi Esser war von Februar 1938 bis zum Kriegsende Leiter der Verskraft in Kummersdorf-Schießplatz.

So fand in Berka vor dem Hainich eine Vorführung beider Tiger-Konkurrenten vor der Tiger- wie auch der Panzerkommission statt. Dieser Vergleich sollte offiziell über den Weiterbau der Porsche-Serie entscheiden. Intern war allerdings, wie schon zuvor beschrieben, die Entscheidung zugunsten des HWA-Fahrzeuges bereits gefallen.

Die Panzervorführung ist in der Literatur sehr umstritten. Autoren wie Pawlas behaupten, dass diese Vorführung höchstwahrscheinlich nie stattfand, da damals keine Dokumente greifbar waren. Spielberger schreibt in seinem Buch: *»In der Zeit vom 26. bis 31.10. 1942 trat in Eisenach und Berka die Kommission zur Begutachtung der Panzerkampfwagen „Tiger“ zusammen«.* Teilnehmer waren laut dieses Berichtes die beiden Vorsitzenden der Tiger-Kommission Professor Eberan von Eberhorst (Technische Hochschule Dresden) und Oberst Thomale (Chef. H Rüst u Bde/Stab). Weiterhin von Seiten des HWA Oberst Esser, Oberst von Wilke sowie neun weitere Verantwortliche des Amtes. Von der Panzerindustrie waren nur Vertreter der Firmen Alkett und Krupp sowie die Kommandeure der schweren Panzerabteilungen 501 und 503, Oberstleutnant Post und Major Lueder zugegen[53].

Knittel beruft sich in seinem Buch dagegen auf M.A.N.-Unterlagen[54], die beschreiben, dass vom 8. bis zum 14. November 1942 unter der Leitung von Speer, Fichtner und Holzhäuer in Berka bei Eisenach umfangreiche Vorführungen und Fahrversuche stattfanden. Die aufgefundenen Unterlagen[55] von Oberst Esser bestätigen diese Vorführungen von ca. 30 Fahrzeugen und geben, wenn auch leider nur unvollständig, ein detailliertes Bild des Geschehens wieder. Die vorgefundenen Dokumente konnten gut mit den handschriftlichen Aufzeichnungen Essers ergänzt werden.

Folgende Fahrzeuge waren laut dieses Berichtes daran beteiligt:

- zwei Henschel-Tiger (250 011 und 250 013, später der Kummersdorf-Tiger 250 001),
- ein Henschel-Tiger mit elektrischem ZF-Schaltgetriebe 12 E 170 (verm. 250 018),
- zwei Porsche-Tiger (150 014 und 150 015),

[52] W. Esser, Die Kraftfahrversuchsstelle des HWA.

[53] W. Spielberger, Der Panzer-Kampfwagen Tiger, S, 89.

[54] MAN WA 315.1-4.9 (12-4).

[55] BAMA, MSG 224/27.

- ein MAN-Panther, später kam noch ein zweiter MAN-Panther dazu,
- ein Daimler-Benz-Panther ohne Turm,
- ein Panzer II mit elektrischem Getriebe,
- ein VK 3601 Henschel ohne Turm,
- ein Panzer III mit Olvar-Getriebe,
- zwei sowjetische Kampfpanzer, je ein T 34 und KW1,
- ein Panzer III mit breiter Kette,
- ein Panzer III mit Schachtellaufwerk,
- ein Panzer III mit Gummi sparenden Laufrollen,
- zwei Panzer III als Flammenwerfer,
- sowie zwei Panzer-Spähwagen mit Flammenwerfer-Ausrüstung[56].

Die erste Vorführung fand am 2. November unter Leitung von General Fichtner statt. Die Teilnehmer sollten 12 Uhr mittags zur Vorführung eintreffen. Zusätzlich waren noch zur Demonstration vorgesehen:

- je ein Zugkraftwagen 1 t und 3 t,
- ein Raupenschlepper (Ost),
- zwei Radschlepper (Ost),
- ein Latil-Schlepper mit zwei Anhängern (Ost),
- sowie mehrere 3-t-LKW mit Gleiskettenantrieb der Bauart SS, der Bauart Opel und der Bauart Luftwaffe.

Die beiden Tiger-Kontrahenten befanden sich seit dem 2. November im Vergleich. Dafür fand zunächst eine Fahrt auf der gesperrten Reichsautobahn Eisenach–Erfurt statt. Dabei wurde der Kraftstoffverbrauch auf der Hin- und Rückfahrt ermittelt. Gemessen wurden die beiden Henschel-Tiger 250 011 und 250 013 sowie der Porsche-Tiger 150 015[57]. Dabei ergaben sich folgende Werte:

	Vmax.	l/100 km	l/t u. 100 km
1. Hinfahrt			
H 11	24,2	314	5,6
H 13	26,6	288	4,66
P 15	27,35	466	7,55
2. Rückfahrt			
H 11	0	314	5,6
H 13	26,9	288	4,66
P 15	28,45	466	7,55

Oberst Essers Angabe des Kraftstoffvorrats vom Henschel-Fahrzeug mit 570 Liter[58] in der unteren Liste stimmt allerdings nicht, da alle späteren Unterlagen einen Tankinhalt samt Reserve von 534 Liter angaben, der sich aus einem 88 Liter-, einem 98 Liter- und zwei 174 Liter-Tanks zusammensetzte. Möglicherweise war ursprünglich noch ein weiterer Tank von 36 Litern vorgesehen, der durch seine ungünstige Lage im Kampfraum nicht realisiert wurde. Mit dem größeren Vorrat ergaben sich dadurch auch andere Reichweiten, die den sehr hohen Kraftstoff-Bedarf des Porsche-Tigers 150 015 nicht besser dastehen lassen.

Interessanterweise bestätigte sich dadurch die weiter unten zitierte Aussage des Henschel-Ingenieurs Pertuss, dass das Porsche-Fahrzeug schneller unterwegs war, was natürlich neben einem höheren Kraftstoffverbrauch auch die Antriebsaggregate stärker belastete. Für die beiden Konkurrenten hatte allerdings Oberst Thomale eine Durchschnitts-Geschwindigkeit von 30 km/h gefordert. Interessant an der Aufstellung von Oberst Esser ist auch, dass das zweite Henschel-Fahrzeug auf der Rückfahrt nicht mehr dabei war! War dieses anstatt des Porsche-Fahrzeuges ausgefallen? Dies würde allerdings die Aufzeichnungen des Herrn Pertuss in einem anderen Licht darstellen. Oder war der zweite Porsche-Tiger auf Grund des genannten Motorbrandes nicht mit in die Aufstellung aufgenommen worden?

Wie dem auch sei, am nächsten Tag, dem 3. November, ging es für die »Tiger« in das schwere Gelände des Hainich. Das Porsche-Fahrzeug 150 015 und das Henschel-Fahrzeug 250 013 fuhren je sechs Runden. Jede Runde hatte eine Länge von 7,925 km. Dabei besaß das Henschel-Fahrzeug erneut einen deutlich besseren Kraftstoff-Verbrauch. Im Mittel benötigte das HWA-Fahrzeug bei einer Durchschnittsgeschwindigkeit von 11 bis 12 km/h 800 bis 1000 Liter Kraftstoff auf 100 km. Der Porsche-Wagen dagegen verbrauchte bei rund 10 km/h Rundengeschwindigkeit im Durchschnitt 1800 Liter auf 100 km. Ein beträchtlicher Unterschied. Sehr wahr-

		Mittelwerte	Vorrat	Fahrbereich	Annahme leichtes Gelände		
	l/100 km	l/t u. 100 km	l	km RAB	l/100 km	Fahrbereich	l/tg
H	288	5,13	570	198	432	134	~ 10
P	456	7,74	525	115	684	77	~ 8,85

[56] H. Kittel, Panzerfertigung im Zweiten Weltkrieg, S. 88

[57] BAMA MSG 224/27

[58] Datenblatt Wa Prüf 6 vom 5. März 1942.

scheinlich kam hier der schlechtere Wirkungsgrad des elektrischen Antriebes besonders im Teillastbereich zum Tragen. Umgerechnet heißt dies, dass mit den 534 Litern Kraftstoffvorrat des Henschel-Tigers die Reichweite im schweren Gelände von Berka bei 60 km lag, die 525 Liter des Porsche-Fahrzeuges unter diesen Bedingungen aber nur für rund 30 km gereicht hätten. Im Detail sahen die Werte so aus:

Berka-Gelände 1 Runde: 7,924 km	**250 013**						**250 011**			
03.11.1942	**1. Fahrt**	**2. Fahrt**	**3. Fahrt**	**4. Fahrt**	**5.Fahrt**	**6. Fahrt**	**1. Fahrt**	**2. Fahrt**	**3. Fahrt**	**4. Fahrt**
km/h Mittel	12,3	11,6	11,3	11,25	11,46	10,78				
l/100 km	985	912	932	920	925	972				
04.11.1942	**1. Fahrt**	**2. Fahrt**	**3. Fahrt**	**4. Fahrt**	**5.Fahrt**	**6. Fahrt**	**1. Fahrt**	**2. Fahrt**	**3. Fahrt**	**4. Fahrt**
km/h Mittel	12,8	13,6					15,12	15,12	14,42	14,6
l/100 km	835	790					828	820	883	984
05.11.1942	**1. Fahrt**	**2. Fahrt**	**3. Fahrt**	**4. Fahrt**	**5.Fahrt**	**6. Fahrt**	**1. Fahrt**	**2. Fahrt**	**3. Fahrt**	**4. Fahrt**
km/h Mittel	12,97	14,15					13,0	15,7	16,1	
l/100 km	807	807					990	855	832	
Durchschnittsverbrauch	**870 Liter/100 km**						**884 Liter/100 km**			
damit mögl. Reichweite	**61 km**						**60 km**			
gefahrene Gesamt-km	**88 km**						**56 km**			

	150 015						**150 014**			
03.11.1942	**1. Fahrt**	**2. Fahrt**	**3. Fahrt**	**4. Fahrt**	**5.Fahrt**	**6. Fahrt**	**1. Fahrt**	**2. Fahrt**	**3. Fahrt**	**4. Fahrt**
km/h Mittel	9,96	8,64	9,44	9,55	9,91	9,51				
l/100 km	1836	1795	1780	1816	1816	1792				
04.11.1942	**1. Fahrt**	**2. Fahrt**	**3. Fahrt**	**4. Fahrt**	**5.Fahrt**	**6. Fahrt**	**1. Fahrt**	**2. Fahrt**	**3. Fahrt**	**4. Fahrt**
km/h Mittel	10,15						9,66	9,52	9,7	
l/100 km	1785						1583	1710	1722	
05.11.1942	**1. Fahrt**	**2. Fahrt**	**3. Fahrt**	**4. Fahrt**	**5.Fahrt**	**6. Fahrt**	**1. Fahrt**	**2. Fahrt**	**3. Fahrt**	**4. Fahrt**
km/h Mittel	10,60						9,74	9,54	9,89	
l/100 km	1650						1800	1742	1685	
Durchschnittsverbrauch	**1783 Liter/100 km**						**1707 Liter/100 km**			
damit mögl. Reichweite	**29 km**						**30,5 km**			
gefahrene Gesamt-km	**64 km**						**48 km**			

Auffallend in dieser Aufstellung war neben den enormen Kraftstoffverbräuchen der zum Ende des Vergleiches bei allen Wagen etwas höhere Rundendurchschnitt sowie ein etwas geringerer Kraftstoffverbrauch.

Indessen fand am gleichen Tag eine Beratung der Tiger-Kommission in Eisenach statt. Am Abend zuvor hatten sich die Teilnehmer schon Gedanken zur Vergleichbarkeit gemacht. Der Inhalt der Besprechung vom 3. November umfasste den Vergleich der technischen Daten von beiden Kandidaten und dem Abwägen ihrer Vor- und Nachteile. Grundlage dafür waren die Auswertungen der Erprobung beider Fahrzeuge in Kummersdorf. Es fiel allerdings den Mitgliedern der Kommission auf, dass das Henschel-Fahrzeug 3100 km in Kummersdorf gefahren war, das Porsche-Fahrzeug hingegen nur 300 km. Ein Grund dazu wurde nicht genannt, nur, dass die vorhandenen Fehler sich bei dem Henschel-Fahrzeug schneller abstellen ließen.

Der erste Punkt des Vergleichs betraf die Abmessungen:

* **Die Wannenlänge** sollte etwa 7 m betragen (also ohne Kanone – d. A.):
Henschel: 7,87 m
Porsche: 7,77 m

* **Die Höhenvorgabe** sollte maximal 2,99 m betragen:
Henschel: 2,83 m (?) (beträgt 2,99 m – d. A.)
Porsche: 2,80 m (mit hohem Turm – d. A.)

* Bei **der Breite** wurde das zulässige Transitmaß von 3,30 m vorgegeben:
Henschel: • mit 525 mm Verladekette: 3,14 m
• mit 725 mm Geländekette: 3,57 m
Damit hatte das Henschel-Fahrzeug mit der Geländekette das Maß überschritten.

Porsche: • mit 640 mm Kette: 3,30 m ohne Schutzblech
3,38 m mit Schutzblech
• mit 700 mm Kette: 3,42 m ohne Schutzblech
3,50 m mit Schutzblech

* Die vorgeschriebene **Bodenfreiheit** von 450 bis 500 mm wurde erfüllt:
Henschel: 470 mm (lt. technische Daten vorn 445 mm, hinten 455 mm – d. A.)
Porsche: 480 mm

*Die geforderte **Watfähigkeit** von 1250 mm wurde erfüllt:
Henschel: 1800 mm
Porsche: 1700 mm

Der zweite Punkt betraf das Gewicht von ~48 t:

Es wurde bei beiden Typen erheblich überschritten:
Henschel: 56,7 t
Porsche: 59,3 t

Der dritte Punkt betraf die Motorleistung:

Henschel: HL 210 mit 650 PS ergab ein Leistungsgewicht von 11,4 PS/t.
Porsche: Typ 101 mit 2 x 311 PS ergab ein Leistungsgewicht von 10,6 PS/t.

Das geforderte Soll des Fahrbereiches mit fünf Stunden Voll-Last ergab den Bedarf:
Henschel: 222 g/PSh x 660 PS; Wirkungsgrad 0,765 ergab 191,5 l/h, für 5 Stunden wurden 960 Liter Kraftstoff benötigt.
Porsche: 255 g/PSh x 2 x 254 PS; Wirkungsgrad 0,765 ergab 169,5 l/h, für 5 Stunden wurden 850 Liter Kraftstoff benötigt.

Die Forderungen wurden von keinem der Fahrzeuge erfüllt.

Doch bei diesen Daten fallen Widersprüchlichkeiten ins Auge. Zum einen war der spezifische Kraftstoff-Verbrauch mit 222 g/PSh des HL 210 fiel zu niedrig angegeben. Professor Eberan hatte für den Maybach-Motor HL 230 einen Bestwert von 276 g/PSh und einen Mittelwert 25–100 % Nmax von 325 g/PSh genannt. Der Porsche-Motor 101/4 besaß nach seinen Berechnungen einen Bestwert von 217 g/PSh sowie einen Mittelwert 25–100 % Nmax von 257 g/PSh. Die Werte bezogen sich auf die Kupplungsleistung. Bei beiden Motoren war die Lüfterleistung schon abgezogen[59]. Auch die PS-Angabe bei dem Porsche-Fahrzeug mit 2 x 254 PS zu 660 PS für den HL 210 verwirrt diese Rechnung von Oberst Esser, zumal weiter oben die richtigen Werte stehen.

Der vierte Punkt betraf die noch bestehenden Schwierigkeiten mit den Motoren:

Henschel HL 210:
Besaß eine ausreichende Leistung. Es bestanden jedoch folgende Schwierigkeiten:
a) Ein hoher Ölverlust an den Schwungradlagern, dadurch Ölverbrauch von 20 bis 25 Liter auf 100 km, was zu Einschränkungen im Fahrbereich führte. Das Ziel waren 7 Liter/100 km.
b) Die diversen Zylinderkopfdichtungs-Defekte.

Porsche Typ 101:
Der Motor war zurzeit unbrauchbar. Laut der Firma Porsche war der Motor noch nicht ausgereift, deshalb sollte ein Versuch mit dem Maybach HL 120-Motor und Elektroantrieb erfolgen. (Wie es sich jedoch später am Sturmgeschütz »Ferdinand« noch zeigen sollte, brachte dies auch keine Verbesserung – d. A.)

---

[59] Vortrag v. Eberan »Otto- oder Dieselmotor im Panzerkampfwagen«, 1944.

Die Lüfter:
Henschel: Es fehlten ausschaltbare Kupplungen für die Lüfter. Es bestanden weiterhin Undichtigkeiten im Schmiersystem durch defekte Schläuche und deren Anschlüsse.

Die Kühlleistung:
Diese sollte ausreichend dimensioniert sein, um in den Tropen mit +45°C zu bestehen:
Henschel: Durch eine höhere Lüfterdrehzahl (+47%) war die Forderung zu erfüllen.
Porsche: Es waren keine zusätzlichen Maßnahmen nötig, um diese Bedingung abzusichern. Allerdings traten einige Ölundichtigkeiten am ersten Versuchsfahrzeug auf, so dass durch das auslaufende Öl Verschmutzungen an den Kühlrippen entstanden. Die damit verbundene schlechtere Kühlung bereitete während der Erprobung große Probleme.
Es bestanden allerdings generell Schwierigkeiten mit beiden Motoren.

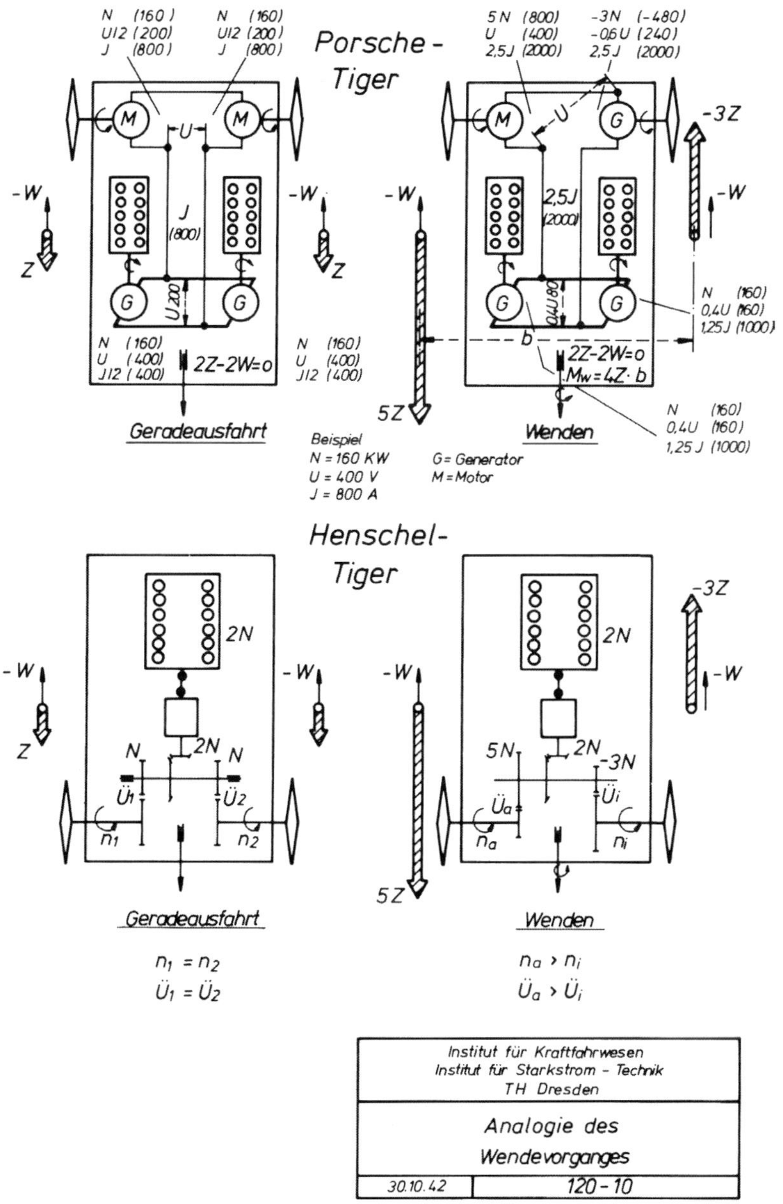

Das Getriebe:
Vorgeschrieben war bei dem Henschel-Tiger ein Olvargetriebe von Maybach mit einer Geschwindigkeit im 1. Gang von 2,8 km/h und im höchsten Gang von 45 km/h. Der Gesamtsprung der Übersetzung betrug 1:16. Die Bedienung war einfach und leicht zu lernen, die Schaltzeiten waren ausreichend. Das Olvar-Getriebe war allerdings noch nicht betriebssicher genug und konnte von der Truppe auch nicht instandgesetzt werden. Die automatische Einrichtung des Getriebes war sehr empfindlich gegen Verunreinigungen. Weitere Schwierigkeiten ergaben sich in der unzureichenden Haltbarkeit des Bremskonus. In der Ebene wurden 1507 km und in den Schlagebergen von Kummersdorf etwa 750 km zurückgelegt. Die Haltbarkeit des Getriebes betrug zurzeit rund 300 km. Für die Instandsetzung des Getriebes hatte die Firma Maybach fremde Monteure noch nicht zugelassen.

Die Lenkung:
Henschel: Die Dauerhaltbarkeit war noch nicht erwiesen. Das Fahrzeug lenkte sich leicht. Ein Winterbetrieb wurde als möglich angesehen. Schwierigkeiten machten die Planetengetriebe (Heißläufer), die durch eine schlechte Schmierung verursacht wurden. Eine Hilfslenkung war vorhanden. Oberst Thomale hielt es für einen Nachteil, dass das Getriebe und die Lenkung nur gemeinsam ausgebaut werden konnten.
Porsche: Die Lenkung war leichtgängig. Eine Eignung für den Winterbetrieb war noch nicht erwiesen.

Das Fahrwerk:
Henschel: Das Fahrwerk wurde erheblich belastet. Im Großen und Ganzen war die Konstruktion zufriedenstellend. Allerdings sah man die Bandagen-Haltbarkeit als fraglich an. Deshalb waren gummisparende Rollen, die eine Dauergeschwindigkeit von 40 km/h gewährleisten, erwünscht.
Porsche: Das Fahrwerk war einfach im Aufbau, leicht zugänglich und leicht zu warten. Daher konnte es leicht instandgesetzt werden. Die Dauerhaltbarkeit war noch fraglich.

Der **spezifische Bodendruck** war bei beiden Fahrzeugen ausgesprochen schlecht:

Henschel: 1,09 kg/cm² (mit Kettenbreite: 725 mm) bzw.
1,14 kg/cm² abzgl. der Durchbrüche

Porsche: 1,13 kg/cm² (mit Kettenbreite: 640 mm)
1,03 kg/cm² (mit Kettenbreite: 700 mm)

Die Kettenführung, die Verschmutzung, das Aufklettern:

Henschel: Die Kette besaß eine gute Kettenführung und es gab kein unerträgliches Aufklettern. Das Problem mit der Verschmutzung musste sich erst noch in Berka zeigen.

Porsche: Beim Lenken erfolgte ein Ausschlagen der Kette gegen die Panzerwanne.

Dieses Problem musste noch nach der erfolgten Änderung in Berka geprüft werden.

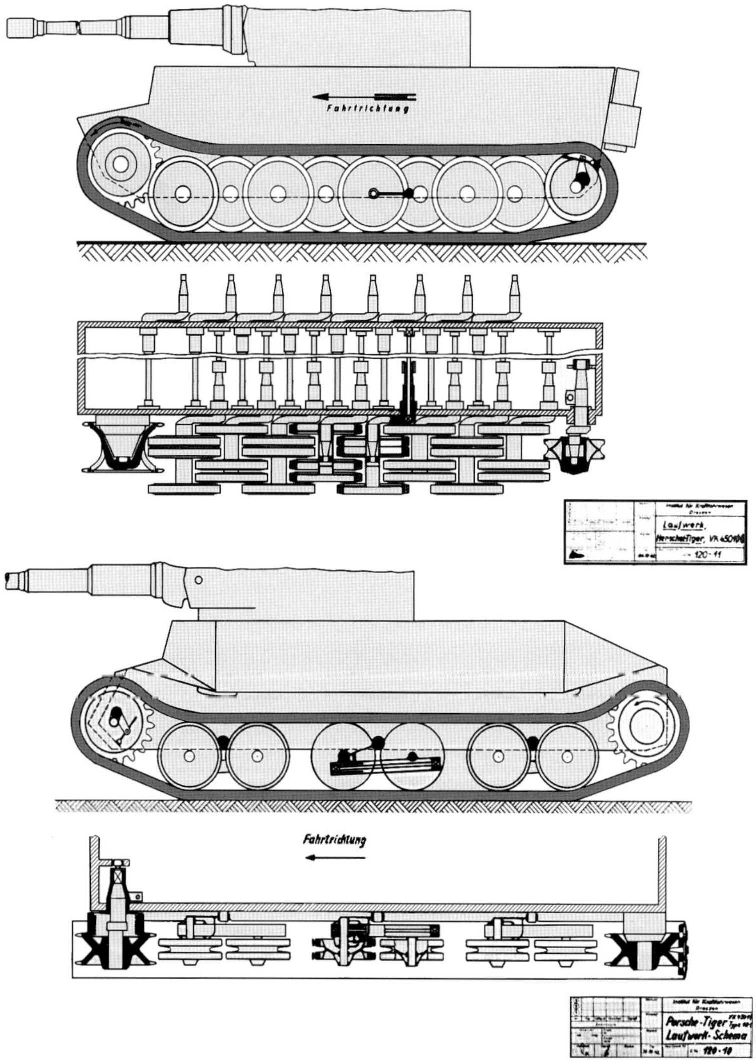

Der Vergleich der Laufwerkssysteme beider »Tiger«. (TU)

Die Federung:

Henschel: Besaß einfache Drehstäbe, vier Stück mit 58 mm Durchmesser und 12 Stück mit 55 mm Durchmesser (369 kg/cm bzw. 298 kg/cm). Im Vergleich zum Panzerkampfwagen »Panther« hatte der »Tiger« eine härtere Federung. Die innenliegenden Stoßdämpfer konnten noch nicht untersucht werden. Die Federbeanspruchung betrug bei Henschel 3790 bzw. 3230 kg.

Porsche: Die Federung war noch härter (428 kg/cm) und beschussempfindlicher als beim Henschel-Fahrzeug. Die Federbeanspruchung betrug bei Porsche 4330 kg.

Beide Typen waren empfindlich gegen Minen.

Die Laufräder:

Henschel: Der Rollwiderstand betrug 14.500 kg, die Gummi-Bandagen waren noch nicht dauerhaltbar. Die Firma Continental empfahl eine Dauerbeanspruchung von 20 km/h, jedoch sah Wa Prüf 6 nach dem Versuch in Kummersdorf 30 km/h als Dauer-Maximum an.

Ein großer Nachteil war, dass bei Bandagen-, Lager- oder Federschäden die Demontage des Laufwerkes sehr intensiv war. Die gummisparenden Laufrollen für den Henschel-Tiger befanden sich schon in der Entwicklung und sollten eine Dauergeschwindigkeit von 40 km/h ermöglichen.

Porsche: Der Rollwiderstand betrug 16.000 kg, wobei die Haltbarkeit der Stahlbandagen auf den Laufrollen noch überprüft werden musste. Auffallend war, dass Felge und Nabe zu wenig Spiel besaßen.

Die Leitradnachstellung:

Henschel: Diese wurde als brauchbar angesehen.

Porsche: Das Nachstellen war noch sehr arbeitsintensiv. Die erfolgte Änderung war bei dem Versuchsfahrzeug noch nachzuprüfen.

Die Höchstgeschwindigkeit:

Henschel: 45 km/h, wegen Conti-Bandagen Dauergeschwindigkeit jedoch 20 km/h.

Porsche: 40 km/h nach Firmenangabe.
35 km/h nach Versuchen mit erstem Fahrzeug.

Die minimale Geschwindigkeit betrug bei beiden Panzern etwa 4 km/h.

Das Steigvermögen war mit 30° vorgegeben:

Dieses lag bei beiden Typen über 35°.

Das Klettervermögen war mit 800 mm vorgegeben:
Die Trieb- bzw. Leitrad-Mitte betrug:
Henschel: 792 mm.
Porsche: 800 mm.

Die Bewaffnung sollte aus einer 7,5-cm-KwK mit 80 Schuss oder einer 10,5-cm-KwK mit 40 Schuss bestehen: Beide Typen besaßen eine 8,8-cm-KwK L/56 mit 60 bis 80 Schuss.

Die Tauchfähigkeit sollte 4 m betragen:
Henschel: Im Heck war ein Luftrohr vorgesehen. Es bestanden noch Bedenken wegen Problemen mit der Abdichtung der Drosselklappen, die zu je zwei Stück links und rechts zur Entlüftung des Motorraumes vorgesehen waren. Als problematisch wurden auch die Luftführung im Mantelrohr des Auspuffes sowie die Betätigungseinrichtung für die Umstellung auf UK-Fahrt gesehen. Die Koppelung der Lüfterkupplung mit den Drosselklappen war untragbar.
Porsche: Die Beschuss-Empfindlichkeit war wegen der größeren Oberfläche der beiden Rohre höher. Vorteilhaft war dagegen die Möglichkeit des Mannschaftsausstiegs im Falle einer Havarie. Die Abdichtung der Luftführung und des Auspuffs war noch unklar.

Die Raumnutzung insgesamt (Fahr- und Kampfraum):
Henschel: 10,20 m³.
Porsche: 7,40 m³.

Der verfügbare Raum:
Henschel: 7,75 m³.
Porsche: 6,10 m³.

Der Überdruck im Kampfraum:
Henschel: Unterdruck.
Porsche: 1. Überdruck, 2. Unterdruck, bessere Sicherheit gegen Gase und Kampfstoffe.

Die Bergung Verwundeter:
Henschel: annehmbar.
Porsche: schlecht.

Die Panzerform:
Diese war bei beiden Tiger-Typen bezüglich der Schräge schlecht. Die Platten-Stärke war bei beiden Panzerkampfwagen gleich und ausreichend.

Die Instandhaltung:
Die Austauschbarkeit mit anderen Panzerkampfwagen fehlte bei beiden.
Henschel: Es war eine leichtere Wartung möglich.
Porsche: Die Instandhaltungsplanung fehlte noch.

Die Geräuschentwicklung sollte möglichst 70 bis 80 Phon, wenn möglich weniger betragen:
Henschel: Wurde als normal eingestuft.
Porsche: Von außen waren die Lüfter und der Auspuff sehr laut, von innen die Ketten.

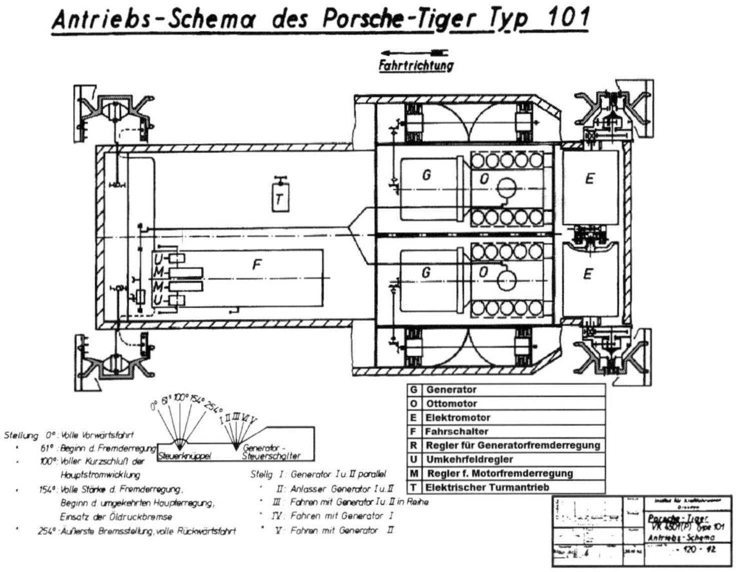

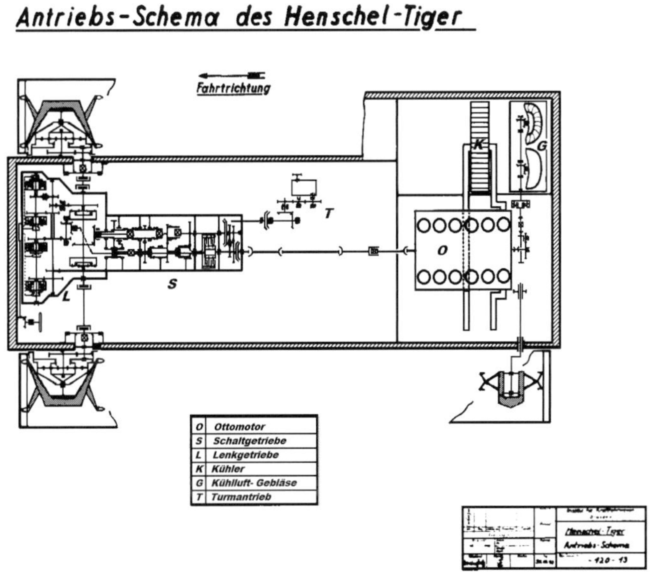

Die verschiedenen Antriebs-Schemas der beiden »Tiger«. (TU)

Oberregierungs-Baurat Röwer (Wa Chef Ing. 4) vom HWA verglich daraufhin den Material- und Fertigungsaufwand beider Tiger-Typen:

Vergleich des Materialbedarfs für die Fahrgestelle VK 4501 (H) und VK 4501 (P) (ohne Gleisketten)

Stahl und Eisen			
Werkstoff	**VK 4501 H**	**VK 4501 P**	
		m. elektrischen Antrieb	**m. hydraulischen Antrieb**
Panzermaterial	28 150 kg	30 360 kg	30 360 kg
legierter Stahl	4 047 kg	9 844 kg	10 766 kg
nicht legierter Stahl	25 141 kg	17 280 kg	13 913 kg
Stahl-Grauguss	5 802 kg	10 368 kg	11 648 kg
Stahl u. Eisen insgesamt	63 150 kg	67 852 kg	66 687 kg

NE-Metalle			
Kupfer	21 kg	1 335 kg	40 kg
Kupfer-Legierung	72 kg	427 kg	330 kg
Aluminium u. Al-Legierung	228+270 kg*	1 186 kg	1 807 kg
Blei	141 kg	115 kg	115 kg
Sonstiges	70 kg	66 kg	49 kg
NE-Metalle insgesamt	802 kg	3 129 kg	2 341 kg

* Motor NE-Metalle insgesamt.

Die Aussagen dieser Zusammenstellungen über Material- und Arbeitszeitaufwand sprachen eindeutig für das Fahrzeug des Heereswaffenamtes, was vor allem am hohen Kupferaufwand der elektrischen Ausführung des Porsche-Tigers lag. Wieso allerdings der Aufwand an Panzer- und legiertem Stahl bei den Porsche-Fahrzeugen so hoch ausfiel, obwohl der Rauminhalt bei gleicher Panzerstärke kleiner war, konnte nicht nachvollzogen werden.

Wie schon zuvor beschrieben, gab Krupp am 9. Mai 1942 dem HWA den geschätzten Werkstoffbedarf für eine Wanne bekannt:

Panzerbleche:	28 000 kg
Schmiedeteile, Stabstahl, Knüppel usw. legiert:	600 kg
unlegierten Stahl:	3 000 kg
Summe:	ca. 31 600 kg Eisen- und Stahlmaterial

Die Firma Porsche gab einen Bedarf an Panzerstahl für eine Wanne roh mit 26.400 kg und für eine fertige Wanne mit 18.200 kg an. Für den Turm plante Porsche roh mit 10.500 kg und für den fertigen Turm mit 6.545 kg. Für den Turm kamen noch der Panzer-Stahlguss mit roh 1.500 kg bzw. fertig 1.200 kg sowie Kupfer mit roh 55 kg/fertig 44 kg dazu.

Die Fertigungszeit einer autogen geschnittenen Wanne VK 4501 (P), einschließlich aller losen und eingebauten Teile, gliederte sich laut der Firma Krupp wie folgt:

1. Anzeichnen:	50 Stunden
2. Autogenschneiden:	80 Stunden
3. mechanisches Bearbeiten:	220 Stunden
4. Zusammenbau und Schlosserei:	360 Stunden
5. Schweißen:	600 Stunden
Summe:	**1 310 Stunden**

Vergleiche der Fertigungszahlen für die Fahrgestelle VK 4501 (H) und VK 4501 (P) (ohne Gleisketten)

Lfd. Nr.	Gruppe	VK 4501 H	VK 4501 P		Bemerkungen
			elektr.	hydraul.	
1	**Panzerwanne** mit An- u. Einbauten (z.B. Kettenschutz) a) Wanne mit zugehörigen Einzelteilen, Lieferumfang des Stahlwerkes b) Arbeitsumfang des Montagewerkes	**1 759 Std.** Henschel **400 Std.** Henschel	**1 594 Std.** Krupp **230 Std.** Nibellg.	**1 594 Std.** Krupp **230 Std.** Nibellg.	
2	**Laufwerk** Laufrollen mit Aufhängung und Federung, Stützrollen und Stoßdämpfer, aber ohne Leit- und Triebräder	**1 230 Std.** 1)	**1 100 Std.** 2) Skoda	**1 100 Std.** 2) Skoda	1) Bei Übergang auf Blechpressräder Senkung auf ca. 600 Std. 2) Bei Übergang auf Blechpressräder Senkung auf ca. 900/750 Std.
3	**Kettenantrieb und -nachstellung** Triebrad mit Seitenantrieb, Leitrad mit Kettennachstellung, Kettenbremse	**670 Std.**	**1 000 Std.** Skoda	**1 000 Std.** Skoda	
4	**Lenkgetriebe** vom Schaltgetriebeflansch bis zum Seitenantrieb einschl. vorhandener Zwischenwellen, der Betätigungsgestänge, Leitungen und der Lenkeinrichtung bzw. die entsprechenden Aggregate bei elektrischem oder hydraulischem Antrieb	**700 Std.** 1) ZF	**3 100 Std.** Siemens-Schuckert	**790 Std.** Voith	1) Für neues 2 - Radienlenkgetriebe Senkung auf ca. 400 Std.
5	**Schaltgetriebe** vom Schwungrad des Motors bis zum Antriebsflansch des Getriebes einschl. vorhandener Zwischenwellen, der Betätigungsgestänge und der Schalteinrichtungen bzw. die entsprechenden Aggregate bei elektr. od. hydr. Antrieb	**450 Std.** Maybach		**725 Std.**	
6	**Motor(en)** ohne die nicht im Werk hergestellten Fertigzulieferteile wie Vergaser, Zündung, Starter usw.	**395 Std** 1) Maybach	**700 Std.** 2) Simmering Wag.-Fa.	**700 Std.** **2)**	1) Bei einer Fertigung von xx Motoren im Monat 2) Zeit für 2 Motoren bei einer fertigung von 400 Motoren im Monat
7	**Kühlanlage** einschließlich Lüfter und Lüfterantrieb	**185 Std** ?	**120 Std.** Voith	**200 Std.** 1) Voith	1) Ölkühlung zusätzlich
8	**Kraftstoff- und Druckluftanlage** Behälter und Leitujngen für Öl-, Wasser-, Luft- und Auspuffanlage-Luftabsaugung,	65 Std.	65 Std.	65 Std.	

→

Lfd. Nr.	Gruppe	VK 4501 H	VK 4501 P		Bemerkungen
			elektr.	hydraul.	
9	**Gas-, Starter- und Kupplungsgestänge** elektrische Ausrüstung	**36 Std.** 1)	**50 Std.** 2)	**50 Std.** 2)	1) 1 Motor 2) 2 Motoren
10	**Sonstiges** Sitze, Halterungen, Munitionslagerung, Abdeckung usw.	**160 Std.**	**155 Std.**	**155 Std.**	
11	**Fertigmontage**	**550 Std.**	**340 Std.**	**340 Std.**	
	Insgesamt: **plus ca. 50 % für Turm, Geschütz, Waffen**	**6 600 Std.** **3 500 Std.**	**8 454 Std.** **3 500 Std.**	**6 959 Std.** **3 500 Std.**	
	Verhältniszahl:	1	1,28	1,05	

Am 4. November 1942 bekam zuerst die Firma Siemens-Schuckert die Möglichkeit, den Vorteil des elektrischen Antriebes gegenüber der Kommission zu erläutern. Der Vertreter von Siemens hob die stufenlose Anpassung des Antriebes hervor. Allerdings war dieses Antriebsprinzip für kleinere Fahrzeuge zu groß und zu schwer. Ab einer Fahrzeuggröße von 25 t war ein tragbares Verhältnis zu erwarten. Für nachteilig hielt man ein gewisses Mehrgewicht. Raum und Gewicht nahmen nicht proportional zu. Bei doppeltem Panzergewicht betrug die Mehrzunahme etwa 25 %. Mit der installierten Antriebsleistung von 2 x 310 PS bei 2500 U/min ging Siemens von einem Gewicht von 45 t aus. Durch das höhere Gewicht musste auch die maximale Zugkraft von 42 t auf 52 t erhöht werden. Deshalb schlug Siemens vor, die Übersetzung des Endantriebs von derzeit 1:15 auf 1:18 heraufzusetzen.

Allerdings würde sich dadurch die Marschgeschwindigkeit von 35 km/h auf 30 km/h verringern. Laut Untersuchungen war eine Leistungssteigerung der Verbrennungsmotoren durch Zunahme der Drehzahl ihrerseits möglich, da die Generatoren bei einer Drehzahl von 3600 U/min 430 PS abgeben konnten. Zur Verwendung in den Tropen befragt, gab Siemens bei einer Dauerlast bzw. einem Dauerstrom eine zulässige maximale Übertemperatur von 105° Celsius an. Der elektrische Wirkungsgrad lag bei 82 %. Der Antrieb des Henschel-Fahrzeuges besaß demgegenüber einen Wirkungsgrad von 90 %.

Im Hotel Kaiserhof in Eisenach fand am nächsten Tag, dem 5. November, eine weitere Besprechung der Tiger-Kommission statt.

Das Hotel Kaiserhof in Eisenach.

Diesmal hatten die Entwicklerfirmen Porsche und Henschel (nicht Wa Prüf 6! – d. A.) die Möglichkeit, ihr Erzeugnis zu verteidigen bzw. zu erläutern sowie zu den an den Vortagen schriftlich übergebenen Fragen Stellung zu nehmen.

Als Erstes trat als Vertreter der Firma Porsche Xaver Reimspieß vor die Kommission. Er gab folgende maßgebliche Gesichtspunkte der Konstruktion bekannt:

1. Sämtliche Aggregate waren vom Kampfraum getrennt im Maschinenraum untergebracht.
2. Der dadurch notwendige Heckantrieb besaß weniger Nachteile, wie im Allgemeinen angenommen wurde.
3. Entsprechend dem Führerwunsch wurden eigenentwickelte, luftgekühlte Motoren verwendet.

4. Aus Sicherheits- und Konstruktionsgründen wurden zwei Motoren verwendet.
5. Der Turm wurde weit nach vorn verlagert, um Maschinenausbauten ohne Turmabhebung vornehmen zu können.
6. Einbau einer Federung mit Schwingbalken-Ausgleich, die keine Stoßdämpfer benötigte und wartungsfrei war.
7. Die Kettenform erfolgte nach Vorgabe des Waffenamtes.
8. Wegen der Gummiknappheit und der zu erwartenden längeren Laufzeit wurden gummisparende Laufrollen verwendet.

Des Weiteren erläuterte Reimspieß die vorgesehenen Verbesserungen:
1. Neue verstärkte Motoren.
2. Neue Gebläse mit geringerem Leistungsbedarf und mit geringerem Geräusch.
3. Eine Abschrägung der Panzerwanne. An der Front mit 35° und an der Seite mit 75°. Dadurch ergab sich ein höherer Munitionsvorrat auf 60 bis 65 Schuss der vergrößerten Patronen-Munition für das 8,8-cm L/71-Geschütz.
4. Schaffung von Notausstiegen für Fahrer und Funker.
5. Durch die neue Gebläse-Anordnung vergrößerte sich der Kraftstoffvorrat von bisher 520 Liter auf 820 Liter, was eine größere Reichweite ermöglichte.
6. Eine verstärkte Boden- und Deckenpanzerung von bisher 25 mm auf 40 mm.

Als Nächstes hatte der Chefkonstrukteur Erwin Ader von der Firma Henschel die Möglichkeit, seine Konstruktion zu erläutern:
1. Die Bauweise des Fahrzeuges erfolgte laut Aufgabenstellung des HWA in konsequenter Verfolgung bisher bewährter Konstruktionen.
2. Die Wahl des Schachtellaufwerkes verwirklichte durch die größeren Laufrollen und dem geringeren Fahrwiderstand eine Kettenschonung. Die nachträgliche Gewichtserhöhung machte unsymmetrische Laufrollen erforderlich. Das Thema Gummieinsparung war zu Beginn der Konstruktion nicht aktuell. Jedoch würde der prinzipiell mögliche Übergang zur gummisparenden Laufrolle bereits geprüft.
3. Auf eine Eigenentwicklung von Motor und Getriebe wurde bewusst verzichtet.
4. Auch übernahm Henschel die fertig entwickelten Bremsen von der Firma Argus.
5. Trotz schwieriger Raumeinteilung konnten 92 Schuss Geschütz-Munition nebst 4000 Schuss MG-Munition untergebracht werden.
6. Da der Lüfterantrieb mittels Keilriemen nicht beherrschbar war, erfolgte der Antrieb mittels Kegelgetriebe und Kupplung.

Für das Henschel-Fahrzeug hatte Ader folgende Verbesserungen vorgesehen:
1. Für den Henschel-Tiger 2 eine seitliche Plattenneigung von 83°, für den Henschel-Tiger 3 eine geneigte Frontplatte von 40° und um 65° geneigte Seitenplatten. Dadurch konnten allerdings nur 70 Schuss der vergrößerten Patronen-Munition untergebracht werden.
2. Verwendung von symmetrischen Laufrollen mit je vier Bandagen.
3. Verwendung des »Panther«-Motors samt Kühlanlage für den Henschel-Tiger.

Als Nächstes war auf die zuvor schriftlich gestellten Fragen der Kommission Stellung zu nehmen: Die Kommission wollte wissen, in wieweit eine **Geschwindigkeitserhöhung** mit den vorhandenen Fahrwerken möglich wäre. Von Seiten der Porsche KG antwortete Ferry Porsche, dass es keine Bedenken gebe, da das Laufwerk als ausreichend angesehen wurde. Ingenieur Aders von Henschel sah es dagegen als ungewiss an, ob die Haltbarkeit der Bandagen dieses zuließe. Über die gummisparenden Laufrollen lagen noch keine Erfahrungen vor. Man wollte möglichst lange bei den Gummibandagen bleiben, um den Fahrwiderstand gering zu halten.
Die nächste Frage betraf die maximal noch zu erreichende **Motorleistung**: Ferry gab an, dass die Motoren im jetzigen Berka-Fahrzeug nicht auf dem neuesten Stand waren und je Motor 265 PS leisteten, da die derzeit verwendeten Lüfter 45 PS an Leistung benötigten. Vom verbesserten Motor erwartete Porsche 350 PS und einen geringeren Leistungsbedarf der neuen Lüfter von nur 32 PS. Dennoch war eine Tropentauglichkeit garantiert. Allerdings war der Motor noch nicht ausgereift, so dass man bei Porsche einen Versuch mit zwei Maybach-Motoren vom Typ HL 120 plante.
Für das Henschel-Fahrzeug gab Erwin Ader an, dass statt dem Maybach-Motor HL 210 der stärkere Maybach-Motor vom Typ HL 230 mit 750 PS vorgesehen war. Davon benö-

tigten die zwei vorhandenen Lüfter in der Tropen-Übersetzung 55 PS. Zu der schaltbaren Lüfterkupplung fehlten aber noch die nötigen Erfahrungen. Der Turmventilator besaß zudem einen Leistungsbedarf von etwa 2 PS.

Oberst Thomale kam danach auf das Thema **Kraftstoffbedarf** zu sprechen. Er erwartete auf der Reichsautobahn eine Reichweite von 250 km bei einer Durchschnittsgeschwindigkeit von 30 km/h. Davon waren beide Kandidaten aber noch weit entfernt. Er rechnete vor, dass das Henschel-Fahrzeug für die geforderte Reichweite auf Grund des ermittelten Kraftstoffverbrauches einen Bedarf von 720 Liter hatte, aber sich nur 570 Liter (?) an Bord befanden, so dass unterm Strich 150 Liter fehlten. Das Porsche-Fahrzeug benötigte laut seiner Rechnung für diese Strecke allerdings 1140 Liter, wovon nur 525 Liter Vorrat vorhanden waren. Es fehlte also ein Fassungsvermögen von 615 Litern.

Darauf erfolgte eine Stellungnahme von Ferry Porsche. Den derzeitigen hohen Verbrauch führte er auf den schlechten Motor zurück. Zu den 525 Litern könnten noch 200 Liter Kraftstoff im derzeitigen Fahrzeug untergebracht werden, was zusammen 725 Liter ergab. Im neuen Porsche-Tiger 2 wären 820 Liter bzw. durch Seitentanks neben den Kurbelkästen dann insgesamt 1020 Liter verfügbar. Damit könnte der geforderte Aktionsradius erreicht werden, zumal der Verbrauch des späteren Motors (der Porsche Typ 101/3 – d. A.) durch die geringere Lüfterleistung, die verbesserten Zylinderköpfe und den beiden Stufenvergasern geringer ausfallen würde.

Konstrukteur Aders dagegen erwartete keine Verbrauchssenkung mit dem verwendeten Maybach-Motor. Die Unterbringung der noch fehlenden 150 Liter Kraftstoff im Henschel-Tiger 1 sah er als unmöglich an. Im späteren Henschel-Tiger 2 dagegen wäre die Forderung möglicherweise erfüllbar.

Beide Firmen wurden anschließend zur **Tauchfähigkeit** der Fahrzeuge befragt. Anhand der Schema-Zeichnung vom Institut für Kraftfahrwesen erläuterten die Konstrukteure ihr System.

In der darauffolgenden Diskussion wurde auf die erhöhte Beschussgefahr der großen Rohraufsätze im Gegensatz zu Bojen hingewiesen. Das Porsche-Fahrzeug zeigte sich durch die zwei Rohre empfindlicher, andererseits bestand eine Ausstiegsmöglichkeit für die Besatzung. Bedenken gab es noch wegen den hohen Luftgeschwindigkeiten in den Kaminen des Porsche-Fahrzeuges, die durch die Luftkühlung der Motoren entstehen könnten.

Direktor Freyberg von Alkett bot die schon gewonnenen Erfahrungen seiner Firma zu diesem Thema an (gepl. Operation »Seelöwe« – d. A.). Dessen ungeachtet waren die Teilnehmer sich einig, dass die ursprüngliche UK-Lösung der Firma Porsche, die Speisung des Triebsatzes durch ein Elektrokabel von einem am anderen Ufer stehenden zweiten Porsche-Tiger möglichst sofort zu erproben war. Ferry sicherte zu, den Versuch schleunigst vorzubereiten, so dass dieser Anfang 1943 durchgeführt werden konnte. Die Firma Henschel wollte ihrerseits die vorbereitenden Druck- und CO-Messungen für die Tauchversuche in etwa 10 Tagen in Angriff nehmen.

Nächstes Thema war die Frage zur **Staubfilterung**, die zum Beispiel in Afrika ein Problem darstellte. Aders gab bekannt, dass bis Anfang der nächsten Woche die Zu-

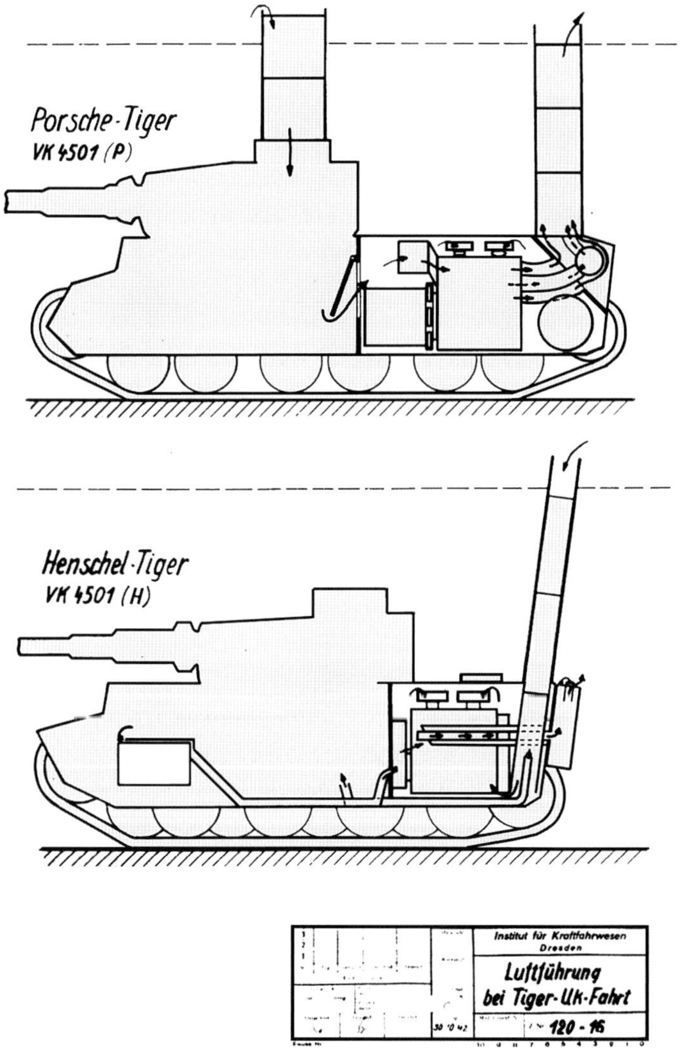

Die unterschiedlichen Luftführungen für die vorgesehene Unterwasserfahrt. (TU)

satzfilter vom Typ Zyklonfilter Typ Feifel an sechs Fahrzeugen ordnungsgemäß angebracht sein würden.
Die Firma Porsche war dagegen der Meinung, dass auf Grund eigener Versuche bei Neapel Trockenfilter neuester Bauart ausreichend seien. Damit war wahrscheinlich die Balkanerprobung des HWA im August/September 1941 gemeint, wo ein VW Typ 87 mit Wirbelstromfilter kombiniert mit einem Filzbalg-Trockenfilter sehr gute Ergebnisse erzielt hatte. Oberst Esser widersprach und verwies auf die nachteiligen Erfahrungen der Verskraft mit dieser Art Filterung.
Eine weitere Frage zielte auf eine entgegengesetzte Thematik, nämlich das **Kälteverhalten** der Panzer und die Gegenmaßnahmen beider Firmen. Erwin Ader erklärte, dass mit der Verwendung des Fuchsgerätes keine Anlassschwierigkeiten bei großer Kälte erwartet würden. Oberstleutnant Holzhäuer bestätigte die Reife dieses Verfahrens bei anderen Fahrzeugen.
Ferry Porsche erwartete für das Porsche-Fahrzeug bei Kälte keine Startprobleme mit dem verwendeten Anlasskraftstoff. Besonders bei tiefen Temperaturen konnte der elektrische Antrieb seinen Vorteil voll ausspielen. Auf die Frage nach der Kondenswasserbildung und dem Eindringen von Staubschnee antwortete der Vertreter von Siemens, dass dafür geeignete Filter vorhanden wären.
Henschel wollte die Funktion des Vorwähl-Getriebes bei großer Kälte mittels Gasölzusätzen sicherstellen. Oberst Esser und Professor von Eberan wiesen jedoch darauf hin, dass nicht nur das Startverhalten zu erproben sei, sondern auch die Schmierfähigkeit im Öllastgetriebe auf Grund der Ölverdünnung. Ein gewisses Anheizen des Lenkgetriebeöles könnte sich nach dem Motoranlassen durch die ständig umlaufenden Zahnräder ergeben.
Zum Thema **Heizen** verwies Aders auf die geplante, jedoch noch nicht erprobte Lüftung des Henschel-Tigers. Porsche hatte ein 10-PS-Zweizylinder-Aggregat dazu vorgesehen. Dieses Aggregat diente der Vorwärmung und dem Aufladen der Batterien. Weiterhin konnte der Mannschaftsraum zusätzlich elektrisch beheizt werden. Die Auspuff- und Kühlwärme des Aggregats war ebenfalls zur Erwärmung des Motorraumes nutzbar.
Damit war die Frage-Runde für die Konstrukteure beendet. Die Tiger-Kommission fuhr anschließend mit der Beratung fort. Zum Thema Kraftstoffverbrauch stellte Oberst Esser fest, dass der Verbrauch auf der Autobahn weiter auseinanderklaffen würde als bei den Prüfstandswerten in Kummersdorf. Oberbaurat Röver bat, nur die neuesten Werte der aktuellen Erprobung von Berka in das Protokoll aufzunehmen, dem Oberst Thomale zustimmte. Er forderte allerdings vom Henschel-Fahrzeug, dass sich das Lenk- und das Schaltgetriebe zukünftig unabhängig voneinander auswechseln lassen müssten.
Chefingenieur Aders sicherte zu, dass ab dem zukünftigen Henschel-Tiger 2 das Kegelrad am Schaltgetriebe ohne dessen Demontage möglich sein würde. Zum Thema Bandage stellte er fest, dass die Bandagen beim »Panther« erheblich einfacher verwirklicht worden waren und zu überlegen sei, diese für den »Tiger« zu übernehmen. Oberst Esser wies jedoch darauf hin, dass es Schwierigkeiten bereite, die »Panther«-Bandagen in kurzer Zeit abzumontieren. Ministerialrat Baier war der Meinung, dass die Haltbarkeit der Bandagen nichts mit dessen Konstruktion zu tun habe. Diese Bandagen hielten zurzeit nur über eine Wegstrecke von 30 km. Oberst Esser schlug vor, die gummisparende Laufrolle für den Henschel-Tiger in die Entwicklung aufzunehmen.
Oberstleutnant Post, Abteilungschef der s.Pz.Abt. 503, kritisierte das Porsche-Laufwerk, weil er dieses als zu hart empfand. Auch war die Geräuschentwicklung speziell für den Funkverkehr zu hoch. Die Frage von Professor von Eberan, ob mechanische Teile des Laufwerkes schon einmal defekt gewesen seien und dies die Ursache der Geräusche sein könnten, wurde von Oberstleutnant Post verneint.
Oberst Thomale bat Oberstleutnant Post, sich zu den Erfahrungen bei der Truppenerprobung des Porsche-Tigers zu äußern. Dieser war im Großen und Ganzen mit der Konstruktion einverstanden, bemängelte allerdings die schlechte Zugänglichkeit. Bei der Kraftübertragung hatten sich keine Schwierigkeiten ergeben. Der Kardinalfehler an diesem Fahrzeug stellte der Motor dar. Professor von Eberan fragte Oberst Thomale, wie der Henschel-Wagen nach 300 km ausgesehen hatte. Eberan gab zu, dass der Porsche-Wagen derzeit einen unausgereiften Motor besaß. Es musste entschieden werden, ob diese Mängel auf Konstruktionsprinzipien zurückzuführen waren. Oberst Thomale gab ihm insofern Recht, dass zwei Panzerkampfwagen zum Vergleich standen, bei denen ein Fahrzeug 300 km und das andere Fahrzeug 3000 km Erprobung hinter sich hatte. Die Voraussetzungen waren bei beiden gleich, beide hatten die gleiche Entwicklungszeit und beide hatten keine Firmenerprobung. Beide »Tiger« waren nach etwa 20 km Fahrzeit nach Kummersdorf zur Erprobung gekommen.

Der Unterschied der zurückgelegten Kilometerzahl beider Panzer hatte sich nicht aus Zeitmangel ergeben. Bei dem Henschel-Fahrzeug waren die Mängel laut Wa Prüf 6 nur schneller zu beseitigen gewesen als beim Porsche-Fahrzeug. Oberregierungs-Baurat Röver fügte noch hinzu, dass gleich nach Beginn der Fertigung des Porsche-Fahrzeuges die Änderungen so umfangreich wurden, dass die Produktion im Nibelungenwerk stockte bzw. zum jetzigen Zeitpunkt ganz gestoppt werden musste. Direktor Freyberg von Alkett fasste zum Schluss nochmals zusammen, dass **letztendlich beide Fahrzeuge noch nicht fertigungsreif waren**.

Am 6. November wurde die Besprechung in Eisenach fortgesetzt. Diesmal stand die Firma Maybach Rede und Antwort. Thema war als Erstes der hohe Ölverbrauch des Motors HL 210. Der hohe Verlust an Motoröl betrug 2,2 kg/h bei einer Drehzahl von 3000 U/min. Maybach plante mit einem verbesserten Ölabstreifring den Ölverbrauch auf akzeptable 1,5 kg/h zu senken. Weiter arbeitete die Firma intensiv daran, die Schwierigkeiten mit den Kurbelwellenlagern zu beseitigen. Zum Leistungsbedarf der Lüfter befragt, bestätigte Maybach die Leistungsaufnahme bei der normalen Übersetzung von 14 PS und in der Tropenübersetzung von 48 PS. Der Wirkungsgrad der Lüfter konnte von 30 % auf 70 % verbessert werden. Die Lüfterleistung für den neuen, größeren Maybach-Motor HL 230 war nicht wesentlich größer und betrug höchstens 50 PS. Am Problem des Nachflammens der Abgase im Auspuff wurde noch gearbeitet.

Zum Problem des Olvar-Getriebes äußerte der Vertreter von Maybach sich wie folgt:

a) Der Verschleiß des Bremskonus war auf die Schaltungen des 2. bis 6. Ganges zurückzuführen. Als Gegenmaßnahme plante Maybach eine Arretierung des 5. und 6. Ganges.

b) Die geforderte Kegelrad-Austauschbarkeit musste noch vom Werk untersucht werden. Oberst Thomale stellte zur Bedingung, dass keine Verlängerung des Getriebes erfolgte und man für diese Arbeit nur eine Abziehvorrichtung benötigte.

c) Mit der für den Winterbetrieb vorgesehenen Ölverdünnung hatte Maybach keine Bedenken, wenn die Ölverdünnung so gewählt würde, dass bei -20° C die Viskosität des Öles der Viskosität bei einer Temperatur von +20 bis +30°C entspräche. Möglich war auch ein spezielles Wintergetriebeöl. In Kummersdorf hatte Oberst Esser dazu Versuche geplant, um die Auswirkung dieser Verdünnung des Öles auf die Schaltbarkeit, den Verschleiß, die Funktion des Lenkgetriebes und der Abdichtung zu prüfen. Oberst Thomale legte Wert auf die gute Austauschbarkeit des Getriebes. Eine weitere Forderung war, dass das mechanische Getriebe keinen nachteiligen Einfluss auf den Wirkungsgrad des Motors hatte. Ihm war auch eine gute Montage- und Instandsetzungsfähigkeit des Olvar-Getriebes wichtig.

Soweit, an Hand der noch vorhandenen Unterlagen, die Besprechungen der Tiger-Kommission in Eisenach. Zum Thema Maybachmotor HL 210 gab es allerdings aus Teilen des HWA noch heftige Kritiken über Manipulationen der Prüfberichte und der sturen Verwendung dieser hochgezüchteten Benzinmotoren. So wurde krampfhaft, u. a. von Kniepkamp, versucht, den Einsatz schon vorhandener Dieselmotoren, wie z. B. den MB 507, zu hintertreiben. Allerdings gehört dieses seitenfüllende Thema nicht zum Inhalt dieses Buches.

Zur Vorführung im Gelände von Berka soll – abschließend zu diesem Thema – noch ein interessanter, englischsprachiger Bericht eines Teilnehmers der Firma MAN sinngemäß wiedergegeben werden[60]:

»Nach der Entladung der weiteren, schon oben genannten Kettenfahrzeuge auf dem Bahnhof Großbehringen am 8. November 1942 wurden diese Fahrzeuge von Oberstleutnant Holzhäuer und den anderen Offizieren bereits an der Bahnstation besichtigt. Dort wurde den Teilnehmern mitgeteilt, dass eine erste Demonstration im Gelände am Nachmittag stattfinden sollte. Die Fahrzeuge sollten so auf dem Gelände verfügbar sein, dass man 14:00 Uhr mit der Vorführung beginnen konnte. Um 15:30 Uhr kam Minister Speer in Begleitung von General Fichtner, Oberst Thomale, Oberstleutnant Holzhäuer und anderen Offizieren auf dem Gelände an. Alle Kettenfahrzeuge nahmen an diesem Tag an den Fahrtests teil und fuhren teilweise durch das schwierige und sumpfige Terrain. Der VK 3601 hatte sich an einer besonders schwierigen Stelle festgefahren und musste deshalb herausgezogen werden.

Am nächsten Tag, dem 9. November gegen 10:00 Uhr, wurde die Besichtigung durch Minister Speer und die anderen Teilnehmern des Panzerausschusses fortgesetzt. Die Fahrzeuge fuhren hintereinander zum Mittelberg. Die Steigfähigkeit einiger ausgewählter Fahrzeuge sollte in einem tiefen schlammigen Graben geprüft werden. Der

---

[60] Jentz/Doyle, Germanys Tiger Tanks: D.W. to Tiger I: Design, S. 189.

VK 3601 war als Erstes an der Reihe. Trotz mehrerer Versuche konnte dieser den oben genannten Graben nicht durchfahren. An einem weniger schwierigen Geländestück gelang ihm dann die Durchfahrt.
Als Nächstes waren die beiden Henschel-Tiger an der Reihe, die den schwierigen Abschnitt allerdings auch nicht durchfahren konnten. Es folgten die beiden Porsche-Tiger. Diese schafften es, allerdings mit nach hinten gedrehtem Turm, die schwierige Stelle zu durchqueren. Der Boden war unterdessen sehr zerfahren, als sich die beiden MAN-Panther auf ihre Fahrt begaben. Doch dessen ungeachtet, durchfuhren beide „Panther" von MAN anstandslos diesen Abschnitt. Als nächstes Fahrzeug war der „Panther" der Firma Daimler-Benz an der Reihe. Dieser kam trotz wiederholter Versuche nicht durch den problematischen Abschnitt und musste daraufhin herausgeschleppt werden. Während dieses Versuches hatte der Daimler-Panther an der Kraftübertragung Schaden genommen. Er fuhr ungefähr noch zwei Kilometer über gewachsenen Boden, bevor das Fahrzeug schließlich komplett ausfiel. In Folge dieses Defektes fiel er für alle weiteren Fahrprüfungen aus.
Minister Speer bat, dass beide MAN-Panther erneut diesen Abschnitt durchfahren sollten. Aber der Boden war durch die Bergeversuche zuvor so schwer zerfahren, dass es den beiden Fahrzeugen auch nicht mehr gelang, diesen schwierigen Abschnitt zu überwinden. Die beiden „Panther" versuchten es an einer anderen Stelle und überwanden den Hang dann links und rechts des zerfahrenen Geländeabschnitts.
Auch beide Porsche-Tiger, die ebenfalls erneut fahren sollten, waren nicht mehr in der Lage, dieses Terrain zu überwinden. Nach dem zerfahrenen Schlammgraben ging die Fahrt über einen ebenfalls sehr schlammigen Waldweg und auf gewachsenem Grasboden weiter. Von da an musste „Panther" Nr. 2 auf weitere Fahrtests an diesem Tag verzichten, da er wegen eines Motorproblems zur Basis zurück musste. Minister Speer steuerte als Nächstes selbst den VK 3601. Alle noch vorhandenen Fahrzeuge mussten sich anschließend auf der offenen Fläche vor dem Mittelberg aufstellen. Es folgte ein Geschwindigkeitsvergleich über eine kleine Anhöhe. Speer führte mit seinem turmlosen VK 3601 etwa 10 m vor dem MAN-Panther. Alle anderen Fahrzeuge lagen rund 50 m zurück. In Folge eines Lüfterschadens fiel auch der zweite „Panther" aus und musste schließlich von einem Porsche-Tiger zurückgeschleppt werden.

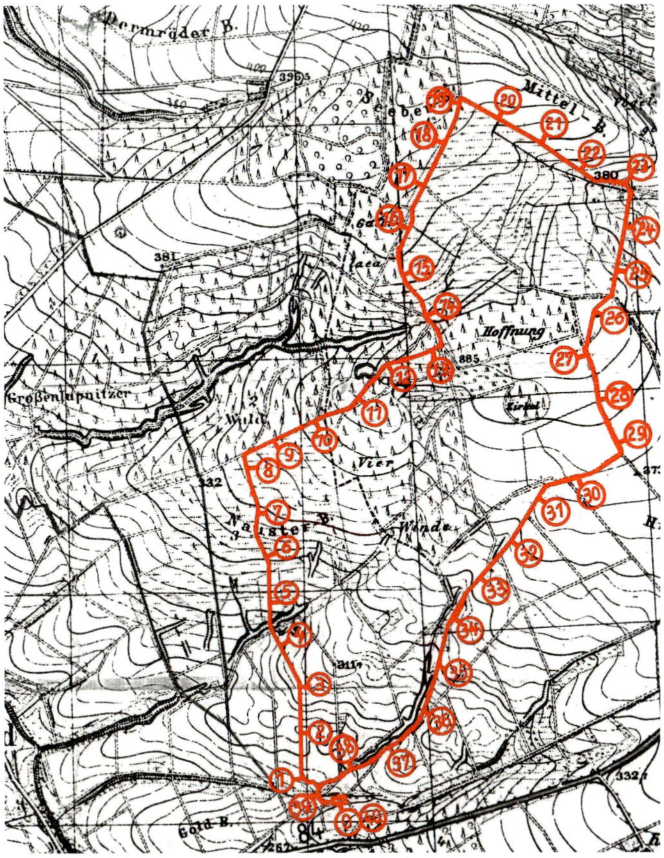

So hatte Oberst Esser die Rundstrecke geplant. Start und Ziel war das Objekt der Verskraft. Auf Höhe des Mittelberges sollten sich die Fahrzeuge nochmals aufstellen.

Der VK 3601 mit Minister Speer am Lenkrad, rechts davon sitzt Professor Porsche. Diese problematische Senke am Mittelberg wurde durch den »Kirchgraben« gespeist, der den Muschelkalkboden schmierig werden ließ. (BPK)

Am 11. November wurden die Fahrzeuge von ausgewählten Frontoffizieren besichtigt. Die Panzer wurden dazu wieder zum Mittelberg hinaufgefahren und dort aufgestellt. An diesem Tag schaffte es allerdings keiner der Probanden, das problematische Teilstück des Vortages zu durchfahren. Der diesmal von Oberst Thomale gesteuerte VK 3601 fiel bei diesem Versuch aus. Da der entstandene Schaden vor Ort irreparabel war, konnte dieses Fahrzeug für weitere Fahrproben nicht mehr genutzt werden. Die als Nächstes geladenen Vertreter der Industrie bekamen am folgenden Tag die Gelegenheit zur Vorführung. Und wieder scheiterten alle Fahrzeuge auf der Fahrt zum Mittelberg an der Schlammsenke des „Kirchgrabens“. Beide Henschel-Tiger mussten sich daraufhin einen weniger anspruchsvollen Weg suchen. Die beiden Porsche-Tiger blieben ebenfalls stecken und mussten wieder herausgezogen werden. Danach ging es wieder zum Ausgangspunkt, der sich im Gelände der Verskraft befand, zurück.

Am letzten Tag, dem 13. November, erfolgte die Fahrzeugvorführung vor Instandhaltungs-Offizieren. Die Fahrt ging wieder hinauf in Richtung Mittelberg zu der schon bekannten Anhöhe. Jedoch unterblieb der Versuch einer erneuten Passage des Problemabschnittes. Da eine günstigere Stelle genommen wurde, schafften alle noch teilnehmenden

Im Hintergrund zwei Henschel-Tiger. Der vordere Wagen war das Kummersdorf-Fahrzeug 250 001, erkennbar am Nummernschild. Der »Tiger« (H 1) dahinter besitzt noch ein Turmersatzgewicht. (Kobierowski[61])

Der Porsche-Tiger mit dem Fahrgestell 150 014 und Turm 150 014 wurde anschließend nach Kummersdorf verladen. Im Hintergrund ein Panzer III mit schmalen Ketten. Entweder der Wagen mit Schachtellaufwerk oder mit den gummisparenden Laufrollen. (SB)

Der Henschel-Tiger 250 001 mit dem Kummersdorfer Nummernschild »WH 013896« neben dem Panzer III mit breiter Ost-Kette auf dem Weg hinauf zum Mittelberg. (BSB)

[61] »Die Woche« Heft 17 vom 28. April 1943.

Fahrzeuge die Überwindung des „Kirchgrabens". Auf der Rückfahrt zur Basis war keine Reihenfolge mehr vorgeschrieben. So fuhr der MAN-Panther den anderen Fahrzeugen davon, die dann zehn Minuten später eintrafen. Übrig waren zum Schluss je ein Henschel- und ein Porsche-Tiger, die zwei MAN-Panther, zwei Panzer III sowie ein Panzer II. Alle anderen Panzer waren ausgefallen.«

So viel zu diesem detaillierten Bericht. Dazu, dass sich Speer selber ans Steuer dieser Panzer setzte, muss noch angemerkt werden, dass er es sich zur Angewohnheit gemacht hatte, die Testkandidaten eigenhändig zu steuern. Teilweise wohl schlicht wegen des Spaßfaktors. Wie sonst ist es zu erklären, dass Speer noch mit dem Vorgänger des VK 4501 (H), dem VK 3601 herumfuhr, zu einem Zeitpunkt, als die beiden »Tiger« schon ihre Runden drehten. So beschwerte sich Ferry Porsche später, dass Speer oft einen sogenannten Erprobungsträger einsetzte: *»... dabei handelte es sich um einen Panzer ohne Turm. Wir nannten dieses Vehikel „Sportwagen", da es sich natürlich ohne das gewaltige Gewicht des Turmes mit seiner starken Panzerkuppel und dem Geschütz geradezu wie ein Sportwagen im Gelände bewegen ließ. Speer machte es offensichtlich Spaß, mit dem Erprobungsträger durch das Gelände zu fahren, während er sich nicht ein einziges Mal der Mühe unterzog, den Porsche-Tiger zu testen.«*[62] Das war allerdings nicht ganz richtig, denn wie auf den Bildern vom 27. August zu sehen ist, hat Speer im Nibelungenwerk auch den Porsche-Tiger gefahren. Dies war Ferry vermutlich nicht bekannt, da er zu diesem Zeitpunkt nachweislich nicht im Werk dabei war.

Ein Brief von Fritz Holzhäuer, den dieser nach dem Krieg geschrieben hat, sorgt bezüglich der Geschehnisse in Berka für weitere Verwirrung. Darin schreibt Holzhäuer, er könne sich beim besten Willen an keine Panzervorführung am 2. November 1942 in Berka erinnern. Er gibt an, definitiv zu diesem Zeitpunkt nicht in Berka gewesen zu sein. Auch den Porsche-Tiger hätte er nie zu Gesicht bekommen und würde ihn nur aus den Akten kennen. Dies konnte eigentlich nicht stimmen, da zwar sein Vorgänger General Fichtner die Tiger-Entwicklung zum Abschluss zu führen hatte, doch die kompletten Geschäfte eines Amtsleiters von Wa Prüf 6 laut Oberst Esser schon zum 1. Oktober 1942 von Holzhäuer übernommen worden waren. Auch die Teilnehmerliste bewies etwas Anderes. Deshalb kann die Aussage Holzhäuers nicht bewertet werden.

Zu diesem Ereignis existiert noch ein weiterer Bericht, und zwar aus dem Nachlass eines Robert Pertuss, der damals bei Henschel als Ingenieur bei der Entwicklung des »Tiger« H mitwirkte. Dieser Bericht, der im Buch »Tiger im Kampf III«[63] nachgelesen werden kann, gibt ein subjektives Bild von der Vergleichsfahrt in Berka wieder, das der Vollständigkeit halber wörtlich wiedergegeben werden soll:

»... Professor Porsche war – wie stets – von sich und seinen Verbindungen zu Hitler ausgegangen und so von sich überzeugt, dass er auch ohne Kontakte mit den hauptamtlichen Fachleuten auskommen zu können glaubte. Das Resultat zeigte sich dann in Berka. Auf der Probefahrt auf der Autobahn nach Eisenach (der dabei genannte 26. Oktober 1942 stimmte nicht – d. A.) *gab Porsche Gas* (Professor Porsche konnte auf der Autobahnfahrt gar nicht dabei sein, da er erst am 6. November in Berka ankam und die Probanden an diesem Tag auf der Rundstrecke im Gelände fuhren – d. A.) *und verschwand mit allen „was" war am Horizont. Ich selbst saß auf dem Henschel-Tiger, wurde dringlichst beraten von Herrn Knie(p)kamp, der schilderte, dass Autobahn das Schlimmste wäre für Gleisketten und unter allen Umständen „langsam Fahren" allein Aussicht auf Durchhalten brächte.* (Diese Bemerkung lässt schon die Frage aufkommen, ob dies ein fairer Vergleich zwischen den beiden Fahrzeugen war, wenn einer davon extra langsam fährt, um seine Technik zu schonen – d. A.) *Wir – ich hatte ja noch keine Erfahrung auf diesem Gebiet – fuhren also langsam, schwitzend vor Aufregung, verlassen von allen Tagungsteilnehmern, die in einem beachtlichen Pkw-Rudel zum Porsche vorfuhren. Herr von Heydekampf, als er von uns nichts mehr sah, blieb zurück und forderte mich energisch auf, endlich zu zeigen, dass wir zu mindestens mithalten können. Meine Überlegung war, Heydekampf und ich ziehen zwar am gleichen Strick, wir wollen siegen, verstehen aber beide als Automobilbauer nichts von Gleiskettenfahrzeugen, also hat vermutlich Knie(p)kamp Recht. Ich fuhr also langsam weiter, Heydekampf war wütend und fuhr zum Porsche-Fahrzeug voraus.*

Wir fuhren also einsam, von allen bis auf Knie(p)kamp verlassen, durch die Gegend, bis die Wartburg am Horizont in Sicht kam und vor uns eine Rauchsäule erkennbar wurde.

[62] Prof. Dr. Ing. h.c. Ferry Porsche, Mein Leben, S. 132.

[63] W. Schneider, Tiger im Kampf III, S. 55.

Ich war inzwischen weichgekocht. Als wir dann aber über einen Hügel fuhren, der bisher die Sicht genommen hatte, stand mit einem Mal der Porschewagen brennend auf der Autobahn, von gut 50 Pkw mit Offizieren und sonstigen Teilnehmern an dieser Schau umringt. Knie(p)kamp sah aus seinem Pkw zu mir herauf und grinste. Wir bekamen Platz gemacht und fuhren alleine weiter, auf der Gegenbahn zurück und immer Zuschauer im Gefolge. Die letzten Kilometer vor der Ausfahrt gab dann Knie(p)kamp winkend und lachend die Fahrt frei und wir schalteten den Gang 8 ein und zeigten, was wir ebenfalls maximal können.
Am nächsten Tag hatten wir Kummer im Gelände. Starker Regen hatte den Lehmboden aufgeweicht und zeigte uns, wo die Grenzen des spezifischen Bodendrucks von ca. 1 kg pro cm² liegen. Aber die Teilnehmer waren kundige Panzermänner und lachten nur. Sie kannten sich auf solchem Boden aus. Nachmittags (des 31.10.) (Ferry reiste erst am 3. November an – d. A.) *fand dann eine Schlussbesprechung aller Teilnehmer statt, die Oberst Thomale leitete. Herr Professor Porsche war nicht mehr anwesend. Sein Sohn ergriff das Wort und erklärte ausführlich die Vorzüge der väterlichen Konstruktion. Anschließend wurde Herr Dr. von Heydekampf aufgefordert, abschließend zur Henschel-Konstruktion Stellung zu nehmen. Er verwies aber auf mich, dem nach diesbezüglicher Aufforderung von Thomale nichts anders übrigblieb, als unpräpariert etwas zu sagen, dass sich das Fahrzeug bauen lasse, es fahren könne, desgleichen schießen und Geld koste, wie viel wüsste im Augenblick noch kein Mensch. Mehr wusste ich nicht. Es schien zu genügen, denn alles lachte, und ich selbst setzte mich wieder hin. Das war praktisch das Ende der Untersuchung. Während wir noch an den Tischen saßen, war Oberst Thomale im Nebenzimmer ans Telefon gegangen, von dem aus er dann von Heydekampf rufen ließ. Letzterer kam darauf mit hochrotem Kopf zurück und sagte mir dann, dass er soeben kurz mit Hitler gesprochen habe und die Entscheidung zu unseren Gunsten gefallen sei …«*
Dieser Bericht erscheint wie eine gekürzte Zusammenfassung des 14-tägigen Geschehens in Berka. Die Ursache dafür ist vermutlich der zeitliche Abstand zum Geschehen, der Details verschwimmen lässt.
Karl Otto Saur schrieb in seinem Tagebuch, das am 8. November 1942 die Panzerkommission auf der Wartburg in Eisenach tagte und am 9. November die Entscheidung über den geplanten Nachfolger, den »Tiger« (P 2) fiel. Am 10. November erfolgte als Abschluss eine weitere Sitzung auf der Wartburg. Dies deckt sich genau mit dem Inhalt des Tagebuches von Karl Rabe.
Dort stehen folgende knappen Einträge zu den Ereignissen in Berka:
»- ***03.11.42 -Dienstag*** – *Ferry* (Porsche) *fährt früh nach Berka.*
- ***06.11.42 -Freitag*** – *Prof. P.* (Porsche) *ist in Berka. Georg Rupprecht fährt zu Prof. P. nach Berka und nimmt zwei Modelle (Typ 205) von der Firma Klein in Esslingen mit.*
- ***07.11.42 -Samstag*** – *Prof. P. ist in Berka.*
- ***10.11.42 -Dienstag*** – *Ferry kommt um 16 Uhr mit Martin aus Berka zurück, die Probefahrten sind dort im Großen und Ganzen gut verlaufen.*
- ***11.11.42. -Mittwoch*** – *Prof. P. kommt um 12 Uhr aus Eisenach an und erläutert die Beschlüsse der Panzerkommission von gestern:*

1. Typ 101 wird eingestellt. Weitere Fahrzeuge sollen als Sturmgeschütze gebaut werden: Typ 131.
2. Typ 180, drei Fahrzeuge mit Turm hinten, Serie erst nach Vorführung.
3. Typ 205 wird geändert, Turm nach hinten.« [64]

Damit wurden die Arbeiten am Porsche-Tiger 1 endgültig eingestellt. Die Porsche KG konzentrierte sich danach auf die Porsche Typen 131, 180 und 205, was insofern auch verständlich war, da der Typ 101 konstruktiv zu diesem Zeitpunkt längst veraltet war.
Im Ferngespräch am 8. Dezember 1942 mit Ministerialrat Baier und Oberst von Wilke wurde festgelegt, dass Wa Prüf 6 neben den Fahrgestellen für die noch fertigzustellenden 90 Sturmgeschütze aus der ersten Serie »Tiger« (P 1) folgende Fahrzeuge benötigte:
a) Einen kompletten Typ 101, also elektrisch angetrieben mit den luftgekühlten Porsche-Motoren. Dies war das ehemalige Berka-Fahrzeug (150 014), das sich zu diesem Zeitpunkt schon in Kummersdorf befand. Dieses Gerät bekam die Abteilung Wa Prüf 6/III.
b) Zwei Fahrzeuge mit Porsche-Motoren, also der komplette Typ 101. Konkret betraf es die zwei Fahrzeuge, die bei der schweren Panzerabteilung 503 noch zu Schießübungen unterwegs waren. Ein Gerät war für Wa Prüf 6/II vorgesehen, das andere Gerät bekam Wa Prüf 6/II b.
c) Drei elektrische Fahrgestelle, allerdings schon mit den wassergekühlten Maybach-Motoren vom Typ HL 120

[64] PA, Tagebuch Karl Rabe 1940–1945.

TRM (Typ 130), sowie das hydraulische Fahrgestell des Typ 102 (150 013) mit den Porsche-Motoren und einer Hydraulik-Reserveanlage. Diese Fahrgestelle bekam Wa Prüf 6/III.

d) Ein komplettes Fahrzeug (elektrisch oder hydraulisch) für Schießversuche für die Gruppe von Wa Prüf 6/II (vermutlich der 150 015 aus Berka – d. A.).

e) Zwei Panzerwannen mit der Zusatzverstärkung für Beschussversuche der Gruppe Wa Prüf 6/II b.

Diese insgesamt zehn Fahrzeuge waren die Panzerkampfwagen aus der Versuchs-Serie. Die 90 verbliebenen Panzer-Wannen vom Porsche Typ 101 wurden nach dem Umbau zum 8,8-cm-Sturmgeschütz bzw. Panzerjäger vom Typ 131 neu nummeriert.

Ende des Jahres 1942 entstand im Auftrag von Hitler der Entwurf für einen sogenannten »Ramm-Tiger«. Hitler suchte, unter dem Eindruck des schweren Häuserkampfes in Stalingrad, einen Panzer, mit dem Häuser eingerissen werden konnten. Dieses Manöver war bei einem Panzerkampfwagen, so wie im Bild unten, ein großes Risiko, da Schutt die Motorkühlung verstopft sowie auch die Aufbauten in Mitleidenschaft gezogen werden. Ebenfalls konnten die vorderen Kettenräder beim Aufprall auf die Mauer beschädigt werden. Mit einem Festfahren im Schutt musste auch gerechnet werden.

Deshalb entwarf Professor Porsche am 1. Januar 1943 eine Art »Rammhaube« für das Panzerfahrgestell des Porsche Typ 101. Ausgehend vom 59-t-schweren Panzer kam Porsche nach Abzug von 11 t für den entfernten

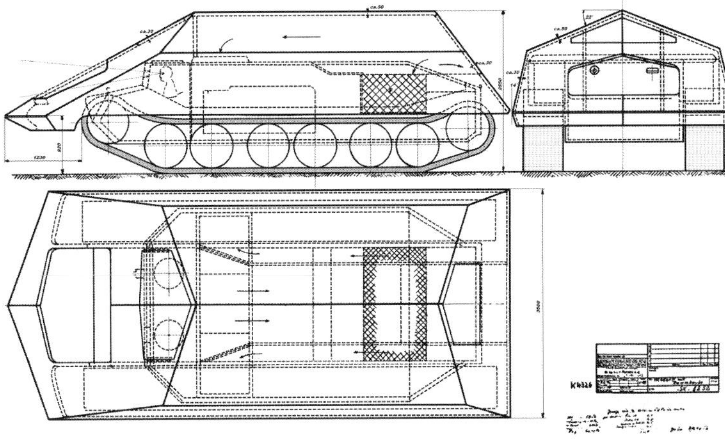

Die »Rammhaube« des Porsche-Tigers entstand nur als Modell. (PA)

Eine eigentlich überflüssige Demonstration, wie der Porsche-Tiger eine Mauer durchbricht. Die Aufnahme entstand vermutlich in Berka vor dem Hainich in einer der vielen Wüstungen. (PA)

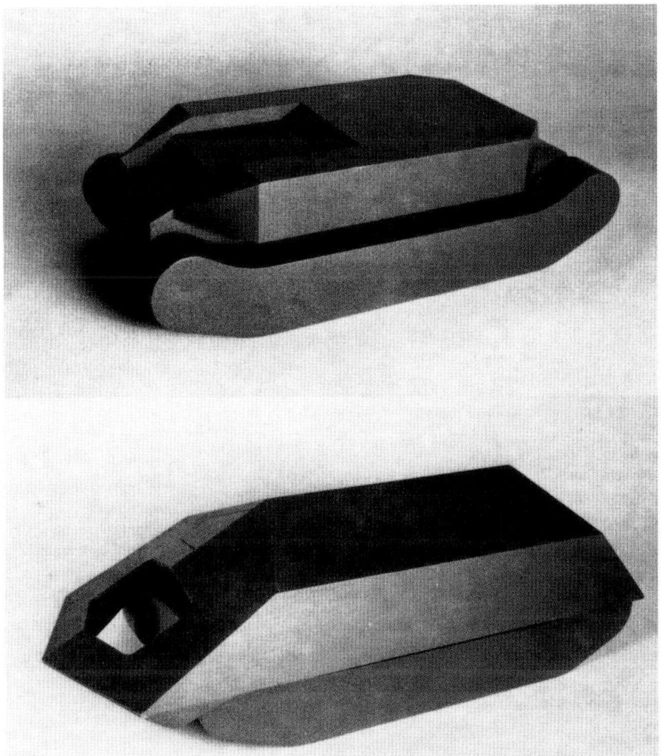

Die Holzmodelle für die »Rammhaube« des Porsche-Tigers. (PA)

Turm und 1,33 t für die fehlende Ausrüstung auf ein Gesamtgewicht von 46,67 t für das Fahrgestell. Die zwischen 30 bis 50 mm starke Panzerhaube ließ das Gesamtgewicht auf 60,47 t steigen, blieb aber im gesetzten Rahmen von 61 t. Am 5. Januar 1943 besichtigte Hitler das Modell dieses eigentümlichen Fahrzeuges, ohne eine Entscheidung zum Umbau von drei Porsche-Fahrgestellen zu fällen. Die Rüstungsindustrie hatte andere Probleme zu lösen und Stalingrad war Geschichte.

Anlässlich einer Rüstungskonferenz am 3. Januar 1943 forderte Hitler die Berechnung des theoretischen Gewichtes eines Porsche-Tigers sowie dessen Geschwindigkeit, wenn dieser in allen Teilen auf die Panzerstärken der »Maus« gebracht würde. Vorzusehen wäre dazu eine Bewaffnung mit einer 8,8-cm-KwK, die eine Länge von L/100 besitzen sollte.

Selbstverständlich wäre dazu ein neues Laufwerk zu konstruieren. Diese Überprüfung forderte Hitler am 18. Januar erneut. Diesmal jedoch sollte nur die Frontpanzerung der »Maus« (200 mm – d. A.) entsprechen, die Seitenpanzerung sollte 100 mm betragen, die Decken- und Bodenpanzerung sollte entsprechend reduziert werden. Die Bewaffnung sollte wahlweise mit einer 8,8-cm-KwK L/100 oder 8,8-cm-KwK L/71 erfolgen. Hitler glaubte, dass bis zum endgültigen Einsatz der »Maus« so viel Zeit vergehen würde, dass bis dahin eine Zwischenlösung mit einem überschweren, aber langsamen »Tiger« gefunden werden musste.[65]

Am 15. Januar 1943 fand eine Besprechung zwischen Wa Prüf 6 und AK Krupp statt. Dabei ging es um die bestellten Tiger-I-Türme. Zwecks Einheitlichkeit der Ausführung bat Krupp um die Überweisung eines Muster-Turmes H 1 von der Firma Wegmann. Diese Firma war für die Herstellung des Henschel-Turmes verantwortlich. Des Weiteren legte Wa Prüf 6 fest, dass von den 100 Tiger-Türmen P 1 nur 92 Stück auf das Modell H 1 umgebaut werden sollten. Die fehlenden acht Türme setzten sich aus den sieben Türmen niedriger Bauart, die nicht für das Projekt gebraucht wurden, und dem einen Befehlsturm Nr. 150 014 zusammen, der in Kummersdorf für die Erprobung genutzt wurde. Von den 92 Türmen sollte Krupp schließlich nur 40 Porsche 1-Türme umbauen, die restlichen Einzelteile waren an Wegmann zu liefern. Die 92 Türme behielten die bisherige Kommandantenkuppel mit den Glasblöcken. Unabhängig von dieser Lieferung hatte Krupp 230 Satz Panzergehäuse Ausfüh-

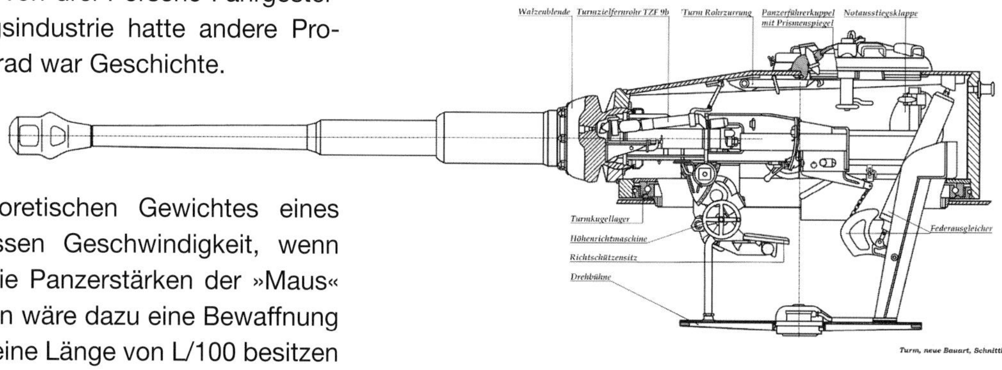

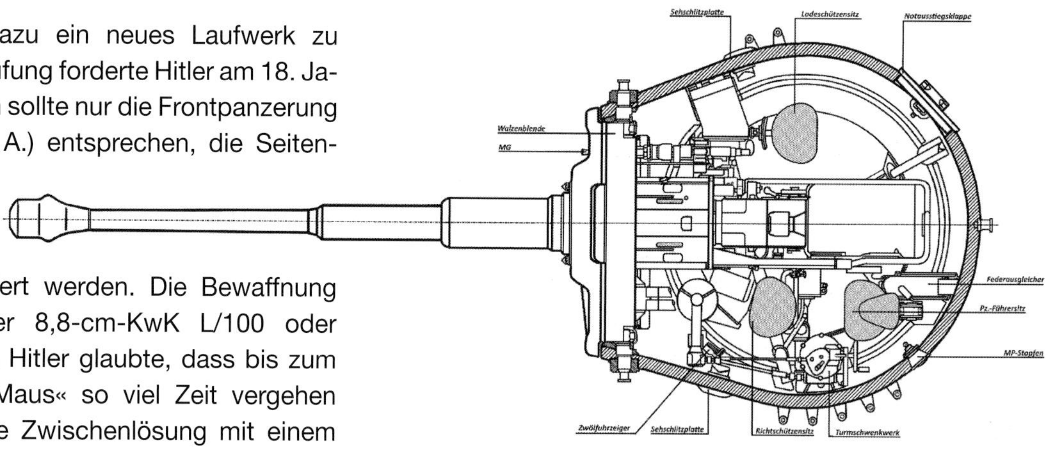

Der Tiger-Turm in der verbesserten Ausführung und neuer Kommandanten-Kuppel. (D 656)

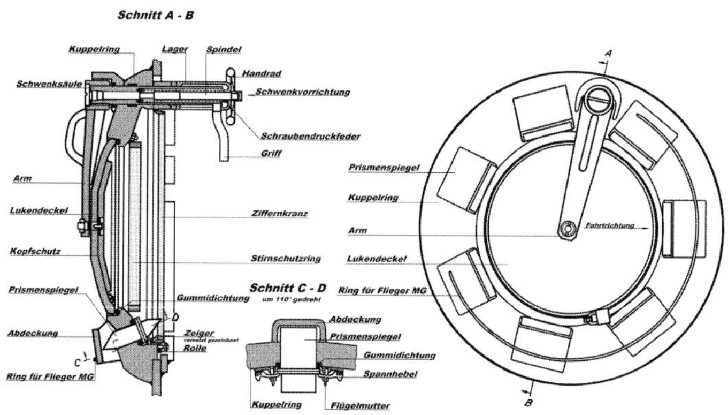

Die neue Prismen-Kuppel für den Tiger-(H 1)-Turm. Als Basis dafür diente die Kuppel des Porsche-2-Turmes. (D 656)

---

65 Nachlass Saur, IfZ., ED 442.

Die Schleppversuche eines Panzerjägers (P) »Ferdinand« mit dem Porsche-Tiger 150 013 in Kummersdorf-Schießplatz. (SB)

rung H 1 mit den neuen, für den Porsche-Tiger 2 entwickelten Prismen-Kuppeln zu liefern.

Als Porsche-Tiger der ersten Serie blieb letztendlich nur die hydraulische Variante, der Typ 102, mit der Wannen-Nummer 150 013 und dem Turmersatzgewicht übrig. In Kummersdorf diente das Fahrzeug Ende August 1943 noch für Schlepp- und Bergungsversuche in Verbindung mit einem Abschleppdreieck. Dafür brachte man in Kummersdorf eine zusätzliche Abschleppöse ähnlich der des »Ferdinand« an. Zusammen mit dem noch in Kummersdorf befindlichen Sturmgeschütz bzw. zu diesem Zeitpunkt als Panzerjäger bezeichneten »Ferdinand« Nummer 150 011 wurden Abschleppversuche durchgeführt.

Das schwere Panzerjäger-Regiment 656 forderte am 1. März 1944 neben den zwei zur Erprobung in Kummersdorf stationierten Panzerjägern »Ferdinand« (Fg. Nr. 150 010 und 150 011 – d. A.) auch das hydraulische Panzerfahrgestell Porsche Typ 102 als Bergefahrzeug an. Schon am 26. Januar 1943 hatte Porsche anlässlich einer Sitzung der Panzerkommission die Verwendung des Porsche-Tigers mit dem hydraulischen Voith-Antrieb als Panzer-Bergegerät vorgeschlagen, was aber zugunsten der Berge-Panther abgelehnt wurde. Doch anstatt turmlos als Abschleppfahrzeug eingesetzt zu werden, bekam 1944 das letzte hydraulische Fahrgestell in Kummersdorf den dort lagernden Porsche-Turm mit der Nummer 150 014 montiert. Dieser Turm besaß schon den Notausstieg im Turm hinten rechts. Zudem hatte er, im Unterschied zur Basisausführung, im Turmdeckel des Kommandanten eine Öffnung für ein Scherenfernrohr und hinter dieser Kuppel befand sich ein Signalkorb. Der Turmdeckel selbst war im Gegensatz zur Serie hinten angeschlagen.

Die beiden oberen Frontplatten wurden analog dem Sturmgeschütz verstärkt sowie die geplanten Abweiserleisten auf dem Wannendach vorn und seitlich angeschweißt. Abweichend vom Grundtyp hatte man über dem Fahrerplatz zwei Winkelspiegel, ähnlich denen des schweren Panzerjägers, eingebaut. Die Nebelwerfer links und rechts des Turmes wurden wegen der unterdessen gesammelten negativen Erfahrungen weggelassen. Durch Beschuss hatten sich diese oft selbst entzündet und so der Besatzung die Sicht genommen. Die vorhandenen Motorabdeckungen und der Aufbau des Hydraulikgetriebes lassen die berechtigte Vermutung zu, dass das Fahrzeug, entgegen der Behauptung in der Literatur, noch die zwei luftgekühlten Simmering-Motoren besaß.

Die wassergekühlten Maybach-Motoren HL 120 hätten einer veränderten Motorbelüftung bedurft, die ähnlich der Motorabdeckung des »Ferdinand« hätte aufgebaut sein müssen. So wurde Ende Mai 1944 »*der schweren Panzerjäger-Abteilung 653 ein Porsche-Tiger VK 4501 (8,8-cm-KwK 36 L/56) mit hydraulischer Kraftübertragung zur Verwendung zugeführt ...*«[66] Das abgenommene Belastungsgewicht blieb in der Verskraft von Kummersdorf zurück (siehe Kapitel »Auf den Spuren des Tigers«).

[66] K-H. Münch, Einsatzgeschichte der schweren Panzerjäger-Abteilung 654.

Das Befehlsfahrzeug mit der taktischen Nummer 003 besaß auf der Kommandanten-Kuppel eine Öffnung für ein Scherenfernrohr. Damit konnte der Kommandant durch den geschlossenen Lukendeckel das Gefechtsfeld beobachten. Dies war am Kuppelring befestigt und konnte so um 360° geschwenkt werden. Das Scharnier für den Deckel war hinter der Kuppel angeschlagen. Hinter der Kuppel befand sich der Korb für Rauchsignale. (SM)

Auffallend war, dass die Abschleppöse in der Mitte des Hecks im Gegensatz zu dem Kummersdorf-Bild wieder geändert wurde. Gut erkennbar die unveränderten originalen Grätings sowie die Zimmerit-Beschichtung. (M)

Das Befehlsfahrzeug des Abteilungschefs besaß interessanterweise zwei 2-m-Stabantennen, was zu Spekulationen Anlass geben könnte. Denn die rechte UKW-Antenne war serienmäßig für den – bei deutschen Panzern üblichen – Gerätesatz Fu 2 und Fu 5 SE 10U (ein 10-Watt-Sender c und zwei UKW-Empfänger e – d. A.) vorgesehen. Nun hätte das Fahrzeug als Befehlspanzer die zweite Antenne auf dem Turmdach besitzen müssen, da der zusätzliche Funkgerätesatz laut Dienstvorschrift D 9023/1 sich vorn rechts im Turm befinden sollte.

Dafür musste die Öffnung für das Turm-MG genau wie das Sichtfenster des Ladeschützen bzw. Funker 2 verschlossen werden, was bei Turm 150 014 nicht geschah. Bei einem Befehls-Tiger kam der standardmäßige UKW-Funkgerätesatz Fu 5 an dieser Stelle in den Turm. Der Funker 1 vorn rechts bekam dafür entweder den UKW-Funkgerätesatz Fu 7, das für den Sprechfunk mit unterstützenden Flugzeugen vorgesehen war, oder, was öfters der Fall war, den MW-Funkgerätesatz Fu 8 zwecks Verbindung zu den übergeordneten Stäben.

Statt der 2-m-UKW-Antenne besaßen diese Fahrzeuge hinten rechts die dazugehörigen Antennen. Äußerlich war diese Funkausstattung an der Sternantenne D mit einer Länge von 1,8 m erkennbar, während der Fliegerfunk

Gut zu erkennen der Rauchsignal-Korb sowie die Öffnung für das Scherenfernrohr im Deckel der Kommandantenkuppel. (SM)

Ansonsten befanden sich an diesem Fahrzeug die letzten Änderungen dieser Serie. (M)

Fu 7 auf Grund der anderen Frequenz eine nur 1,4-m-lange Stabantenne besaß. Der Grund für die zweite 2-m-UKW-Antenne kann nur vermutet werden. Eine denkbare Verwendung wäre ein zusätzlicher UKW-Empfänger Fu 2 in der Wanne unter dem Kommandantensitz. Zwei 2-m-UKW-Antennen besaßen regulär nur Befehlsfahrzeuge von Sturmgeschützeinheiten, da deren Funkfrequenz sich von denen der Panzereinheiten unterschied. Auch die Variante als umklemmbare Reserveantenne, so wie sie beim Panzerkampfwagen »Maus« vorgesehen war, konnte entfallen, da sich beide Antennen auf dem Wannen-Heck befanden und somit seltener beim Schwenken des Turmes vom Geschützrohr umgelegt würden.
Dieser letzte Porsche-Tiger ging nach der großen Offensive der Roten Armee Ende Juli 1944 bei der Heeresgruppe Nordukraine verloren und brannte aus.

Am 26. Juli 1944 stellte Krupp die Anfrage an das HWA, was mit dem im Werk lagernden sechs fertigen Turmgehäusen »Ausführung A«, also der niedrigen Bauart, werden sollte. Auf Grund der akuten Platzprobleme musste eine schnelle Entscheidung erfolgen. Da die Türme keinerlei Inneneinrichtung besaßen und auch ohne Schwenklager waren, hatte auch Prüf Fest. vom HWA kein Interesse an diesen Türmen, so dass im August 1944 ein Verschrotten der sechs niedrigen Türme durch das OKH genehmigt wurde, was allerdings (anhand des unteren Fotos – d. A.) auf Grund der Ereignisse nicht mehr geschah. Was mit dem siebten Turm geschehen war, kann nur vermutet werden. Möglicherweise fand dieser Turm wie auch die zwei fehlenden Porsche-Fahrgestelle als Hartziel auf dem Schießplatz eine Verwendung.

Nicht alle Gehäuse wurden verschrottet, wie dieses Bild von 1945 beweist, wo zu sehen ist, dass auf einem Turmgehäuse des Panzerkampfwagens »Maus« ein Turmgehäuse niedriger Bauart vom Porsche Typ 101 zusammen mit drei niedrigen Turmwänden abgelegt worden ist. (PA)

Der Panzer VK 4502 (P)

Auslöser dieser neuen Entwicklung war Hitlers hartnäckiges Drängen auf den Einbau der stärkeren 8,8-cm-Flak 41 in den Panzerkampfwagen »Tiger«. Die Bezeichnungen für dieses Projekt waren vielfältig und lauteten von »VK 4501 verstärkt« über »zweite Serie VK 4501 (P)«, »VK 4501 (P 2)« bis hin zu »VK 4502 (P)«. Letztlich hieß er dann »Porsche-Tiger 2« bzw. »Tiger« 2. Porsche-intern lautete zudem seine Bezeichnung »Sonderfahrzeug III« und »Porsche-Typ 180« bzw. »181«. Letztere Bezeichnung betraf das Fahrgestell und den Turm gleichermaßen. Am 23. Juli 1941 hatte Oberst Fichtner gegenüber Professor Porsche erklärt, dass er mit dem Krupp-Turm vom VK 4501 nicht glücklich wäre und für später eine bessere Lösung anstrebe. Zusammen mit Hitlers Forderung nach einer stärkeren Panzerung der Front von 150 mm und den Seiten von 80 mm sowie der Notwendigkeit eines größeren Turmdrehkranzes musste jedoch auch ein stärkeres Fahrgestell geschaffen werden, das diese Forderungen erfüllte. Dazu bot sich die geplante zweite Serie vom 100 VK 4501 (P) an. Großen Einfluss auf die Formgebung hatte dabei der sowjetische Panzer T 34, den Professor Porsche bekanntermaßen im November 1941 kennenlernte. Datiert auf den 23. Januar 1942 existieren zwei Dokumente; im ersten geht es um die Lieferung der zweiten Serie von Tiger-Türmen. Darin wird recht unrealistisch für Mitte Juni 1942 die Lieferung der geschweißten Türme durch die Blechpresserei an die 2. Mechanische Werkstatt verlangt. Im zweiten Dokument bestellt Krupp für die geplanten 100 Türme des **VK 4501 (P 2)** jeweils 100 Panzer-Kasten Nr. 5c (Turmanschlusskasten für 12-Volt und Bordsprech), Nr. 21 (Bordsprech Ko) und Nr. 22 (Bordsprech Ri) für die Funk- und Bordsprechanlage. Demzufolge lag die Order zur Herstellung dieser Türme schon im Jahr 1941 vor.

Die leistungsstarke 8,8-cm Flak 41 auf dem Sonderanhänger 202. Das Geschützrohr wurde für den Transport auf der Wiege zurückgezogen. (SL)

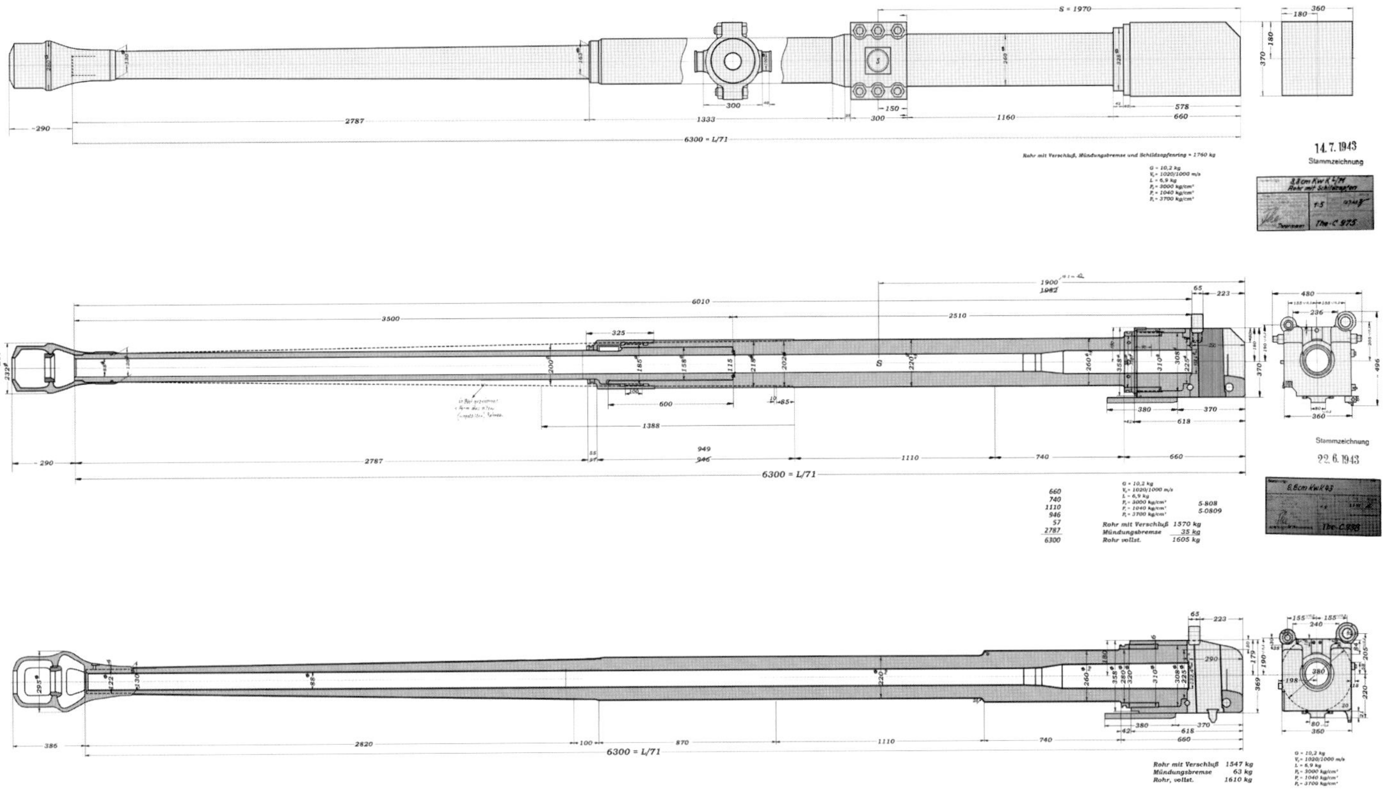

Oben die spätere zweiteilige 8,8-cm-KwK L/71 mit kleiner Mündungsbremse, unten das einteilige Rohr mit großer Mündungsbremse.

Wie schon beschrieben, forderte Hitler am 18. Januar 1942 die Überprüfung, welches Gewicht der Porsche-Tiger mit der Frontpanzerstärke des »Mäuschens« und einer 100-mm-Seitenpanzerung erreichen würde, da bis zur Fertigstellung der »Maus« noch viel Zeit vergehen würde. Die Bewaffnung sollte mit der 8,8-cm-Kanone L/100 oder L/71 erfolgen. Die Prüfung ergab eine zu große Gewichtszunahme, dem das vorhandene Fahrgestell nicht gewachsen gewesen wäre. Auch wäre die 8,8-cm-Kanone mit der Länge L/100 nicht nur sperrig im Einsatz gewesen, sondern hätte auch anfällig auf die Schwingung und Durchbiegung des Rohres reagiert. Spätere Messungen ergaben schon bei der weniger langen 8,8-cm-KwK L/71 mit ihrem 5,6-m-langen, freistehenden Rohr während der Fahrt einen Durchhang von 3,5 bis 5,5 mm an der Rohrmündung[67]. Dies ging natürlich zu Lasten der Treffsicherheit. Deshalb erreichte die 8,8-cm-KwK L/71 später nicht die Treffgenauigkeit der 8,8-cm-KwK L/56.

Wie schon im Kapitel über den Typ 101 erwähnt, fand am 27. und 28. Januar 1942 eine Besprechung bei der Firma Porsche mit Vertretern von Krupp und Daimler-Benz statt. Als Vertreter der Porsche KG teilte Reimspieß den Anwesenden mit, dass die Stirnwand des Porsche Typ 101 künftig von 45° auf 30° geneigt werden sollte. Dazu sollte eine neue Fahrersehklappe, analog zum sowjetischen Panzer T 34, eingebaut werden, der bekanntermaßen auch keine Luken für Fahrer und Funker im Wannendach besaß. Diese sollte groß genug sein, um als Ausstieg genutzt zu werden. Damit sollte der große Nachteil vom Typ 101, über keinen Ausstieg vorn zu verfügen, wenigstens für den Fahrer abgestellt werden. Für den Funker war im Boden ein Notausstieg in der Planung. Als Größe der freien Öffnung der Fahrerklappe schlug man das Maß von 450 x 350 mm vor. Daimler-Benz legte daraufhin eine Reihe von Entwürfen von Fahrersehklappen vor. Darunter befanden sich auch Entwürfe für Winkelspiegel im Lukendeckel und eine Blocksehklappe. Auch einen Entwurf über eine Kugelblende für 30° Neigung sicherte Daimler-Benz zu.

Krupps erste Aufgabe bestand darin, eine Beschuss-Wanne unter weitgehender Anwendung des autogenen Brennschnittes mit dieser neuen Stirnwandneigung anzufertigen. Die neue Fahrersehklappe und die entsprechende Kugelblende sollten dazu schon eingebaut sein. Krupp

[67] BAMA, RH8/2820.

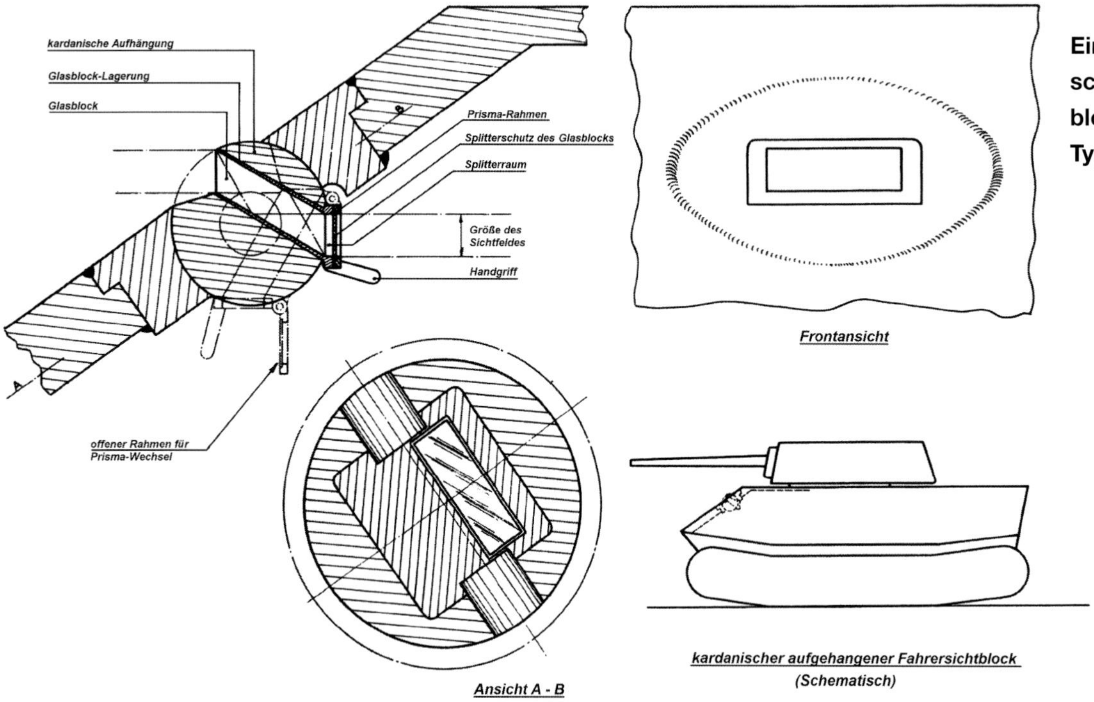

Eine Variante eines schwenkbaren Fahrersehblockes für den Porsche Typ 180. (NARA)

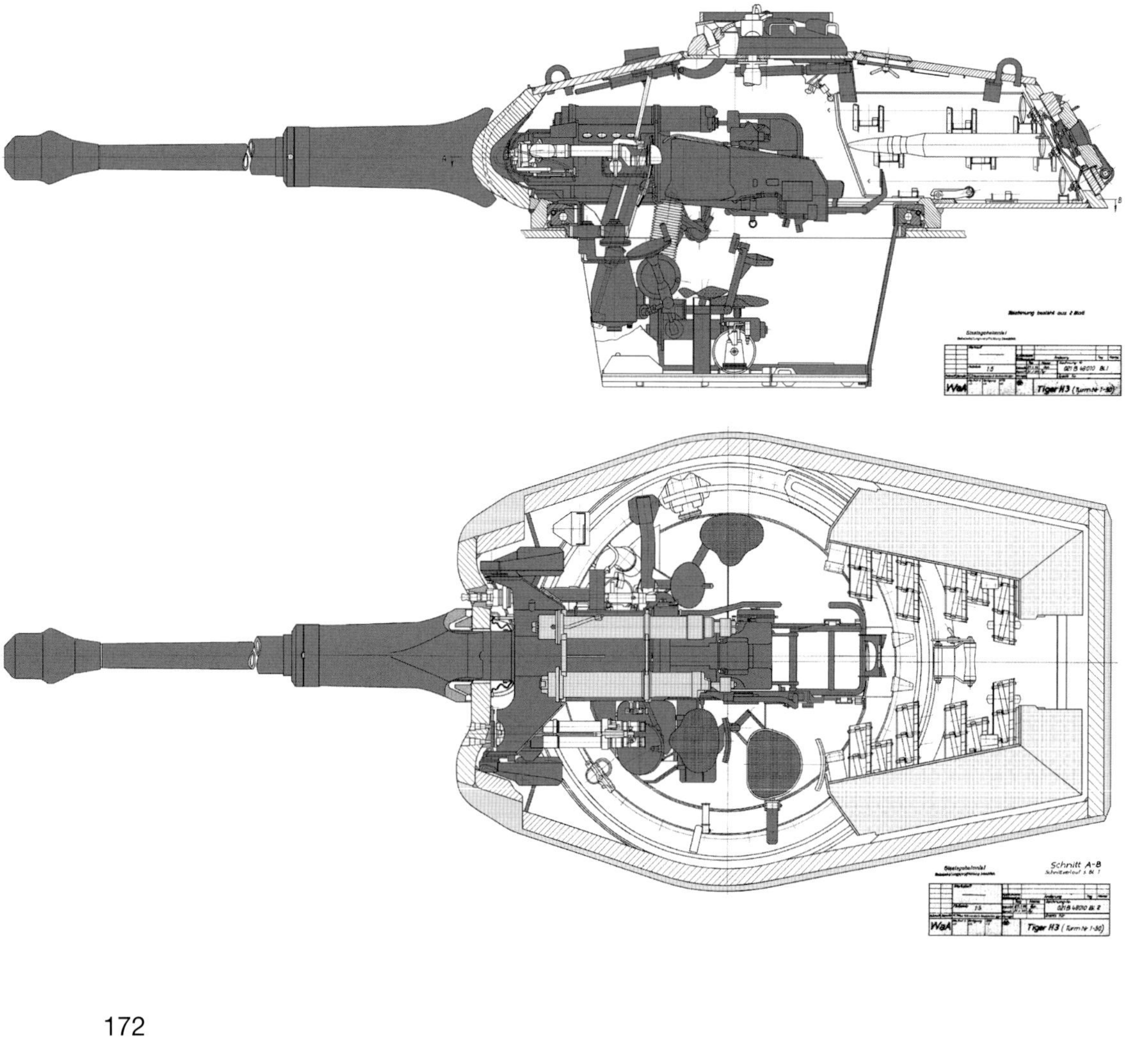

Ein solcher Porsche-2-Turm, auch als -verstärkt- bezeichnet, wog 12.500 kg. Hier allerdings die umgebaute Version für den VK 4503 von Henschel mit hydraulischem Schwenk-Antrieb.

sollte rechtzeitig die neuen Zeichnungen dazu erhalten. Allerdings sah sich die Firma Krupp nicht in der Lage, an den ersten 100 Wannen vom Typ 101, die sich schon in der Fertigung befanden, diese grundlegenden Änderungen durchzuführen. Da die Zeit drängte, war die Materialbereitstellung für die nächsten Wannen 150 101 bis 150 150 bereits erfolgt.

Deshalb musste bis zum 7. Februar 1942 eine Entscheidung fallen und die dazugehörigen Zeichnungen bis zum 11. Februar bei Krupp vorliegen. Die Wanne sollte ferner unter weitgehender Verwendung des Autogen-Schneidens hergestellt werden. Die Firma Porsche bat Krupp um Übernahme der Konstruktionsarbeiten für die neue Wanne[68] nach dem Porsche-Entwurf. Die notwendigen Zeichnungen über die Aufbauten mit der um 30° geneigten Stirnwand sendete Porsche am 2. Februar an Krupp.

Krupp wiederum schickte im Gegenzug noch am gleichen Tag ein Telegramm mit dem Werkstoffbedarf an homogenen Panzerplatten für die neue Form mit 30° geneigter Stirnwand an die Porsche KG. Unter anderem bestand die geplante Vorderwand nur noch aus einer »Platte-unten 1960 x 900 x 80« (alt) und der »Stirnwand 3100 x 1500 x 60« (neu). Die Vorderwand-Platten 105 und 109, die Seitenwände 121 und 122 sowie die Deckenwände 139 und 140 entfielen ersatzlos. Die Bestrebung zur Verbesserung der ungünstigen Formgebung des Fahrzeuges Typ 101 war eindeutig vorhanden.

Es entstanden zwei verschiedene Entwürfe von Fahrzeug-Auslegungen, die vor allem die Turmanordnung betrafen. Die Ausführug A besaß einen Drehturm im vorderen Bereich und hatte damit den kompletten Antrieb wieder im Heck, bei der Ausführung B war der Turm im Heckbereich platziert und die Motor-Generatoreinheit zwischen dem Fahrer- und dem Kampfraum. Die Elektromotoren saßen bei dieser Ausführung unter dem Kampfraum. Diese Aufteilung entsprach auch dem späteren Porsche Typ 131, dem Panzerjäger »Ferdinand«. Für diese Ausführung bedurfte es keiner beschussempfindlichen Fahrersehklappe mehr, da in die Wannendecke die Fahrer- und Funkerluken passten.

Bei der Firma Porsche lief dieses Projekt des VK 4502 (P) als **Typ 180 A** mit dem Motor Typ 101/3, der Porsche **Typ 180 B** mit dem Motor Typ 101/4. Die erneut eingeplante hydraulische Variante des Fahrzeugs trug die Bezeichnung Porsche **Typ 181 A** mit dem Motor Typ 101/4. Der Porsche **Typ 181 B** sollte versuchsweise einen bzw. zwei Deutz-Motoren besitzen. Die konkreten Arbeiten unter der Typenbezeichnung 180 begannen Anfang 1942. Damit war im Prinzip das Projekt vom Porsche Typ 101 schon vor dessen erster Probefahrt veraltet. Das Gesamtgewicht des neuen Porsche Typ 180 belief sich auf 64 t, bei einer Gesamtlänge von 8345 mm, einer Gesamtbreite von 3400 mm und einer Höhe von 2740 mm. Der Wendekreis war mit 2,15 m beziffert worden. Die Auskreisung der Decke für den Turmdrehkranz sollte 2400 mm betragen sowie deren Dicke von 40 mm auf 45 mm erhöht werden. Die umlaufenden Schutzleisten auf der Wannendecke, die den Turm vor Treffern zwischen Turm und Wannendecke schützen und so bei Beschuss ein Verklemmen des Turmes verhindern sollten, verstärkte Krupp von 25 mm auf 40 mm. Den Kraftstoffvorrat vergrößerte man auf 640 Liter.

Am 7. Februar 1942 erhielt die Firma Krupp den offiziellen »Kriegsauftrag« zur Herstellung von 100 Panzerwannen und 100 Panzertürmen für den VK 4501 (P 2). Die Lieferfrist der Wannen verlangte für August 1942 acht Stück. Ab September sollten monatlich je 15 Wannen folgen. Die Turmproduktion sah für November zunächst sechs Stück und ab Dezember 1942 monatlich je 15 Türme vor. Diese Teile waren an das Nibelungenwerk zu liefern. Die 100 Türme sollten komplett bei Krupp fertig montiert werden.

Am 3. März erinnerte Krupp daran, dass schnellstens die Liefertermine von 50 Kugellagern für das Schwenklager

	Gerät 18/36	**Gerät 41**
Rohrlänge	L/56	L/71
Rohrüberstand über Vorderkante Wagen	2500 mm	3820 mm
Rohrgewicht	1465 kg	1900 kg
Patronengewicht	15 kg	23 kg
Patronenlänge	930 mm	1200 mm
Patronendurchmesser	112 mm	147 mm
Turmgewicht einschließlich Waffe	9,7 t	13,5 t
Bedienungskreisdurchmesser	1820 mm	2100 mm
Außendurchmesser	2320 mm	2600 mm
Bremsdruck	7 t	10 t
Mündungsbremswirkung	35 %	60 %
Feuergeschwindigkeit	ca. 12 Schuss/min	ca. 8 Schuss/min

Die Gegenüberstellung der Hauptverhältnisse für den 45-t-Wagen bei der Bewaffnung mit der 8,8-cm-KwK L/56 und der 8,8-cm-KwK L/71 vom Dezember 1942.

[68] BAMA, RH8/2793, S. 130.

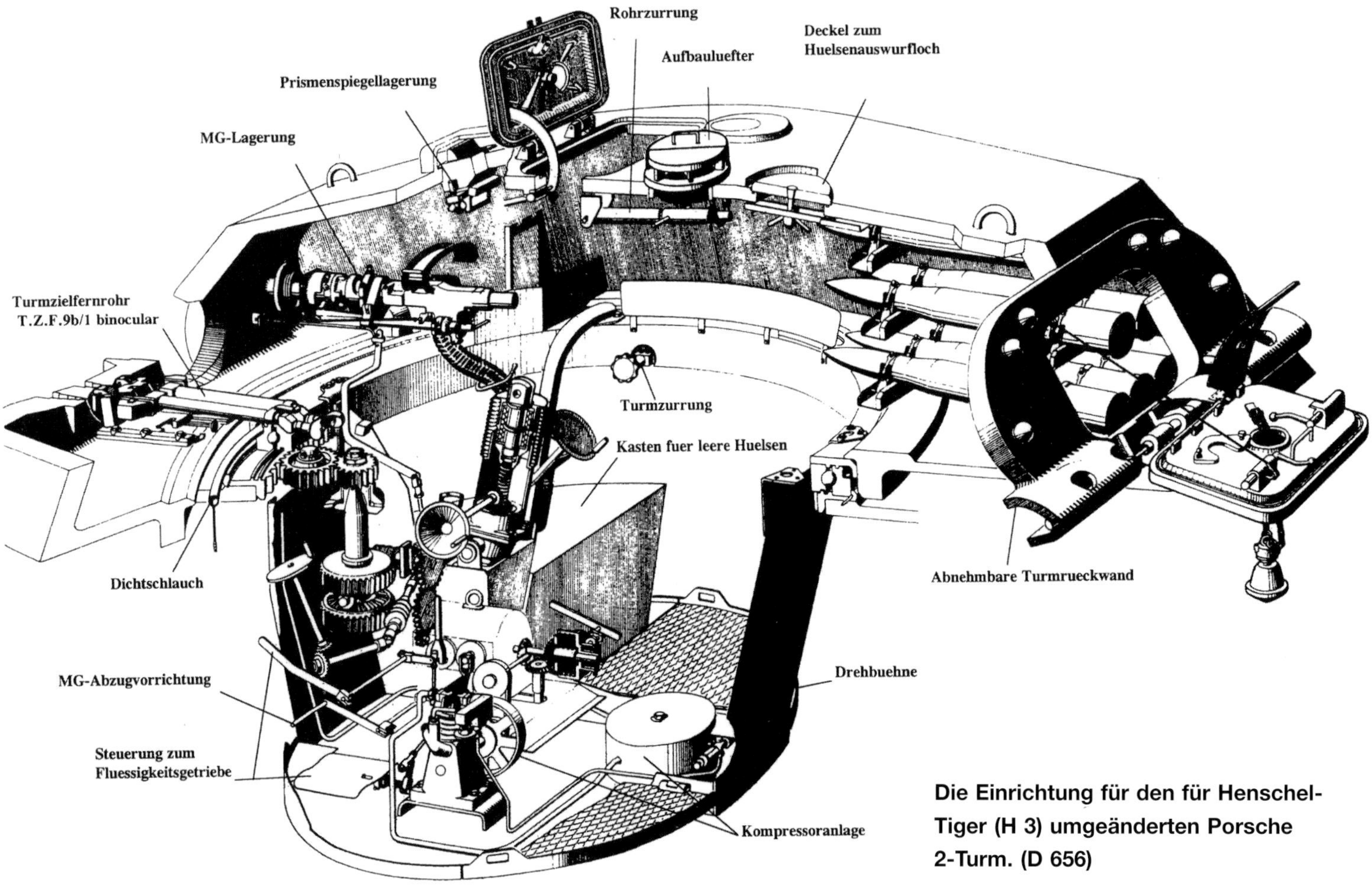

Die Einrichtung für den für Henschel-Tiger (H 3) umgeänderten Porsche 2-Turm. (D 656)

bei der Firma Kugelfischer in Auftrag gegeben werden mussten, wenn die Montage der 2. Serie rechtzeitig beginnen sollte. Am 23. und 24. März 1942 trafen sich die Krupp-Verantwortlichen mit Professor Porsche und Ferry Porsche zur Besprechung in Zuffenhausen. Neben dem sich in der Fertigung befindlichen Typ 101 besprach man sich auch zum Typ 180, speziell zu den ersten Wannen mit den Nummern 150 101 bis 150 165. Für die Fahrersehklappe wurde ein größerer Ausschnitt von 500 mm Durchmesser beschlossen. Dieser befand sich im Bereich 570 mm ab Mitte Fahrzeug und 400 mm ab Oberkante Stirnwand. Krupp erklärte sich bereit, die vollständige Klappe sowie die Anschlüsse zur Kugelblende selbst zu fertigen. Die oberen Seitenwände wollte Krupp mit den Oberkanten, soweit die bereits fertig gewalzten Bleche es ermöglichten, über die Oberkante der Decke hinauf verlängern. Zur Deckenauflage genügten Leisten aus unvergütetem Material.

Die Bohrungen des Laufwerkes, des Leit- und Antriebsrades entsprachen genau der Wanne vom VK 4501 (P). An der Wannenrückwand sollte links und rechts je ein Zapfen befestigt werden. Desweiteren sollten die Auspuff-Austritte nicht durch die Wannenwände erfolgen. Der Motorraum entsprach zu diesem Zeitpunkt unverändert dem VK 4501 (P). Auch der Wannenboden blieb gleich, mit dem einzigen Unterschied, dass die Öffnung für die Hülsenschleuse entfiel. Die Einfüllöffnungen der Kraftstoffbehälter sollten ebenfalls nicht durch die Wanne gehen, sondern durch seperate Verschlüsse abgedeckt werden. Gleiches war für die Befestigung der Antenne angedacht. Festzulegen waren nur noch die Durchbrüche für die Kabel von den Scheinwerfern vorn links und rechts sowie für das Rücklicht.

Die von Krupp gefertigten Einzelzeichnungen der Wanne wurden auf Grund der Zeitknappheit ohne Prüfung durch die Firma Porsche freigegeben. Die Termine waren das Minimum, um den Anschluss an die Lieferung vom Typ 101 zu halten. Im Anschluss an die bereits aufgegebenen 15 Wannen sollten sofort weitere 45 Wannen aufgelegt werden. Am nächsten Tag einigte man sich darauf, dass

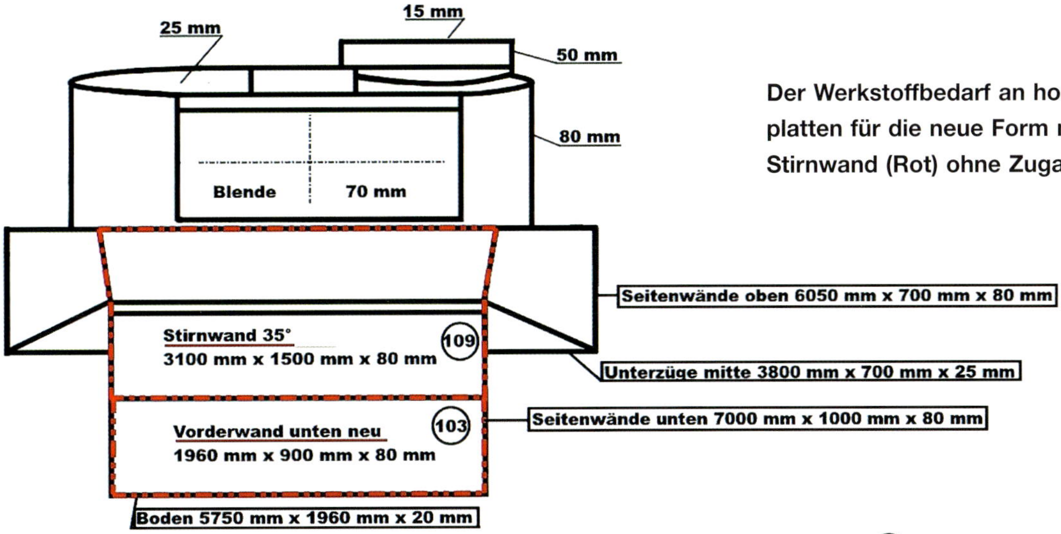

Der Werkstoffbedarf an homogenen Panzerplatten für die neue Form mit 35° geneigter Stirnwand (Rot) ohne Zugabe.

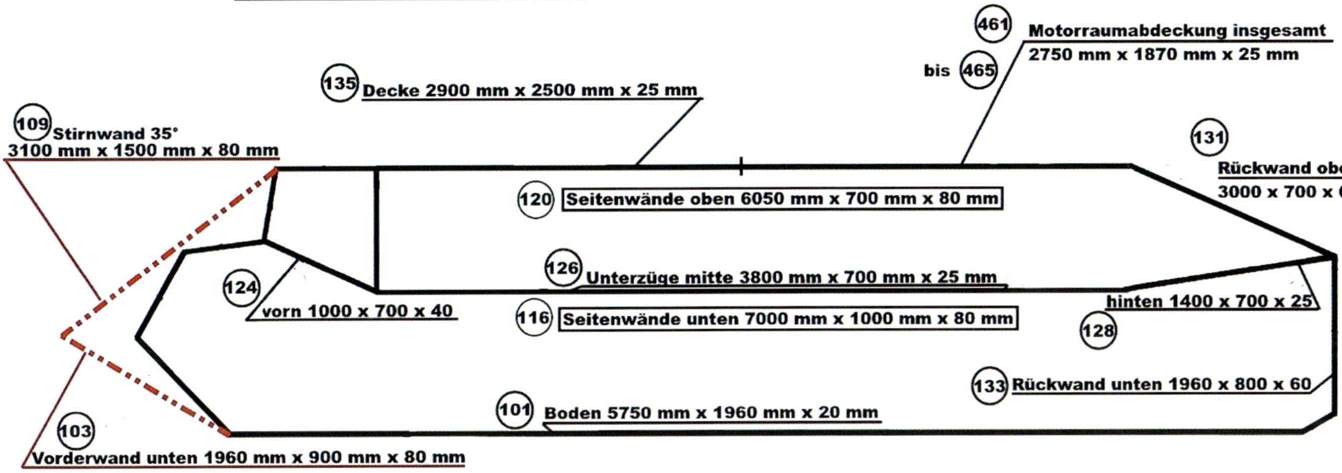

die Neigung der Stirnwand statt den anfangs geplanten 30° einen Winkel von 35° mit überkragender Oberkante haben musste.

Für zumindestens die ersten 15 Wannen war eine Ausstiegsluke mit Fahrersehklappe und einer Kugelblende in der Stirnwand vorgesehen. Für den Beschusstest plante Krupp, eine Stirnwand mit Bugteil in der Herstellung vorzuziehen. Auf den Stirnwand-Knick sollte eine Verstärkung aus homogenem Panzerstahl aufgeschweißt werden. Weiterhin erhielt der Wannenboden im vorderen Teil eine 20 mm starke Verdoppelung der Panzerstärke. Um die Termine auch in der Turmproduktion erfüllen zu können, forderte Krupp vom HWA, dass ab dem 1. August 1942 monatlich 15 Sätze, bestehend aus dem vollständigen Geschütz, dem festen MG, der Optik usw., beizustellen waren. Die Übergabe der 15 beweglichen MGs sollte ab dem 20. August und die der 15 Flieger-MG ab dem 1. September 1942 erfolgen. Das HWA sah die Bereitstellung der MGs allerdings als nicht notwendig an, da dies eine Aufgabe des Heeres-Zeugamtes war.

Am 19. April 1942 folgten weitere Besprechungen zu diesem neuen Panzer-Projekt bei Krupp und am 21. April in Stuttgart. Zur internen Konkretisierung der Turm-Termine fanden sich am 24. April die betreffenden Krupp-Verantwortlichen zusammen. Man strebte folgende Termine für den Anlauf der Serie VK 4502 (P) im Anschluss an die Serie VK 4501 (P) an:

- Für den 1. Turm sollte die Übergabe von der Blechpresse an die 2. Mechanische Werkstatt am 31. Juli 1942 erfolgen. Die Fertigstellung in der 2. Mechanischen Werkstatt am 15. Oktober 1942.
- Für den 2. bis 6. Turm war laufend bis Ende August die Übergabe an die 2. Mechanische Werkstatt geplant. Im November 1942 sollte deren Fertigstellung erfolgen.
- Für weitere 15 Türme hatte man bis Ende September die Übergabe und für Dezember 1942 deren Fertigstellung vorgesehen. Desweiteren war die Fertigung von monatlich weiteren 15 Türmen geplant.

Um die Montage zu erleichtern, schlug man vor, den ersten und zweiten Turm gemeinsam bis zum 15. Oktober fertigzustellen. Für die benötigten Einzelteile sollte die Anlieferung der Stahlgussteile an die 2. Mechanische Werkstatt mit Hilfe einer Sonderbesprechung mit Dr. Walter von bisher 2,5 Monaten auf nur sechs Wochen verkürzt werden. Von den Turmkugellagern wurden von Krupp 50 Stück bei VKF und 50 Stück bei Kugelfischer bestellt. Allerdings bestand das Problem, dass die 2. Mechanische Werkstatt das erste Kugellager schon ab dem 20. August benötigte, die hier bei Krupp bestellten Ringe dazu aber erst ab Ende Juni zu VKF gingen.

VKF benötigte 3,5 Monate für die Bearbeitung, so dass eine Lieferung erst ab dem 15. Oktober 1942 erfolgen konnte. Kugelfischer dagegen benötigte nur 2,5 Monate bis zur Lieferung, erhielt allerdings das Rohmaterial erst ab Ende August, so dass die Lager erst Mitte November lieferbereit waren. Als Alternative versuchte Krupp die Lieferung der Rohringe bis Ende Mai zu beschleunigen und bei VKF die Fertigungszeit auch auf 2,5 Monate zu drücken. Sollte dies nicht gelingen, musste die Unterbringung der Türme auf einem Simulaker ohne Schwenkmöglichkeit untersucht werden.

Auch bezüglich des Liefertermins des Geschützes ergaben sich Probleme. Das HWA hatte den Termin dafür ab dem 1. September 1942 in Aussicht gestellt. Der Geschützhersteller DHHV rechnete allerdings frühestens für Ende November mit einer Lieferung, so dass der Zeitplan bei der 2. Mechanischen Werkstatt nicht eingehalten werden konnte. Zudem erwartete Krupp wegen der bestehenden Kontigentierungsvorschriften Schwierigkeiten bei der kurzfristigen Beschaffung von Eisen- und Stahlmaterial.

Als Konsequenz verschob man am 4. Mai anlässlich einer Besprechung in Kummersdorf den Liefertermin der ersten vier Fahrzeuge vom Typ 180 von August auf den Oktober 1942. Problematisch waren auch die geplanten Liefertermine der Schwenkumformer von Siemens-Schuckert. Der von Reimspieß vorgesehene »Conz«-Umformer konnte größenmäßig nicht im VK 4502 untergebracht werden. Nur der Umformer vom Vorgänger VK 4501 (P) passte in das neue Fahrzeug. Trotz sofortiger Bestellung von 100 Umformern und 100 Anlassschützen und dem Ergreifen von sogenannten »Sondermaßnahmen« konnte eine Lieferung von Siemens frühestens Anfang Januar 1943 erfolgen.

Am 12. Mai übergab Porsche an Heerlein von Krupp die notwendigen Zeichnungen für die Fahrersehklappe und den Aufbau. Dabei wurde die Vereinbarung getroffen, die hinteren oberen Seitenwände mit einer Neigung von 15° auszuführen. Die Knicklinie oben sollte von 2400 mm bis auf 2900 mm verlagert werden. Dadurch wurde erreicht, dass der gesamte Motorraum mit nur einem großen Deckel abgedeckt werden konnte. Dieser Deckel besaß die Abmessungen 2700 mm x 2400 mm und wog etwa 1300 kg. Die Schottwand zwischen Kampf- und Motorraum rückte dafür 60 mm weit nach hinten. Für das Geschützrohr auf Marschfahrt wurde eine Abstützung auf dem Heck vorgesehen. Diese sollte zwei Stellungen besitzen, eine Stellung für den Marsch und die andere für die Unterwasserfahrt. Damit konnte der zu montierende Luftschacht mittig auf der Motorabdeckung platziert werden. Weiterhin bat man das HWA, die Bezeichnung für den Typ 180 einheitlich auf VK 4502 (P) festzulegen, die Bezeichnung VK 4501/2 (P) war zu unterlassen. Um Nacharbeiten an Wanne und Einbauteilen möglichst zu vermeiden, bat Professor Porsche Heerlein, vorerst nur 30 Wannen vom Typ 180 herzustellen und die restlichen Wannen nur vorzubereiten. Der vorgeschlagene Notausstieg im Turm war laut Heerlein nur in der 80 mm starken gewölbten rechten Seitenwand möglich. Allerdings schien dieser Ausstieg wenig zweckmäßig und war schwierig herzustellen. Für die Festlegung des Querschnittes der vorderen Abweiserleiste sowie des Anschlusses des Luftschachtes über dem Turm und der Turmluke erwartete Heerlein von der Firma Porsche die notwendigen Zeichnungen.

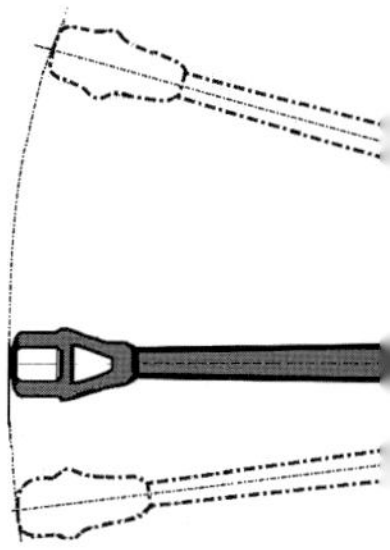

Auch für die Anordnung einer Kranschiene oder eines Auslegers am Turm, um mit Hilfe eines Flaschenzuges das Laufwerk ein- und ausbauen zu können, waren von Porsche noch Zuarbeiten mit Angaben über Tragkraft, Ausladung und Schwenkbereich erforderlich. Die hinteren Unterzüge sollten in der Stärke von 40 mm auf 25 mm verringert werden, da diese Unterzüge weniger dem Beschuss ausgesetzt waren und die Abschrägung hinten nur noch halb so groß war. Die hinteren Abschleppösen bildeten die Fortsetzung der Zapfen von den unteren Seitenwänden, welche die Rückwand durchdrangen. Auch der Durchbruch in der Stirnwand lag maßlich fest. Damit war die endgültige Außenform der Wanne geklärt. Die Firma VKF hatte sich mit der Lieferung der ersten drei Turmschwenklager bis zum 15. August des Jahres bereit erklärt. Kugelfischer dagegen sah den Termin für die ersten drei Lager zum 15. August als gefährdet und gab den frühesten Anliefertermin für Ende August an. Deshalb bat Krupp das HWA, entsprechenden

Druck auszuüben, damit der geplante Termin gehalten werden konnte. Kugelfischer stimmte letztendlich unter der Bedingung zu, dass Krupp das Vormaterial rechtzeitig lieferte.
Über die Turmschwenk-Einrichtung hatte Schmitt (der Elektroingenieur von Porsche – d. A.) am 5. Juni 1942 eine Besprechung mit Heerlein von Krupp. In dieser legten beide fest, den geplanten Umformer im Turm des Typs 180 möglichst unterhalb des Richtschützensitzes unterzubringen, was in etwa dem Hydraulikantrieb des Henschel-Fahrzeuges entsprach.
Die Frage der Batteriestromzuführung war noch in einem weiteren Test zu klären. In diesem sollten die hohen Stromstärken durch unter hohen Druck stehende Kupferklötzer auf einen sich langsam drehenden massiven Kupferzylinder geleitet werden. Auf Basis der gewonnenen Erkenntnisse würde dann der neue Schleifring-Übertrager konstruiert. Das Oberteil basierte auf dem vom Amt beigestellten siebenteiligen Übertrager für Nachrichtenzwecke. Am Unterteil sollte für die Übertragung der hohen Batterieströme je ein Kabel von 95 mm² Stärke befestigt werden.
Da das starke Kabel auf Grund seiner Steife Probleme bei der Montage verursachen konnte, sah Schmitt je Pol vier Kabel mit 25 mm² Stärke vor. Zudem wollte man zeitnah eine Turmschwenk-Einrichtung ohne jeden Umformer untersuchen. Entweder sollte, ähnlich dem T 34, der Einsatz eines auf drei Geschwindigkeitsstufen schaltbaren und umsteuerbaren 24-Volt-Gleichstrommotors oder ein mit konstanter Drehzahl laufender umsteuerbarer Motor mit mechanischem Stufengetriebe erfolgen, dessen kleinster Gang eine Turmschwenkung von etwa 1° pro Sekunde und dessen größter Gang eine solche Schwenkung von etwa 15° pro Sekunde ermöglichte. Der erste detaillierte Konstruktionsentwurf zum Porsche Typ 180 wurde am 8. Juni 1942 mit Vertretern des Nibelungenwerkes besprochen.
Am nächsten Tag trafen zu weiteren Absprachen über den Typ 180 Dr. Lippert und Ingenieur Wegemann in Stuttgart mit den leitenden Porsche-Ingenieuren zusammen. Am 18. Juni 1942 erhöhte das HWA den Auftrag für den

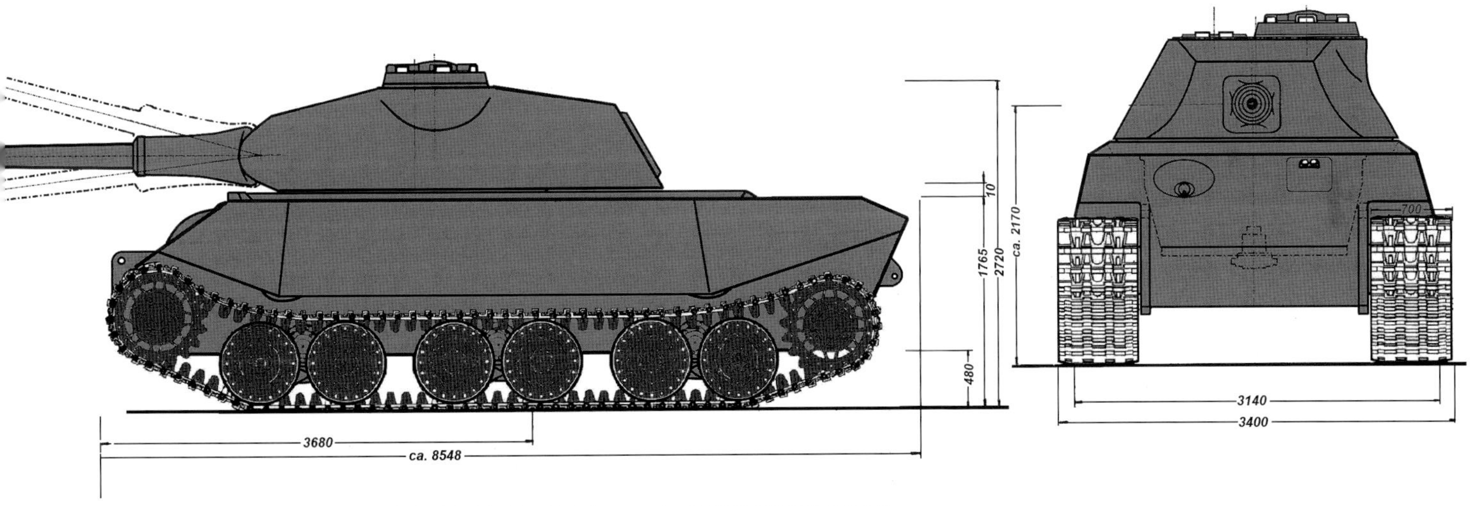

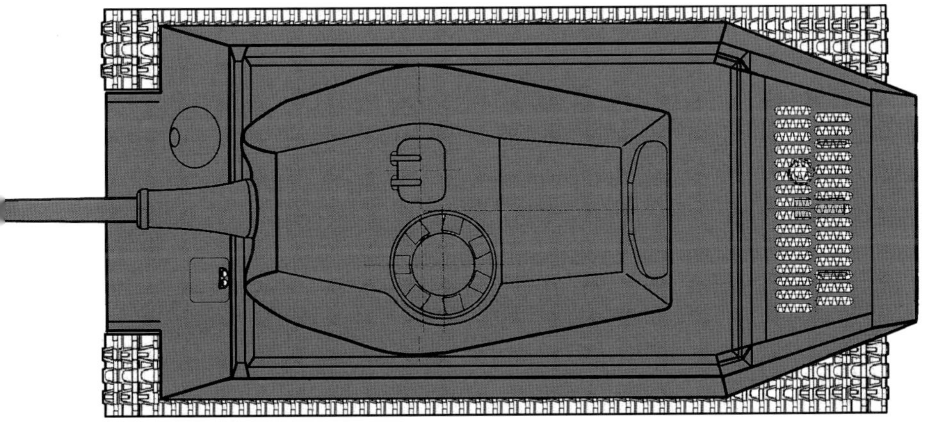

Der Porsche Typ 180 A mit vorn liegendem Turm und 8,8-cm-KwK 43 L/71 Ausführung A.

VK 4501 (P 2) von je 100 Stück auf 200 Panzerwannen und 200 Panzertürme. Diese Wannen und Türme sollten mit den laufenden Nummern 150 101 bis 150 300 versehen werden. Das Rüstungsministerium unterrichtete Direktor Müller von Krupp darüber, dass aus Geheimhaltungsgründen die Bezeichnung »VK« wegzulassen war und stattdessen die Tarnbezeichnung »Tiger« zu verwenden sei.

Im Juli 1942 schrieb Wa Prüf 6 an Krupp, dass man sich anlässlich einer Vorführung einer Kommandantenkuppel mit drehbarem Innenring für die Anbringung eines Flieger-MG bzw. eines Scherenfernrohres entschieden hatte und bei dem neu zu entwickelnden Kampfwagen auf den drehbaren Ring auf Grund der Fertigungsvereinfachung verzichtet werden sollte. Ein einfacher Haltezapfen am Außenrand der Kuppel sollte genügen. Für die neu zu entwickelnden Türme bat man Krupp, den Drehrand in der Kommandantenkuppel fortfallen zu lassen. Der 12-Uhr-Ring sollte aber bestehen bleiben.

Im Nibelungenwerk trafen am 27. Juli 1942 die Direktoren Walter und Hacker sowie General Radlmeier und die Führungsriege von Porsche zu einer großen Konferenz über die geplanten neuen Typen, also den **Typ 131**, den **Typ 180** sowie den **Typ 205,** zusammen, so dass schon am 3. August konkretere Termine bezüglich des Typ 180 mit den Vertretern des Rüstungsministeriums, der Firma Krupp und dem Nibelungenwerk abgesprochen werden konnten. Als Folge dessen bekam Chefingenieur Rabe am 5. August 1942 Besuch von General Fichtner und Oberstleutnant Holzhäuer von Wa Prüf 6 aus Kummersdorf, die ihrerseits ihre eigenen Vorstellungen zum Projekt darlegten. Dabei war diese Entwicklung eng mit der begonnenen Entwicklung des Panzerkampfwagen »Maus« verbunden.

Zur geplanten 8,8-cm-KwK L/71 musste noch die Frage geklärt werden, ob das Rohr konische oder zylindrische Züge erhalten sollte. Deshalb sollten beide Rohrtypen zur Erprobung beschossen werden. Auch die Größe des Dralls mit konstanten 5 Grad erschien Wa Prüf 1/7 für die geplanten 8,8-cm-Treibspiegelgeschosse als zu niedrig. Für konische Züge wurde ein Drall mit 4,5 Grad/5,5 Grad als ausreichend angesehen. Daraufhin vergrößerte man laut Zeichnung vom 28. September 1942 den Drall der vorhandenen 24 Züge auf 6 Grad.

In einer Besprechung am 18. und 19. August in Essen stellten Heerlein von Krupp und Biersack von Wa Prüf 6 fest, dass durch die Kürze der für die Konstruktion zur Verfügung stehenden Zeit, der Turm fertigungstechnisch noch zu wenig optimiert war. Der Arbeitsaufwand war noch zu groß. So sollte die Lagerung der Optik vereinfacht werden. Auch den Richtungszeiger wollte man vereinfachen, indem man die Skala für das indirekte Schießen mit ihrer 6400°-Teilung wegfallen ließ. Denn Wa Prüf 6 hielt ein indirektes Schießen aus dem Kampfwagen nicht für erforderlich. Als unnötig wurden auch die Nadellager in den Ritzeln zum Turmantrieb angesehen, die ohne weiteres durch Verbund- oder Sintereisen-Buchsen ersetzt werden konnten.

Das Hauptproblem war jedoch die Herstellung des Turmgehäuses. Die gepresste Vorderwand erforderte im Stahlwerk einen erheblichen Arbeitsaufwand. Dies zeigte sich deutlich an der Rissempfindlichkeit des Pressteiles. Der mechanische und auch autogene Bearbeitungsaufwand war gewaltig. Eine nochmalige Überprüfung im Kreis von Panzerfertigungs-Spezialisten war dringend erforderlich.

Die Firma Krupp schrieb am 8. September an das HWA, dass auf Grund von Bearbeitungsfehlern an den Stirnwänden der Türme Nr. 5 bis Nr. 8 teilweise starke Maßabweichungen aufgetreten waren. Für die ersten vier Türme wurde dies noch toleriert. Da die aufwändige Herstellung der Sonderseitenwand für Turm Nr. 8 zu einer dreiwöchigen Terminverzögerung geführt hatte, würden Änderungen an den Türmen Nr. 6 und Nr. 7 weitere Verzögerungen bewirken und die Montage zum Erliegen bringen. Deshalb stellte Krupp den Antrag, die Türme Nr. 5, 6 und 7 in gleicher Weise zusammenzubauen wie schon zuvor die Türme Nr. 1 bis 4. Diesem Antrag stimmte das HWA letztendlich zu.

Am 6. Oktober 1942 erfolgten weitere Absprachen mit Krupp und Porsche zum neuen Turm mit der langen 8,8-cm-KwK L/71. Dabei stellte Krupp erneut fest, dass die Konstruktion des Turmes noch keineswegs für eine Groß-Serienfertigung geeignet war. Die Herstellung der Turmgehäuse erforderten einen sehr großen Aufwand. Vor allem sollte die gepresste Auswölbung an der linken Seitenwand, die zur Aufnahme der Kommandantenkuppel vorgesehen war, entfallen. Krupp stellte einen Entwurf mit glatter Seitenwand vor. Diese geänderte Form bedingte allerdings eine unsymmetrische Verzapfung mit der Turmstirnwand und eine Verminderung der Wandneigung um etwa 15°.

Für eine Weiterentwicklung des Turmes wollte Krupp die Lage der Kommandantenkuppel so ändern, dass der Neigungswinkel der Wand günstiger ausfiel. Desweiteren musste die Verzahnung der Turmseitenwände mit der

Der Versuchsturm des Porsche-Tiger 2 mit der neuen Prismen-Kuppel und der schwierig herzustellenden Ausbeulung. Die in der Ausbeulung befindliche Nahverteidigungs-Öffnung entfiel. (SB)

Turmfront so erfolgen, dass möglichst wenig Nachpassarbeit nötig wurde. Das Zusammenpassen und Zuschleifen von drei Flächen mit 80 mm Stärke mit einer Handschleifmaschine wurde als untragbar angesehen. Dies betraf auch die anderen Bleche mit ihren Stoßstellen. Überarbeitet werden musste auch die Gestaltung der Turmrückwand mit ihren Bearbeitungs-Flächen für die Geschützluke sowie der Geschützpanzer mit seinen komplizierten Bohrungen und Passflächen.

Jedoch erklärte sich das HWA mit dem neuen Entwurf nicht einverstanden und bestand auf der symmetrischem Form mit der gepressten Auswölbung als Erker für die Kommandantenkuppel. Dabei sollte die Stärke der senkrechten Fläche der Auswölbung aus Sicherheitsgründen statt 80 mm auf 100 mm verstärkt werden. Dabei stellte das Amt es frei, ob die Verstärkung innen oder außen aufgebracht werden sollte. Auf jeden Fall musste außen der Übergang von der geneigten Fläche zur senkrechten Auswölbung nicht winklig, sondern kurvenförmig hergestellt werden.

Unterdessen hatte sich die Firma Siemens-Schuckert bereit erklärt, bis Anfang November 1942 die ersten acht Umformer zu liefern. Ab Dezember sollte eine monatliche Lieferung von jeweils 20 Umformern erfolgen, so dass bis April 1943 die komplette Bestellung ausgeliefert werden konnte.

Am 27. Oktober 1942 erhielt der Sonderbeauftragte für die »Tiger«-Fertigung, Diplom-Ingenieur Krömer von der Firma Krupp, das oben schon erwähnte Schreiben über die Panzer-Fertigung. Zum »Tiger« (P 2) gab Krupp folgende Fertigungstermine bekannt:

- Die erste Wanne am 21. November 1942 (alter Termin Oktober 1942 = 1 Stück).
- Die zweite Wanne am 8. Dezember 1942 (alter Termin November 1942 = 10 Stück).
- Die dritte Wanne am 15. Dezember 1942 (alter Termin Dezember 1942 = 16 Stück).

Alle drei Wannen besaßen keine Oberflächenhärtung, die zugeschnittenen Einbauteile sollten ohne Bearbeitung lose mitgeliefert werden. Die weitere Lieferung von acht Wannen wurde für Januar 1943 zugesagt (alter Termin für Januar 1943 = 15 Stück). Die nächsten 15 Wannen sollten im Februar 1943 (alter Termin für Februar 1943 = 15 Stück) folgen. Weiterhin sollten ab März pro Monat 15 Wannen folgen. Für die fertigen Porsche-Türme ergaben sich für März 1943 zehn Stück und ab April 15 Stück monatlich.

Eine Steigerung auf 28 bis 30 Stück bis Ende 1943 war zwar vorgesehen, setzte jedoch die umgehende Zuweisung der geforderten zwölf deutschen Maschinenschlosser voraus. Allerdings hatten sich diese Vorstellungen zu diesem Zeitpunkt schon erledigt.

Die schon aus dem vorherigen Kapitel bekannte Antwort des HWA vom 29. Oktober 1942 beinhaltete nur noch die Forderung nach Herstellung von drei Wannen und drei Türmen des VK 4501 (P 2) und danach die Einstellung der Porsche-Tiger-Produktion. Am 9. November erfolgte im Rüstungsministerium eine große Versammlung unter Vorsitz von Hauptamtleiter Karl Otto Saur zum Thema Porsche Typ 101 und Typ 180. Am Ende beschlossen die Teilnehmer, dass der bisherige Porsche Typ 101 statt mit den Porsche-Motoren mit zwei Maybach-Motoren ausgerüstet werden sollte. Vom Porsche Typ 180 sollten bis Mitte Dezember 1942 nur die drei Versuchs-Fahrzeuge gebaut werden. In Stuttgart lief indessen am 3. November das für den Typ 180 gebaute neue Doppelgebläse des Motors vom Typ 101/3 erstmalig auf dem Prüfstand. Dies war notwendig, um Messungen des Temperaturverhaltens und des Luftdurchsatzes an dem neuen Motor durchführen zu können.

Für die zweite Ausführung, den Porsche Typ 181, hatte die Firma Voith laut Schreiben vom 23. Oktober 1942[69] für den in der Planung und Entwicklung befindlichen 16-zylindrigen Dieselmotor Sla 16 ein Viergang-Wandler-Getriebe vom Typ »NITA« vorgesehen.

Nach dem schon geschilderten Vergleich der beiden Konkurrenten in Berka kam am 11. November 1942 Professor

[69] WABW, B 123, Bü 1346.

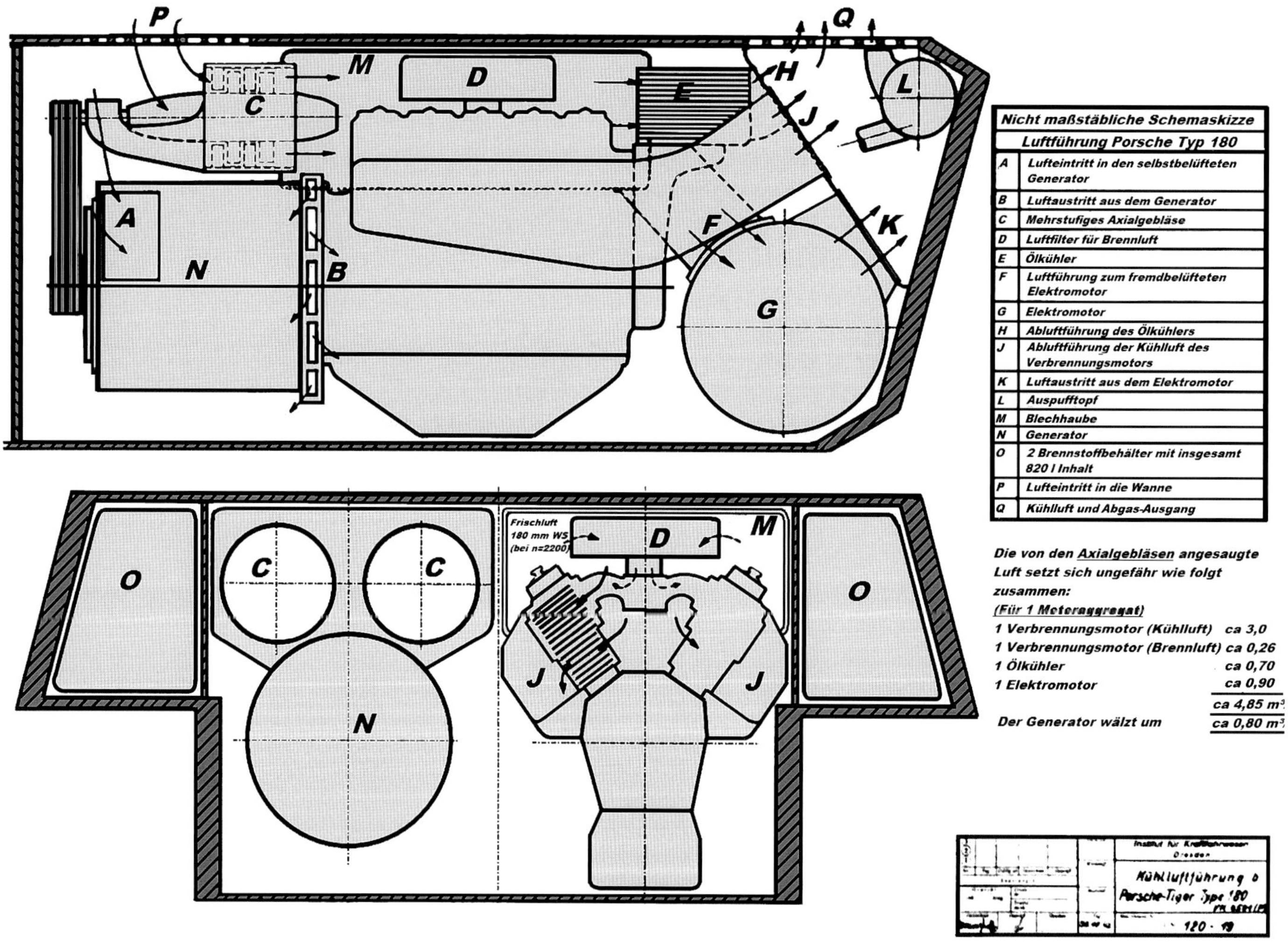

Das neue Lüftungsschema des Motors Typ 101/3, wie er in der Anfangsphase des Typ 180-Entwurfes eingebaut werden sollte. (TU)

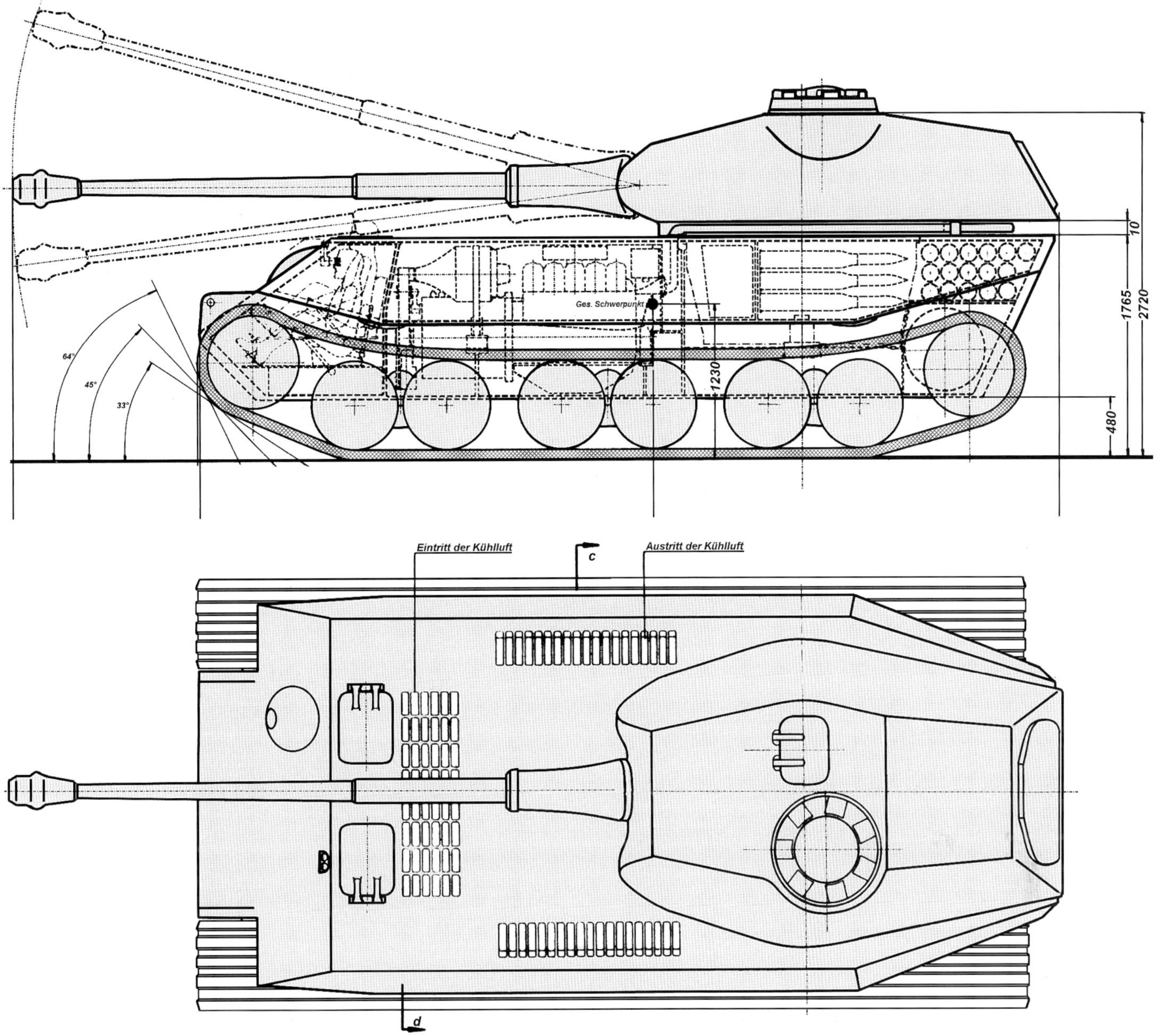

Der Porsche-Typ 180 mit hinten liegendem Turm. Die Verbrennungsmotoren mit ihren Generatoren befanden sich zwischen Fahrer/Funkerraum und Kampfraum. Die Luftführung wurde entsprechend geändert. Nachteilig war die fehlende Verbindung zwischen den beiden Besatzungsteilen. Diese Bauform kam auch beim Panzerjäger (P) »Ferdinand« zur Anwendung. (PA)

Porsche aus Eisenach nach Stuttgart und teilte seinen Ingenieuren die schon geschilderten Beschlüsse der Panzerkommission vom vorherigen Tag mit. Dort hatte die Panzerkommission den Typ 180 B mit der Turmanordnung im Heckbereich favorisiert. Es sollten davon zunächst nur drei Fahrzeuge gebaut werden. Eine Serienfertigung war erst nach einer erfolgreichen Erprobung möglich. Damit hatte Wa Prüf 6 das erreicht, was es wollte. Porsche war beim Panzerprojekt prinzipiell aus dem Rennen und die Herren des HWA hofften, dass der Professor am Projekt des 189-t-schweren Panzerkampfwagens »Maus« versagte und damit endgültig im Panzerbau scheiterte.

Am 20. November erfolgte eine Anfrage von Wa Prüf 6 an die Firma Krupp über den Fertigungsstand der drei Tiger-Türme P 2. Das HWA hatte die Serienfertigung dieser Türme vorerst gestoppt. Es sollten nur diejenigen Teile dieser Türme an die Firma Wegmann geliefert werden, die für die Ausführung des Henschel-Tigers 2 verwendet werden konnten. Krupp gab den Fertigungsstand der drei Versuchstürme vom Typ Porsche 2 mit etwa 70 % an. Es

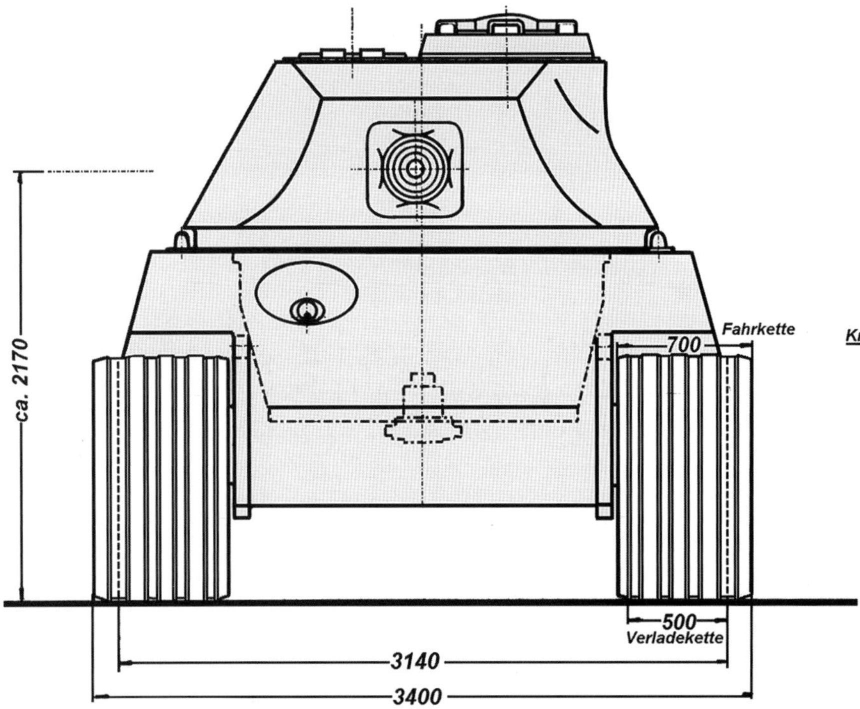

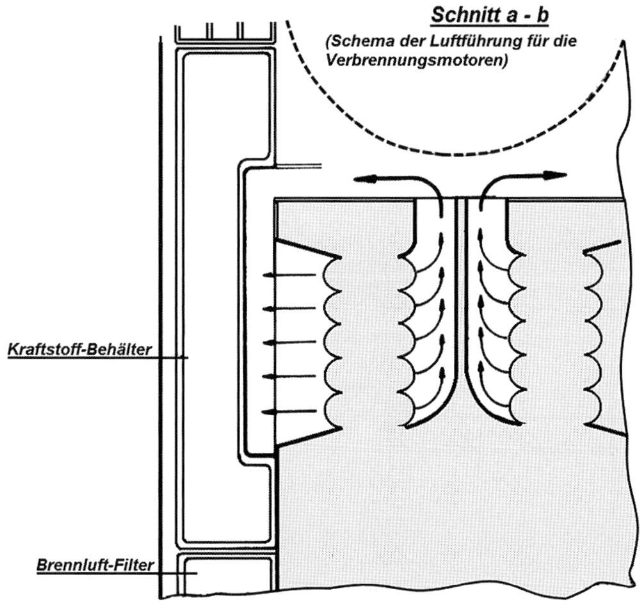

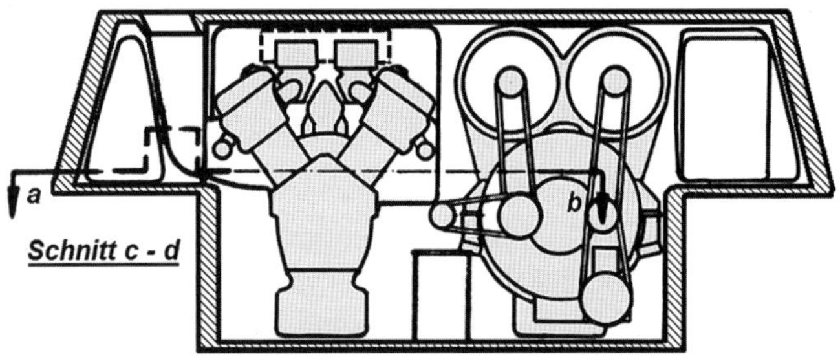

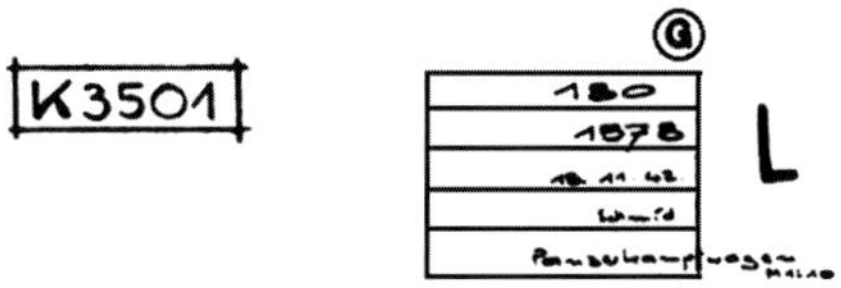

Der favorisierte Porsche Typ 180 B mit dem neuen Motor Typ 101/3. (PA)

fehlten dafür nur noch die vom Amt (Wug 2/VI) beizustellenden 8,8-cm-Kampfwagenkanonen 43, Ausführung A, da die schon gefertigten Geschütze dieses Typs vorrangig für die 8,8-cm-Pak 43/2 »Ferdinand« Verwendung fanden. Weiter fehlten noch die Richtungsanzeiger, der 12-Uhr-Zeigerantrieb sowie die Sitze. Auch mussten noch die Einzelheiten geklärt werden, wie die Unterbringung des Nebelwerfers, des Hülsenauswurfes, des Entlüfters, des Ringes für das Fliegerabwehr-MG usw. erfolgen sollte. Ebenfalls benötigte man noch das Turmzielfernrohr TZF 9 für die Fertigstellung der Arbeiten.

Am 11. Januar 1943 fragte Krupp beim HWA an, ob der schriftliche Auftrag über drei Versuchs-Türme und -Wannen vom »Tiger« (P 2) geklärt worden wäre. Nach dem vorliegenden Fernschreiben vom 14. Dezember 1942 sollte der Gesamtauftrag an Alkett vergeben werden. Als aber Krupp sich am 7. Januar bei der Firma Alkett nach dem Auftrag erkundigte, kam die Antwort, dass dort von drei Versuchsstücken unter der Bezeichnung VK 4501 (P 2) nichts bekannt sei. Alkett hatte vom HWA lediglich den Auftrag bekommen, zwei Fahrzeuge vom Typ VK 4501 (P) mit einer 8,8-cm-Kanone als Sturmgeschütz herzustellen. Damit war der Typ 131, der schwere Panzerjäger »Tiger« (P) gemeint.

Oberstleutnant Crohn von Wa Prüf 6 war vom HWA (WuG 6) über die Auftragserteilung überhaupt nicht informiert worden. Nachdem er die Unterlagen über den Verwendungszweck geprüft hatte, konnte er diesen Auftrag über die drei Versuchsfahrzeuge Typ 180 an die Firma Krupp formal bestätigen. Krupp bestand allerdings auf einem umgehenden Amtsauftrag, da schon mehrere Lieferungen, wie zum Beispiel die drei Wannen, an das

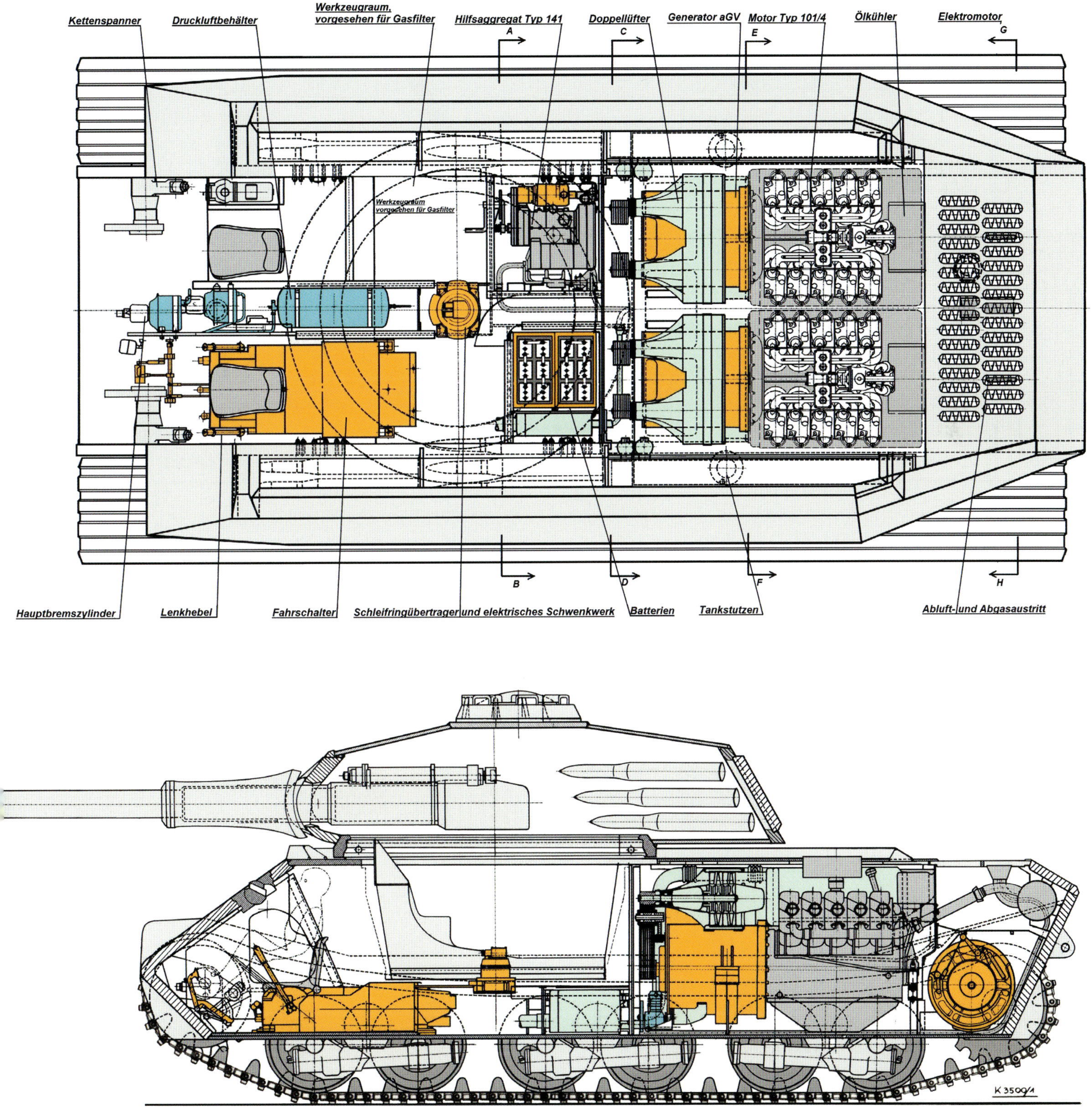

Die Inneneinrichtung des Typ 180 B wurde vom Typ 101 übernommen und unterschied sich hauptsächlich durch die neue Motorkühlung. (PA)

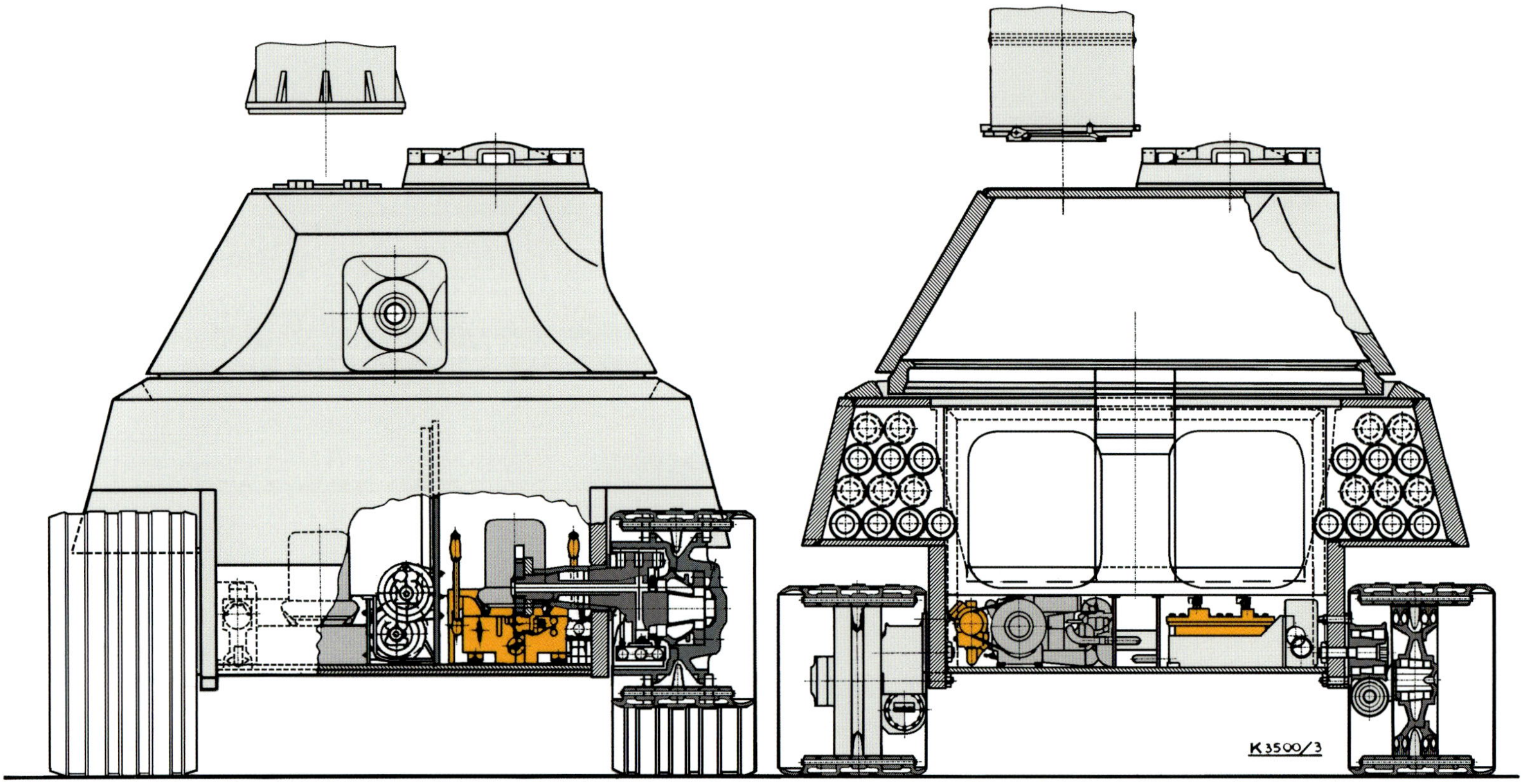

Ansicht A - B

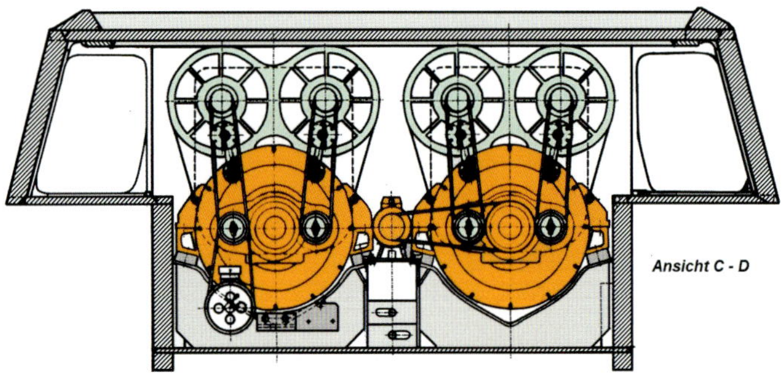

Ansicht C - D

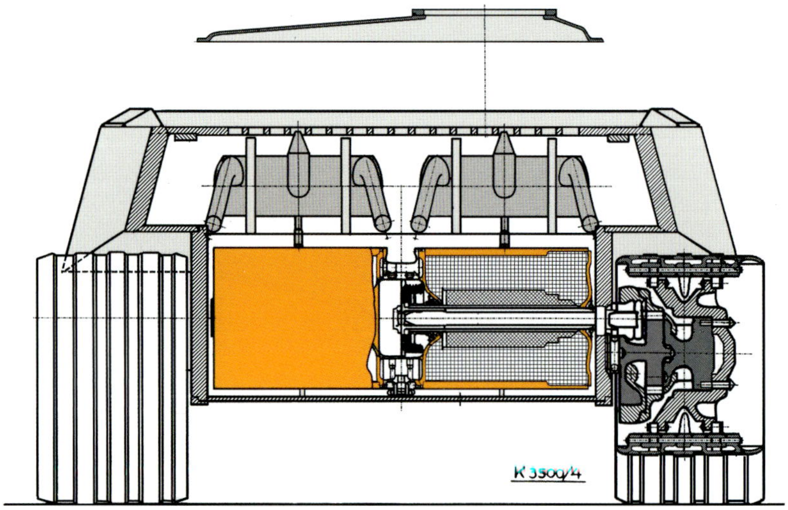

Ansicht G - H

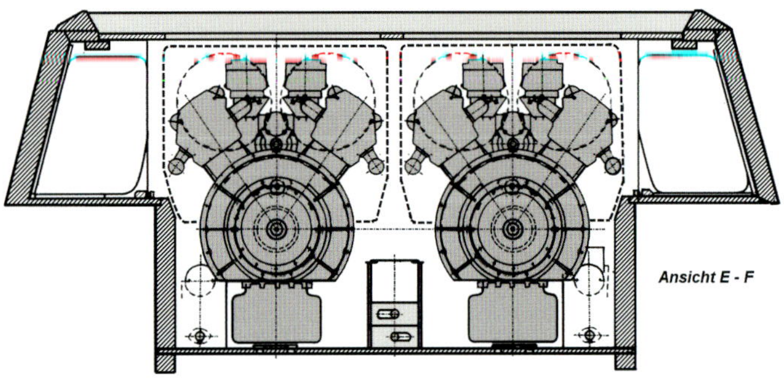

Ansicht E - F

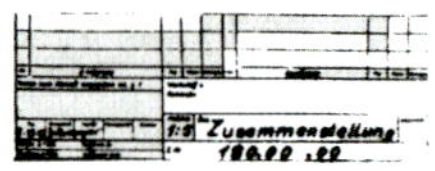

Zusammenstellung des Porsche-Typ 180 A vom 9. Dezember 1942 mit vorn liegendem Turm. Diese Bauform war zu diesem Zeitpunkt nicht mehr aktuell. Auf Grund der neuen Doppelgebläseart des Motors 101/3 konnten statt der Gebläse in den seitlichen Überhängen die größeren Kraftstofftanks in diese Ausbuchtungen gelegt werden. Angedeutet ist noch die Anbringung der beiden Luftrohre für eine Unterwasserfahrt. (PA)

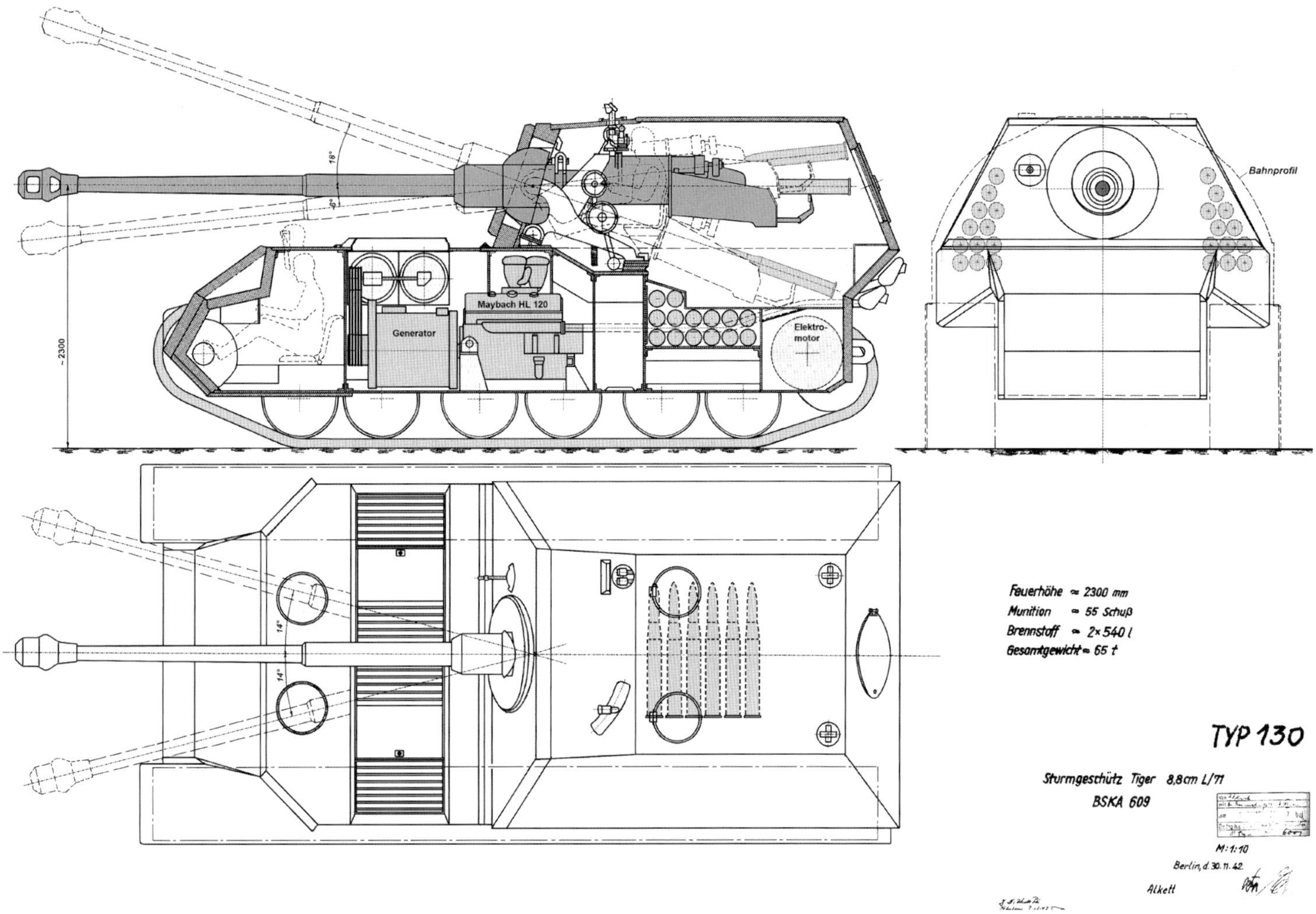

Die Alkett-Zeichnung des noch als Sturmgeschütz »Tiger« (P) bezeichneten Panzerjägers »Ferdinand« vom 20. November 1942. Die hier verwendete Typenbezeichnung 130 war nicht korrekt und müsste Typ 131 heißen. Als Typ 130 wurden die geplanten wassergekühlten Fahrgestelle vom Porsche-Tiger bezeichnet. (PA)

Nibelungenwerk erfolgt waren. Die dazugehörigen Lieferscheine wurden auf Grund des fehlenden Auftrages von der Heeresabnahmestelle nicht anerkannt. Zudem musste Krupp Wa Prüf 6 darauf hinweisen, dass die amtliche Bereitstellung der Geschütze, der Optiken usw. sofort erfolgen musste, damit keine Verzögerungen in der Fertigstellung eintraten.

Auch die schnellstmögliche Bereitstellung der benötigten Schleifringübertrager war notwendig. Krupp berief sich dabei auf die Bestellung vom 26. September 1942 über 200 Schleifringkörper für die bestellten 200 Türme. Da von diesen Türmen aktuell nur drei Stück fertiggestellt werden sollten, würden auch nur drei Schleifringübertrager benötigt. Die Kabel für den Nachrichtenteil sollten in den Panzerkasten Nummer 5 c mit eingebunden werden. Am 15. Januar 1943 fand dazu eine Besprechung zwischen Wa Prüf 6 und AK Krupp statt. So sollte der erste Versuchsturm mit Geschütz und Prismen-Kuppel für den Henschel-Tiger 3 bis zum 1. Februar nach Kummersdorf gesandt werden, um die Inneneinrichtung sowie die Bedienbarkeit zu überprüfen. Der zweite Henschel-Turm sollte mit vollständiger Inneneinrichtung, jedoch anstelle des Geschützes nur mit einem Geschützstummel als Beschussturm geliefert werden. Wa Prüf 6 hatte dazu ein Geschütz ohne Rohr, ein Turmzielfernrohr, Winkelspiegel, MG, Gurtsäcke usw. beizusteuern.

Ob eine Hubvorrichtung für die Munition nötig war, sollte in Kummersdorf entschieden werden. Krupp hatte am 1. Versuchsturm noch die Änderung des Handgriffes und das Versetzen der Hubeinrichtung für den Schwenkdeckel des Kommandanten und dessen Fußrasten sowie die Höherlegung des Handrades für den Handantrieb des Seitenrichtwerkes zu realisieren.

Bezüglich der Panzerung gab Krupp zu bedenken, dass die Verstärkung der Blende im Zuge der Weiterentwicklung auf 150 mm Walz- oder Pressmaterial ein Mehrgewicht von etwa 300 kg ergeben würde. Eine weitere Verstärkung auf etwa 180 mm bei 40° Neigung hätten sogar etwa 500 kg zusätzlich zur Folge. Dafür mussten beide Schildlager unmittelbar an die Kanone herangenommen werden, wodurch die Ausbeulung für das bisher außenliegende Schildzapfenlager entfiel.

Im letzten Besprechungspunkt dazu ging es erneut um die sogenannte Pressbeule für die Kommandantenkuppel. Deren Beseitigung war nur möglich, wenn die Seitenwand von 60° auf 69° Neigung gestellt werden würde und dabei die Kommandantenkuppel um 50 mm weiter zur Turmmitte verlegt würde. Bei Beibehaltung der Wandstärke von 80 mm käme dadurch ein Mehrgewicht von etwa 400 kg dazu. Eine Verstärkung der Panzerung auf Grund der kleineren 69°-Neigung auf 90 mm Stärke hätte sogar ein Mehrgewicht von etwa 500 kg bedeutet. Die Entscheidung darüber, ob die Pressbeule bleiben sollte und wenn ja, in welcher Form, war deshalb vordringlichst.

Von den bisherigen P 2-Türmen waren zu diesem Zeitpunkt bereits 20 Gehäuse in der mechanischen Bearbeitung. Eine weitere Anzahl befand sich in der Panzerwerkstatt, so dass in kurzer Zeit mit 40 bis 50 Turmgehäusen gerechnet werden konnte. Für weitere 50 Türme waren bereits Einzelbleche vorhanden. Deshalb war dringend eine Entscheidung notwendig, ob auf Fertigung von etwa 50 Türmen nach dem bisherigen Muster mit 100-mm-Frontpanzerung oder sofort auf eine Fertigung eines Turmes mit verstärkter Front mit oder ohne Pressbeule übergegangen werden sollte[70].

Im Rüstungsministerium fand am 18. Januar eine Besprechung zu dem Thema der Amtsbeistellung für die Porsche 2-Türme statt. Wa Prüf 6 sicherte die erforderlichen Optiken zu, zum Thema der Geschütze war sich Baurat Biersack von Wa Prüf 6 nicht ganz im Klaren darüber, wofür die drei fertigzustellenden Fahrzeuge verwendet werden sollten. Falls man vorhatte, sie für Schulungszwecke einzusetzen, sollten sie selbstverständlich komplett sein. Das Ministerium wies darauf hin, dass es unmöglich wäre, die Türme zum richtigen Zeitpunkt fertigzustellen, wenn die Beistellung der Geschütze nicht sichergestellt werden konnte. Es war geplant, die drei Versuchsfahrzeuge bis zum Februar 1943 abzuliefern.

Am 21. Januar antwortete Wa Prüf 6, dass noch Angaben fehlten:

1. Ob noch für die Türme und Wannen Rohstoffe benötigt werden würden? Wenn ja, müsste der Materialbedarf aus nicht genutzten Bezugsrechten und aus eventuell vorhandenem Material für die annullierte P 2-Serie entnommen werden.
2. Zu welchem Termin müssten Geschütz und Optik bereitgestellt werden?
3. Wie war der derzeitige Fertigungsstand der Türme?

Es wurde noch darauf hingewiesen, die drei Türme, die mit der 8,8-cm KwK 43 bestückt werden sollten, nicht mit den drei in der Fertigung befindlichen Tiger-H-Türmen zu verwechseln, da diese ebenfalls mit der KwK 43 ausgerüstet werden sollten.

Am 25. Januar 1943 erfolgte durch Crohn endlich die schriftliche Auftragserteilung (sogenannter »Kriegsauftrag« – d. A.) über je drei Türme und Wannen für die drei Versuchsfahrzeuge Panzerkampfwagen »Tiger« (P 2) an die Firma Krupp. Der Empfänger der drei vollständigen Türme und der drei Rohbau-Wannen war das Nibelungenwerk in St. Valentin.

Drei Tage später antwortete Krupp Wa Prüf 6, dass sich die drei Wannen für die Versuchsfahrzeuge bereits im Nibelungenwerk befänden. Für die ebenfalls fertigen drei Turmpanzer hatte Krupp die erforderlichen Rohstoffe dem annullierten P 2-Auftrag entnommen. Weitere geringe Rohstoffmengen könnten für eventuell noch vorzunehmende Änderungen der Türme benötigt werden und würden bei Bedarf angefordert. Geschütze und Optiken sowie die sonstigen Bereitstellungen zu den Türmen benötigte Krupp sofort, da vor allem die Geschütze für die Hauptmontage zur Verfügung stehen müssten. Die beschleunigte Bereitstellung dieser Teile war für die Fertigstellung unbedingt erforderlich. Man betonte zudem noch, dass die Arbeiten an den **beiden** Tiger-Henschel-Türmen (ein Versuchsturm und ein Beschussturm) gesondert liefen.

In der am 17. Februar 1943 stattfindenden Sitzung der Panzerkommission in Berlin kamen neben anderen Themen, wie »Maus« und »Löwe«, der »Tiger« (P 2) und »Tiger« (P 3) zur Sprache. Oberst Thomale wollte den Stand der Arbeiten am Fahrzeug »Tiger« (P 2) wissen. Professor Porsche berichtete, dass die drei Musterfahrzeuge in der Ausführung »Tiger« (P 2) in erster Linie Ver-

[70] BAMA, RH8/2816.

Das erste Versuchsfahrzeug »Tiger« (H 3) (»Tiger« B) mit dem sogenannten Porsche-Turm. Das Fahrzeug besaß viel Ähnlichkeit mit dem geplanten Porsche Typ 180 der letzten Variante. (SB)

suchsfahrzeuge für die Erprobung des neuen Laufwerkes waren, das für den Panzerkampfwagen »Maus« vorgesehen war. Die Herstellung der drei Fahrzeuge im Nibelungenwerk musste auf Weisung von Saur zu Gunsten der beschleunigten Fertigung des Sturmgeschützes »Ferdinand« vorübergehend zurückgestellt werden. Porsche berichtete, dass außer der Entwicklung des »Tiger« (P 2) und des Panzerkampfwagens »Maus« als weitere Neukonstruktion der »Tiger« (P 3) konstruiert werde.

Die Porsche-interne Bezeichnung war Typ 181. Dieser Panzer sollte mit einem hydraulischen Antrieb und dem neuen luftgekühlten, etwa 900 PS starken Dieselmotor ausgestattet werden. Damit meinte Porsche den in der Entwicklung befindlichen 16-Zylinder-Diesel-Motor Sla 16 von Simmering-Graz-Pauker. Dieser Motor war im Auftrag der im Juli 1942 gebildeten »AG für luftgekühlte Diesel-Motoren« entwickelt worden und sollte den Maybach-Motor HL 230 von den Panzerkampfwagen »Panther« und

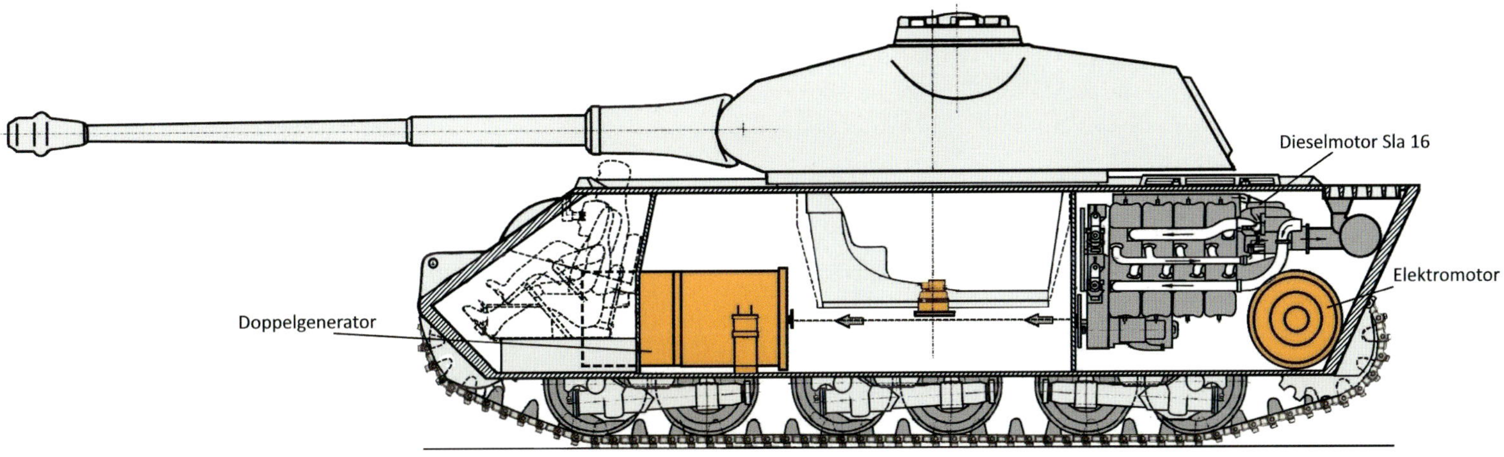

Die vereinfachte Darstellung der neuen Aggregate-Anordnung beim Typ 180 (C?). Eingebaut ist der luftgekühlte Dieselmotor Sla 16 mit dem neuen Gräting. Die geplante Anordnung der beiden Generatoren hinter dem Fahrerraum, längs oder quer, ist nicht bekannt. Vorstellbar war eine Doppel-Anordnung der Generatoren analog dem Panzerkampfwagen »Maus«.

»Tiger« (H 3) ablösen. Der Panzerkommission wollte Porsche zur nächsten Sitzung einen Vergleich der technischen Daten zwecks weiterer Vorgehensweise vorlegen. Von den drei »Tiger« (P 2) von Porsche sollte zunächst nur ein Fahrzeug komplett mit Turm hergestellt werden. Die anderen beiden Fahrzeuge waren nur als Fahrgestelle mit Belastungsgewicht auszuführen. Die restlichen zwei Türme sollten anderweitig Verwendung finden (im »Tiger« (H 3) – d. A.). An dem komplett auszuführenden Porsche-Fahrzeug sollten alle mit der Turmkonstruktion, Geschützlagerung und Munitionszubringung zusammenhängenden Fragen beim HWA erprobt werden.

Da der Umbau der Panzerjäger (P) fast abgeschlossen war, traf man sich im Nibelungenwerk am 23. April 1943 mit Porsche und Reimspieß, um sich über die Ausführung der zukünftigen Fahrzeuge von Porsche Typ 180 eingehend zu besprechen. Dabei beschloss man, dass die drei Probefahrzeuge vom Typ 180, deren Wannen sich längst im Werk befanden, nach den neusten Entwürfen von Reimspieß zur Ausführung kommen sollten. Bei diesem neuen Entwurf befand sich der Turm ungefähr in der Mitte des Fahrzeuges. Im Heck war der neue 16-Zylinder-Dieselmotor Sla 16 der Firma Simmering vorgesehen.

Dieser Motor war in der Konstruktion weitgehend abgeschlossen und sollte Anfang August 1943 zum Laufen kommen. Der Generator befand sich in Längsrichtung des Fahrzeugs vor dem Turm. Das von Reimspieß zuvor vorgesehene Übersetzungsgetriebe konnte entfallen und durch eine etwas schräg durchlaufende Antriebswelle ersetzt werden. Auf Grund dieses Beschlusses hatte Reimspieß einen genauen Entwurf auszuarbeiten, da bei dem vorliegenden Entwurf im Maßstab 1:10 noch nicht alle Details der Unterbringung der einzelnen Aggregate zu sehen waren.

Damit schieden die Motoren vom Porsche Typ 101/3 und 101/4 aus dem Programm für den Porsche Typ 180 vollkommen aus. Die bestellten zehn Motoren sollten allerdings nicht storniert werden, da dieser Motortyp nicht nur für das Hydraulik-Fahrzeug (Typ 102), sondern auch für die laufenden Tiger-Fahrzeuge verwendet bzw. gebraucht wurde. Über den Rahmen der drei Probefahrzeuge Typ 180 hinaus sollte mit der Firma Voith über einen hydrauli-

Der 16-Zylinder-Dieselmotor Sla 16 besaß zwei BBC-Turbolader und zwei Gebläse, die hier demontiert sind. (PA)

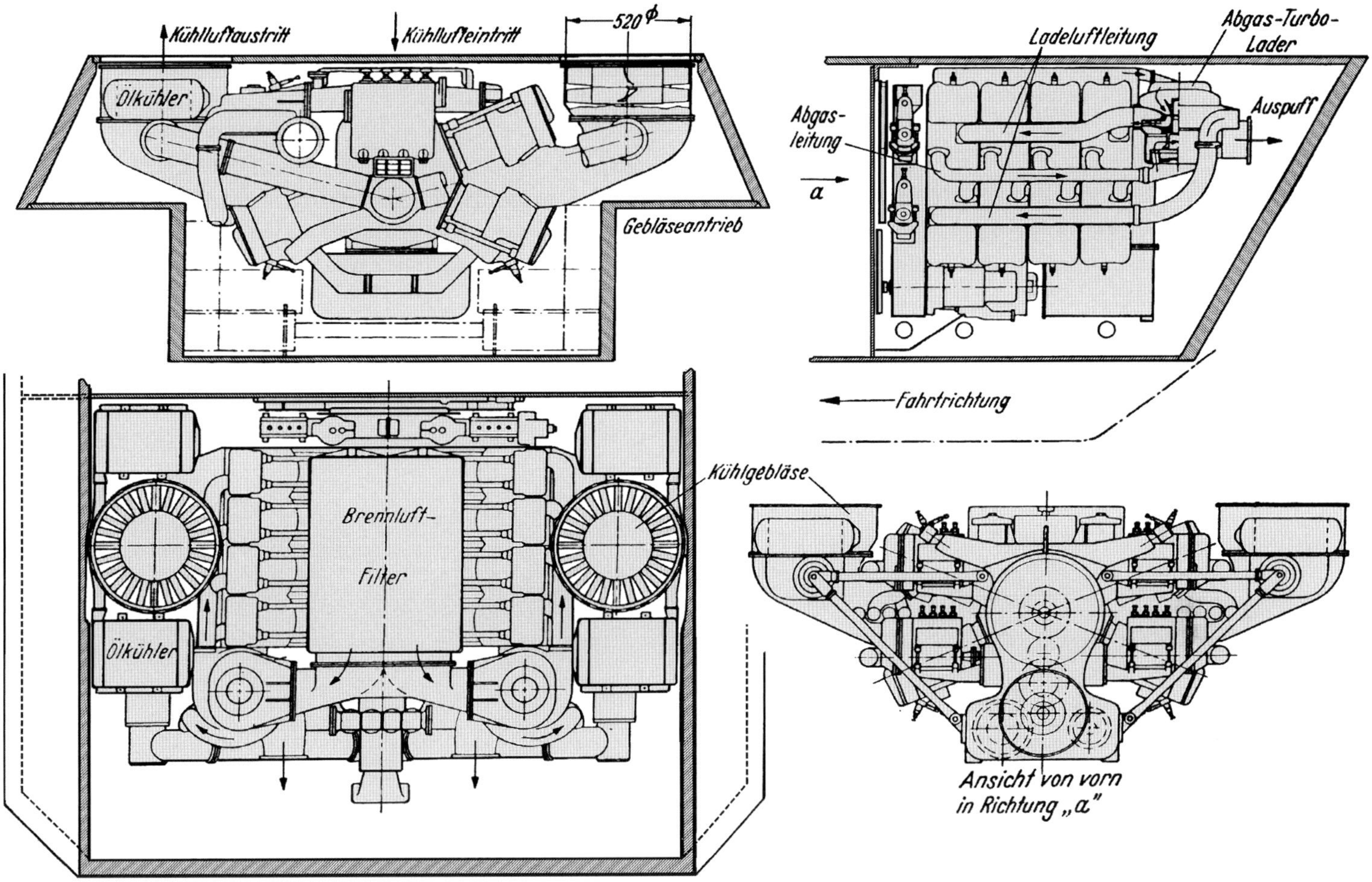

Die Einbauzeichnung zeigt den Dieselmotor Sla 16 in einem »Tiger« B-Fahrgestell.

schen Antrieb gesprochen werden. Vor allem war die Frage des Lenkgetriebes zu klären, da im Typ 102 mit seiner luftgesteuerten Kupplungslenkung noch keine befriedigende Lösung gefunden wurde[71].

Die Ausführung des Planes verzögerte sich erneut, da die Firma Simmering-Graz-Pauker in Wien im August 1943 nur einen Auftrag von Wa Prüf 6 zur Herstellung über drei Motoren Sla 16 besaß. Die von Porsche gewünschten fünf Motoren vom Typ Sla 16 mussten erst samt den notwendigen Materialkontingenten neu beantragt werden. Auch eine notwendige Änderungsbestellung für Sla 16-Motoren ohne das Übersetzungsgetriebe war notwendig. Dieses Getriebe hatte die Aufgabe, bei dem Ersatz der Maybach-Motoren HL 230 durch den Sla 16, die maximale Motor-Drehzahl von 2000 U/min auf die für das vorhandene Olvar-Getriebe notwendigen 3000 U/min anzupassen.

Das hydraulische Voith-Turbogetriebe »NITA« sollte dagegen direkt über eine sogenannte Bibby-Kupplung mit diesem Dieselmotor verbunden werden. Auch musste über die Bestellung einer wirtschaftlichen Stückzahl des Sla 16 gesprochen werden. Simmering stellte sich eine Stückzahl von sechs Motoren für den Porsche Typ 180 vor, während die restlichen vier Motoren für die Versuchs-Panther von Wa Prüf 6 vorgesehen waren. Professor Porsche wollte allerdings nicht mehr als fünf Motoren abnehmen. Er hoffte, dass dazu eine Entscheidung in einer Woche in Berlin fallen würde. In einer Besprechung am 22. und 23. August 1943 teilte Porsche seine Auffassung mit, dass auf Grund der verzögerten Herstellung des Sla 16 bei Simmering wieder auf das erste Projekt des Typ 180 B mit den luftgekühlten 15-Liter-Motoren zurückgegriffen werden sollte. Jedoch hatte Simmering-Graz-Pauker bereits die noch vorhandenen Motorenteile, nach langen Verhandlungen, verschrottet. Eine Wiederaufnahme der Produktion des Motortyps 101 lehnte die Firma ab. Zu diesem Zeitpunkt sollte Reimspieß die Arbeiten am Typ 180 als Fahrzeug mit dem 16-Zylinder-

[71] PA.M.K1.4.4-102tlw.

motor von Simmering und dem neuen hydraulischen Voith-Getriebe im Heck sowie vor dem Motor liegenden Turm weiterführen[72].

Am 10. September 1943 schrieb Krupp an die Firma Porsche, dass sich bekanntermaßen die Fertigstellung der drei Versuchstürme mit der 8,8-cm-KwK 43 L/71 auf Grund verschiedener zwischenzeitlicher Ereignisse mehrfach verzögert hatte. Unterdessen wurde die ursprüngliche Turmkonstruktion in Zusammenarbeit mit dem HWA umfangreich verändert (der spätere Produktionsturm des Henschel-Tiger (H 3) – d. A.). Deshalb erfolgte die Anfrage an Porsche, ob diese den weiterentwickelten Turm für ihr Fahrzeug verwenden könnten. Krupp wollte damit die Fertigung zweier verschiedener Türme vermeiden.

Dessen ungeachtet gingen die Arbeiten von Reimspieß am Projekt Typ 180 mit Dieselmotor Sla 16 und der Mittelturm-Anordnung weiter. Ziel war es, die drei Versuchs-Fahrzeuge möglichst rasch fertigzustellen. Über die Frage der Fahrzeugbremsen erwartete Porsche von Reimspieß noch einen eingehenden Bericht. Doch die Arbeit am Panzerkampfwagen »Maus« war vordringlich und band die Porscheingenieure an dieses von Hitler bevorzugte Projekt. Am 1. Dezember 1943 erkundigte sich Krupp erneut nach der Auslieferung der drei Panzertürme P 2, da die Porsche KG bis dahin eine Antwort schuldig geblieben war. Diese kam mit dem benötigten Antrieb der Fahrgestelle nicht weiter, weil andere Aufgaben dringender waren.

Ende 1943 hatte das Nibelungenwerk den Auftrag erhalten, den aus dem »Tiger« (B) (Sd. Kfz 182) entwickelten Panzerjäger »Jagdtiger« (Sd. Kfz 186) zu fertigen, da die Entwicklerfirma Henschel sich nicht in der Lage sah, die schweren 34-t-Wannen in ihr Werk zu transportieren. Um die Herstellung zu vereinfachen, schlug das Nibelungenwerk gemeinsam mit Professor Porsche den Einbau des Kniehebelfahrwerks vom Typ 180 vor. Dieses Laufwerk wurde bei der Porsche KG auch als Einheitsfahrwerk bezeichnet.

Schon am 23. September 1943 fand eine Besprechung über die Einführung des Porsche-Laufwerkes beim 12,8-cm-Panzerjäger »Tiger« im Nibelungenwerk statt. Es bestand das Problem, dass nach den ersten sechs bis acht Fahrzeugen, infolge des Ausfalls der Skoda-Lieferung, dieser Panzerjäger wieder mit Henschel-Laufwerk ausgerüstet werden sollte. Hacker erklärte diese Maßnahme für untragbar, da nach der vorübergehenden Einführung des Henschel-Laufwerkes keine Möglichkeit mehr bestand, das Porsche-Laufwerk wieder einzuführen. Deshalb veranlasste Hacker, dass Konstruktion, Einkauf und Betrieb so ausgeweitet wurden, dass die ersten neun Fahrzeuge mit den bei Skoda erzeugten Laufwerken und die anschließenden Serienfahrzeuge mit den im Nibelungenwerk erzeugten Porsche-Laufwerken ausgestatten werden sollten. Vorraussetzung dafür war aus seiner Sicht eine von Reimspieß vorgeschlagene Umkonstruktion, um große

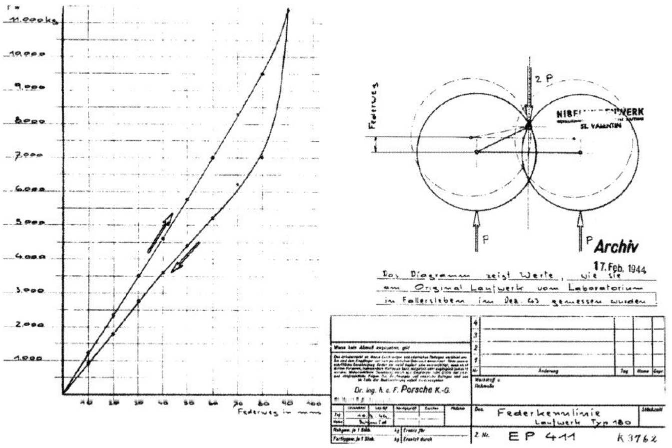

Die Federkennlinie der Porsche-Federung vom Typ 180 zeigt die Werte von Federweg und Rollenbelastung. Diese Werte wurden im Dezember 1943 in Fallersleben auf dem oben abgebildeten Prüfstand gemessen. (PA)

---

[72] PA.M.K1.4.8-186tlw.

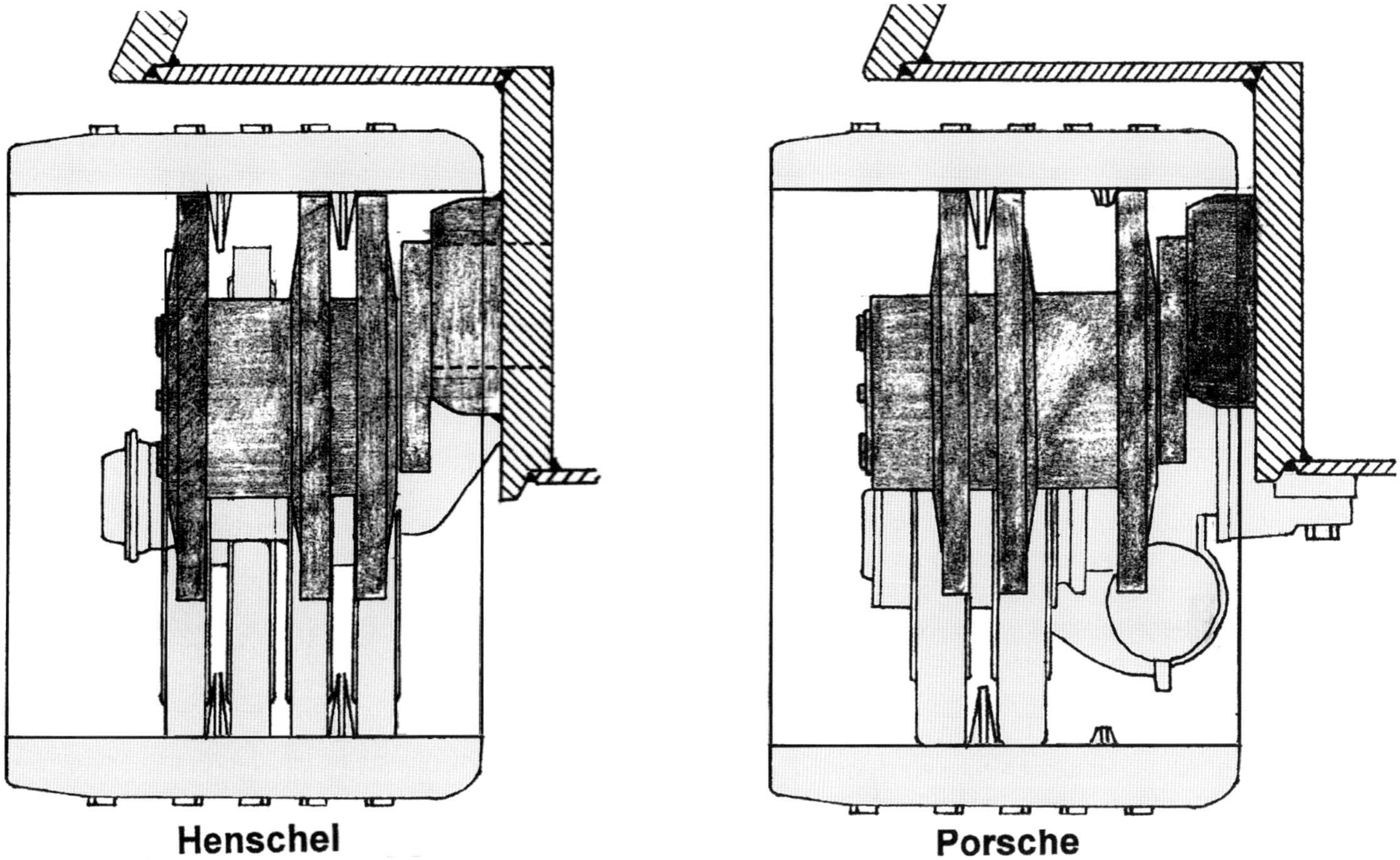

Der Vergleich zeigt den Unterschied zwischen dem Henschel- und dem Porsche-Laufwerk.

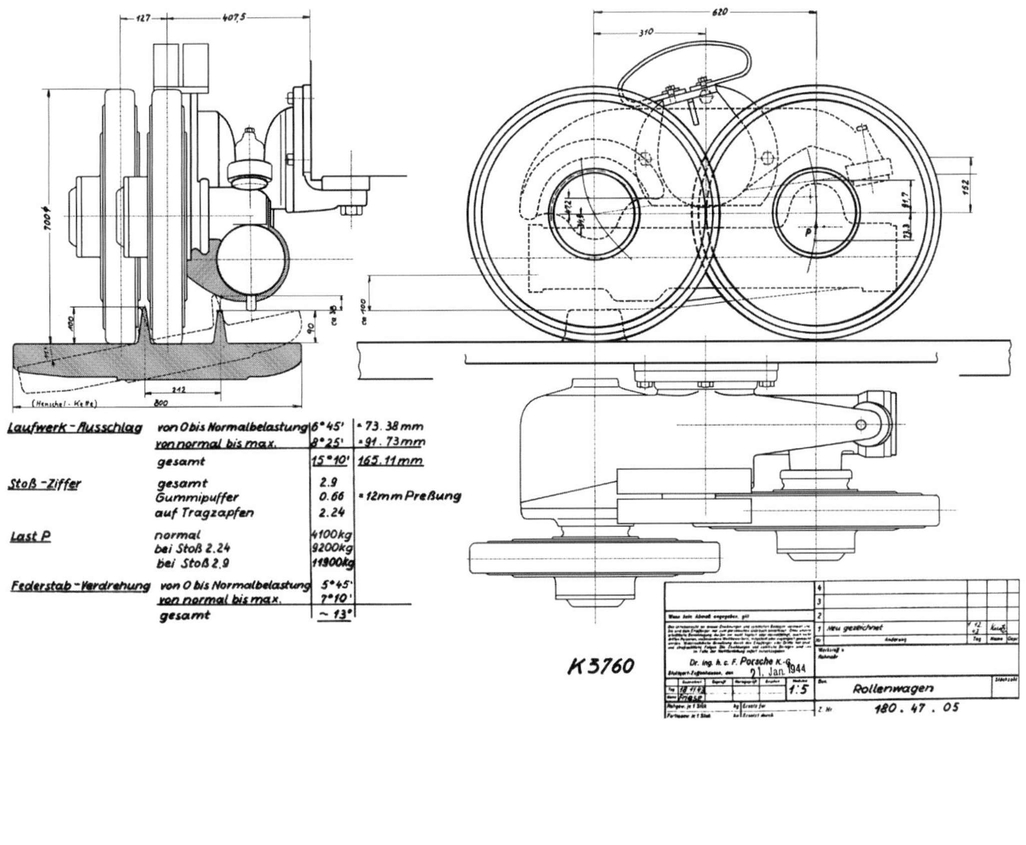

Der Porsche-Rollenwagen Typ 180 für den Henschel-»Jagdtiger«, gezeichnet am 18. November 1943. (PA)

Schmiedestücke einzusparen und die Zahl der notwendigen Gesenke auf drei bis vier zu vermindern. Hacker betonte, dass er gegenüber seiner Firma wie auch gegenüber der Panzerkommission eine sehr große Verantwortung übernommen hatte. Deshalb stellte er die Bitte an Professor Porsche, die Konstruktion dieses Laufwerkes durch die Berechnungsabteilung in Stuttgart ganz gründlich nachrechnen zu lassen und die Kontrollrechnung persönlich nochmals zu überprüfen.

Am 26. November erhielt allerdings Professor Porsche die Information, dass der neue Vorsitzende des Hauptausschuss Panzer Blaicher eine Abschrift eines Briefes vom HWA an Direktor Judtmann vom Nibelungenwerk geschickt hätte, in dem aufs Allerschärfste darauf aufmerksam gemacht wurde, dass das Porsche-Laufwerk nicht eher eingeführt werden dürfte, ehe es gründlich erprobt worden wäre. Der Leitung des Werkes wurde mit schärfsten Konsequenzen gedroht, wenn diese die Anordnung in irgend einer Form umgehen sollte[73]. Das hatte selbstverständlich Einfluss auf die weitere »Jagdtiger«-Herstellung. Auf Grund des höheren Eigengewichts des »Jagdtigers« verringerte Porsche den Achsabstand der Rollenwagen von 750 mm auf 620 mm. Professor Porsche versprach Hitler pro Fahrzeug eine Einsparung von 450 Stunden an Fertigungszeit sowie eine Einsparung von 5,2 t Rohmaterial und von komplizierten Werkzeugmaschinen. Dieser enorme Vorteil ließ sich gerade zu diesem Zeitpunkt der Mangelwirtschaft auch nicht vom HWA von der Hand weisen. Aber Wa Prüf 6 wollte zuvor beide Laufwerk-Varianten miteinander vergleichen. So wurden je ein »Jagdtiger« mit einem Porsche- und mit einem Henschel-Laufwerk gebaut.

Im März 1944 erfolgte die Vergleichserprobung in Kummersdorf. Dabei ergab sich, dass das Porsche-Fahrwerk, bedingt durch die hohe Fahrzeugmasse von 70 t, noch härter federte als dasjenige vom Sturmgeschütz »Ferdi-

[73] PA.M.K.1.4.11-244

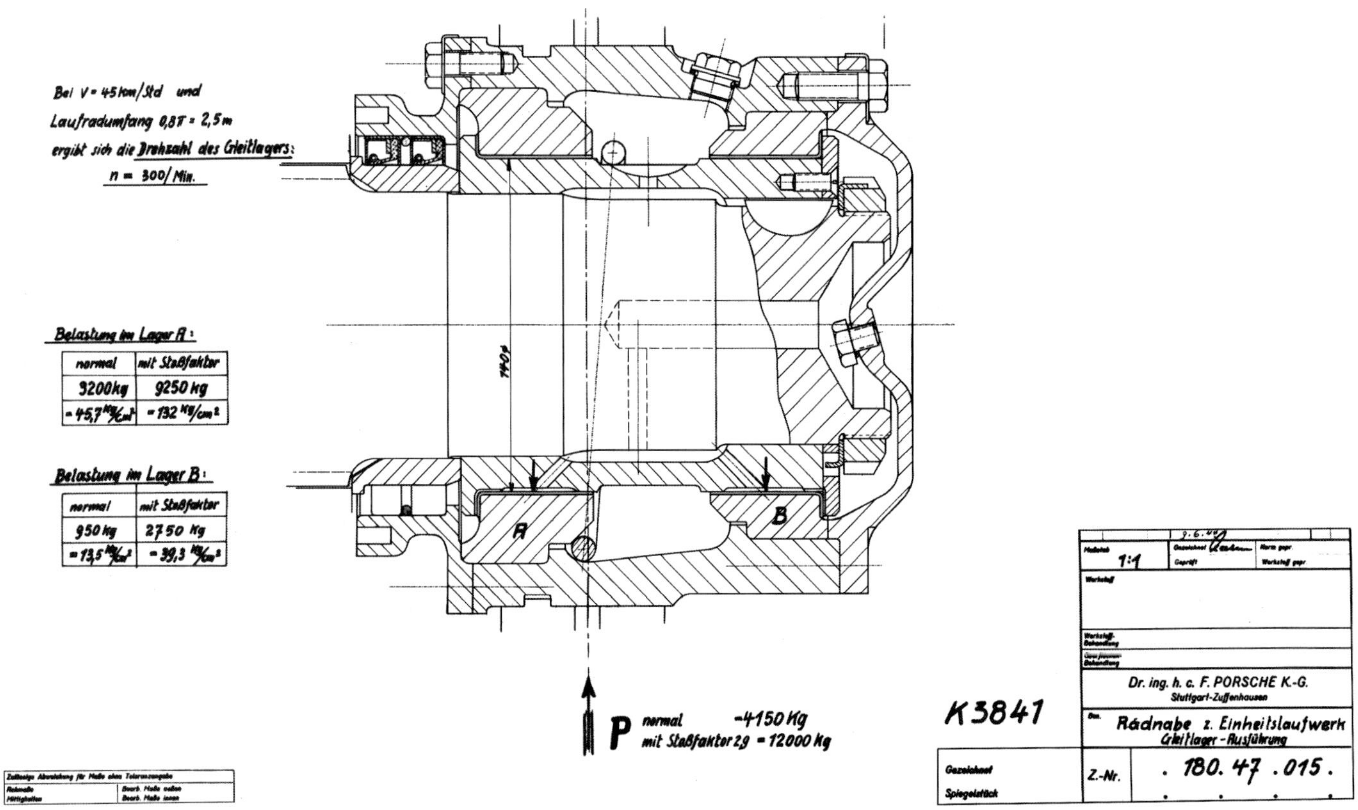

Die Radnabe des späteren Einheits-Laufwerkes vom Typ 180 (Gleitlager-Ausführung). (PA)

Das »Jagdtiger«-Versuchsfahrzeug des Nibelungenwerkes mit dem Porsche-Laufwerk Typ 180 und der 800 mm breiten Henschel-Kette. (PA)

nand«. Zudem harmonisierte die Henschel-Kette in ihrer Teilung von 152 mm nicht mit dem Porsche-Fahrwerk, sodass sehr störende Resonanzen entstanden. Die feingliedrigere 130-mm-Kette des »Ferdinand« verbesserte im Versuch das Laufverhalten wesentlich. Jedoch war die Kette für den hohen Bodendruck mit 640 mm Breite viel zu schmal, da die Henschel-Kette mit einer Breite von 800 mm einen gerade noch erträglichen Bodendruck-Wert von 1,06 kg/cm² lieferte. Die Kette des »Ferdinand« konnte prinzipiell mit der 660 mm breiten Verladekette des Henschel-Fahrzeuges verglichen werden. An die Neukonstruktion einer breiteren Kette für dieses Fahrzeug war zu diesem Zeitpunkt nicht mehr zu denken. So wurden nur zehn »Jagdtiger« mit dem Laufwerk des Porsche Typ 180 ausgeliefert, bis der Produktionsablauf des Nibelungenwerkes auf die Herstellung des komplizierten Henschel-Laufwerkes umgestellt war.

In einem Schreiben vom 6. Mai 1944 wurden die nicht mehr benötigten Materialien des Porsche-Tiger-2-Projektes als 100.805-kg-Panzerplattenschrott freigegeben. Am 26. August 1944 verlangte Wa Prüf 6 Informationen von Krupp, ob der erste fertige Porsche-2-Turm an die Firma Wegmann abgegeben worden war und wann die restlichen zwei Porsche-2-Türme fertig gestellt bzw. ebenfalls an die Firma Wegmann abgesandt würden. Krupp antwortete darauf, dass die drei Porsche-2-Türme schon Ende Mai 1944 an die Firma Wegmann Kassel geliefert worden seien. Soweit es Krupp bekannt war, hatte Wegmann den Umbau auf die Form der Serientürme Henschel 3 Nr. 1–50 bereits durchgeführt und die fertigen Türme an die Firma Henschel ausgeliefert[74].

Jedoch war die Geschichte des Porsche Typ 180 damit noch nicht ganz zu Ende. Schon im August 1943 hatte Hauptamtsleiter Saur vom Turmhersteller Wegmann verlangt, beschleunigt einen Tiger-Turm H 1 mit einer 8,8-cm-

[74] BAMA, RH 8/2830.

Das Foto von 1945 zeigt den eingegrabenen VK 4502 mit dem »Tiger«-1-Turm und der taktischen Kennzeichnung K 01 in Kummersdorf-Schießplatz. Das Geschütz ist eindeutig als 8,8-cm-KwK L/71 erkennbar. Diese Geschütz-Ausführung A ist einteilig und mit der leichten Mündungsbremse ausgerüstet. Der Turm besitzt schon die Prismen-Kuppel für den Kommandanten. (SP)

KwK 43 L/71 auszurüsten. Der benötigte Turmpanzer wurde Ende September 1943 von Krupp an die Firma Wegmann geliefert. Doch die Montage verzögerte sich, weil das benötigte Geschütz von Kummersdorf erst am 10. Oktober 1943 geliefert werden konnte[75].

Unterdessen war eine Wanne vom Porsche Typ 180 vom Nibelungenwerk nach Kummersdorf geliefert worden. Wa Prüf 1 wollte am 6. März 1944 auf dem Schießplatz Meppen einen Lebensdauer-Beschuss mit einem 8,8-cm-KwK 43-Rohr mit konischen Zügen durchführen. Dazu hatte Wa Prüf 1 das 8,8-cm-Versuchsrohr RV 1 L/71 vorgesehen. Das Versuchsrohr war laut dieses Berichts in einen »Tiger« 1/**VK 4502**[76] eingebaut, der sich noch auf dem Schießplatz Kummersdorf befand. Die Bezeichnung verwirrt etwas. Dazu muss gesagt werden, dass die ursprüngliche Bezeichnung des Porsche-Tigers vom Typ 180 »Tiger« 2 lautete. Als dessen Entwicklung gestoppt wurde, erhielt der »Tiger« 3, also der ehemalige VK 4503 von Henschel, die Bezeichnung »Tiger« 2 bzw. »Tiger« B. Dieses vom Nibelungenwerk gelieferte Fahrgestell vom Typ 180 (VK 4502 P) war wahrscheinlich das für einen Geschützturm vorgesehene Versuchs-Fahrzeug. Da alle Türme, einschließlich der drei Versuchstürme des VK 4502, an die

[75] W. Spielberger, Der Panzerkampfwagen Tiger.

[76] Tiger 1 deshalb, weil die Bezeichnung Tiger 2 schon für den Tiger B von Henschel vergeben war (ex Tiger 3).

Firma Wegmann für die Fertigung des »Tiger« B umgebaut und geliefert wurden, besaß dieses Fahrgestell zunächst keinen Turm. Deshalb nutzte Wa Prüf 6 den zum Jahresende 1943 fertiggestellten Turm Typ-Henschel I mit der langen 8,8-cm-KwK 43 und setzte diesen auf das in Kummersdorf in der Verskraft stehende VK 4502-Fahrgestell.

Weil die Wanne nach wie vor ohne Motor war, da der Dieselmotor Sla 16 bekanntermaßen immer noch nicht einsatzreif war, fungierte das Fahrgestell so zumindest als Träger des Turmes, um damit Schießversuche durchführen zu können. Da das Rohr VR 1 allerdings schon oft beschossen wurde, war es für den geplanten Lebensdauer-Beschuss von Wa Prüf 1 nicht mehr geeignet und so verblieb das Fahrzeug samt Turm augenscheinlich bis 1945 in Kummersdorf-Schießplatz.

Dass dieser Prototyp gebaut worden sein musste, zeigte auch zum Ende des Krieges eine Aufstellung des Generalinspektors der Panzertruppen für einen Führervortrag vom 31. März 1945, bei der neben anderen Einheiten für die Panzerkompanie »Kummersdorf« u. a. ein » Panzerzug (unbeweglich)« aufgelistet wurde, bei dem sich ein Porsche-Tiger mit einer 8,8-cm-Kanone L/70 befand. Der Annahme, dass damit ein Panzerjäger Tiger (P) gemeint war, kann anhand der Stärkemeldung der schweren Panzerjäger-Kompanie 614 widersprochen werden, da sich die noch verbliebenen vier Panzerjäger »Tiger«(P) im Raum von Wünsdorf/Zossen befanden.

Laut Augenzeugenberichten schleppte man am 21. April 1945 auf Befehl des Kampfkommandanten von Kummersdorf-Schießplatz einen wegen »Fahrzeugschäden« liegen gebliebenen »Tiger« zur Straße Richtung Horstwalde. Es kam noch zu einem Schusswechsel, bei dem mehrere sowjetische T 34 abgeschossen wurden[77].

Als 1945 ein britischer Offizier Professor Porsche verhörte, wurde dieser auch nach dem Porsche-Tiger befragt: *»Wir verstehen eines nicht, wir waren sehr genau informiert über die Versuche, die bei Ihnen mit neuen Panzern angestellt wurden. Wir wussten, was in Berka und Kummersdorf vor sich ging. Wir wussten vor allem, welche Leistungen Ihre Panzer bei den Versuchsfahrten erzielten. Wir hatten, ehrlich gesagt, großen Respekt vor dem ersten Einsatz der neuen Porsche-Tiger. Wir trafen entsprechende Vorbereitungen. Und dann kamen deutsche Panzer-Modelle an die Front, aber es waren nicht die Porsche-Modelle, die so ausgezeichnete Ergebnisse erzielt hatten. Wir warteten. Wir dachten, die Deutschen heben sich diese Panzer auf, um sie überraschend und dann in großer Menge einzusetzen. Wir wurden nervös. Keiner dieser Panzer kam. Ich verstehe das nicht, Professor Porsche. Warum wurden diese Modelle nicht gebaut, und wenn sie gebaut wurden, warum nicht in großer Zahl eingesetzt? Wir standen vor einem Rätsel. Wir möchten gerne den Hintergrund dazu hören ...«*

»Ja«, sagte Professor Porsche da, *»eigentlich weiß ich es auch nicht. Ich kann Ihnen nur sagen, welche internen Intrigen und Kompetenzstreitigkeiten sich abgespielt haben.«* [78]

Auch wenn der britische Offizier übertrieben hatte, die Konstruktion des Porsche-Tigers litt neben den Materialproblemen und den Intrigen des HWA vor allem unter Zeitnot. Betrug der Zeitrahmen für die Entwicklung des Porsche Typ 100 vom ersten Federstrich bis zur ersten Probefahrt noch rund 2 1/2 Jahre, waren es beim Porsche Typ 101 nur noch 11 Monate. Beim Porsche Typ 131, dem »Ferdinand«, waren es nur rund vier Monate, obwohl außer dem Fahrwerk fast alles geändert wurde. Man kann natürlich hinterfragen, warum das HWA so wenig zur Beseitigung der Kinderkrankheiten des Porsche-Tigers beigetragen hat. Der Grund war, dass das Amt seine eigene Konstruktion mit aller Kraft forcierte. Da es zudem Rückhalt bei Rüstungsminister Speer fand, hatte der Porsche-Tiger keine echte Chance.

Dazu soll abschließend ein Zitat vom ehemaligen Chef des HWA, General der Artillerie Emil Leeb, aus dem Jahr 1958 über diese Entwicklung wiedergegeben werden:

»Parallel zum Entwicklungskampfwagen „Tiger" des He.Wa.A. lief eine zweite Entwicklung eines der Partei nahestehenden bewährten Ingenieurs, wobei es große Mühe kostete, dass der Entwicklungswagen des He.Wa.A. nicht während seines Entstehens ausgeschaltet wurde.«[79]

Damit endet die Geschichte der Porsche-Tiger, da keines der Fahrzeuge den Krieg überstand. Sein Benzin-elektrisches Antriebskonzept war auch in der Zukunft keine Alternative im Panzerkampfwagenbau. Die Nachteile des Hybridantriebes, wie schlechter Wirkungsgrad, hohes Gewicht und großer Materialaufwand, konnten dem mechanischen Antrieb im Panzerbau nicht den Rang ablaufen. Dazu mehr in Rolf Hilmes Gastbeitrag im Anhang des Buches.

[77] W. Fleischer, Die Heeresversuchsstelle Kummersdorf, S. 179.

[78] H. A. Quint, Porsche, Der Weg eines Zeitalters, S.266.

[79] WTM, Aus der Rüstung des Dritten Reiches, S. 47.

Technik im Detail

Das Holzmodell

Wie bei jedem waffentechnischen Projekt zur damaligen Zeit wurde vor einer Produktion ein Holzmodell im Maßstab 1:1 geschaffen, um die Bedien- und Zugangsmöglichkeiten realistisch prüfen zu können. Das Modell des »Tiger« (P) bestand aus einem Mix aus Original- und Holzbauteilen.

Der Fahrersitz mit den beiden Lenkhebeln. Oben im Bild die linke Kettenspannvorrichtung, davor das Fahr- und das Bremspedal. Mittig zwischen Fahrer- und Funkersitz die Druckluftbehälter für die Bremsbetätigung. Darauf kam eine Abdeckung. Auf dieser befand sich der Schaltkasten. Das Armaturenbrett befand sich links vom Fahrer in der dortigen Nische. Unter dem Fahrersitz war der Fahrschalter. (PA)

Von der Drehbühne aus kann man den Fahrer- und Funkerbereich sehen. Der Fahrer- und Funkersitz fehlen. Unter dem Fahrersitzsockel ist der Fahrschalter zum Teil sichtbar. Oben links die Fahrer-Optik KFF 2 in Verbindung mit der Fahrersehklappe 100 sowie rechts beim Funker die Halterung des Bug-MG in der Kugelblende. Vorn links und rechts die später kritisierten, da schlecht erreichbaren Nachstellvorrichtungen der Kettenspannung. (PA)

Ein Teil des Turmes mit dem abgeklappten Richtschützensitz. Fahrer- und Funkersitz sowie die Kugelblende für das Bug-MG sind montiert. Ganz rechts sowie unten im Bild die geplante Munitionslagerung der 8,8-cm-Patronen, die sich in den Nischen über den Ketten befanden. (PA)

Die karussellförmige Patronenlagerung in der rechten Ausbuchtung. (PA)

Der Blick nach hinten zeigt die zwei Zugangstüren zu den Generatoren. Unten die Kompressoren für die Druckluft-Versorgung, die sich später direkt im Motorraum befand. Die mittlere Öffnung war zum Durchleiten des Abgasrohres des Hilfsaggregates Typ 141 vorgesehen, das, hier nicht im Bild, in Fahrtrichtung auf der rechten Seite saß. (PA)

Der Sitz im Vordergrund war nur abgestellt, da er sonst viel zu niedrig für den Kommandanten auf der Drehbühne montiert gewesen wäre. Der Richtschütze besaß einen klappbaren Sitz, um dem Fahrer die Möglichkeit zu geben, den Turm nach hinten zu verlassen. (PA)

Blick von der Drehbühne nach oben auf die Attrappe vom Bodenstück der 8,8-cm-KwK 36 ohne Verschlusskeil. Beidseitig die Nachbildungen von Rohrbremse und dem Rückholer. Links befand sich das binokulare Turmzielfernohr 9b sowie oben rechts das koaxiale 7,9-mm-Maschinengewehr 34. Im hinteren Deckenbereich im Turmdach links die Kommandanten-Kuppel und rechts die eckige Ladeschützenluke. Der Turm entsprach prinzipiell dem Entwurf des Porsche Typ 100-Turmes. (PA)

Die Bewaffnung

Die 8,8-cm-KwK 36 L/56 entstand aus der 8,8-cm-Flak 36 von Krupp und kostete 18.000 RM. Alleiniger Hersteller des Geschützes war die Maschinenfabrik Buckau R. Wolf AG Magdeburg. Die Fertigungszeit betrug bei einem Aufwand von 2.500 Arbeitsstunden etwa sechs Monate.
Die größte Rücklaufenergie betrug 3 mt und führte zu einer normalen Rücklauflänge von 550 mm. Der Kolbenanschlag der Rohrbremse erfolgte bei 600 mm. Der mittlere Bremsdruck lag bei 6400 kg und konnte die 5,1 Liter Flüssigkeit auf einen Druck von maximal 100 kg/cm² bringen. Das Geschütz besaß weiterhin einen Luftvorholer, der mit 4,4 Litern Flüssigkeit und 2,85 Litern Luftraum eine Vorholer-Kraft von 1040 kg besaß. Des Weiteren war ein Ausgleicher verbaut, der das Gewichtsmoment des Rohres um den Schildzapfen auszugleichen hatte. Der Gebrauchsgasdruck im Rohr betrug 2800 kg/cm², der Ausnahmegasdruck lag bei 3200 kg/cm² und der Mündungsgasdruck bei 625 kg/cm².
Der Höhenrichtbereich reichte von -8° bis +20°, das Gewicht der Waffe ergab 1310 kg, wobei das Seelenrohr 676 kg, der Mantel 310 kg, die Mündungsbremse 62 kg, der Verschluss 50 kg und der Verschlusskeil mit Inneneinrichtung 30,5 kg wogen. Die Rohrlänge betrug 4928 mm, was etwa einer Kaliberlänge von L/56 entsprach. Die Seelenlänge betrug 4690 mm, die sich aus dem gezogenen Teil von 4093,5 mm und dem Ladungsraum von 596,5 mm zusammensetzte. Die Lebensdauer des Rohres war mit etwa 6000 Schuss angegeben. Die Mündungswucht 330 mt erlaubte bei maximaler Erhöhung von 20° und einer V_0 von 820 m/s eine Schussweite von rund 12 km. Die

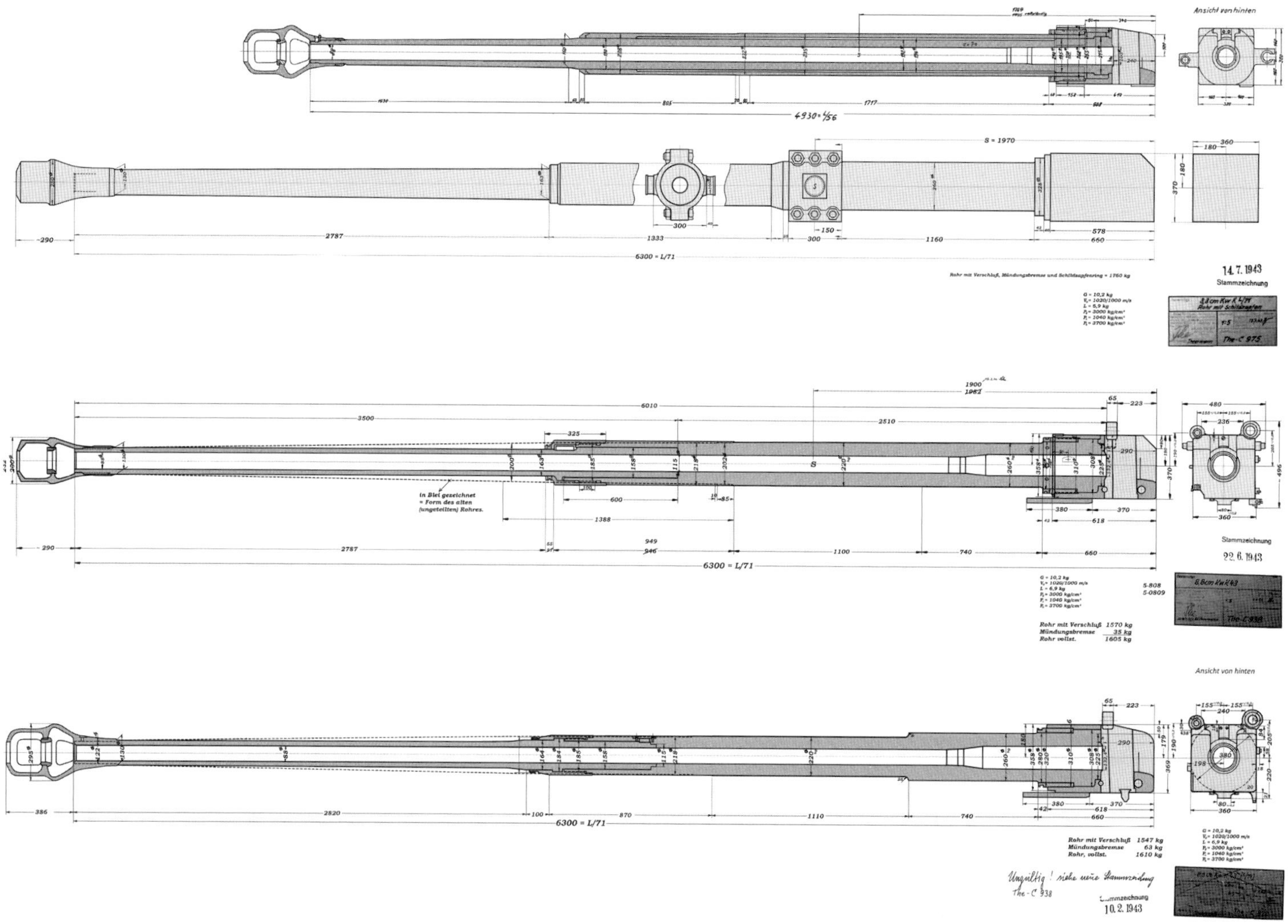

Die 8,8-cm-Geschütze L/56 und L/71 im Vergleich. Letzteres mit älterer und neuerer Mündungsbremse.

Die einteilige 8,8-cm-KwK 43 ohne Rohrbrems- und Rücklaufzylinder. Das Rohr wurde bei der Selbstzerstörung verbogen. (SF)

mögliche Feuergeschwindigkeit betrug rund 10 Schuss pro Minute[80]. Die 8,8-cm-KwK 43 des Porsche-Tiger 2 war mit der Kaliberlänge L/71 6,28 m lang und wog 1605 kg. Mit der maximalen Rohrerhöhung von 15° konnte eine Schussentfernung von 9350 m erreicht werden, bei einer Mündungswucht von 537 mt. Die mögliche Feuergeschwindigkeit betrug 6 bis 10 Schuss pro Minute.

Die verwendete Munition der 8,8-cm-KwK 36 entsprach im Allgemeinen der 8,8-cm-Flak 18/36 bzw. bei der 8,8-cm-KwK 43 L/71 der 8,8-cm-Flak 41. Nur die Zündschrauben mussten für die Kampfwagenkanonen ausgetauscht werden. Die Sprenggranate wog 9 kg und erreichte eine Anfangsgeschwindigkeit von 800 m/s. Die Panzergranate 39 besaß ein Gewicht von 9,65 kg. Die Hohlladungsgranate Hl wog 7,65 kg und die Panzergranate 40/43 war 7,3 kg schwer. Die Munition der 8,8-cm Flak 18, 36 und 37 erfuhr speziell aus Fertigungsgründen

[80] Pawlas, W 127, Datenblätter des Heeres 1944.

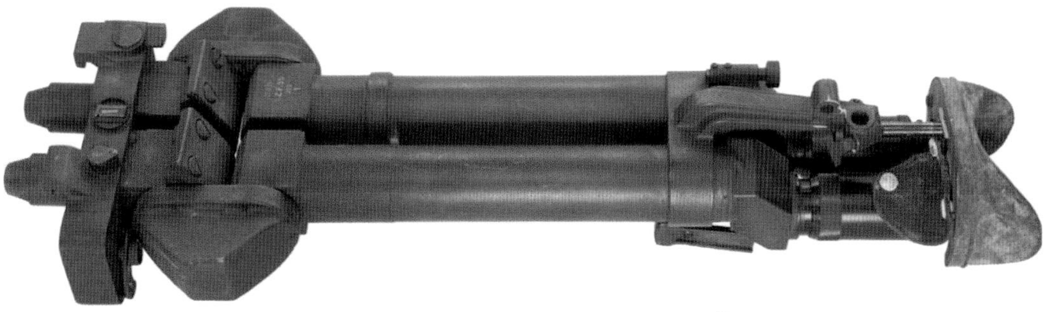

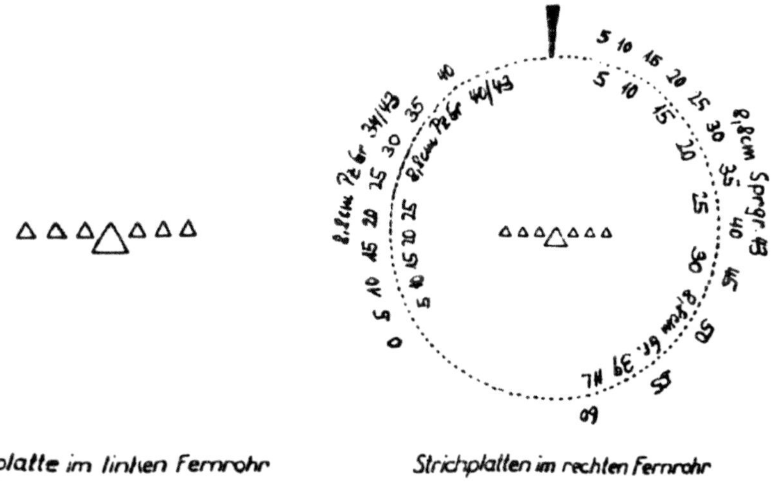

Das binokulare Turmzielfernrohr 9b wurde bei der ersten Serie von Türmen eingesetzt.

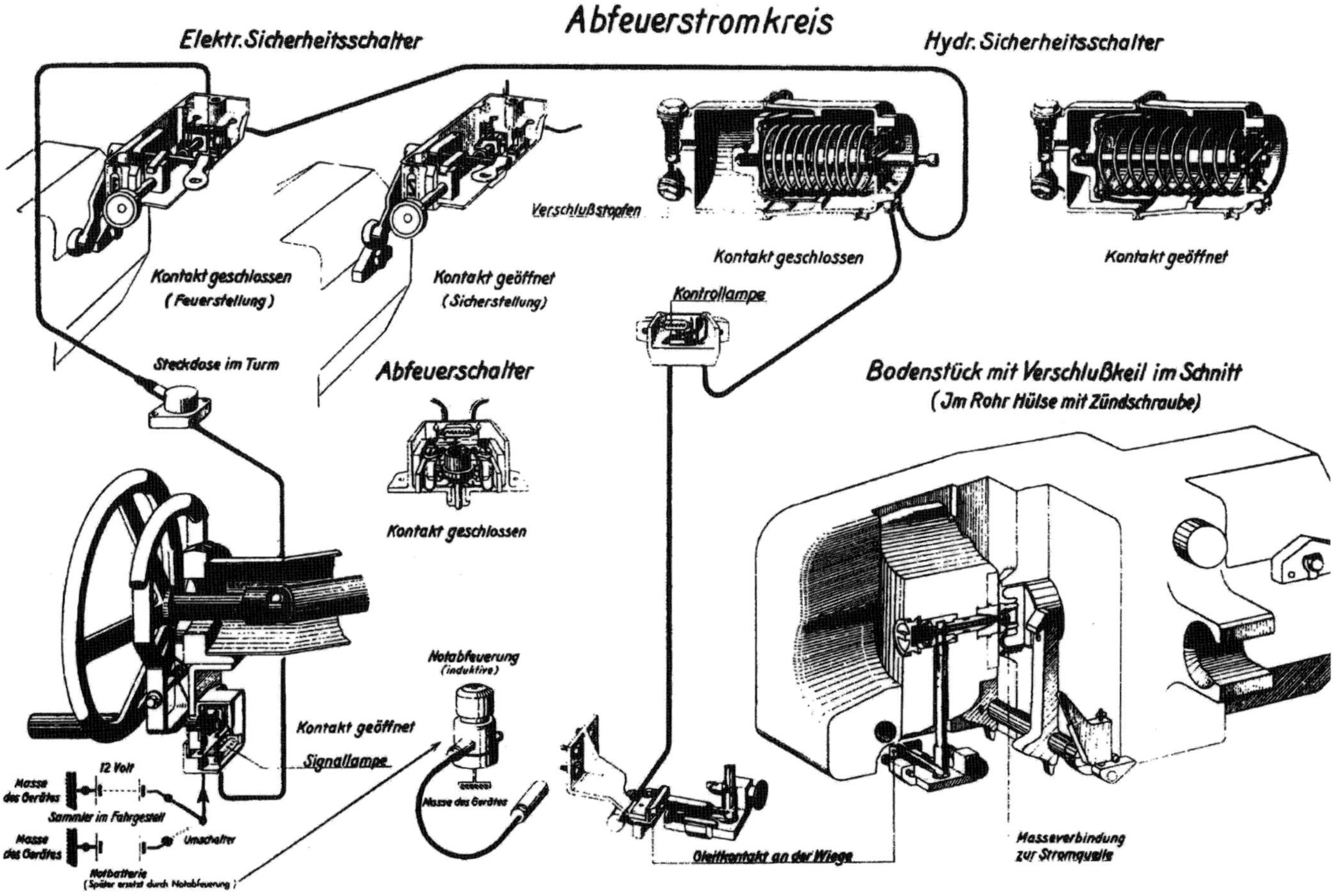

Die Geschützabfeuerung funktionierte, wie bei den deutschen Panzern üblich, elektrisch. (D 656)

gewisse Veränderungen. So gab es am Beispiel der Panzergranate verschiedene Führungen wie Eisen-, KPS- oder FES-Führung. Die verbesserte Panzergranatpatrone 39-1 besaß eine erhöhte Durchschlagsleistung, die Panzergranatpatrone 39 Al verwendete dazu eine Sprengladung mit Aluminium-Gries und die Panzergranatpatrone 39 Al-1 besaß eine erhöhte Durchschlagsleistung und eine Sprengladung mit Aluminium-Gries.

Des Weiteren entstand die Panzergranatpatrone 40 mit Hartkern (Wolfram) und nochmals verbesserter Durchschlagsleistung sowie die Granatpatrone 39 Hl, eine Hohlladungsgranate in mehreren Ausführungen (Leistungsstufen). So betrug die Durchschlagsleistung auf 1000 m Entfernung mit einer Panzergranate 39 und 39 Al bei einer Anfangsgeschwindigkeit Vo von 773 m/s 100 mm Panzerstärke, mit der seltenen Panzergranate 40 bei einer Vo von 930 m/s 135 mm Panzerstärke sowie mit der Granate 39 Hl bei einer Vo von 600 m/s auf jeder Entfernung 90 mm Panzerstärke.

Die Hülsenlänge der Patrone betrug einheitlich 570 mm und der Außendurchmesser des Hülsenrandes 111,5 mm. Die leere Hülse wog etwa 3 kg. Das Ladungsgewicht betrug

- bei der Panzergranatpatrone 39 = 2,500 kg Digl.RP-8,
- bei der Panzergranatpatrone 40 = 2,850 kg Digl.RP-8,
- bei der Sprenggranatpatrone L/4,5 = 2,950 kg Digl.RP-8.

Damit wog die schussfertige Patrone zwischen 15,1 und 15.3 kg.

Die Patronenlänge ergab bei der Sprenggranatpatrone 931 mm, die der Panzergranatpatrone 39 kam auf 873 mm, die Panzergranatpatrone 40 auf 871 mm sowie die der Granatpatrone 39 Hl auf 923 mm. Die Stückzahl des Munitionsvorrates betrug 64 Patronen. In Entwicklung befand sich im Januar 1942 noch ein 8,8/6,5-cm-Treibspiegelgeschoss für die 8,8-cm-KwK L/56 des VK 4501, wofür Prüf 4 einen Käfig für die Mündungsbremse entwickeln musste.

Die Entwicklung zog sich allerdings in die Länge, so dass erst zum Ende des Krieges solche Geschosse entstanden. Allerdings war die Durchschlagsleistung der späte-

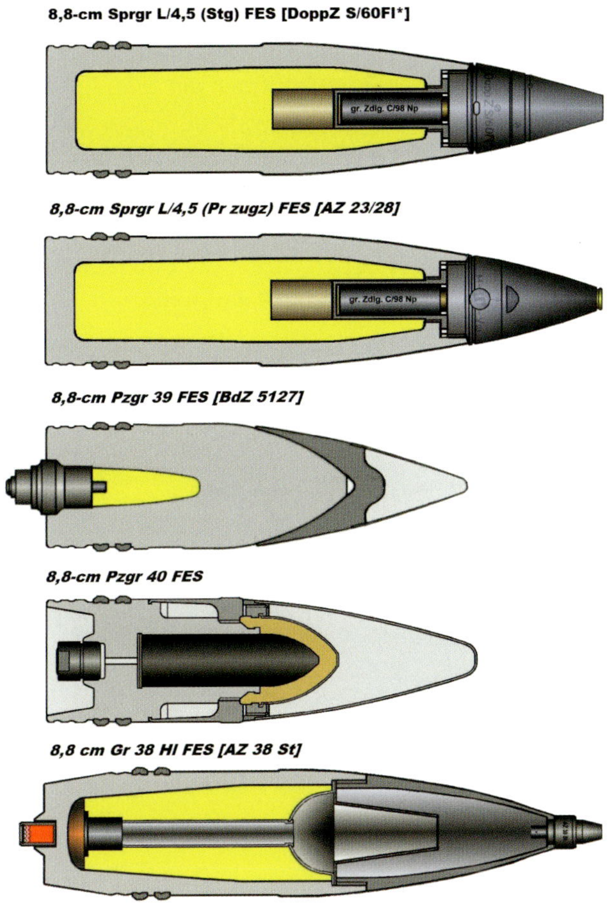

(SH)

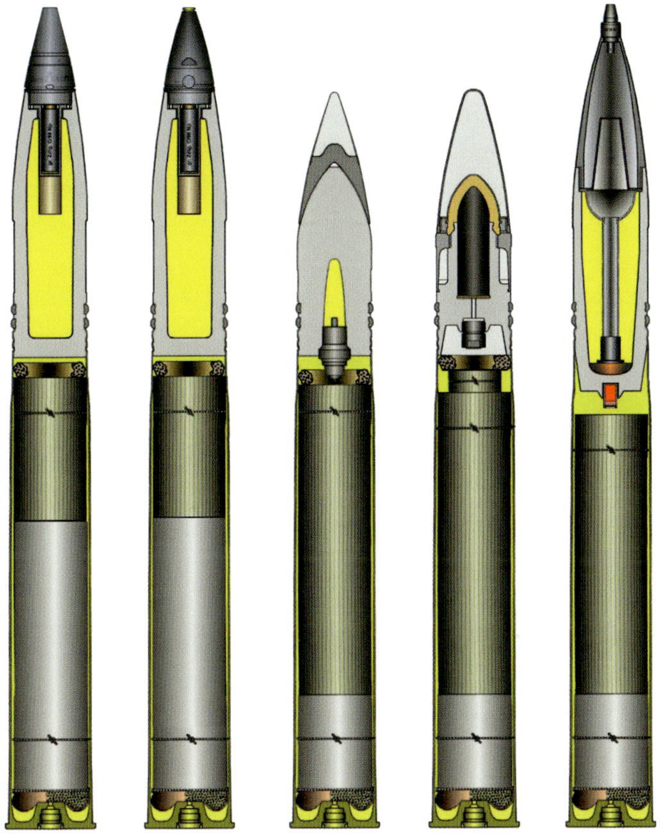

Von links nach rechts:
8,8 cm-Sprgr Patr – Sprgr Patr – Pzgr Patr 39 – Pzgr Patr 40 – Gr.Patr 39 Hl. (SH)

ren 8,8-cm-KwK 43 L/71 mehr als ausreichend, so dass eine Notwendigkeit dafür nicht mehr gegeben war.
Die 8,8-cm-KwK 43 L/71 besaß die identische Munition der 8,8-cm-KwK 36 L/56. Die höhere Leistung wurde neben der größeren Rohrlänge vor allem durch die größere Treibladung erreicht, so dass statt der 349 mt der KwK 36 eine Mündungswucht von 536 mt erreicht wurde. So besaß die Sprenggranate eine Vo von 700 m/s und die Panzergranate 39-1 eine Vo von 1000 m/s. Damit konnte die Panzergranate auf eine Entfernung von 1000 Metern Panzerstahl mit 165 mm Stärke durchschlagen. Mit dieser Munition betrug die Lebensdauer

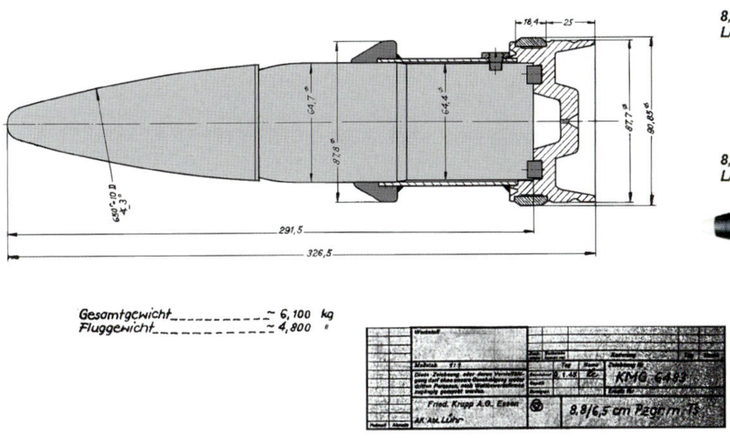

Im Bild zum Vergleich oben die Munition der 8,8-cm-KwK L/56, unten die Panzergranatpatrone 39 der 8,8-cm-KwK L/71 vom geplanten Porsche Typ 180. (SH)

eines Rohres rund 1200 Schuss. Die seltenere Panzergranate 40/43 erreichte sogar eine Anfangsgeschwindigkeit von 1130 m/s, womit auf 1000 m ein Durchschlag von 192 mm erreicht werden konnte[81]. Mit der größeren Treibladung wuchs auch die Patronenlänge auf 1128 mm bei der Panzergranatpatrone, bis zu 1183 mm bei der Sprenggranatpatrone. Das Patronengewicht betrug je nach Typ 16 bis 22,8 kg.

Des Weiteren war der Porsche-Tiger mit zwei 7,92-mm-MG 34 (mit Panzerlaufschutz) bewaffnet, wobei sich eines als Koaxial-MG rechts neben der Kanone und das andere Maschinengewehr vor dem Funker als Bug-MG in einer gepanzerten Kugelblende befand. Die Zurrstellung dieses MGs war so vorgeschrieben, dass die Laufmündung in der äußersten Stellung nach tief links zeigte.

[81] Pawlas, W 127, Datenblätter für Heeres-Waffen, Fahrzeuge, Gerät.

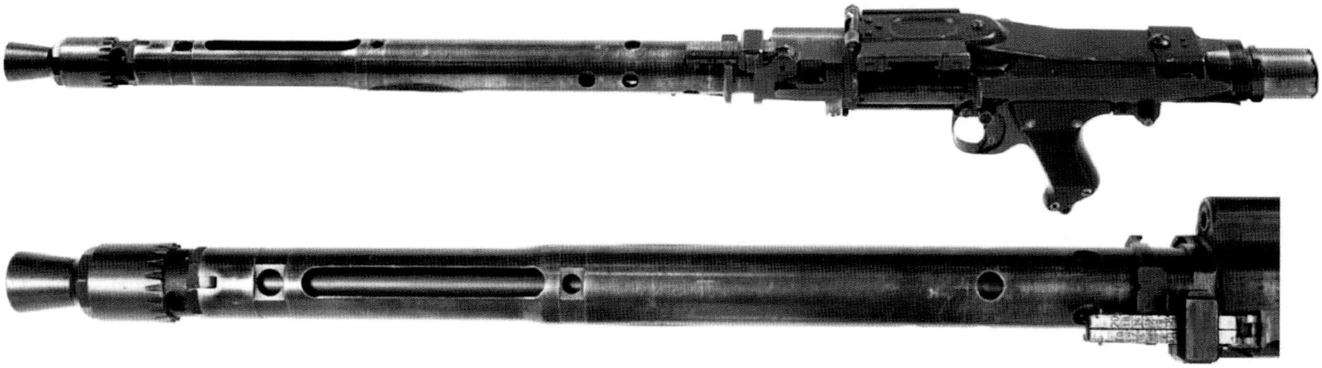

Das MG 34 mit Panzerlauf, die Standardausrüstung der deutschen Panzer.

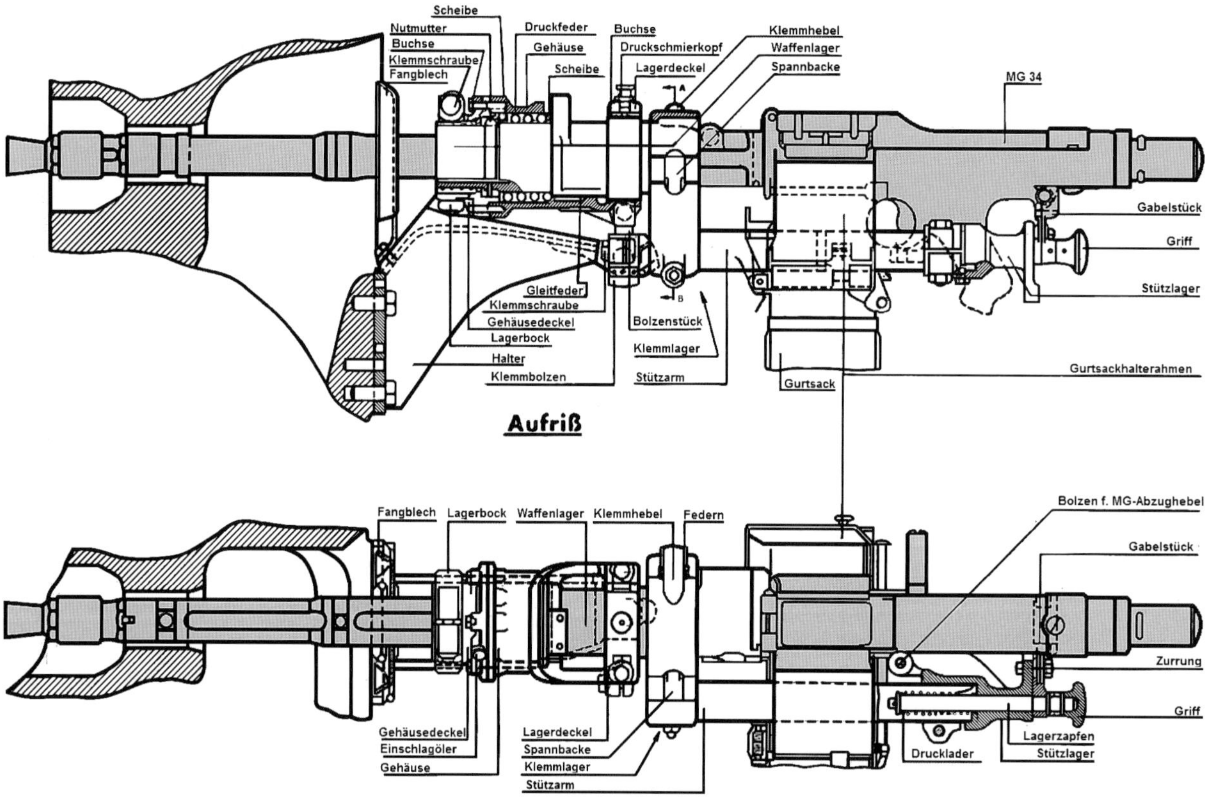

Das Turm-MG war rechts neben der Kanone montiert und wurde mit dem Geschütz ausgerichtet. (D 656)

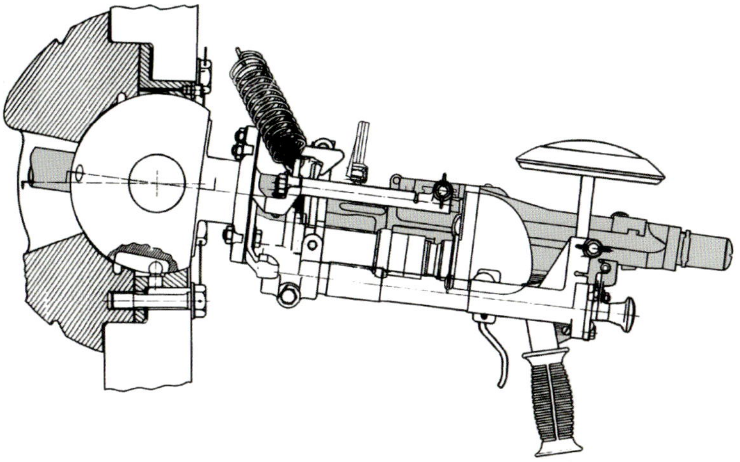

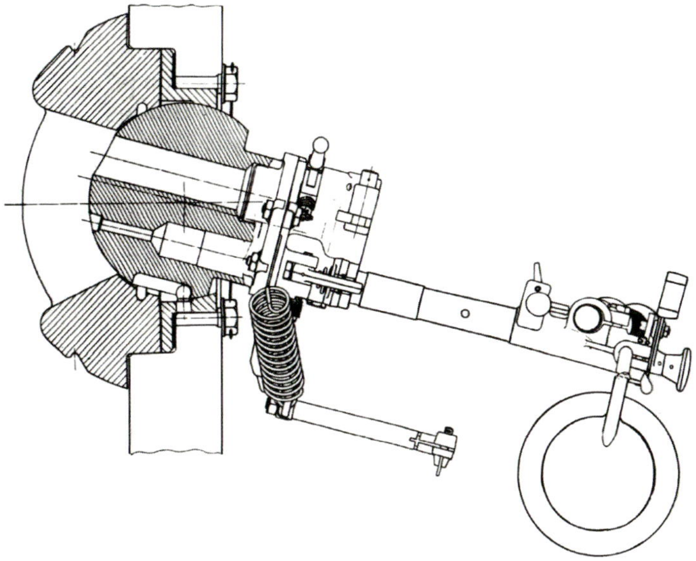

Das Bug-MG des Funkers und das dazugehörige Kugelzielfernrohr 2. Statt der vorgesehenen Kugelblende 50 verwendete man, auf Grund der stärkeren Panzerplatte, die Kugelblende 100. (D 656)

Lfd. Nr.	Benennung	Bemerkungen
1	Geber	mit Druckknopfschaltern
2	Werfer	
3	Stecker	Bosch, LEA 13/4 z
4	Steckdose	Bosch, RS 155/3 (im Turm)
5	[illegible]	25 DIN 72501 (im Kasten Pz Nr. 5c)

Leitgs-Nr.	Querschnitt	Bemerkungen
L 201	$1{,}5^2$	vom Geber zur Steckdose im Turm
L 202	$1{,}5^2$	vom Geber zum Werfer 1, vorn links
L 203	$1{,}5^2$	v. G. z. W. 2, vorn rechts
L 204	$1{,}5^2$	v. G. z. W. 3, mitte links
L 206	$1{,}5^2$	v. G. z. W. 5, hinten links
L 207	$1{,}5^2$	v. G. z. W. 6, hinten rechts

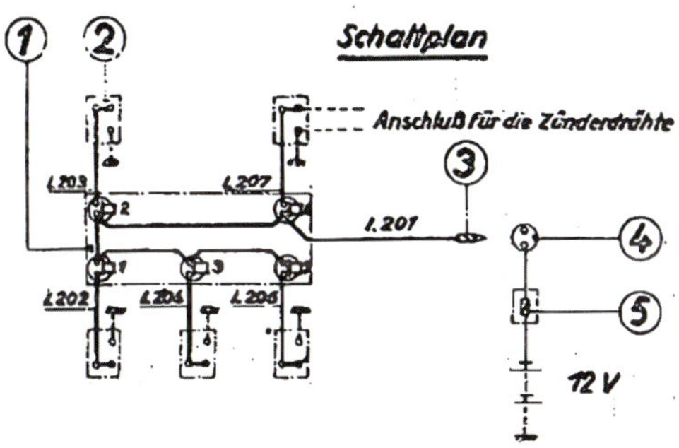

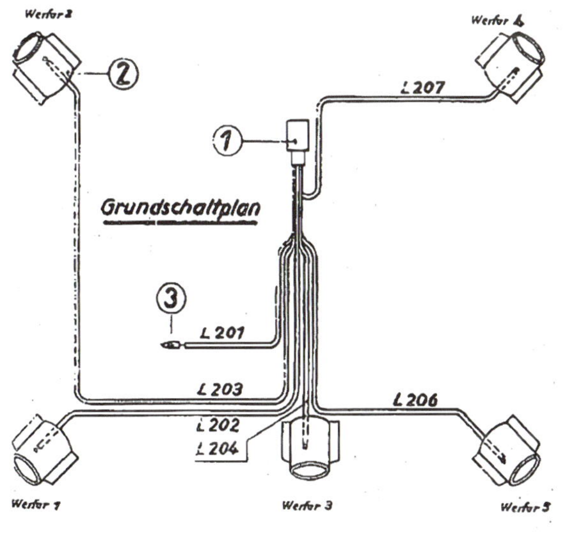

Zeichnung-Nr
021 D 2758 –1

Abb. 71
(siehe Seite 81)

Schaltplan d. S-Minenwerfer-Anlage (Kampfwagen)
Für Befehlswagen fällt Werfer 3 weg

Ergänzend muss noch die vorgesehene Nebelwerfer-Anlage Erwähnung finden, obwohl der Porsche-Tiger nie mit dieser Anlage in der Praxis ausgerüstet wurde. (D 656)

Der Porsche-Motor

Da der Motor beim Porsche-Tiger Typ 101 das Hauptproblem war, soll auf diesen Motor hier etwas detaillierter eingegangen werden. Nach der erfolgreichen Erprobung der 10-Liter-Benzinmotoren vom Porsche Typ 100 wurde eine Neukonstruktion eines stärkeren Motors für den neuen und schwereren Porsche Typ 101 notwendig. Am 5. September erfolgte die Zeichnungsübergabe des neuen Motors an die Firma Simmering-Graz-Pauker A.G. Wien (SGP A.G. Wien), konkret an Herrn Michelmeier. Die in manchem Buch aufgestellte Behauptung, der Motor Typ 101 stamme von der Firma Steyr-Daimler-Puch, entspricht nicht den Tatsachen. An Motoren stellte diese Firma zur damaligen Zeit, neben dem 10-Liter-Motor für den Typ 100, vor allem Flugmotoren in Lizenz von Daimler-Benz her.

Der neue 10-Zylinder-Benzinmotor war ein luftgekühlter 72°-V-Motor mit einem Hubraum von 15 Litern. Es handelte sich um einen Langhuber mit 115 mm Bohrung und einem Hub von 145 mm. Im Zentrum des »V« befand sich ein Doppelstrom-Gelände-Vergaser 50 JFF 2 der Berliner Firma Solex.

Entgegen der Meinung in der Literatur war dieser Motor kein »hochsensibler, pflegeintensiver Araber aus dem Hause Porsche.«[82] Die Leistung des 15-Liter-Motors betrug 320 PS bei einer Drehzahl von 2400 U/min. Die maximale Kolbengeschwindigkeit betrug 12,1 m/s.

Der später im Sturmgeschütz »Ferdinand« eingesetzte Maybach **Hochleistungs-**Motor HL 120 TRM besaß im

[82] W. Pyta: Porsche, Vom Konstruktionsbüro zur Weltmarke, S.268.

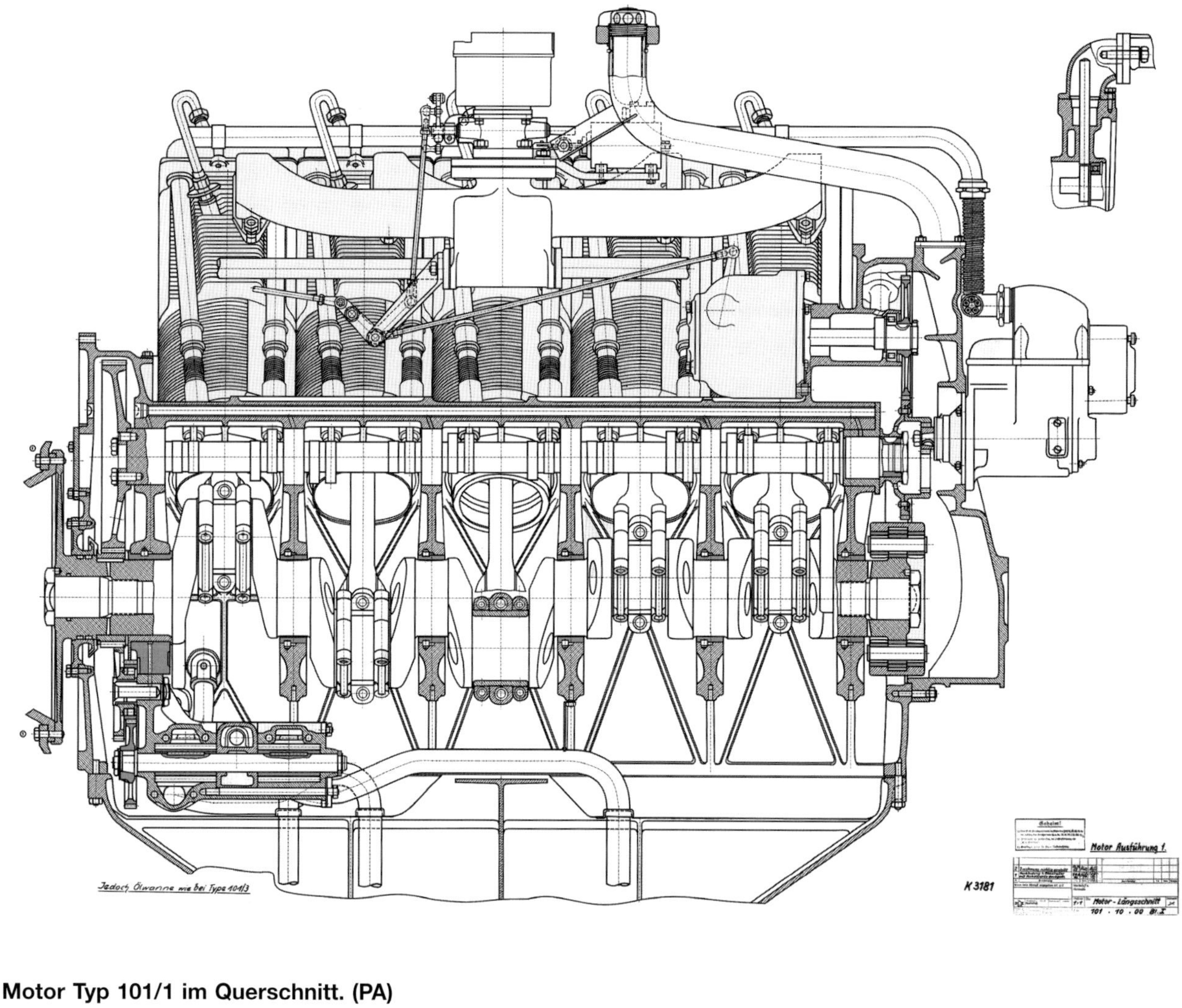

Der Motor Typ 101/1 im Querschnitt. (PA)

Vergleich dazu einen 11,9-Liter-Hubraum und eine Leistung von 300 PS bei 3000 U/min. Dies war eine Literleistung von 25,2 PS pro Liter im Vergleich zu 21,3 PS pro Liter beim Porsche Typ 101. Bei diesem wassergekühlten Motor betrug das maximale Drehmoment 80 m/kg bei einer Verdichtung von 1: 6,5. Mit diesem Motorkonzept konnte von einem hochgezüchteten Motor gesprochen werden. Der Maybach-Motor des Henschel-Konkurrenten, der HL 210, besaß mit seinen 650 PS bei ebenfalls 3000 U/min sogar eine Literleistung von 30,5 PS pro Liter. Was im Rennsport als positiv angesehen wird, war für ein robustes Panzertriebwerk nicht das Optimum. Das maximale Drehmoment des Motors Porsche Typ 101 dagegen war mit 105 m/kg bei einer Drehzahl von 1900 U/min höher. Er besaß eine Verdichtung von nur 1: 5,6 und einen mittleren Arbeitsdruck von 8,3 atü. All dies sprach für eine bessere Standfestigkeit, **theoretisch!** Der Motor war, auf Grund der Luftkühlung, mit einem Gewicht von 420 bis 450 kg relativ leicht. Zum Vergleich dazu besaß der Maybach HL 120 ein Gewicht von 940 kg. Die Zündung bestand aus einem Magnetzünder, einem gekapselten Zündverteiler und zehn Zündkerzen. Gestartet wurde mittels der Generatoren. Ein batterieunabhängiger Schwungkraftanlasser war vorgesehen.

Die seitlichen Doppelgebläse wurden von einem Nebenantrieb des Generators (Typ 101) bzw. Hydraulikgetriebes (Typ 102) angetrieben. Letzteres erfolgte dank der Hydraulik zweistufig. Auf der Zeichnung dazu auf Seite 209 ist der rechte Lüfterantrieb zu sehen. Die Leistungsaufnahme der Lüfter betrug pro Fahrzeug 2 x 40 PS, was für eine Luftleistung von 2 x 5,8 m³ pro Sekunde reichte. Dies entsprach einem Luftdurchsatz von 50.000 kg/h.

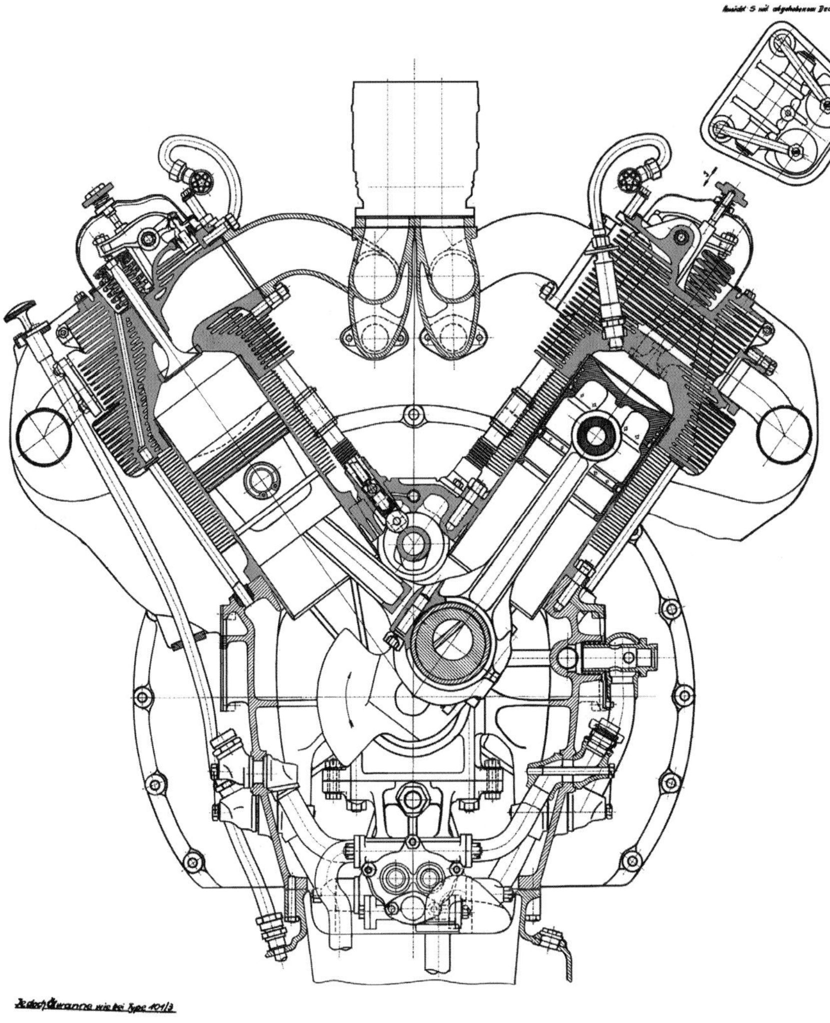

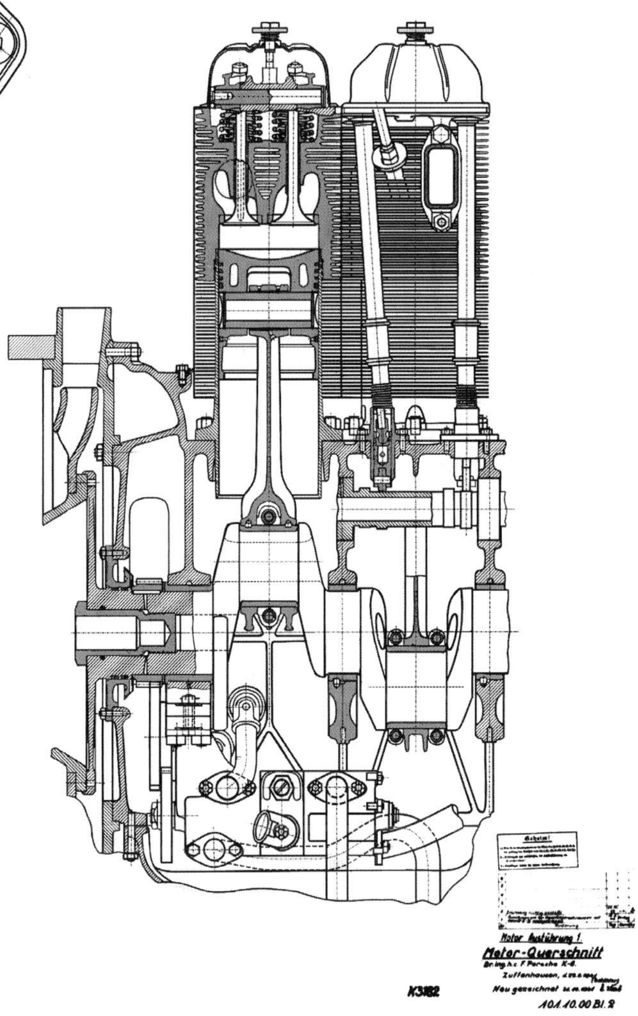

Der Motor Typ 101/1 von vorn und seitlich. (PA)

Der geöffnete Motorraum während der Stauberprobung im August 1942. Am äußersten rechten Rand ist die Ausblasöffnung des Gebläses zu erkennen. Auf Grund der räumlichen Enge kann man sich die Probleme mit der Kühlung der inneren Zylinderbänke gut vorstellen. (PA)

Das seitliche, in dem Fall das linke, Gebläse komplett montiert in der Montagehalle, fertig zum Einbau. Hersteller war die Firma Voith. (PA)

Die thermischen Schwierigkeiten sowie die Probleme mit der Standfestigkeit führten als Erstes zur Neukonstruktion der Zylinderköpfe. Der alte Zylinderkopf Ausführung A Porsche Typ 117 wurde durch den Zylinderkopf Ausführung B Porsche Typ 119 ersetzt.

Im neuen Zylinderkopf mit seinem kugelförmigen Brennraum hatten die V-förmig angeordneten Ventile einen größeren Durchmesser. Das neue Einlassventil besaß einen Durchmesser von 61 mm (alter Dm. 54 mm) und das hohle Auslassventil, das zur besseren Kühlung mit Natrium gefüllt war, einen Durchmesser von 52 mm (alter Dm. 44 mm). Den herkömmlichen Stößelstangenantrieb hatte Porsche beibehalten, da der Kurbeltrieb gleich blieb. Weitere Maßnahmen für eine bessere Befüllung mit dem Kraftstoffgemisch führten zu günstiger geformten Kanälen zu und von den Ventilen. Diese Maßnahme und der besser geformte Brennraum ermöglichten einen günstigeren Brennverlauf. Die neuen Mahle-Kolben besaßen keine Ausbuchtung im Kolbenboden mehr. Der Zylinderkopf hatte eine großzügigere Verrippung, die Ventildeckel waren geteilt und kleiner. Der Zugang zu den Ventilen konnte schraubenlos zum Zweck der Ventileinstellung geöffnet werden. Die Verbindung Zylinderkopf-Zylinder erfolgte erneut über ein Schrumpfgewinde. Dadurch konnten Kopfdichtungs-Probleme vermieden werden.

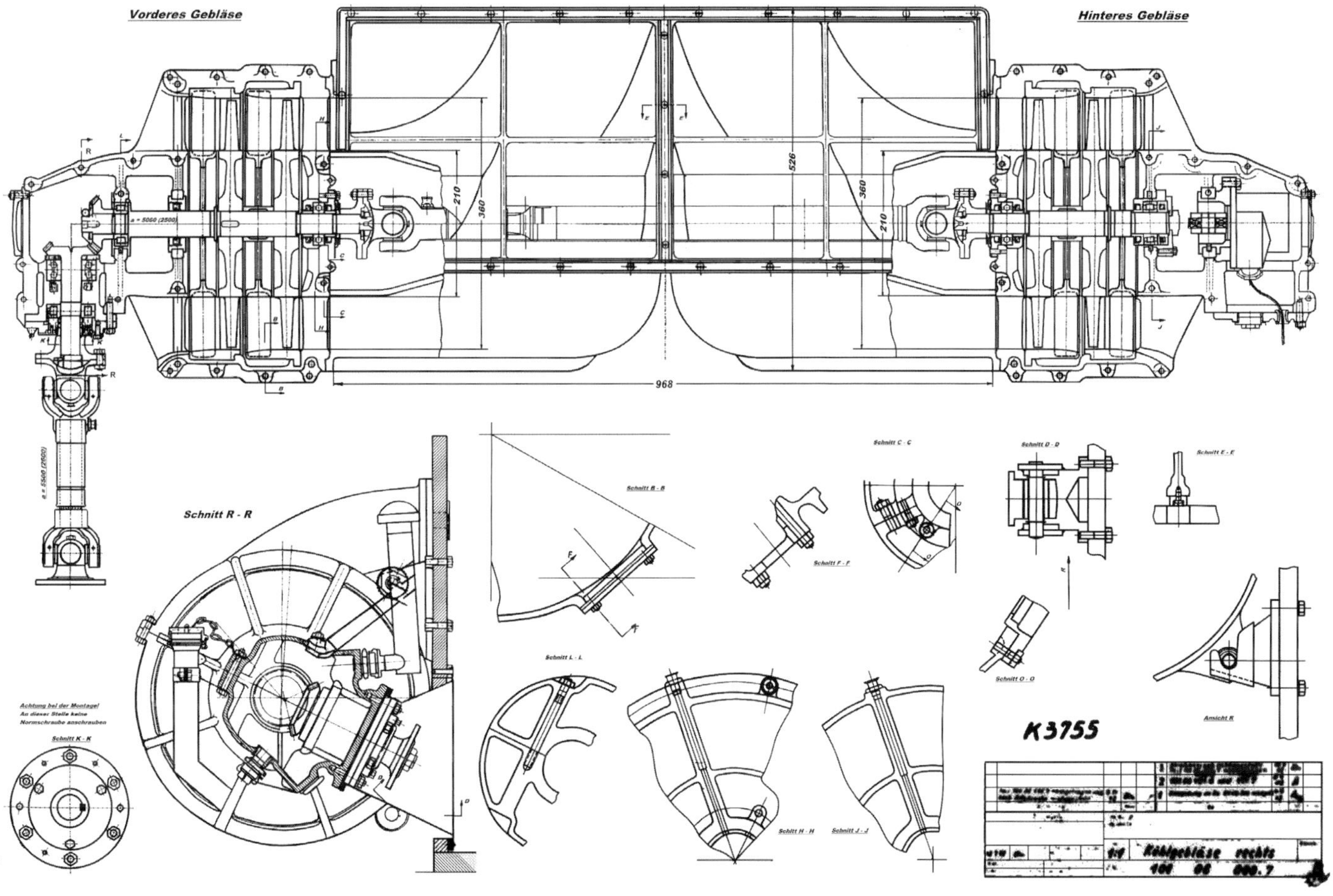

Das seitliche rechte Gebläse des Porsche Typ 101. (PA)

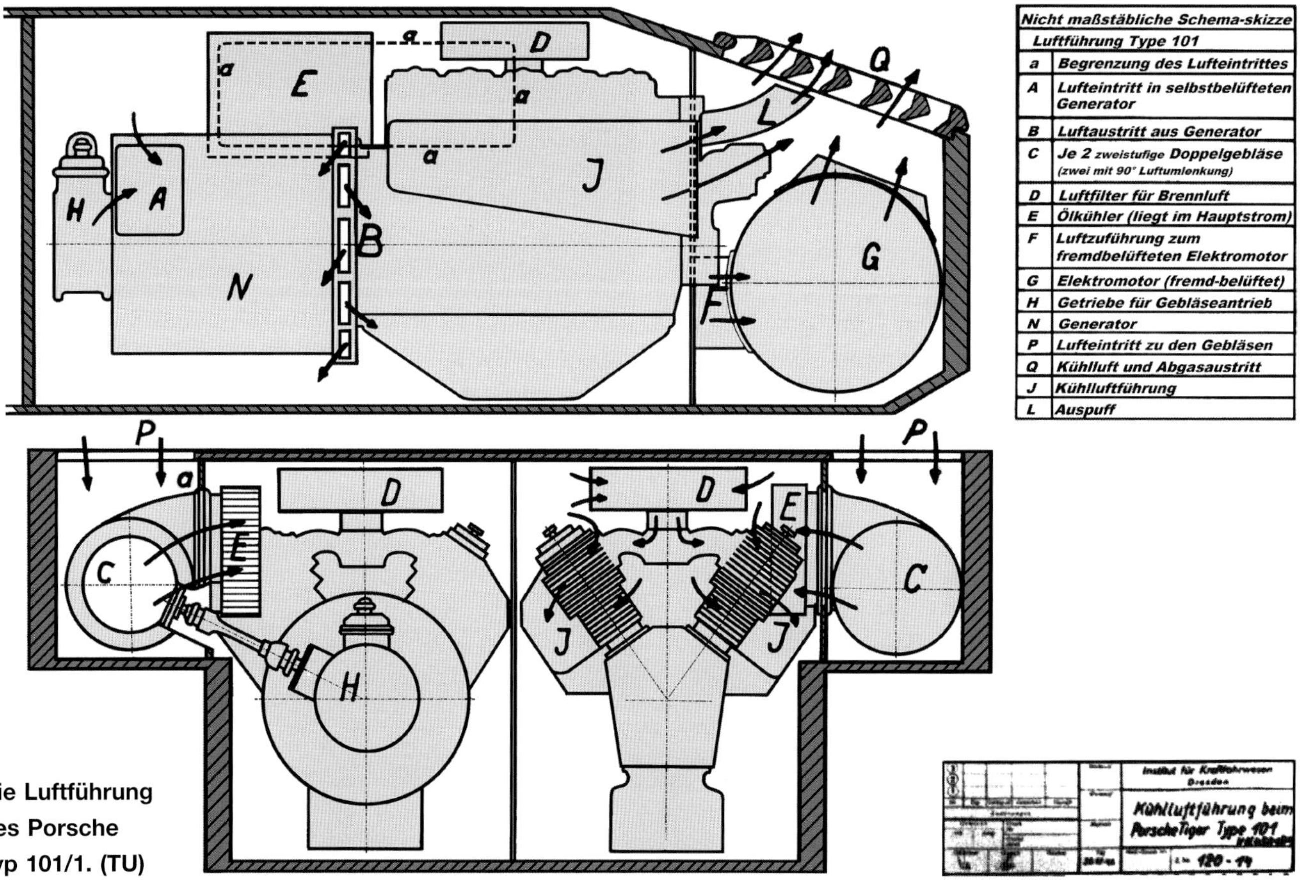

Die Luftführung des Porsche Typ 101/1. (TU)

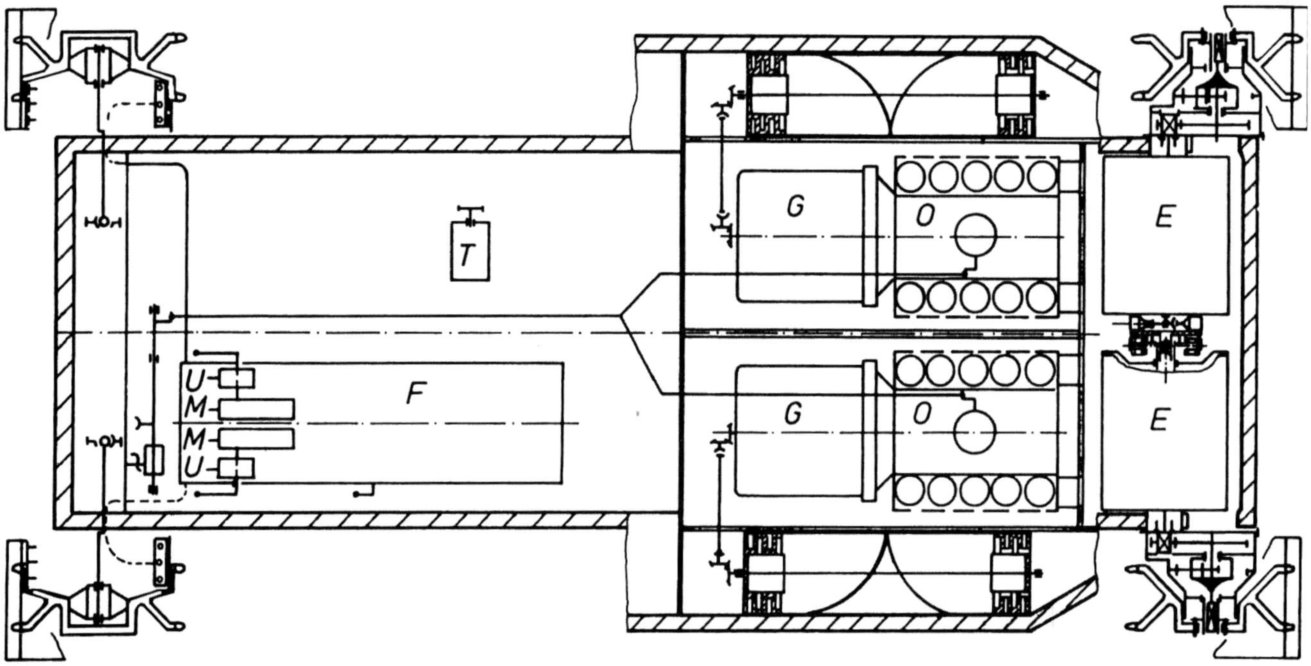

Der schematische Lüfterantrieb im Typ 101. Der Antrieb erfolgte über Gelenkwellen zu den Seitenkästen. Diese Bauart führte zu thermischen Problemen mit den inneren Zylinderbänken. (TU)

Die dennoch vorhandenen Kühl- und die damit verbundenen Schmierprobleme führten zu einer umfangreichen Weiterentwicklung des Motors, die sich vor allem auf die Kühlung und die Gemischbildung auswirkte. Die Leistungsdaten stiegen leicht auf 350 PS bei 2600 U/min bei einem Drehmoment von 104 mkg. Das maximale Drehmoment von 115 mkg wurde bei einer Drehzahl von 1900 U/min erreicht. Die interne Bezeichnung für diesen Motor war Porsche Typ 101/3.

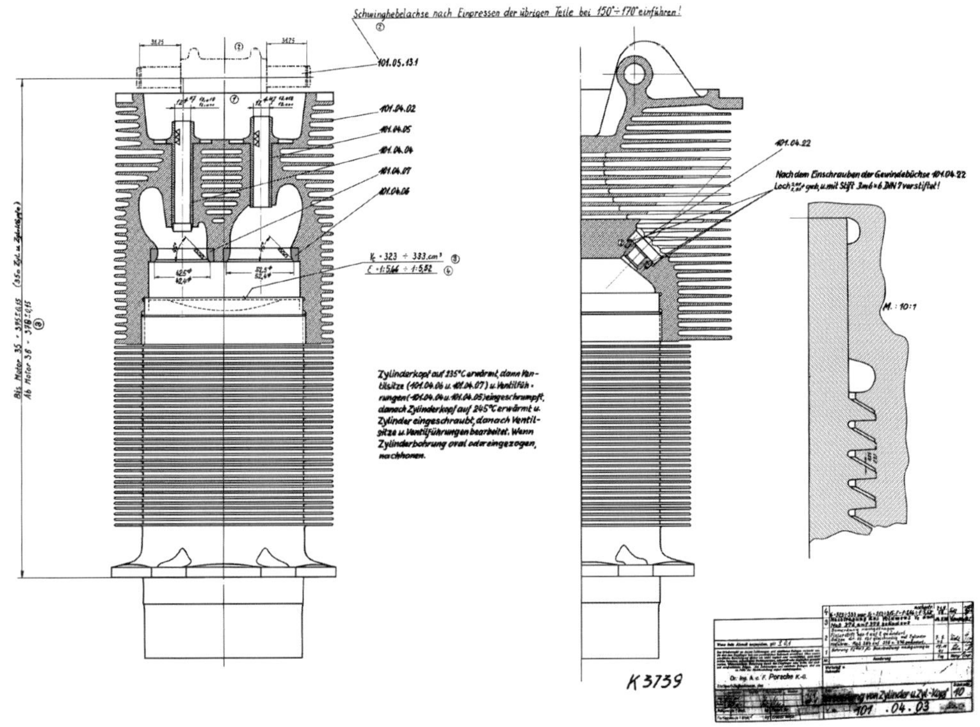

Der Zylinderkopf Ausführung A des Motors Typ 101/1. (PA)

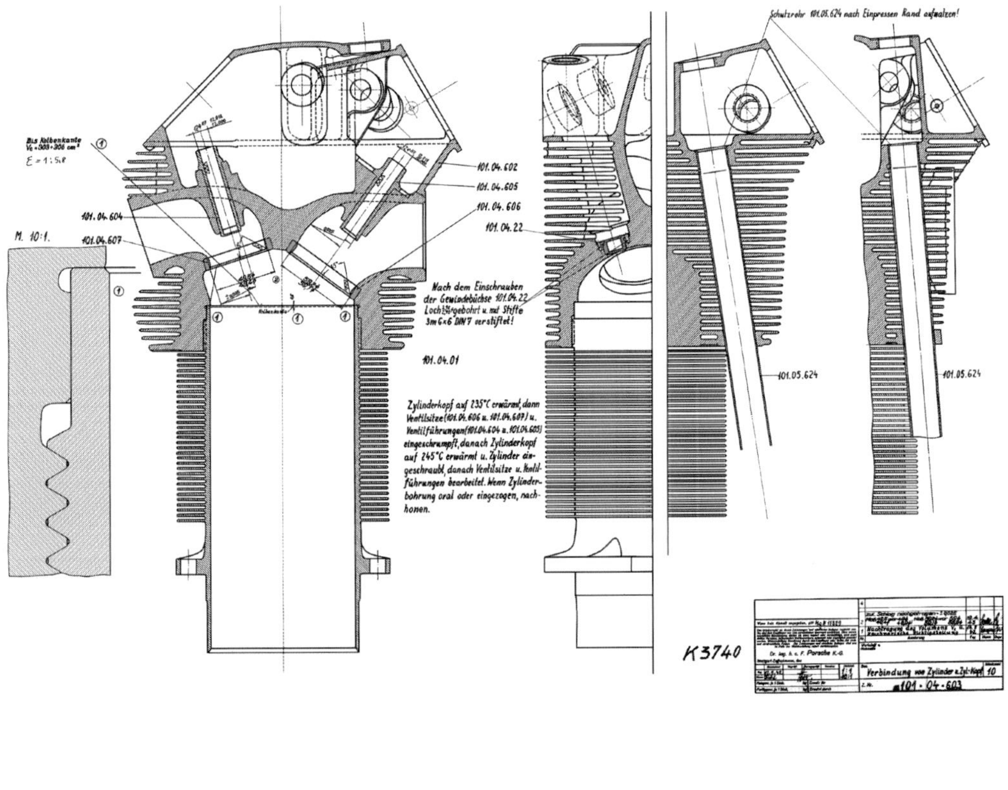

Der verbesserte Zylinderkopf Ausführung B für den Motor Typ 101/3. (PA)

Die Gemischbildung erfolgte jetzt mit Hilfe von zwei Solex-Doppel-Geländevergasern 40 JFF2. Zwischen beiden Vergasern befand sich der Drehzahlbegrenzer. Neue Male-Kolben sowie die erwähnten neuen Zylinderköpfe kamen zur Anwendung.

Zwecks besserer Motorölreinigung ersetzten die Konstrukteure den bisherigen Magnetfilter durch eine Ölzentrifuge, die von der Nockenwelle angetrieben wurde. Im Zuge der Weiterentwicklung entstand für den Porsche-Tiger 2 der Motor Typ 101/4.

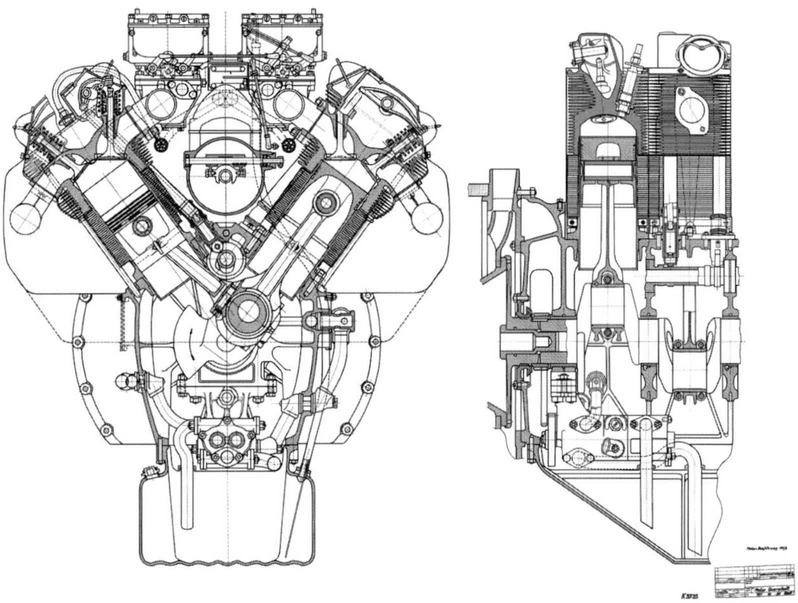

Der Motor Typ 101/3 von vorn und seitlich. (PA)

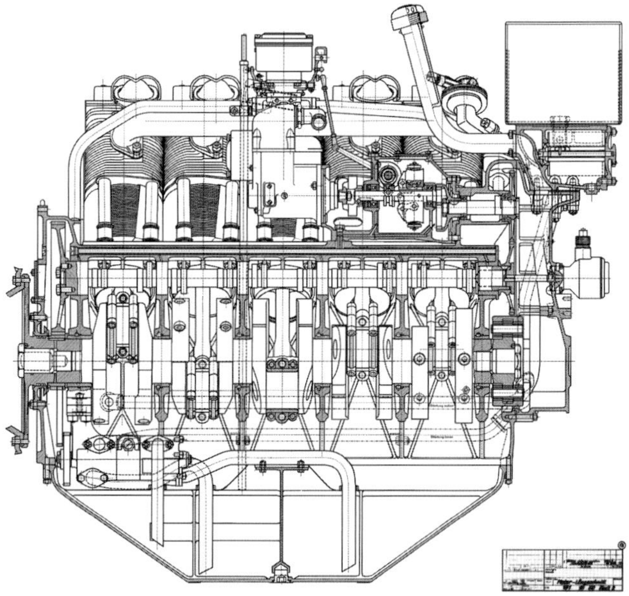

Der verbesserte Motor Typ 101/3 im seitlichen Schnitt.

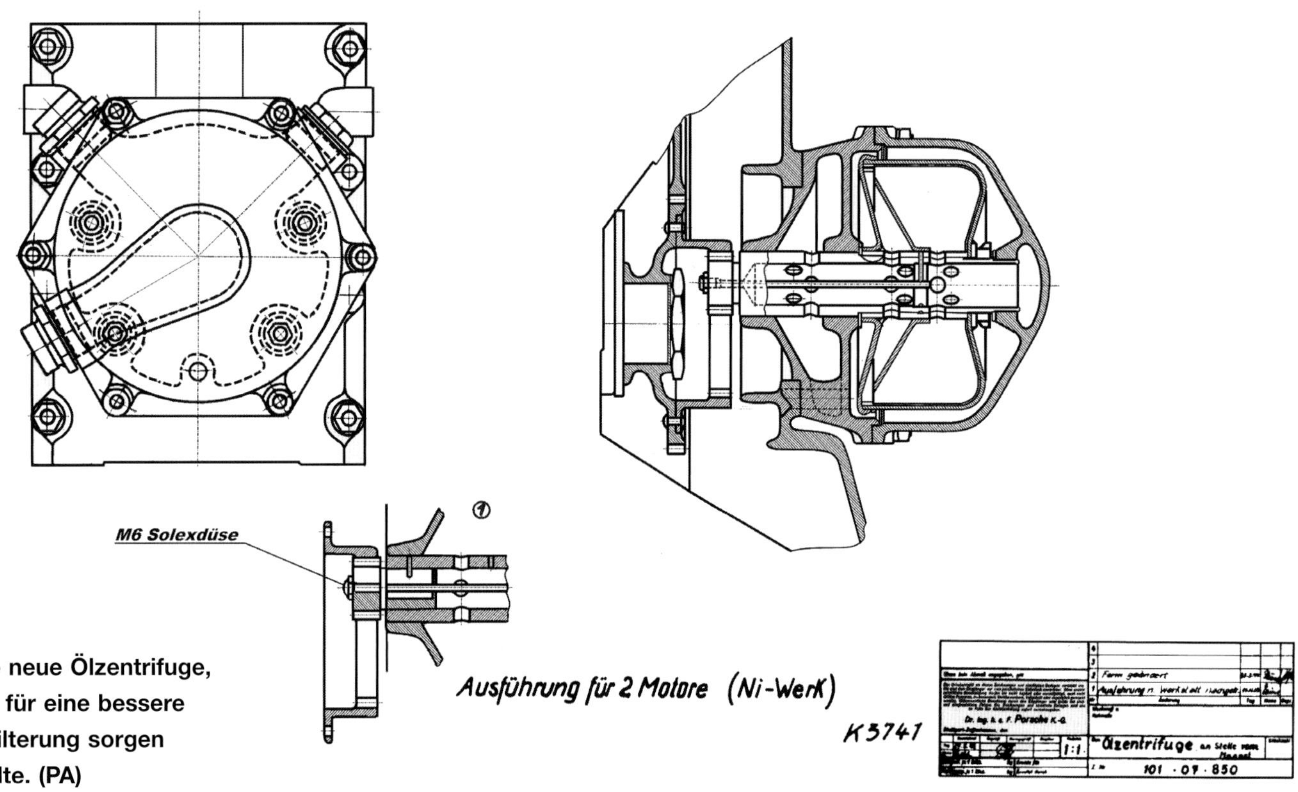

Die neue Ölzentrifuge, die für eine bessere Ölfilterung sorgen sollte. (PA)

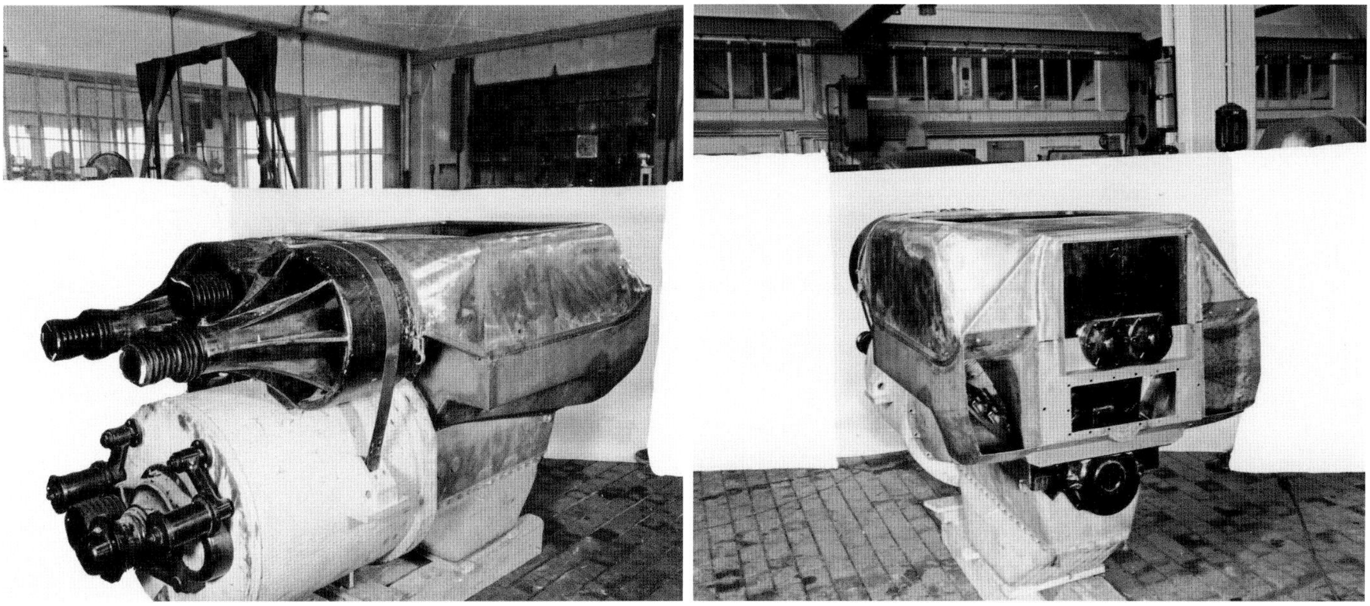

Das Motor-Modell vom Typ 101/3. (PA)

Der neue Motor Porsche Typ 101/3 mit Generatorattrappe und dem neuen Doppelgebläse aus Holz. Der Ölkühler fehlt ebenfalls. (PA)

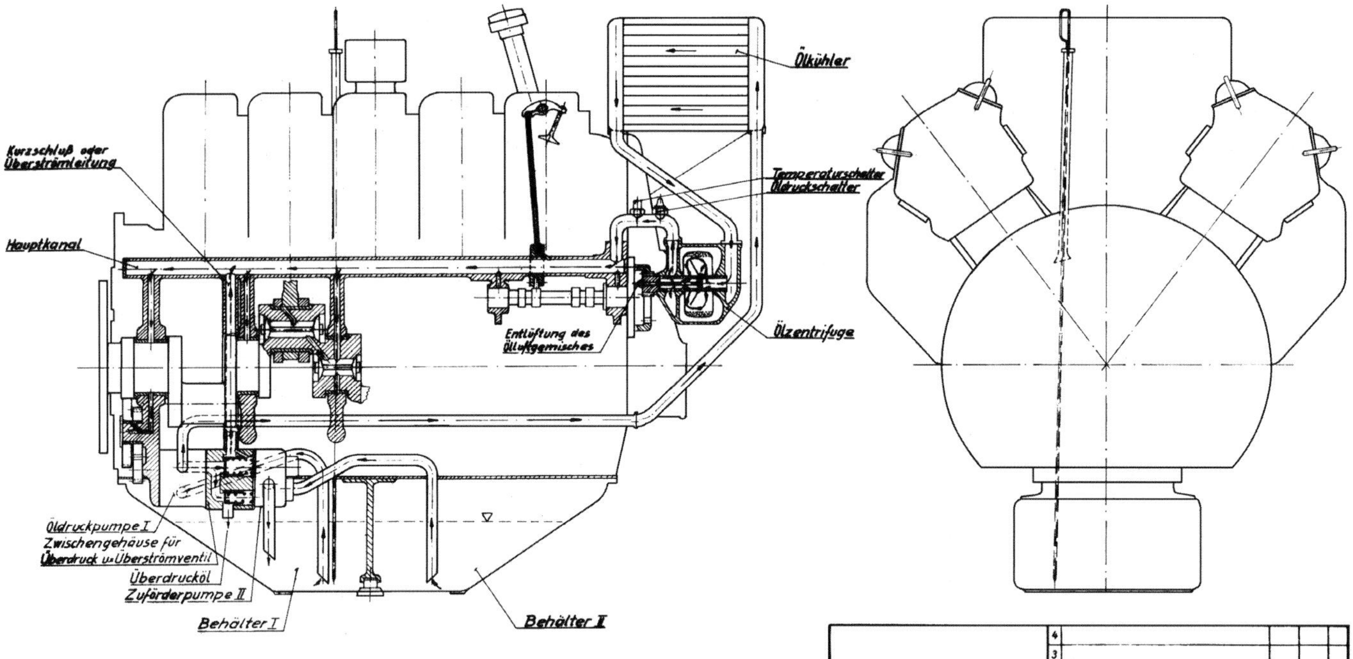

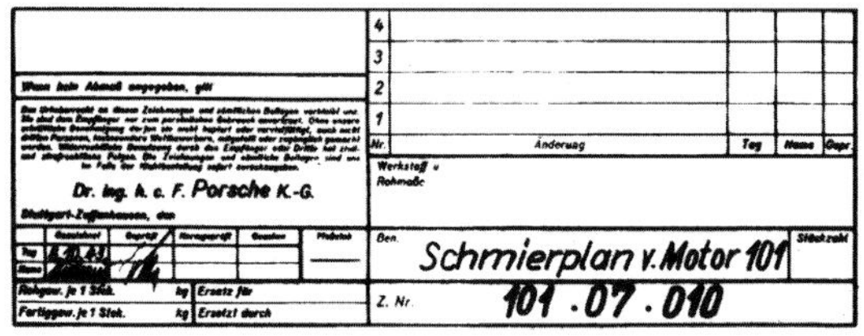

Der Schmierplan des überarbeiteten Motors. Auffällig der Ölkühler vor dem Motor. (PA)

Die Kühlung erfolgte mittels Doppelgebläse direkt vor dem Motor. Damit verlief der Luftstrom nicht mehr quer zum Motor, sondern von vorn nach hinten, was natürlich auch für das Fahrzeug neue Lüftergitter (Gräting) erforderlich machte. Der in den Luftstrom verlagerte Ölkühler befand sich beim Motor 101/3 zwischen den Zylinderbänken. Angetrieben wurden die Gebläse durch je sechs Continental-Keilriemen. Die Leistungsaufnahme der Lüfter konnte von bisher 2 x 40 PS auf 2 x 35 PS reduziert werden. Der einzige Unterschied zwischen dem linken und rechten Motor bestand in den außenliegenden Ölschlauch-Anschlüssen (Vor- und Rücklauf) zum Ölkühler. (PA)

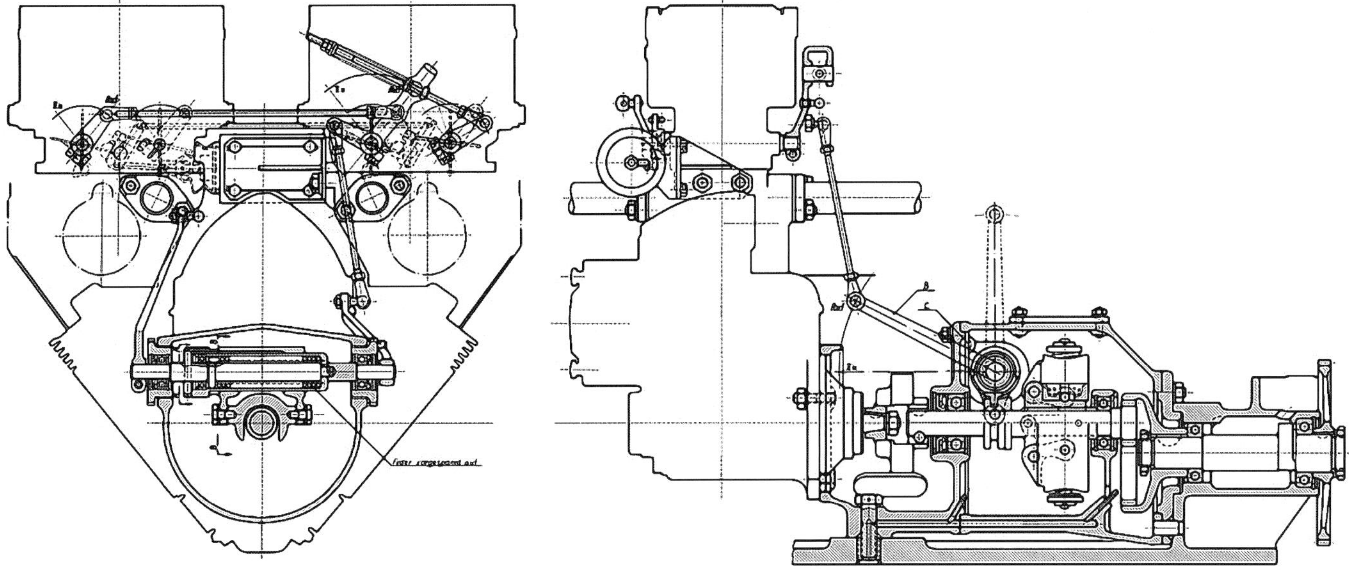

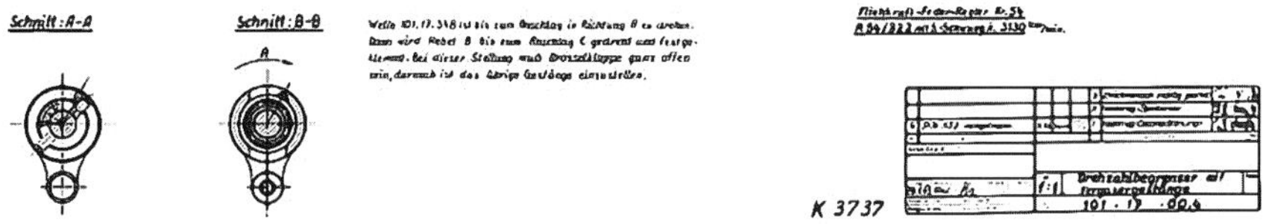

Der Drehzahlbegrenzer entstand auf Grund der Probleme beim Übertouren des Motors bei Bergabfahrten. (PA)

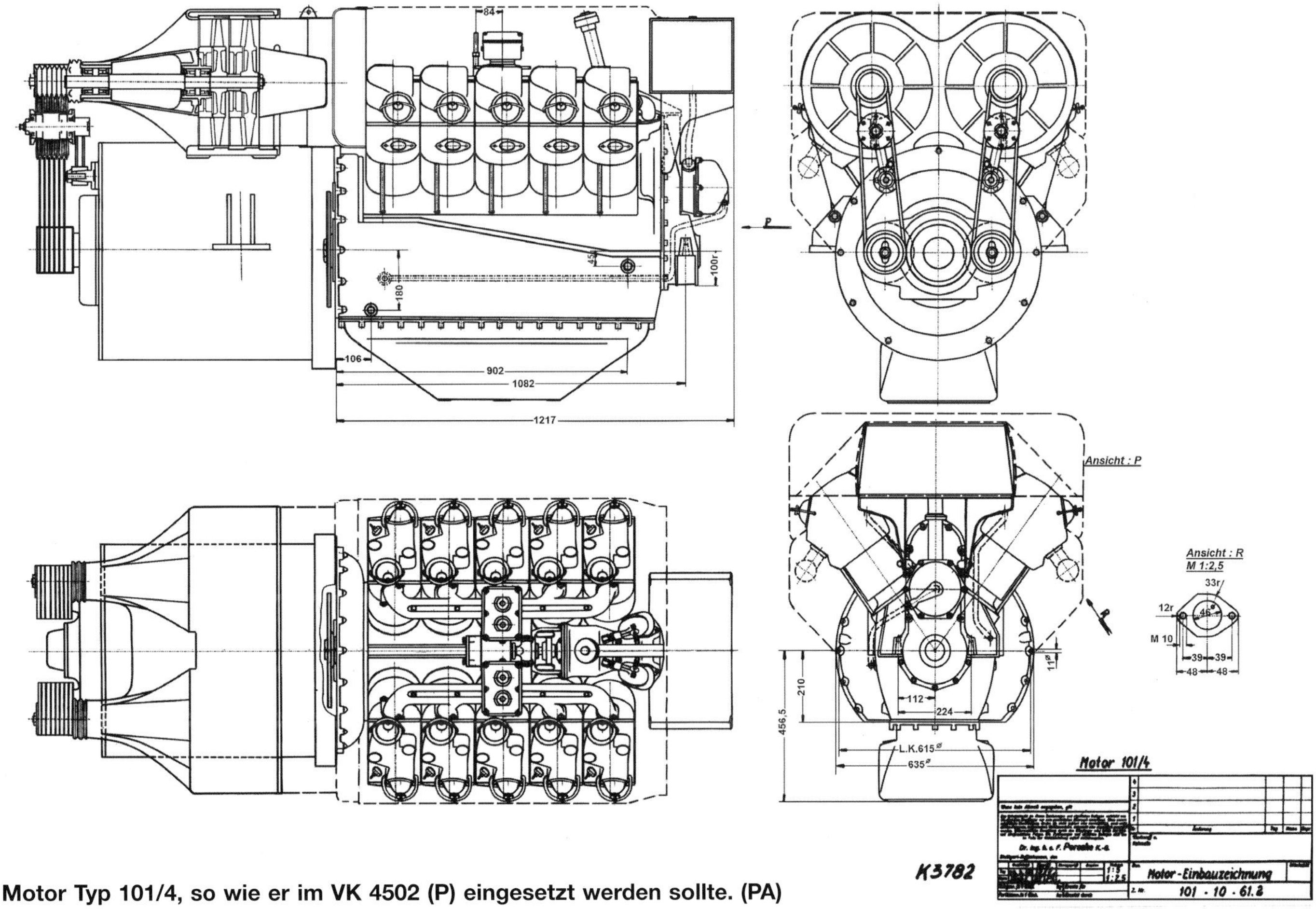

Motor Typ 101/4, so wie er im VK 4502 (P) eingesetzt werden sollte. (PA)

Die letzte gebaute Motorvariante entstand als Typ 101/3A. Zu diesem Motor schrieb Karl Rabe am 15. Oktober 1943 an den Rüstungs-Vertreter in Berlin, Oberbaurat Augustin: *»Neben der Entwicklung der* (luftgekühlten – d. A.) *Dieselmotoren wurden auch die Arbeiten am Otto-Motor 101/3 A der Fa. Dr. Porsche K.G., dem Antriebsmotor des Pz.Kpfw. „Tiger" P weitergeführt. Insbesondere wurden anstelle der Vergaser Benzineinspritzpumpen angebaut, wodurch Leistung und Verbrauch erheblich verbessert wurden. Am Einzylindermotor wurden die Verhältnisse der Aufladung geklärt. Der Motor hat heute* ***ohne*** *Aufladung eine Wellenleistung von 370 PS und dürfte mit Aufladung eine Dauerleistung von rd. 500 PS erreichen. Aus diesem Grunde erscheint es geboten, auch diese Arbeiten beschleunigt zu Ende zu führen, damit so der z.Zt. fehlende Motor von rd. 500 PS geschaffen wird.«*[83]

Das heißt, dass mindestens ein 10-Zylinder-Benzinmotor mit Einspritzung gebaut wurde (abgeleitet vom 1,5 Liter Einzylinder Typ 193 – d. A.). Mit Aufladung entstand jedoch nur ein 1,5-Liter-Einzylinder-Prüfmotor.

[83] PA, Aktennotiz vom 15.10.1943.

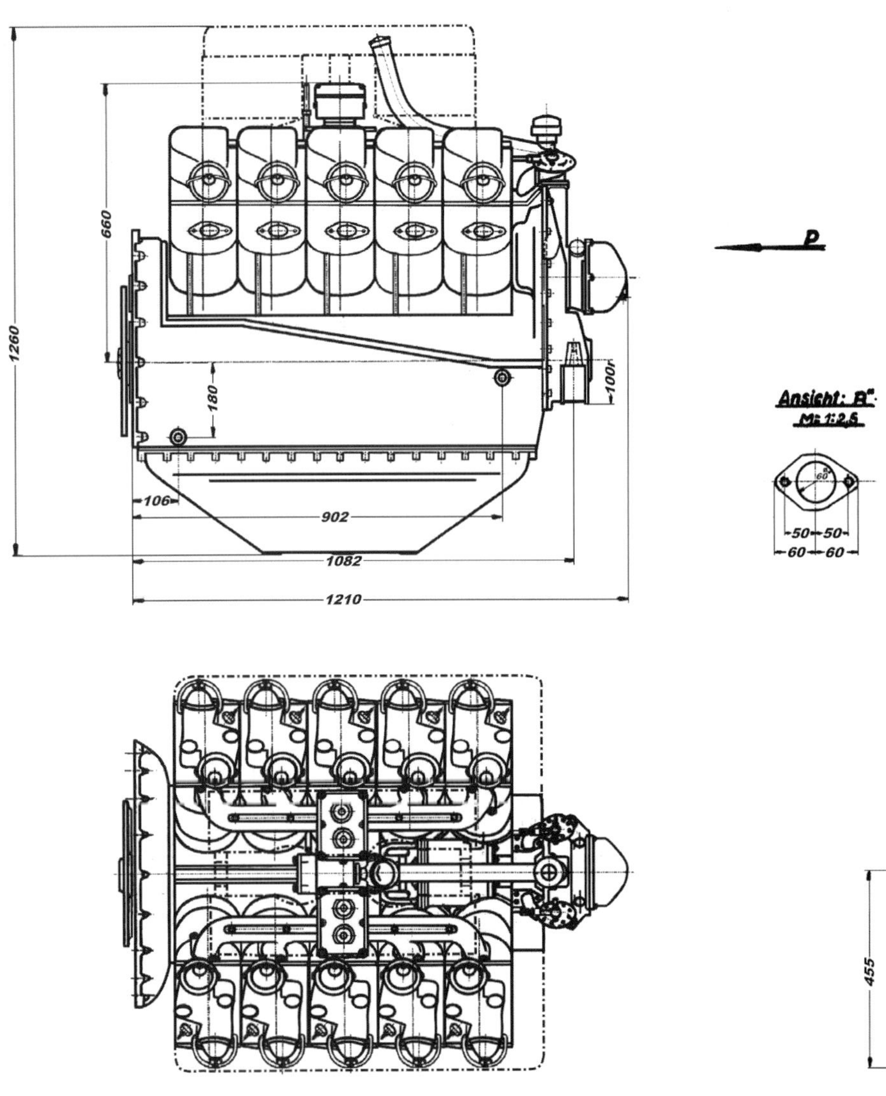

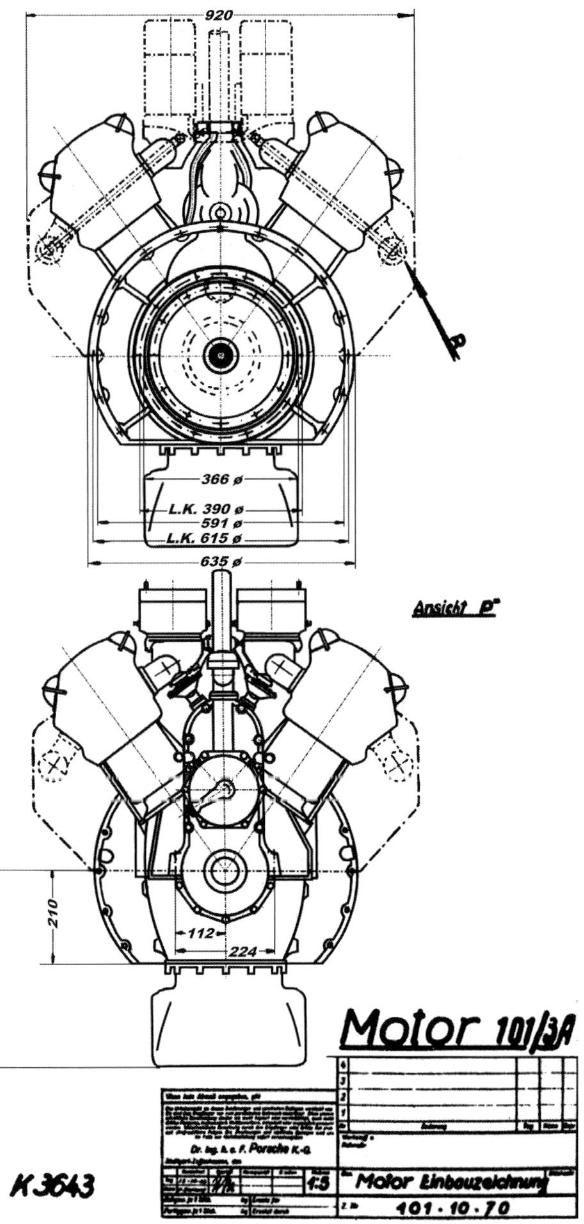

Der Motor Typ 101/3A mit der auffälligen Luftfilterbatterie. Basis für den Einspritzmotor. (PA)

Bilder vom 10-Zylinder-Vergasermotor Porsche-Typ 101/3 A, auf dessen Basis später der Benzineinspritzer entstand. Markant der neue Luftfilter auf den beiden Doppelvergasern. (PA)

Damit hatte die gemeinsame Motorentwicklung der luftgekühlten 10-Zylinder-Motoren von Porsche, Steyr und Simmering-Graz-Pauker seinen Abschluss gefunden.

Aus dem Bedürfnis heraus, das Leistungsgewicht der schweren Panzer-Kampfwagen anzuheben, entstanden während des Krieges interessante Motorenentwicklungen, an denen sich auch die Firma Porsche beteiligte.

Während die Maybach-Triebwerke der Panzerkampfwagen wassergekühlt waren, beruhten die Panzermotoren von Porsche auf luftgekühlten Aggregaten. Die deutsche Heeresleitung wünschte für Panzerfahrzeuge zunächst ausschließlich Vergasermotoren, da die einschlägige deutsche Industrie feststellen musste, dass synthetischer Dieseltreibstoff praktisch nicht hergestellt werden konnte. Diese Bedenken wurden erst Mitte 1942 gegenstandslos, weil von da an der synthetische Dieselkraftstoff in ausreichender Menge produziert werden konnte. Ab diesem Zeitpunkt wurde die Entwicklung von Panzer-Dieselmotoren forciert.

Porsche hatte ab 1942 einen luftgekühlten Dieselmotor mit 650 PS Leistung zu entwickeln begonnen, der gegen den Maybach »HL 230«-Motor ausgetauscht werden und in vorhandene Panzerfahrzeuge eingebaut werden konnte.

Bei der Simmering-Graz-Pauker AG wurden zwei Versuchsmotoren gebaut und erprobt. Diese Firma in Wien hatte Prüfstände für diese Großtriebwerke entwickelt und die gesamte Versuchsentwicklung übernommen. Unter anderem waren von der Firma Porsche zusammen mit der Firma Simmering folgende Einzylinder-Prüfmotoren für die Verwendung in Panzerfahrzeugen untersucht worden:

- Typ 117: Einzylinder-Versuche für den Typ 101, Zylinder-Kopf-Ausführung 1, Kraftstoff Benzin, System Vergaser, Hubraum 1,5 Liter.
- Typ 119: Einzylinder-Versuche für den Typ 101/3, Zylinder-Kopf-Ausführung 2, Kraftstoff Benzin, System Vergaser, Hubraum 1,5 Liter.
- Typ 158: Einzylinder-Versuche für den Typ 101 als Dieselmotor, System Direkt-Einspritzung, Hubraum 1,5 Liter.

- Typ 159: Einzylinder-Versuche für den Typ 101 als Dieselmotor, System Vorkammer Simmering, Hubraum 1,5 Liter.
- Typ 191: Einzylinder-Versuche für den Typ 190, der Dieselvariante des Typ 180, System Vorkammer Simmering, Hubraum 1,64 Liter.
- Typ 192: Einzylinder-Versuche nach Umbau aus dem Typ 191 für den Typ 205, Kraftstoff Diesel, Hubraum 2,3 Liter.
- Typ 193: Einzylinder-Versuche für den Typ 101/4 mit Benzineinspritzung, Hubraum 1,64 Liter.
- Typ 212: Einzylinder-Versuche für den luftgekühlten 16-Zyl.-Motor in X-Bauweise, Kraftstoff Diesel, Hubraum 2,3 Liter.
- Typ 213: Einzylinder-Versuche für den luftgekühlten 16-Zyl.-Motor in X-Bauweise, Kraftstoff Diesel, Hubraum 3,0 Liter.

Der Dieselmotor Sla 16 in X-Bauform ohne die Luftleitbleche und den Turboladern. (PA)

Der 16-Zylinder-Dieselmotor Sla 16 komplett mit Luftfilter, Luftleitblechen und Turboladern. (PA)

Aus der 2,3-Liter-Einheit Typ 192 wurde ein 16-Zylinder-Dieselmotor in X- oder Doppel-V-Form mit 135° Zylinderwinkel entworfen. Diese Entwicklung mündete zum Ende des Krieges in den 36,8 Liter-Dieselmotor Sla 16 (Simmering-luftgekühlt-aufgeladen-16-Zylinder – d. A.) mit einer Leistung von 720 bis 800 PS bei 2000 U/min. Die Luftkühlung des Sla 16 erfolgte durch zwei Gebläse, die bei 4100 U/min je 6000 Liter/Sekunde an Luft abführen konnten. In diesem Luftstrom lagen auch auf jeder Seite zwei Ölkühler. Der Leistungsbedarf der Lüfter betrug 80 PS. Als Novum besaß der Motor zwei Abgasturbolader vom System Buechi Brown-Boveri. Deren maximale Drehzahl

Der aufgeschrumpfte Zylinderkopf und das geschweißte Motorgehäuse des Sla 16. (PA)

betrug 28.000 U/min. Damit konnte ein maximaler Ladedruck von 1,33 atü sowie eine maximale Fördermenge pro Turbolader von 510 Liter/Sekunde erreicht werden.

Der Luftfilter, ein Wirbelfilter, bestand aus 144 Zellen. Das Verbrennungssystem funktionierte nach dem patentierten Vorkammerverfahren der Simmering-Graz-Pauker AG.

Dieser Motor war als Ersatz für den Maybach-Benzinmotor HL 230 der Panzerkampfwagen »Panther« und »Tiger« (B) vorgesehen, wobei die Motordrehzahl des Sla 16 an die 3000 U/min des Maybach-Motors mittels Übersetzung angepasst werden musste. Porsche plante zudem die Verwendung dieses Motors im Porsche Typ 180. Aus dem Porsche Typ 213 wurde mit seinem vergrößerten Hubraum ein 48-Liter-Dieselmotor Sla 16 mit einer Leistung von 1500 PS bei 2500 U/min. Damit besaß Porsche eine Alternative für den Panzerkampfwagen »Maus« und den »E-100«.

Ergänzt wird dieses Kapitel um das Stromaggregat vom Porsche Typ 141. Die Abwärme des aus dem VW-Motor entwickelten Zweizylinder-Motors diente zum Beheizen des Kampfraumes. Der über Keilriemen angetriebene 3-kW-Generator hatte die Batterien aufzuladen, wenn die Hauptmotoren nicht liefen. Die zwei Haupt-Batterien ermöglichten, neben dem Anlassen der Hauptmotoren, den Betrieb des Turmschwenkwerkes im Stand. Die erzeugten 24-Volt waren des Weiteren notwendig, um die Erregerspannung für die Generatoren und Elektromotoren zu liefern.

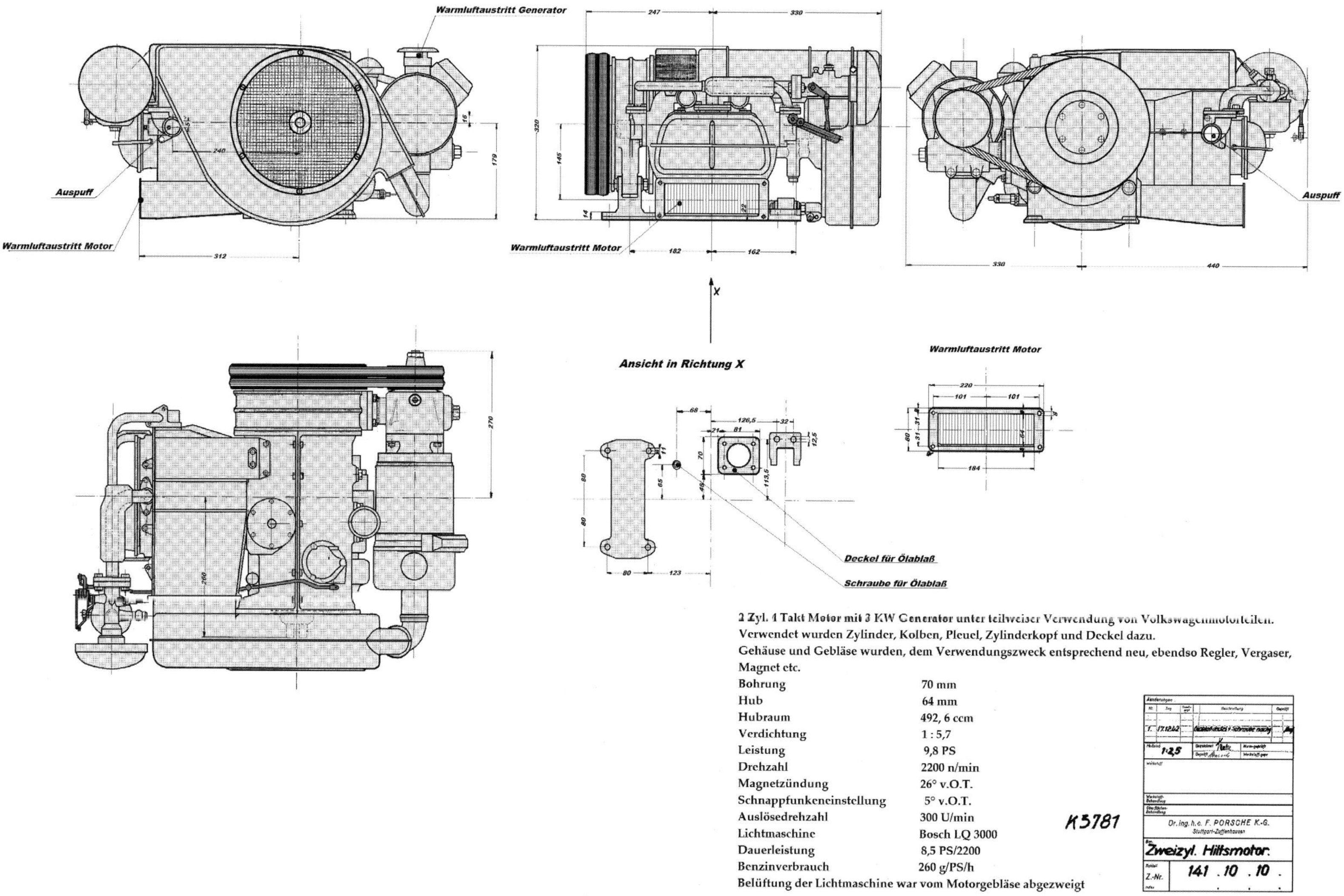

Der Hilfsmotor vom Typ 141, der vom prinzipiellen Aufbau ein halber VW-Motor war. (PA)

Der elektrische Antrieb

Der elektrische Antrieb benötigte pro Fahrzeug etwa 940 kg des streng kontingentierten Kupfers. Die beiden Gleichstromgeneratoren waren eigenbelüftet und besaßen dazu ein Lüfterrad auf der Rotorwelle. Die mögliche Generator-Dauerleistung betrug 250 kW bei 2500/3000 U/min, was 385 Volt bei 650 Ampere entsprach. Bei 325 Volt und 650 Ampere wurde eine Dauerleistung von 210 kW erreicht. Ein Generator mit der Bezeichnung aGV 275/24 besaß einen Durchmesser von 650 mm, war 825 mm lang und wog etwa 914 kg.

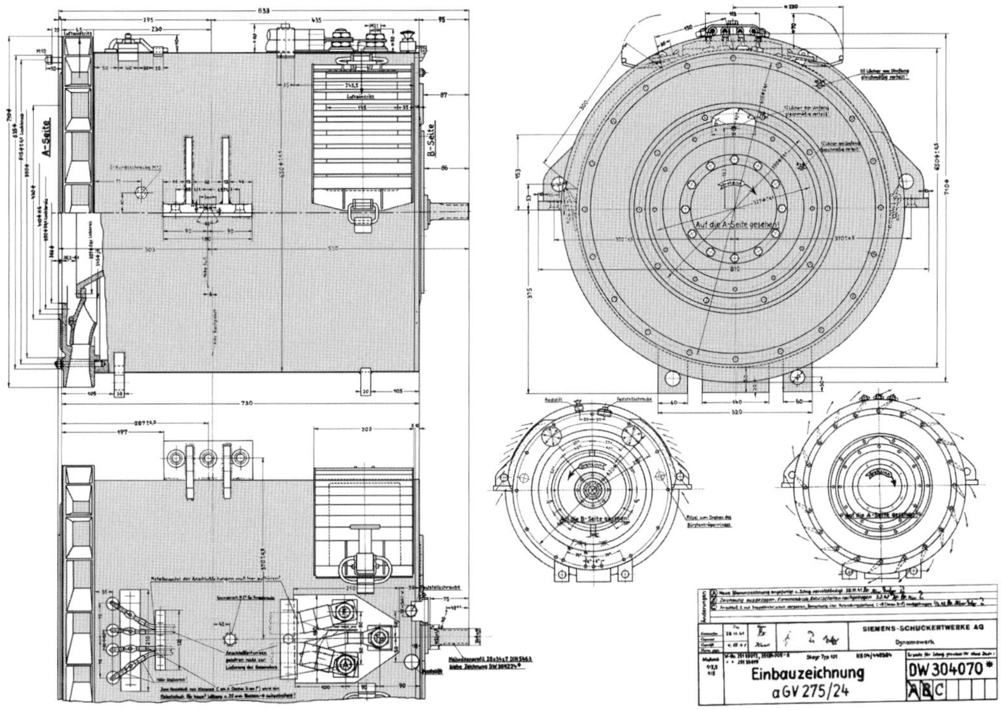

Einbauzeichnung des aGV 275/24.

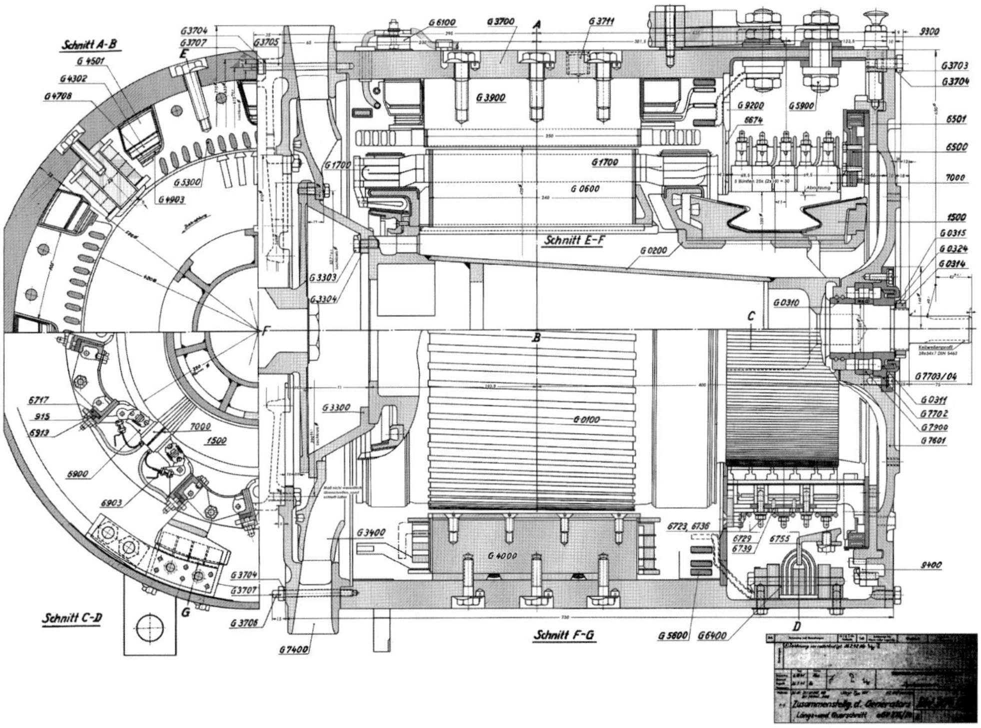

Zusammenstellung des Generators.

Die beiden Gleichstrom-Elektromotoren vom Typ D 1495a besaßen einen Durchmesser von 650 mm und waren 850 mm lang. Die maximale Leistung betrug 230 kW bei 1300 U/min. Beide Motoren waren eine Einheit, in deren Mitte sich eine Außenbackenbremse als Feststellbremse befand. Ein Motor wog etwa 1130 kg. Wie auch die Generatoren mussten die Motoren mit 24 Volt fremderregt werden. Belüftet wurden die Motoren vom Luftstrom der Verbrennungsmotoren.

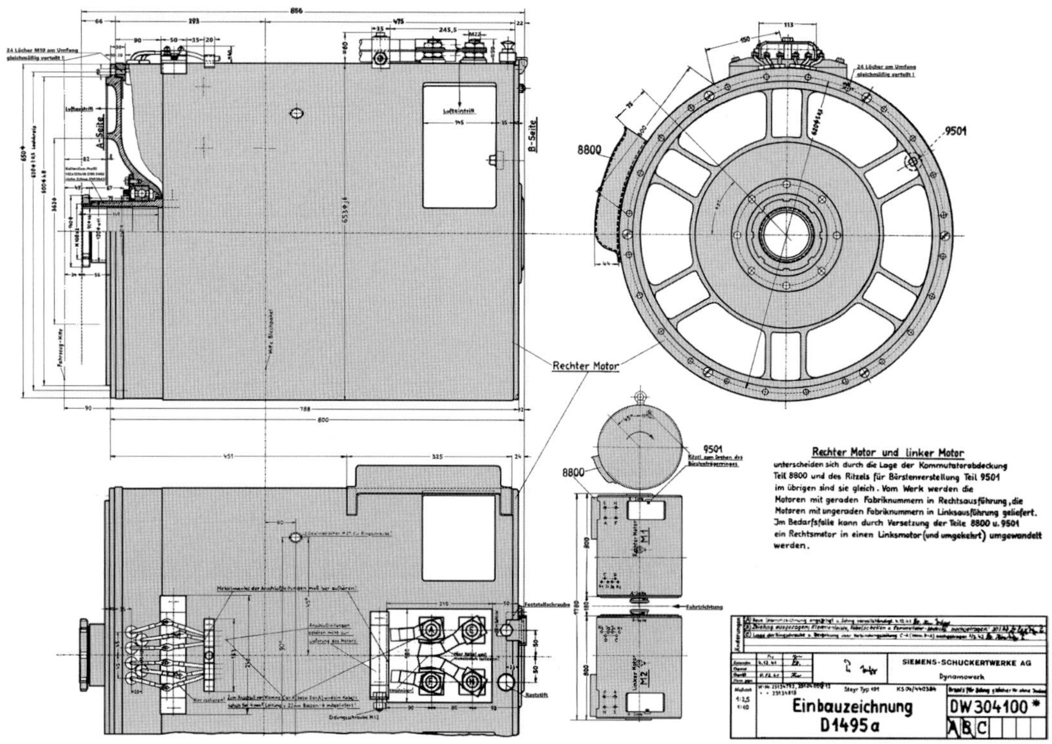

Einbauzeichnung und Motor D 1495a.

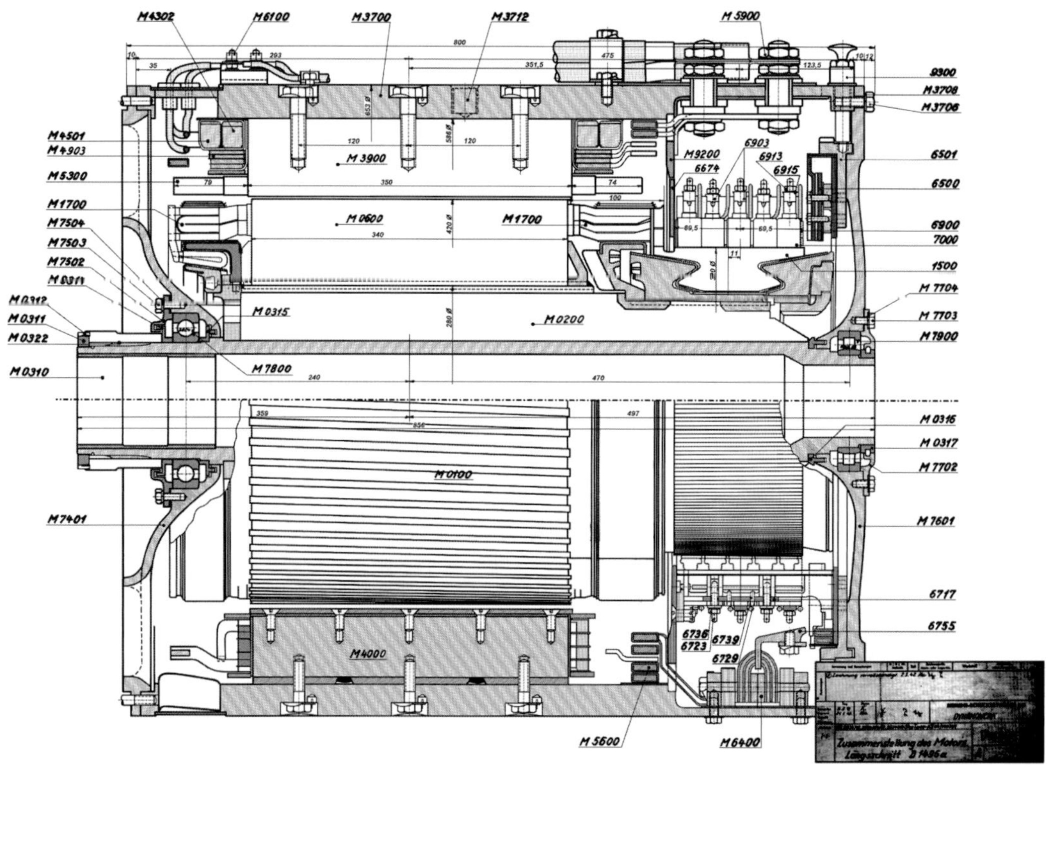

Zusammenstellung des Motors 1495a.

Beide Elektromotoren eingebaut im Heck des »Tiger« (P)-Fahrgestells. Beide Motoren waren prinzipiell untereinander austauschbar. Es mussten dazu nur die Anschlüsse gedreht werden. In der Mitte die Feststellbremse des Fahrzeugs. (B)

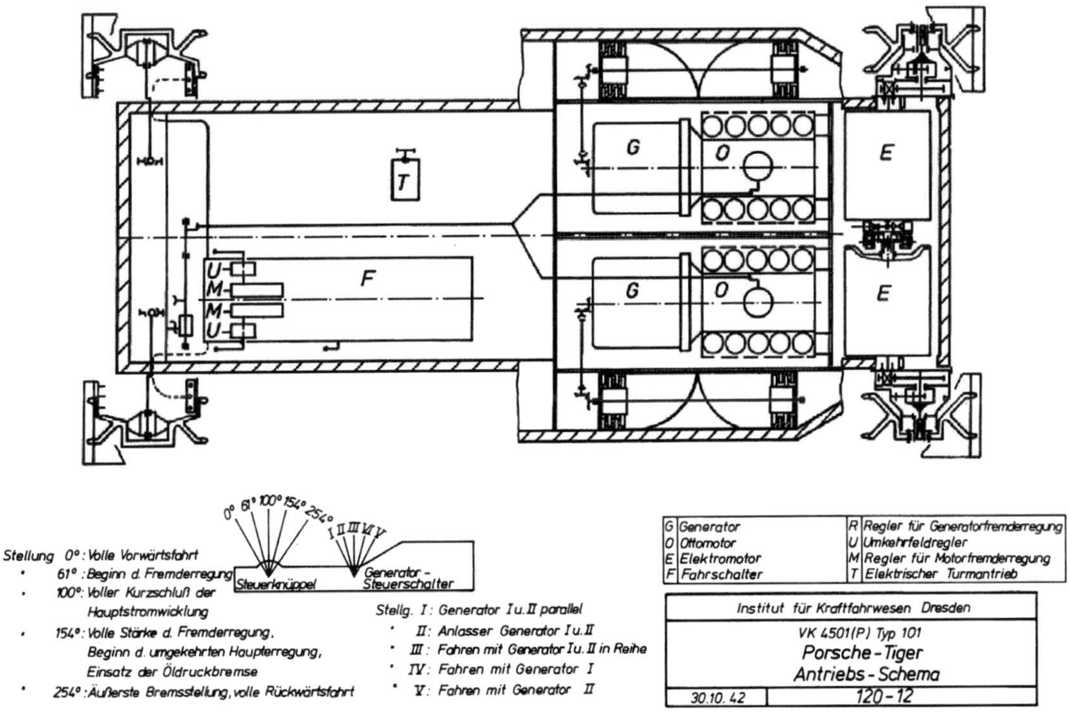

Das Antriebschema des Porsche-Tigers Typ 101. (TU)

Das Herzstück der Antriebssteuerung war der Fahrschalter. Er befand sich unter dem Fahrersitz. Der Hauptfahrschalter samt Generatorschalter wog etwa 228 kg. Er setzte sich aus dem linken und dem rechten Umkehrfeldregler, den beiden Lenkhebeln mit den Gestängen und den Bremsventilen zusammen.

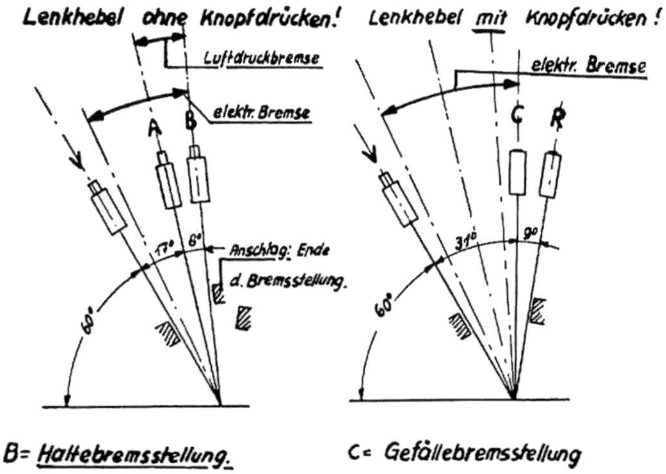

Bremse.

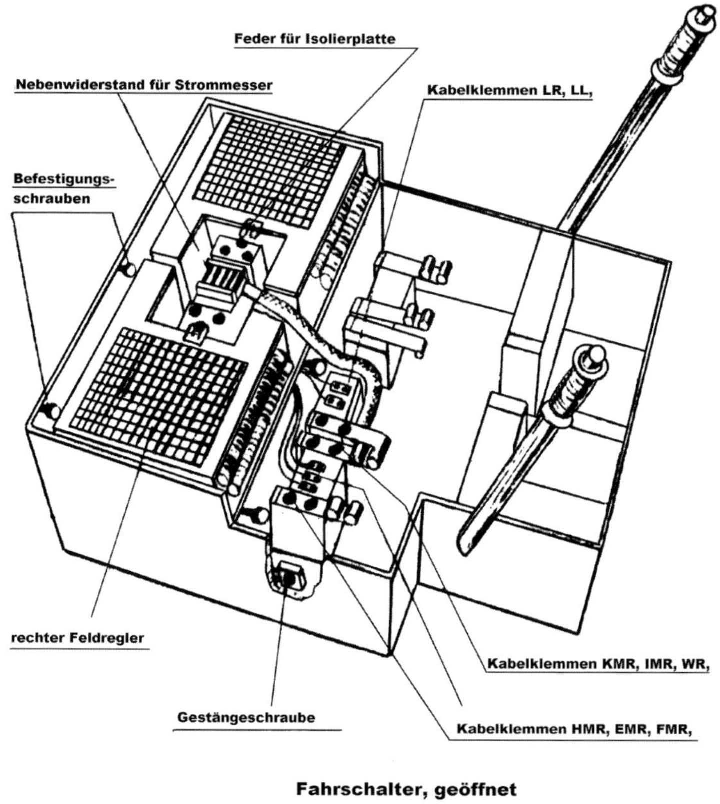

Fahrschalter.

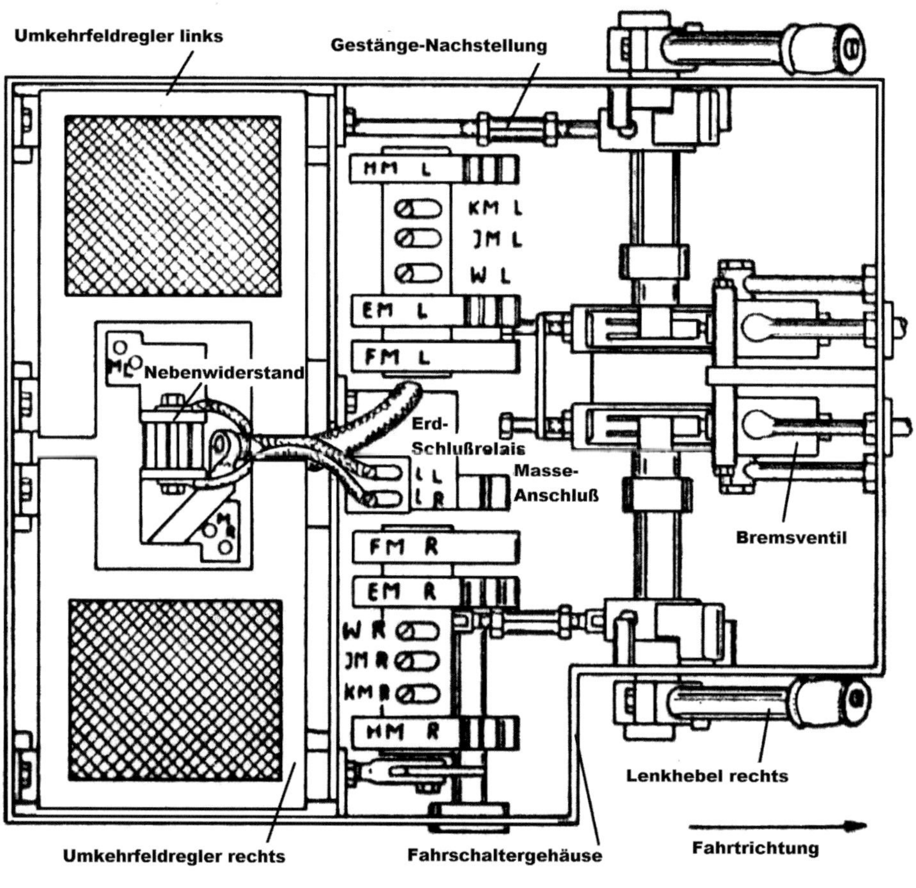

Klemmen am Fahrschalter

Die Gestänge wirkten auf die beiden Feldregler, je nachdem, ob gefahren oder gebremst wurde. Auch die Rückwärtsfahrt wurde von der Stellung der Lenkhebel bestimmt. (D 656)

Feldregler. (D 656)

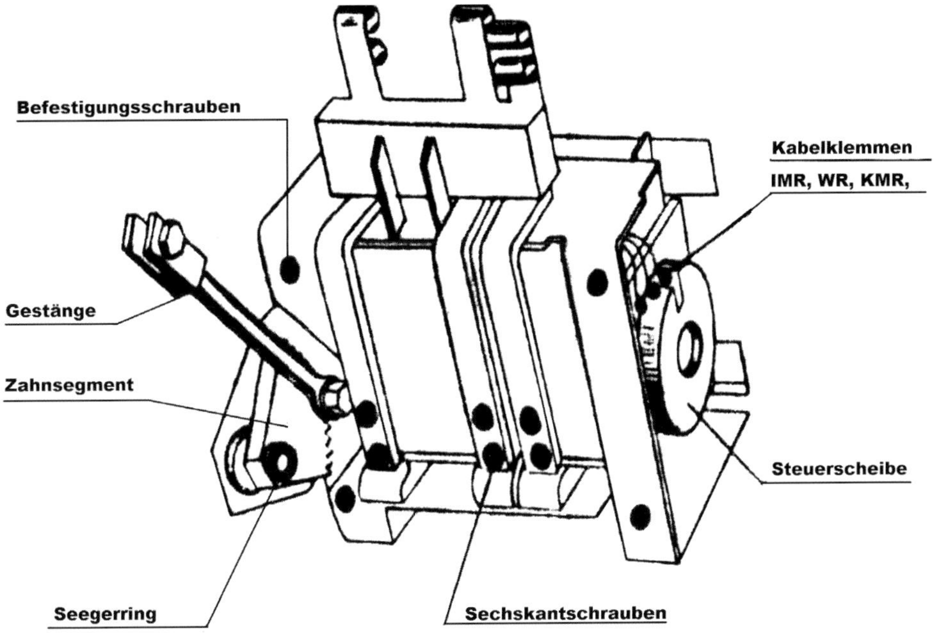

Feldregler im Gestell

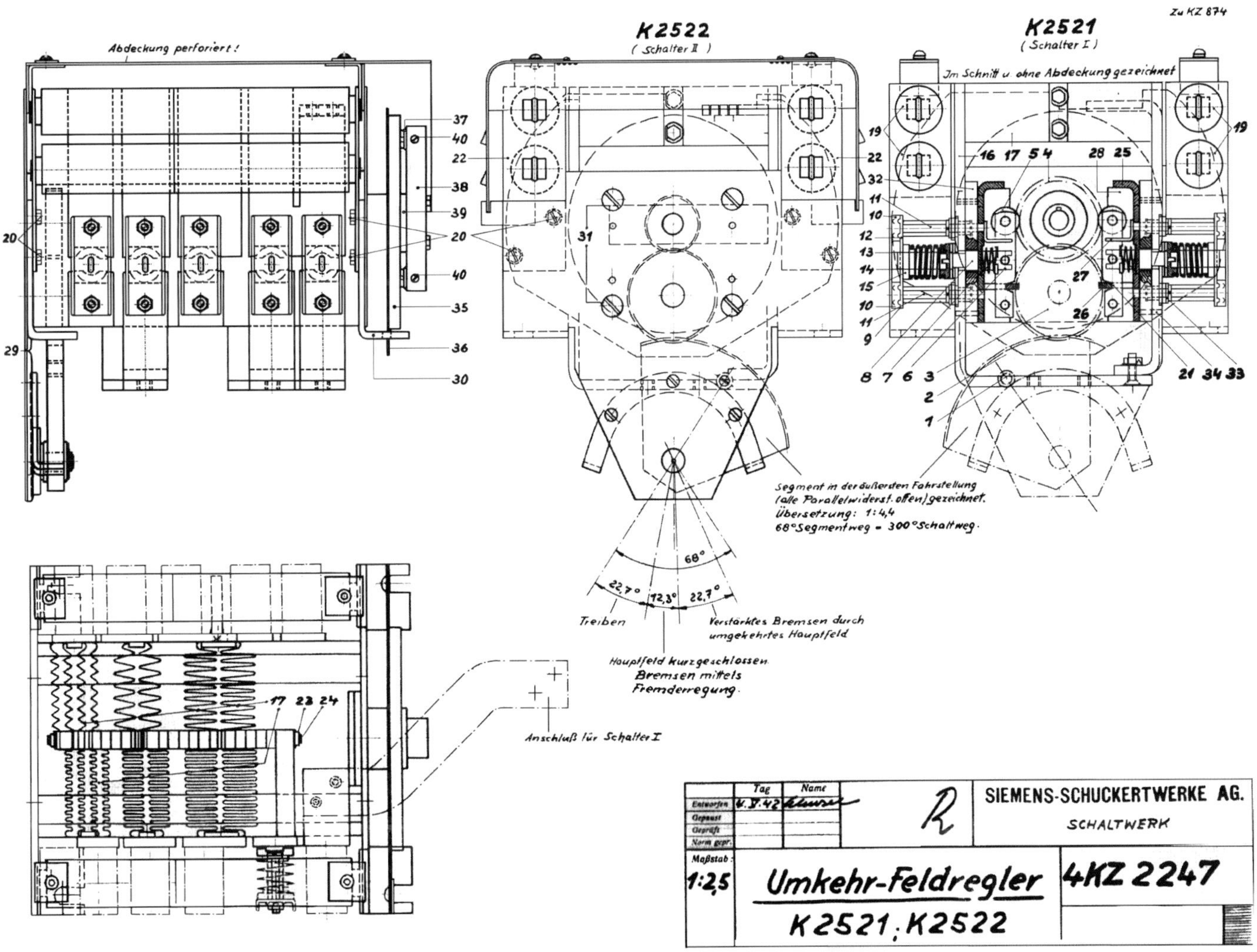

Umkehrfeldregler.

Wenn sich beide Lenkhebel vorn befanden, fuhr das Fahrzeug mit maximaler Geschwindigkeit vorwärts. Ab der Hebelstellung von 61° erfolgte die Fremderregung und damit das Abbremsen. Ab der Hebelstellung von 154° begann die umgekehrte Haupterregung, das bedeutet, dass die Motoren zum Rückwärtslauf geschaltet wurden. Zeitgleich setzte die druckluftverstärkte hydraulische Fahrbremse ein. Die maximale hintere Stellung lag bei 254° und war die äußerste Bremsstellung. Nach Drücken der Knöpfe auf den Lenkhebeln erfolgte in dieser Stellung auch die Rückwärtsfahrt.

Der Schaltkasten mit dem Drehzahlschalter, dem Drehschalter, dem Vorwählschalter und dem Regler für die Fremderregung befand sich rechts neben dem Fahrer. Mit

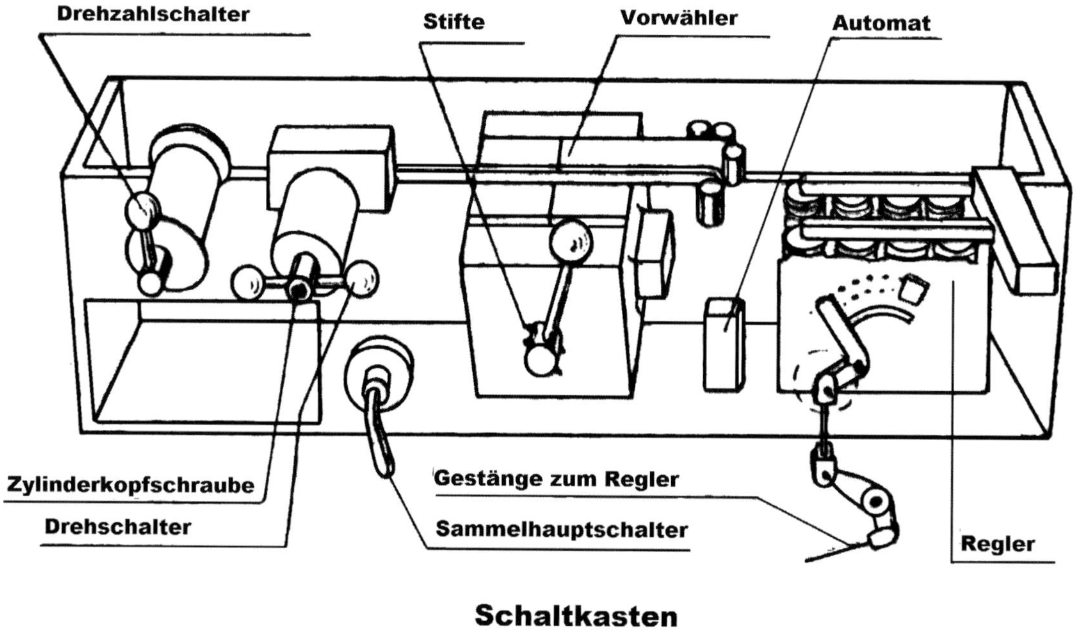

Schaltkasten. (D 656)

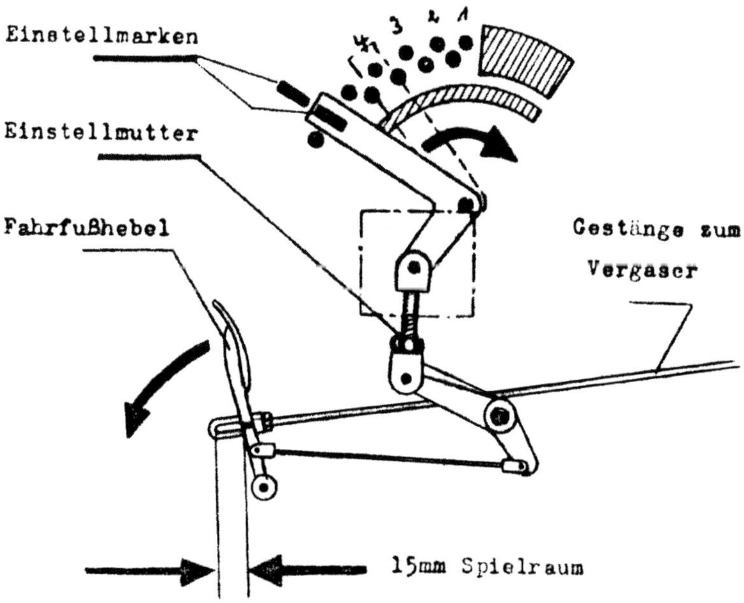

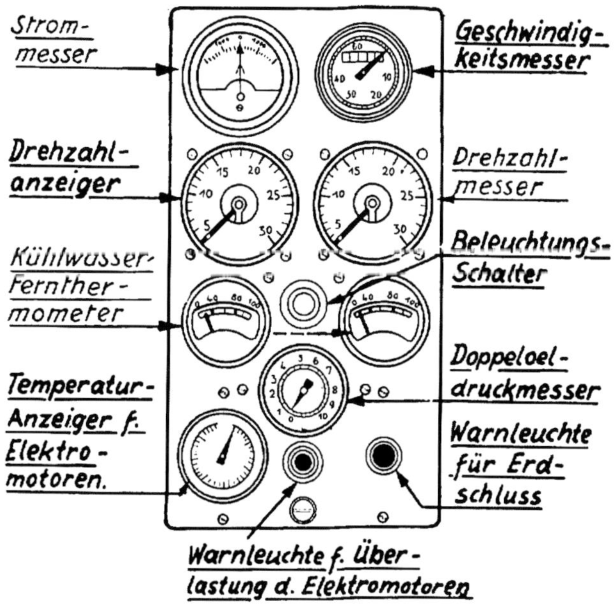

Der Hebelvorrichtung des Reglers. Das Armaturenbrett des Panzerjägers (P) war erkennbar an den Kühlwasser-Thermometern für die beiden Maybach-Motoren HL 120. Es befand sich links vom Fahrer in der dort vorhandenen Nische. (D 656)

dem Drehzahlschalter wurde die Fahrbelastung eingestellt. Die Stellung 1 war für schweres Gelände, Stellung 2 für mittelschweres Gelände und Stellung 3 für leichtes Gelände bzw. Straßenfahrt vorgesehen. Der Drehschalter konnte zur Inbetriebnahme nur ein- oder ausgeschaltet werden. Der dritte Schalter war der Vorwähler für den Generator-Steuerschalter.

Das letzte Schaltelement war der Regler. Dieser war mit dem Fahrpedal verbunden und gab die Fahrbefehle zum einen an die beiden Generatoren als Fremderregung, zum anderen über das Gasgestänge an den Vergaser weiter. Daneben befanden sich noch der Batteriehauptschalter sowie die Elemente der Kleinspannungsanlage, wie Steckdose, Ladekontrollen der Lichtmaschinen, Abblend-

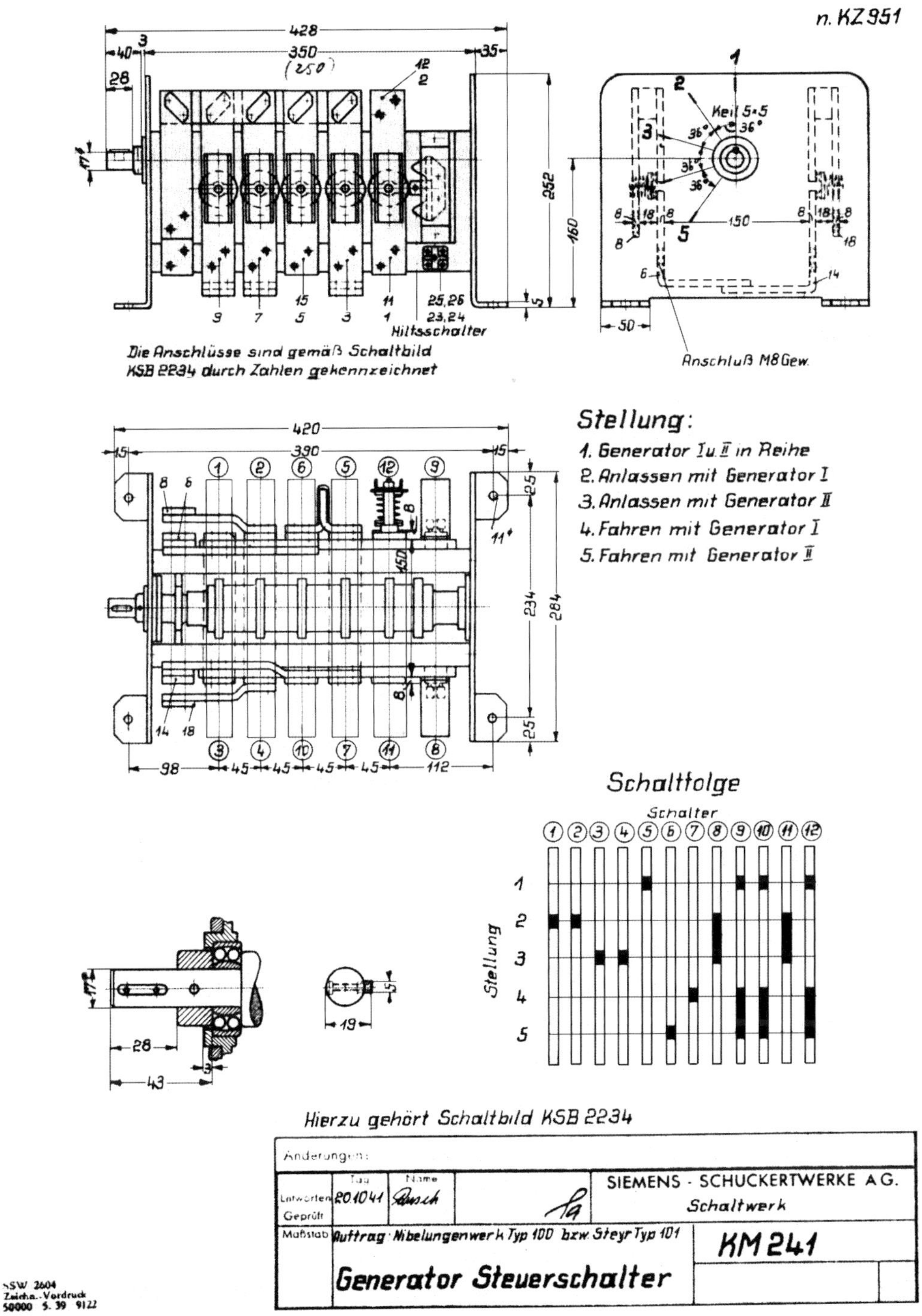

Generator-Steuerschalter.

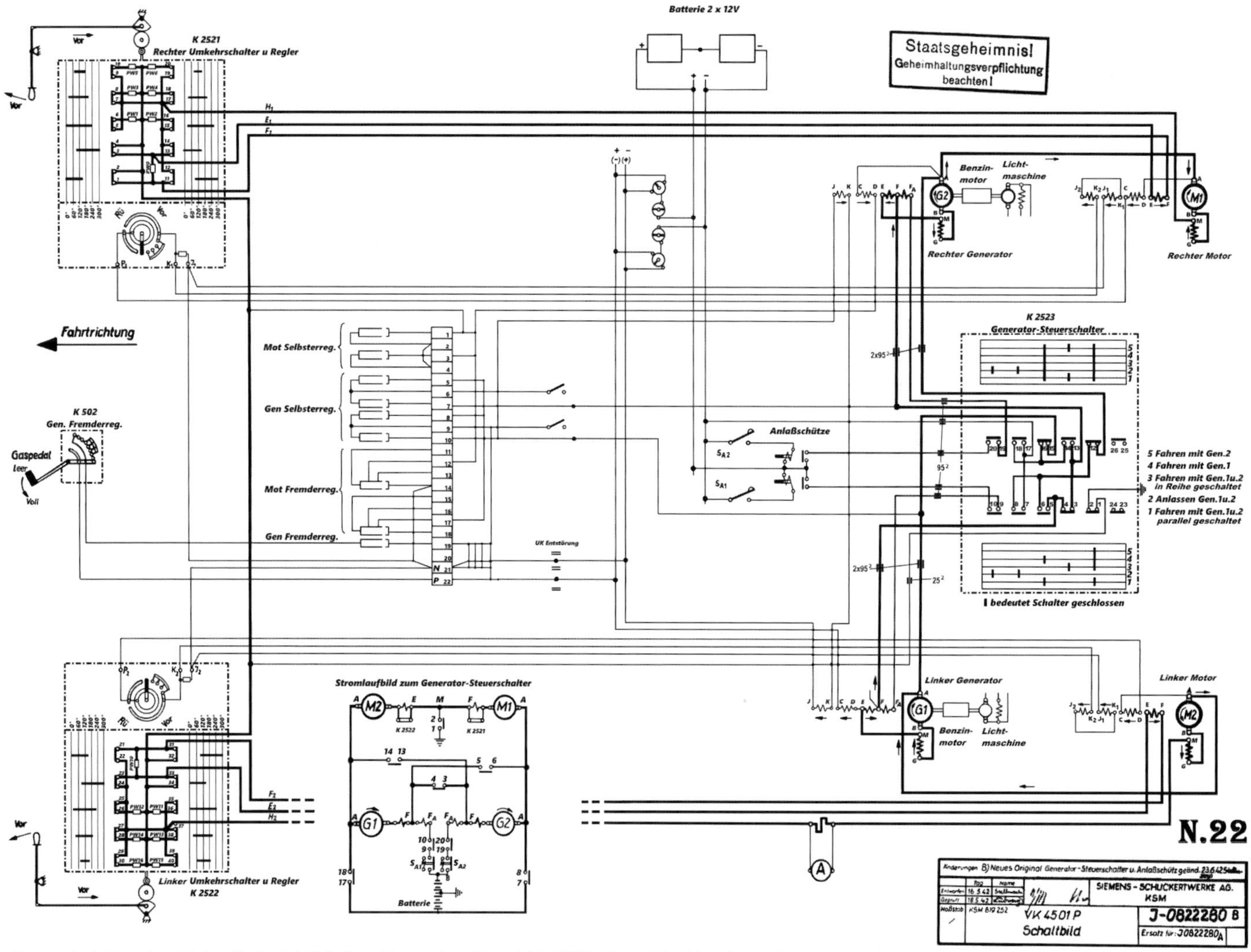

Das elektrische Fahr-Schaltbild des Porsche Typ 101 (VK 4501 P). Die Schaltung des Steuerschalters wurde später im Panzerjäger (P) »Ferdinand« erneut geändert. Die neue Stellung 1 war die Fahrstellung, die Stellung 2 war der Leerlauf, die Stellung 3 war das Fahren nur mit dem linken Motor, Stellung 4 war das Fahren nur mit dem rechten Motor. (PA)

und Rücklichtschalter. Auf der Rückseite des Schaltkastens befanden sich die Sicherungen für die 12-Volt-Anlage. Das Armaturenbrett befand sich neben dem Fahrer vorn rechts.

Die Schaltfolge bzw. Stellung des Generator-Steuerschalters wurde zum Unterschied des obrigen Plans vom Oktober 1941 am 23. Juni 1942 derart geändert, das in **Stellung 1** Generator I und II nicht in Reihe, sondern parallel geschaltet wurden. In **Stellung 2** wurde nicht mehr nur mit Generator I der Verbrennungsmotor angelassen, sondern mit beiden Generatoren. In **Stellung 3** entfiel die Funktion des Anlassens des Generators II und beide Generatoren wurden damit in Reihe geschaltet. Die **Stellung 4** behielt die Funktion Fahren mit Generator I, genauso wie die **Stellung 5** das Fahren mit Generator II bedeutete. Damit konnte im Havariefall nur mit einem Verbrennungsmotor gefahren werden. Dies geschah natürlich nur mit halber Kraft.

Für das elektrische Turmschwenkwerk vom Typ aG 56n von Siemens verwendete Porsche einen sogenannten Leonard-Satz. Für den 10-t-schweren Turm war die Bordspannung von 12 bzw. 24 Volt nicht ausreichend, da die dafür benötigte Stromstärke große Kabelquerschnitte voraussetzte. Um beherrschbare Kabelquerschnitte zu verwenden und die Drehzahl des Schwenkmotors besser steuern zu können, musste die Spannung erhöht werden. Zum damaligen Stand der Technik erfolgten das Umformen der Spannung und die Drehzahlregelung mit Hilfe eines Leonard-Satzes. Dabei treibt der 24-Volt-Gleichstrommotor (Regelmotor) einen auf der gleichen Welle sitzenden fremderregten Gleichstromgenerator (Steuergenerator) an. Auf der gleichen Welle befindet sich ein Gleichstrom-

Nebenschluss-Generator, der sogenannte Erregergenerator. Mit dieser Schaltung wird dem Gleichstrom-Regelmotor eine regulierbare Ankerspannung zugeführt und damit die Drehzahl bei gleichbleibendem Drehmoment geändert. Dabei vollzieht sich der Vorgang vollkommen unabhängig von der Belastung des Regelmotors. Die erforderliche Fremderregung liefert der Erregergenerator[84].

Die Funkanlage bestand aus dem standardisierten Funkgerätesatz Fu 5. Zu diesem Satz gehörten ein UKW-Empfänger und ein 10-Watt-Sender. Für die Gerätespannungsversorgung standen drei Umformer zur Verfügung. Diese rotierenden Spannungswandler hatten die Aufgabe, die notwendige Spannung von 12 Volt der beiden Fahrzeug-Batterien auf 130 Volt für die beiden Empfänger und auf 350 Volt für den 10-Watt-Sender umzuformen. Die dazu verwendeten Einanker-Umformer ähnelten dem Prinzip des Leonard-Turmschwenkwerkes.

Ein Beispielbild eines Drei-Maschinen-Satzes als Leonard-Umformer. (ETW)

Der zum Funkgerätesatz Fu 5 gehörende Ukw.E.e (Empfänger) und der 10W.S.c (Sender). In dem Fall sind beide Geräte »Gelbstrichgeräte«, bei denen der Empfänger als Verstärker und der Sender zur Spannungsversorgung der Kehlkopfmikrofone der Bordsprechanlage Z von Kommandant und Fahrer/Funker genutzt wurde.

[84] VEB Elbtalwerke Heidenau, 3-Maschinen-Sätze.

Funk- und Bordsprechanlage im Pz. Kpfw. VI (P_1)

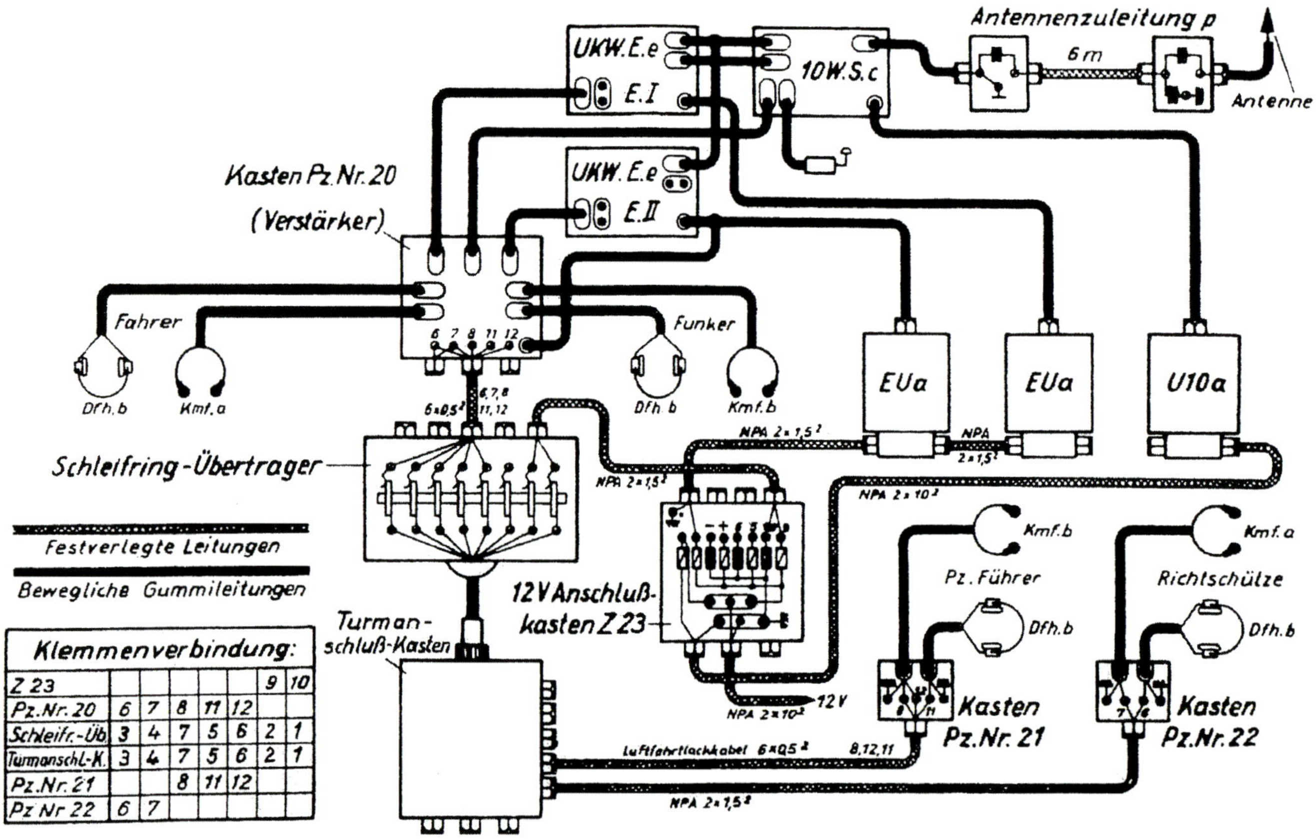

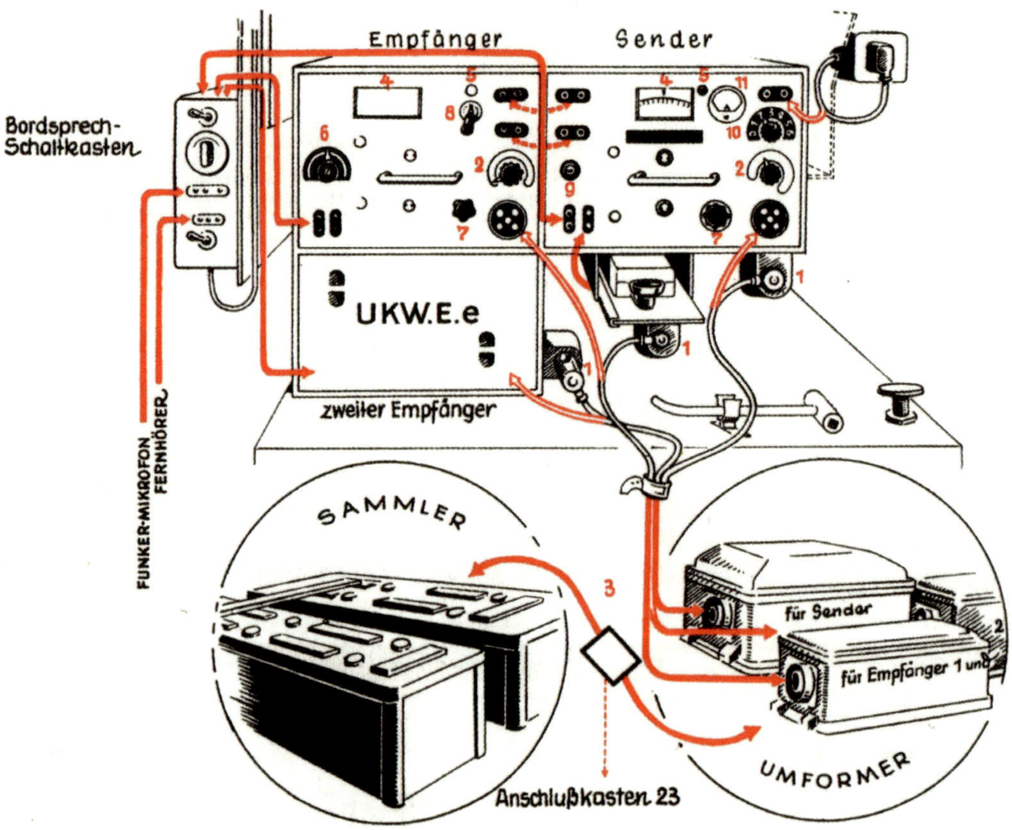

Die Prinzip-Schaltung der Funk- und Bordsprechanlage des Porsche-Tigers. Der Schleifringübertrager sowie der Turmanschlusskasten waren die wesentlichen Unterschiede zum Henschel-Tiger. (1008/1)

Der hydraulische Antrieb

Wie schon anfangs beschrieben, sah Professor Porsche neben dem favorisierten elektrischen auch in dem hydraulischen Antrieb eine Möglichkeit, ein schweres Panzerfahrzeug ohne Zugkraftunterbrechung auch im schweren Gelände zu bewegen. Die Hydrauliktechnik hatte Ende der dreißiger Jahre bemerkenswerte Fortschritte gemacht. Der Wirkungsgrad entsprach mit 85 bis 90 % in etwa dem des elektrischen Antriebes zu dieser Zeit. Im Gegensatz zum elektrischen Antrieb besaß der hydraulische Antrieb den Vorteil der besseren Kühlmöglichkeit. Das Medium Hydraulikflüssigkeit konnte zur Ableitung der Verlustwärme über Ölkühler genutzt werden, die sich leicht in den Motorkühlkreislauf integrieren ließen. Die elektrischen Wicklungen besaßen eine solche Möglichkeit nicht. Im Gegenteil, die Wicklungen mussten noch mit einem Isolator umgeben werden, der eine schnelle Wärmeabfuhr verhinderte.

Für eine bessere Wärmeabfuhr durch den Luftstrom musste dadurch die Oberfläche vergrößert werden, was wiederum die Menge an Kupfer und das Gewicht nach oben trieben. Damit waren der Wärmeabfuhr bei der elektrischen Kraftübertragung sehr enge Grenzen gesetzt. Dies stellte vor allem im Panzer ein sehr großes Problem dar, da bedingt durch den möglichst geschlossenen Panzerschutz wenige Belüftungsöffnungen zur Verfügung standen. Ein weiteres Problem war, dass bei niedriger Geschwindigkeit besonders hohe Ströme durch die Wicklungen flossen, was die zu übertragende Leistung zeitlich begrenzte. Bei der hydraulischen Übertragung war es möglich, die volle Motorleistung dauernd bei kleiner Geschwindigkeit auszunutzen. Vorausgesetzt, dass das hydraulische System ordnungsgemäß gekapselt war, ergab

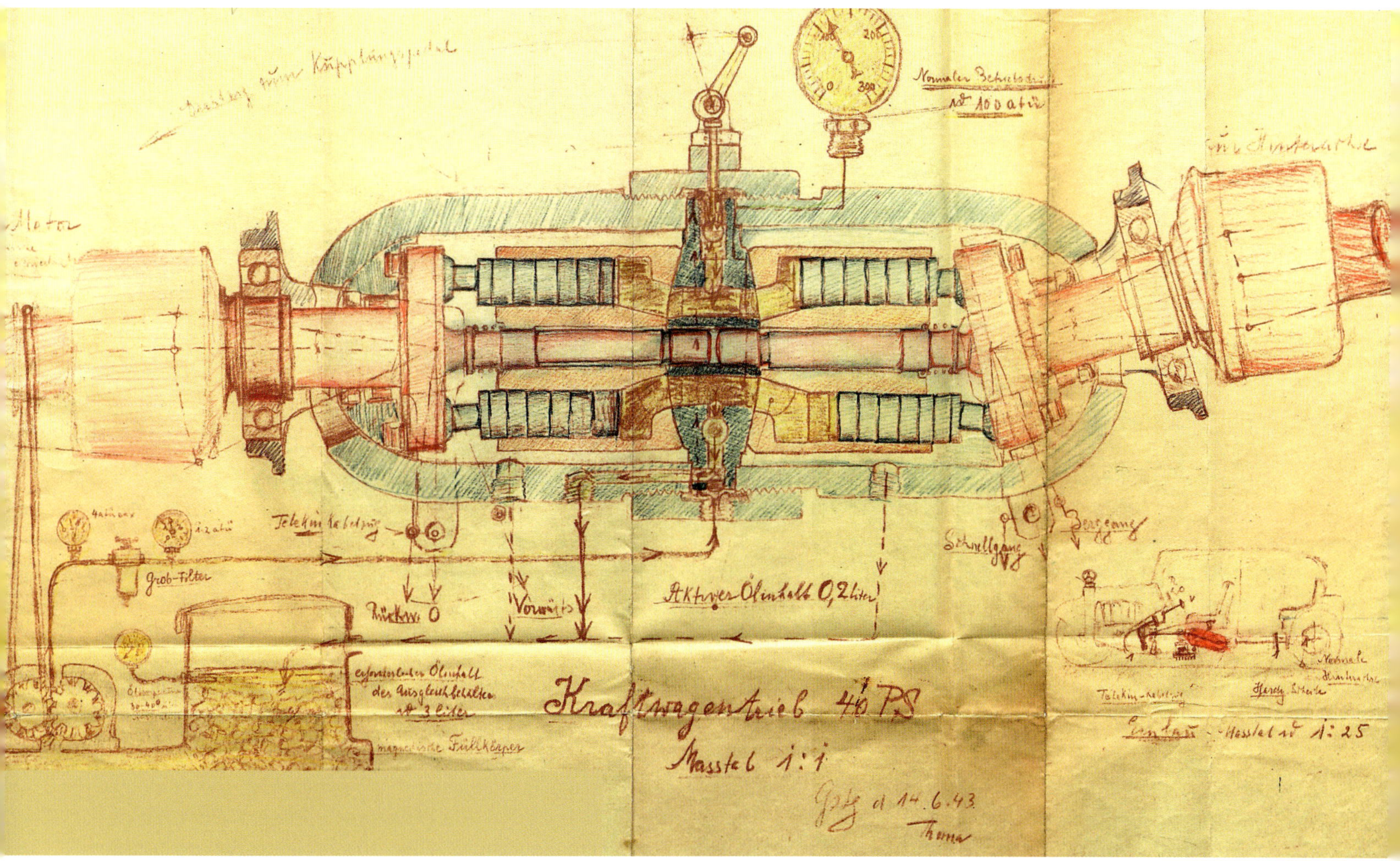

Die Funktionszeichnung des hydrostatischen Antriebs von Professor Thoma. (BAMA)

Das Fahrzeug mit hydrostatischem Antrieb existiert noch heute in Aberdeen, USA.

sich ein weiterer Punkt zugunsten der Hydraulik, denn das System war, im Gegensatz zum elektrischen Antrieb, unempfindlich gegen äußere Einflüsse wie Nässe und Staub. Professor Porsche nahm deshalb den hydraulischen Antrieb mit in das Panzerprojekt auf. Dabei kamen zwei Arten von Hydraulik-Antrieben in Betracht. Das erste System war der hydrostatische Antrieb. Dazu gab es am 2. Februar 1942 ein Treffen mit Professor Thoma aus Karlsruhe, der seinen Entwurf eines Axialkolbengetriebes mit schwenkbaren Zylindern vorstellte. Er betonte dabei die Vorteile dieses Tandemgetriebes gegenüber dem hydrodynamischen Getriebe, da der Verlauf des Wirkungsgrades bei seinem hydrostatischen Getriebe einen wesentlich flacheren Verlauf hatte und sich damit ein größerer und günstigerer Nutzungsbereich ergab. Praktisch bedeutete dies, dass für die Anfahrt mit dem hydrodynamischen System eine hohe Drehzahl und Motorleistung erforderlich war, während das hydrostatisch betriebene Fahrzeug spielend leicht im Standgas und mit niedrigen Motordrehzahlen anfahren konnte.

Dieses System ermöglichte bei minimalem Materialaufwand ein stufenloses Fahren mit großer Antriebsleistung, wogegen das hydrodynamische Getriebe auf Grund der steilen Kurve des Wirkungsgrades eine wirtschaftliche Verwendung über einen größeren Drehzahlbereich ausschloss. So mussten zwei oder drei Drehmomentwandler mit verschiedenen Zahnradübersetzungen nebeneinander gebaut werden, um ein vernünftiges Fahren zu ermöglichen. Warum Professor Thoma Ferdinand Porsche nicht dafür gewinnen konnte, ist leider nicht bekannt geworden. Professor Thoma konnte später dennoch sein System in der Praxis erproben, als das SS-Führungshauptamt ihm die Möglichkeit gab, diesen Antrieb in einem Panzerkampfwagen IV einzubauen.

Professor Porsche entschied sich jedoch bekanntlich für den hydrodynamischen Antrieb von Dr. Voith. Die ersten Gespräche zum Porsche Typ 101 als hydraulische Ausführung fanden schon am 12. Juli 1941 statt. Jedoch hatten Porsche und Voith schon erste Erkenntnisse bei Gesprächen zu dem Projekt Typ 100 sammeln können. Im Zeitraum Januar und Februar 1942 entstanden die Entwürfe für das nun als Typ 102 bezeichnete Projekt. Der prinzipielle Fahrzeugaufbau des Typ 101-Projektes wurde beibehalten. Statt der beiden Generatoren verwendete Porsche für jeden Motor ein Voith-Turbogetriebe »NITA«. Anfang 1942 wurde die Konstruktion auf Anregung von Voith insofern geändert, dass statt zwei einzelner Wandler ein Doppelturbogetriebe G24 mit einem gemeinsamen Lenkgetriebe eingebaut werden sollte. Dies zog jedoch erhebliche Änderungen der schon bei Krupp in der Fertigung befindlichen hydraulischen Wannen nach sich. Dadurch geriet, wie schon beschrieben, die ganze Wannenproduktion bei Krupp und im Nibelungenwerk durcheinander und sorgte für erhebliche Terminverzögerungen.

An dem etwa 800 kg schweren Hydraulikgetriebe befanden sich die beiden Nebenantriebe für die Lichtmaschinen, für den Kompressor sowie für die beiden seitlichen Lüfter-Antriebe. Da die Hydraulikeinheit, auch bedingt durch den mittigen Kardanantrieb, sehr hoch baute, konnte dafür später nicht die verbesserte Motorkühlung mit den Doppelgebläsen verwendet werden. Es blieb im Typ 102 bei den herkömmlichen Gebläsen, welche nur an der Außenseite der beiden Motoren jeweils vorn und hinten saßen und so den Luftstrom von außen nach innen lenkten. Der Antrieb erfolgte über Gelenkwellen. Einen weiteren Nebenantrieb hatte Porsche als Option zum Anschluss einer Kühlmittelpumpe für mögliche wassergekühlte Motoren vom Porsche Typ 130 vorgesehen. Die Übersetzung des zweistufigen Hydraulikgetriebes betrug 1:0,674 im hohen Gang sowie 1:1,875 im niedrigen Gang. Im nachgeschalteten Übertragungsgetriebe betrug die Übersetzung 1:0,797. Der langsamere Not- bzw. Berggang besaß eine Übersetzung von 1:2,7. Die Höchstgeschwindigkeit des 60-t-schweren Panzerkampfwagens entsprach der des elektrischen Antriebs mit 35 km/h.

Der jeweilige 10-Zylinder-Motor vom Typ 101 gab seine Kraft über die Eingangswelle und einem Zahnräderpaar an die Zwischenwelle weiter. Die Eingangswelle trieb neben dem Abtrieb für den Lüfter und der Keilriemenscheibe für Lichtmaschine und Kompressor über Kegelräder die Hydraulikpumpen an. Diese, auf einer Welle sitzenden, drei Pumpen waren die Hauptförderpumpe, die Rückförderpumpe sowie die eingangsseitige Steuerpumpe. Auf der nachfolgenden Zwischenwelle befanden sich die beiden gleich großen hydraulischen Wandlereinheiten. Die notwendige unterschiedliche Übersetzung der beiden Wandlereinheiten erfolgte mit Hilfe von Zahnradpaaren. Am Ende der Zwischenwelle befand sich die ausgangsseitige Steuerpumpe. Beide Steuerpumpen verglichen Motordrehzahl (Eingangsdrehzahl) mit der Ausgangsdrehzahl. Sank die Ausgangsdrehzahl trotz hoher Motordrehzahl, sorgten die Steuerpumpen, dass der niedrig untersetzte Wandler gefüllt und der höher übersetzte Wandler entleert wurde. Dies erfolgte natürlich

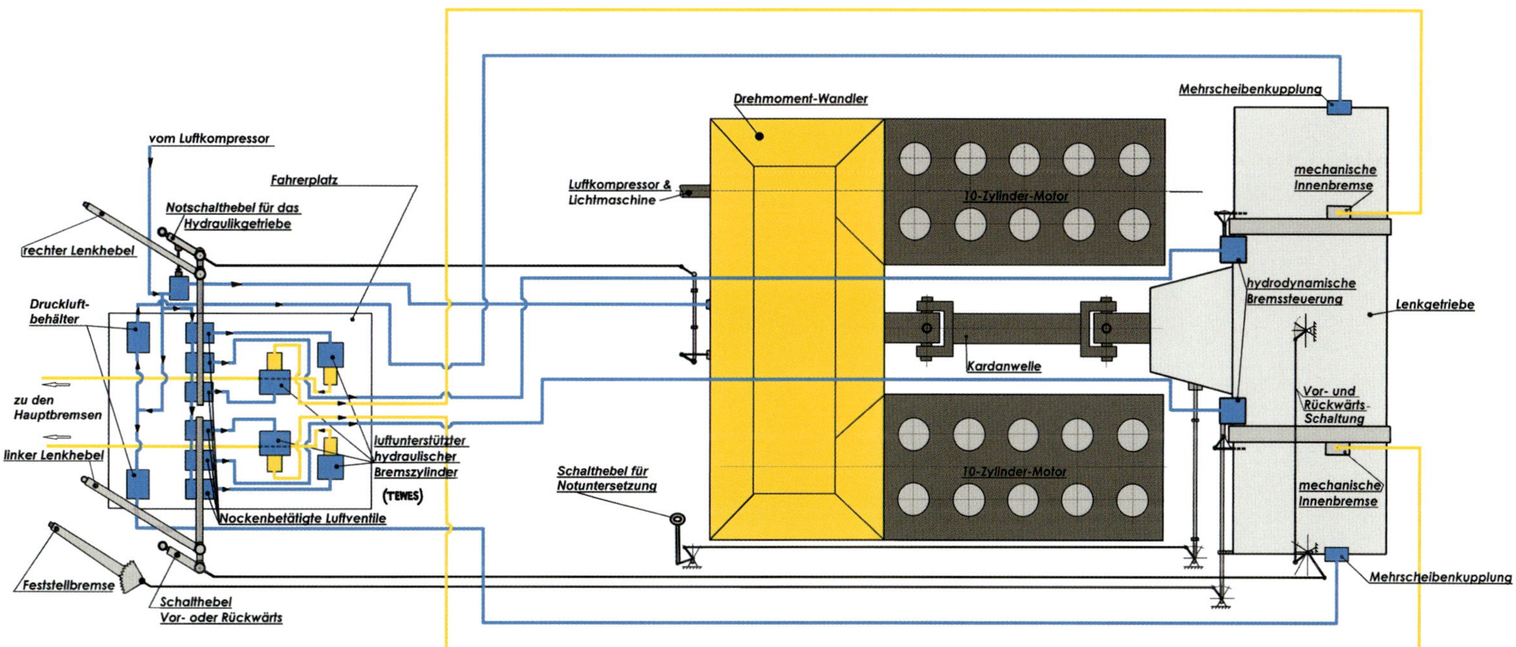

Der schematische Funktionsplan des hydropneumatisch gesteuerten Porsche Typ 102.

Voith-Zeichnung G01-0001 schematischer Kontrollplan

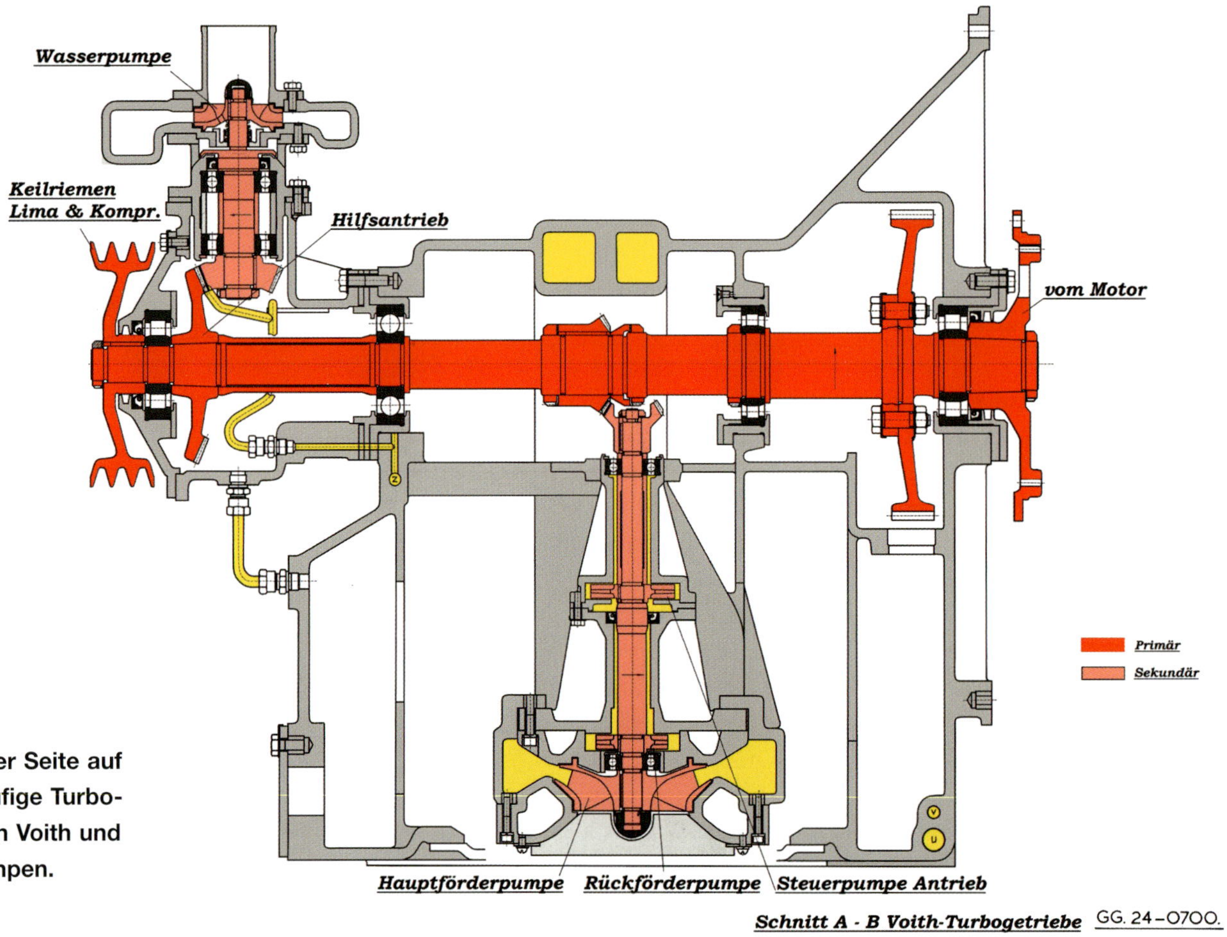

Blick von der Seite auf das zweistufige Turbogetriebe von Voith und dessen Pumpen.

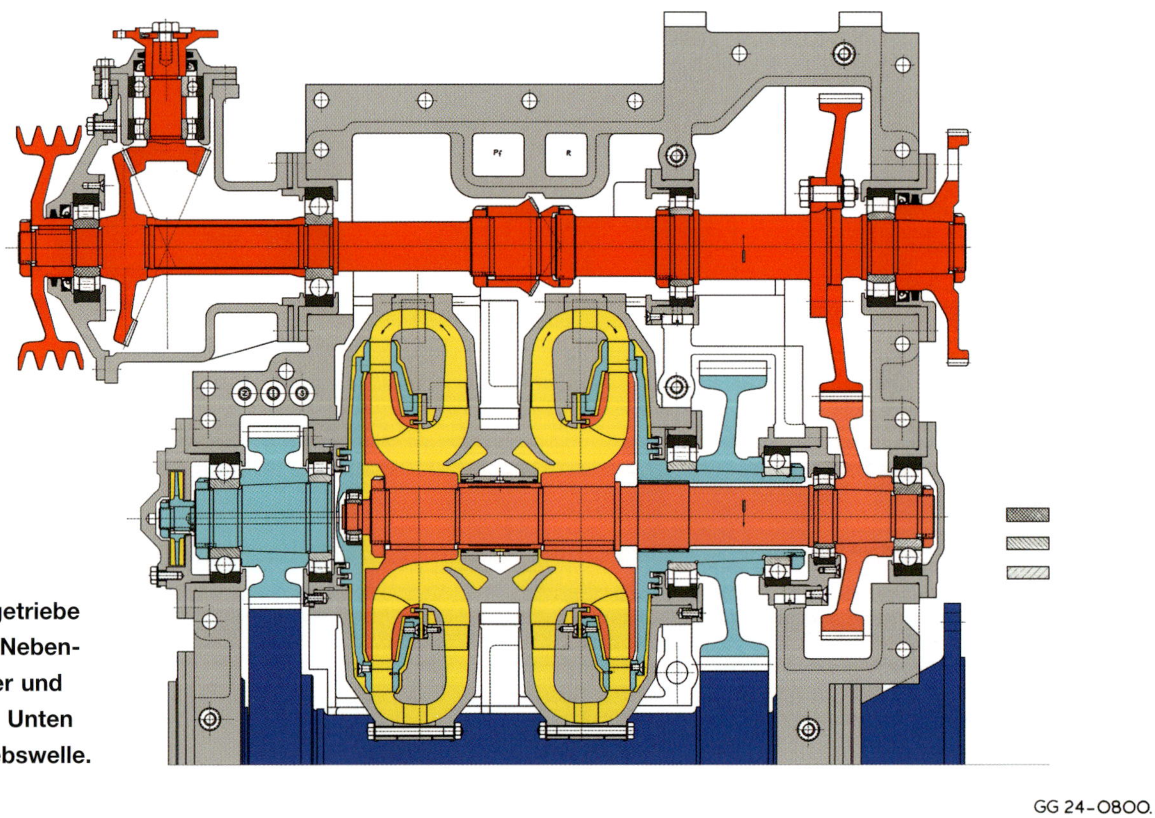

Das rechte Turbogetriebe von oben mit den Nebenantrieben für Lüfter und Keilriemenantrieb. Unten die zentrale Abtriebswelle.

auch umgekehrt. Die Zahnradpaare beider Wandler waren ständig im Eingriff mit der Ausgangswelle. Diese Ausgangswelle wurde von beiden Hydraulikgetrieben gemeinsam genutzt. Von dieser Welle wurde die Kraft auf eine Gelenkwelle weitergeleitet.

Anstelle der Elektromotoren wie beim Typ 101 befand sich beim Typ 102 ein Endgetriebe im Heck. Konstrukteur des Getriebes war ebenfalls die Firma Voith. Gefertigt wurde es von der Firma Böhmisch-Mährische Maschinenfabrik AG.

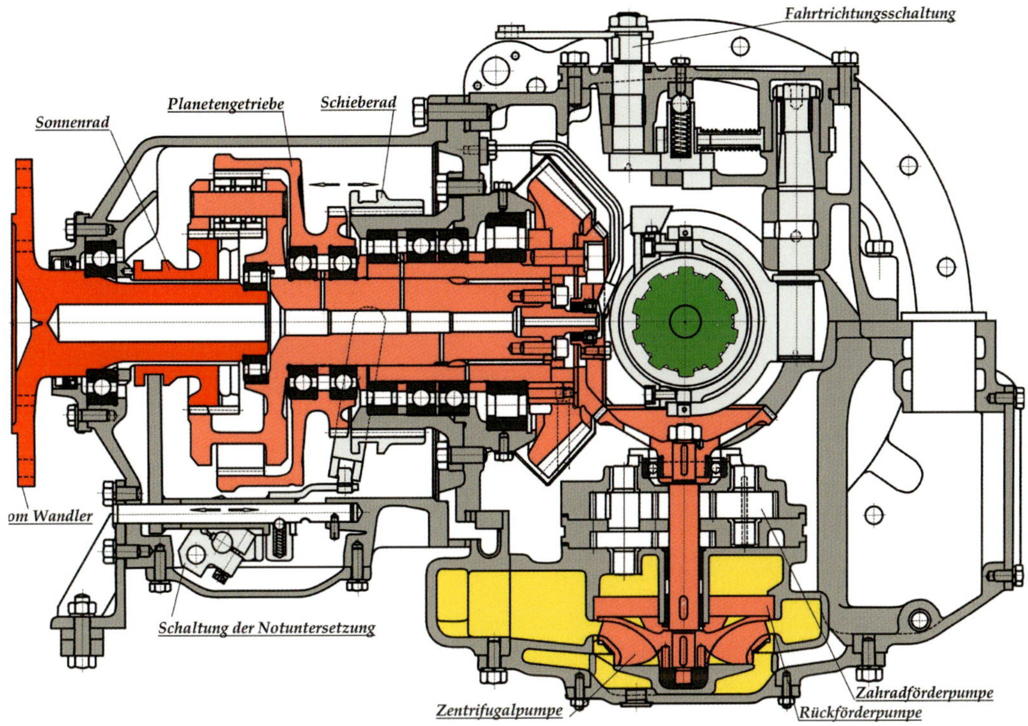

Der mittige Schnitt durch den Endantrieb mit dem schaltbaren »Not- bzw. Berggang« und den hydraulischen Förderpumpen.

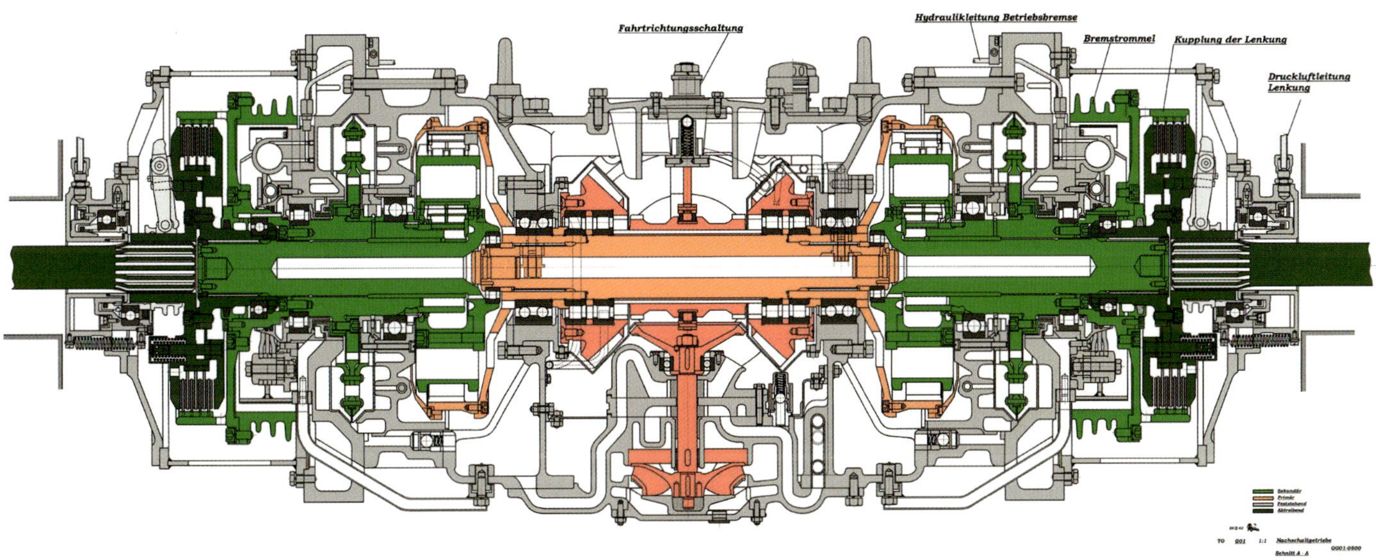

Der Endantrieb frontal mit der Rückwärtsgangschaltung. Neben der hydraulischen Wirbelstrombremse gab es noch die hydraulisch betätigte Betriebsbremse sowie die mechanische Feststellbremse. Außen die luftgesteuerte Kupplungslenkung.

Die Ansicht auf das Lenkgetriebe und die Hydraulikbaugruppe im Hintergrund. Die beiden Verbrennungsmotoren dazwischen fehlten. Die Motoren übertrugen die Kraft über Zahnräder auf die Drehmomentwandler. Die seitlichen Haltebügel waren für die elektrischen Anlasser vom Typ Bosch AL/SED vorgesehen, da kein Anlassen mit Hilfe der Hydraulik vorgesehen war. (PA)

Die Kardanwelle verband das Voith-Turbo-Getriebe mit diesem Getriebe. Die Gelenkwelle gab die Kraft über eine Eingangswelle mit Kegelrädern an die querliegende Hauptwelle weiter. Vor den Kegelrädern befand sich auf dieser Eingangswelle noch ein Schiebestück, mit dem über ein Planetengetriebe die Drehzahl noch mal herabgesetzt werden konnte. Dieser langsame Gang ermöglichte ein größeres Drehmoment auf den Antriebsrädern und sollte bei Ausfall des hydraulischen Drehmomentwandlers eine weitere Fortbewegung ermöglichen. Dazu konnten bei einem Hydraulikdefekt die Wandlereinheiten mechanisch drucklos geschaltet werden. Im Lenkgetriebe befand sich auch die Fahrtrichtungsschaltung. Die Fahrtrichtung, also vorwärts und rückwärts, konnte nur im Stand mechanisch über ein Schieberad auf das jeweilige linke oder rechte Kegelrad geschaltet werden.

In der mittleren Stellung befand sich das Getriebe im Leerlauf. Der Kraftfluss ging weiter über je ein Planetengetriebe auf jeder Seite. Von den Kegelrädern ging ebenfalls der Antrieb für eine Hydraulikpumpe ab. Diese Zentrifugalpumpe versorgte die hydrodynamischen Wirbelbremsen. Diese unterstützten je nach Lenkradius

Im Vordergrund sind auf den Drehmomentwandlern die Nebenantriebe für Lüfter und die Keilriemenscheiben für Lichtmaschine und Kompressor zu erkennen. Unter den abgedeckten Abgängen befanden sich die Antriebe für optionalen Kühlwasserpumpen des Typ 130. (PA)

zusammen mit den hydraulisch betätigten Bremsen das Lenken mittels der links und rechts angebrachten Mehrscheibenkupplungen. Deren Steuerung erfolgte mittels nockenbetätigter Druckluftventile, die Bremsbetätigung wurde durch luftunterstützte hydraulische Bremszylinder übertragen. Die Kraftübertragung der ebenfalls im Endantrieb integrierten Feststellbremse erfolgte mechanisch.
Im März 1942 wurde das Fahrgestell im Nibelungenwerk montiert, wobei die fehlenden Verbrennungsmotoren die Arbeit am Fahrgestell stocken ließen. Geplant waren anfangs fünfzig elektrische und fünfzig hydraulische Fahrzeuge. Später wurde die Forderung bekanntermaßen auf zehn hydraulische Fahrzeuge reduziert, wobei letztendlich nur ein Fahrgestell fertig zur Erprobung entstand. Die gefertigten hydraulischen Wannen mit den Nummern 150 004, 150 009, 150 010, 150 012, 150 016, 150 017, 150 019, 150 020 und 150 021 wurden bei Krupp in Benzin-elektrische Fahrgestelle umgebaut.
Probleme ergaben sich während der 2000 km langen Erprobung im Werk durch beträchtliche Ölverluste und Schwierigkeiten mit der Druckluftsteuerung für die Lenkkupplungen. Letztere reagierten sehr träge auf den Lenk-

befehl, so dass bei höherer Geschwindigkeit einzelne Unfälle vorgekommen sein sollen. Erst im März 1944 kam das Fahrzeug vom Typ 102 mit der Chassis-Nummer 150 013 und mit dem Turmersatzgewicht vom Nibelungenwerk zur Verskraft nach Kummersdorf. Auf Grund des geringen Interesses am hydraulischen Antrieb von Seiten von Wa Prüf 6 legte das Fahrzeug während der kurzen Erprobung bei der Heeresversuchsstelle in Kummersdorf nur 200 bis 500 km zurück. Voith reagierte enttäuscht, dass ihnen keine Möglichkeit zur Weiterentwicklung geboten wurde.

Wie schon zuvor beschrieben, forderte das schwere Panzerjäger-Regiment 656 am 1. März 1944 neben den zwei Panzerjägern »Ferdinand« aus Kummersdorf auch das hydraulische Panzerfahrgestell als Bergefahrzeug an. So wurde Ende Mai 1944 *»der schweren Panzerjäger-Abteilung 653 ein Porsche-Tiger VK 4501 (8,8-cm-KwK 36 L/56) mit hydraulischer Kraftübertragung zur Verwendung zugeführt ...«*[85]. Dazu fuhr am 7. März 1944 Ingenieur Müller der Firma Porsche nach Kummersdorf-Schießplatz. Statt als Bergefahrzeug ausgeliefert zu werden, bekam dieser Porsche-Tiger den Turm 150 014. Dieser Turm war in seiner finalen Ausführung für einen Befehls-Tiger bestimmt gewesen. Er besaß im Unterschied zum Serienturm im Turmdeckel des Kommandanten eine Öffnung für ein Scherenfernrohr und hinter dieser Kuppel einen Signalkorb. Das abgenommene Belastungsgewicht blieb in der Verskraft von Kummersdorf zurück (siehe Kapitel »Auf den Spuren des Tiger«).

[85] K-H. Münch, Einsatzgeschichte der schweren Panzerjäger-Abteilung 654.

Auftanken im Einfahrgelände des Werkes. Mit dabei Porsche, Hacker und Ing. Kugel von Voith. (PA)

Die intensive Erprobung des Typ 102 im Einfahrgelände des Nibelungenwerkes, der kleine Kraftstoffvorrat von etwa 520 Liter und der schlechte Wirkungsgrad der Hydraulikanlage machten das Auftanken im Gelände notwendig. Auf dem Turmersatzgewicht diskutieren am 23. Dezember 1943 Porsche, Hacker und Oberingenieur Kugel von Voith über die Technik. Die Ölspuren auf der Staubschicht unterhalb der speziellen Abluft-Haube zeugen von den verölten Triebwerken bzw. dem verölten Hydraulikantrieb. (PA)

Das Fahrwerk

Das Fahrwerk des Porsche Typ 101 beruht prinzipiell auf dem Fahrwerk des Porsche Typ 100. Auf Grund des höheren Gewichtes mussten natürlich solche Teile wie Drehstäbe, Antriebsräder und Laufrollen verstärkt werden. Der Laufrollen-Durchmesser stieg von 600 mm auf 794 mm an, so dass auf die drei Stützrollen verzichtet werden konnte.

Auf jeder Seite befanden sich drei Drehstab-Rollenwagen,wobei die vorderen zwei Paare geschleppt und das hintere Paar geschoben angebracht worden war. Ein

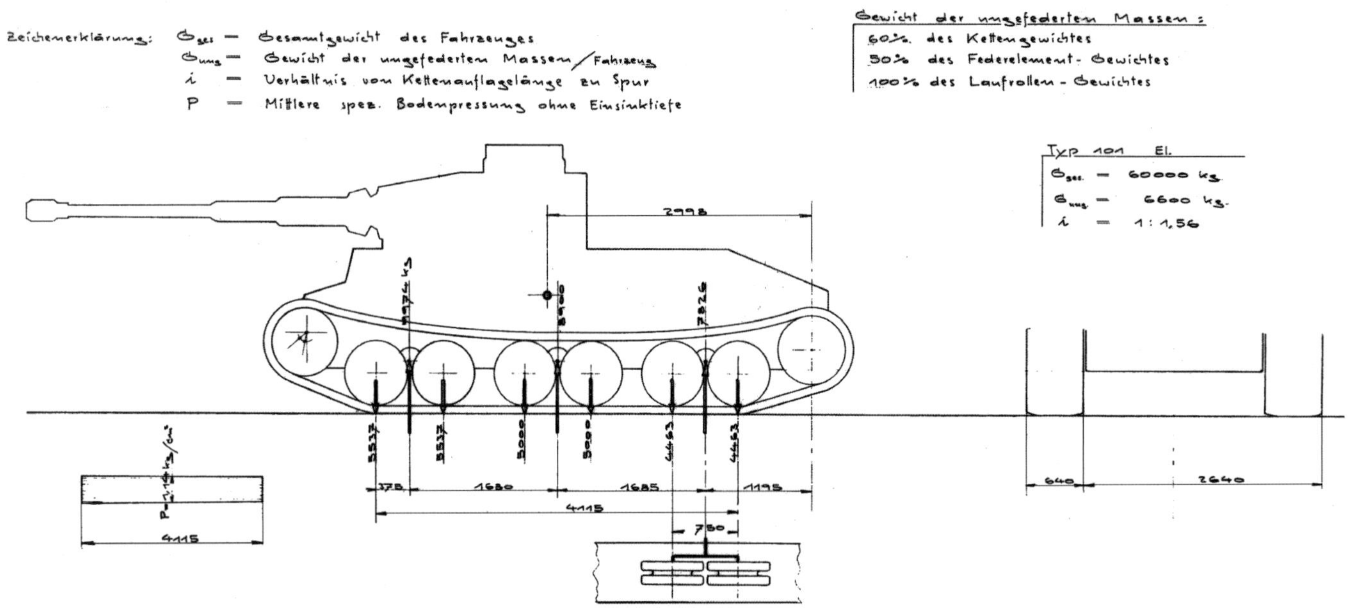

Die Aufstellung der Gewichtsverteilung zeigte den Schwerpunkt mittig im Fahrzeug. Das Lenkverhältnis betrug ausgehend von Kettenauflagelänge zur Spurbreite 1:1,56. Dies ergab bei einem Gesamtgewicht von 60 t einen mittleren Bodendruck von 1,16 kg/cm². Dieser hohe Wert, der nur auf festem Untergrund erreicht wurde, verringerte sich bei weicherem Boden bei einer Einsinktiefe von 100 mm auf einen akzeptableren Wert von 0,9 kg/cm². (PA)

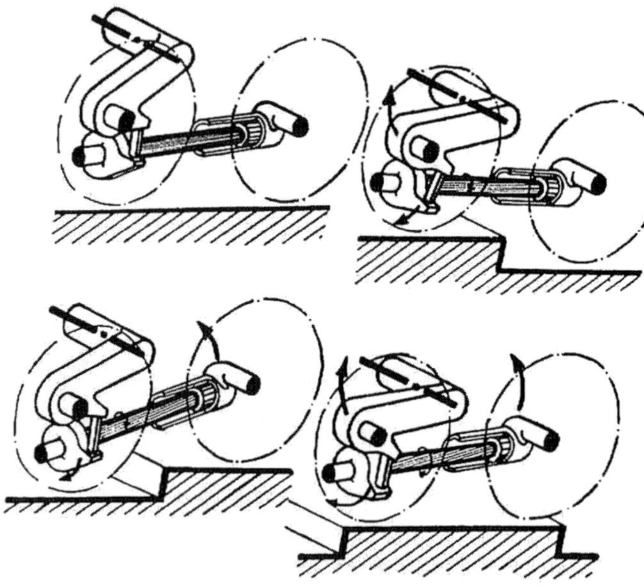

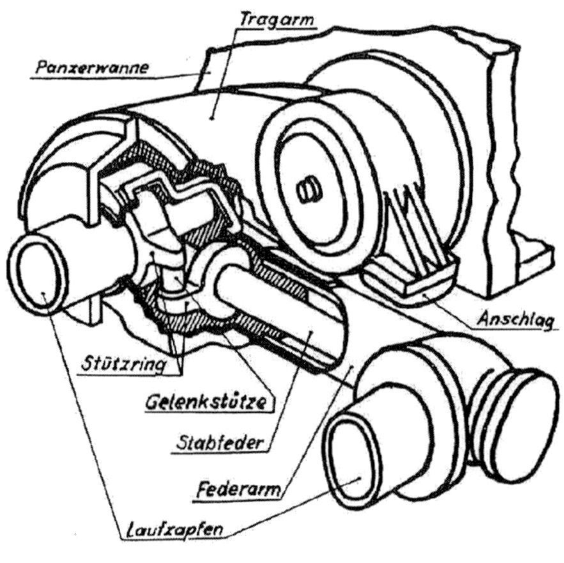

Die Arbeitsweise der Federung. (D 656)

Federn-Aggregat wog ohne Laufrollen komplett 402 kg. Da eine Laufrolle 219 kg wog, besaß das komplette Federelement ein Gewicht von 840 kg.

Probleme gab es beim Fahrwerk vor allem an den Tragzapfen, die mit der Wanne verschraubt waren. Bei diesen traten allmählich Anrisse auf, deren Ursache eine zusätzliche Schwingungsbelastung des Zapfens durch Rückwirkungen der Drehstabfeder im Fahrbetrieb sowie durch seitliche Schubkräfte auf die Kette beim Lenken war. Diese Risse begannen bei dem »Tiger« (P) bei etwa 1400 km und bei dem etwa 10-t-schwereren Panzerjäger (P) »Ferdinand« bei etwa 900 km aufzutreten.

Ein Beispiel der einfachen Reparatur-Technologie zum Wechsel von Rollen und Drehstabeinheit. Dazu hatte man eine kleine Hebevorrichtung vorgesehen, die bei dem oben genannten Gewicht notwendig war. (PA)

Ein abgebrochener Tragzapfen von einem Panzerjäger (P), an dem der Rollenwagen befestigt wurde. (PA)

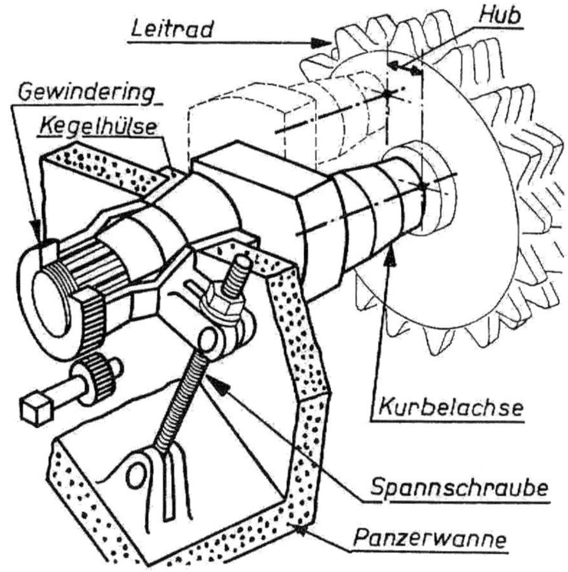

Das Funktionsschema des Kettenspanners. (D 656)

Grund war ein ungünstiger Übergang in der nach der Gesenk-Schmiedung vorgenommenen mechanischen Bearbeitung. Dies war deshalb problematisch, da von den sechs Tragzapfen beim »Tiger« (P) zwei, beim »Ferdinand« drei davon nur nach dem Ausbau von Motor und Generator bzw. Fahrschalter gewechselt werden konnten. Deshalb wurde von Wa Prüf 6 eine konstruktive Änderung der Schmiedebehandlung sowie die Einbringung einer Entlastungskerbe im Flansch sowie die Vergrößerung der Hohlkehle vorgeschlagen. Ob die Änderungen noch zur Anwendung kamen, war leider nicht feststellbar.

Vor allem die Gleisketten und die Kettenräder wurden im Laufe der Entwicklung des »Tiger« einigen Änderungen unterworfen. Im Gegensatz zur 500-mm-Kette des »Leopard« mit einer 160-mm-Teilung erhielt der »Tiger« (P) zu Beginn der Planungen zwar auch eine 500 mm breite Kette, allerdings mit einer feineren 130-mm-Teilung. Ansonsten entsprach die Konstruktion der neuen Kette derjenigen des »Leopard«. Auch der Abstand der beiden Zahnkränze von

Die alte Nabenausführung besaß ein speichenförmiges Aussehen. Für die Antriebsnabe waren zwölf Schrauben montiert. (PA)

Die neue Nabenausführung mit nur vier Stegen. Allerdings ist hier der Zahnkranz nur provisorisch angeschraubt worden. Unter der vorderen Nabe des hier im Bild gezeigten Leitrades befand sich die druckluftunterstützte Betriebsbremse mit Bremstrommel und Bremsbacken. (PA)

289 mm wurde bei allen Varianten beibehalten. Bedingt durch die kleinere Kettenteilung vergrößerte sich die Anzahl von 15 auf 19 Zähne pro Zahnkranz vorn und hinten. Leit- und Antriebsräder unterschieden sich äußerlich durch die Anzahl der Befestigungsschrauben, vorn 6 Stück, hinten, bedingt durch die Antriebskräfte, 12 Stück. Ein Antriebsrad wog samt Seitenvorgelege 1103 kg.

Den Ingenieuren war schnell klar, dass durch die Gewichtserhöhung eine breitere Gleiskette notwendig wurde, um einen annehmbaren Bodendruck zu erzielen. Die breitere 600-mm-Kette war eine einteilige Scharnierkette (jedes Kettenglied besaß einen Führungszahn – d. A.) mit dem charakteristischen Trapezprofil. Die glatte Griffleiste besaß fünf profilierte Felder. Die Verbindungsbolzen wurden durch eine Sicherungsspange gehalten. Eine komplette Gleiskette bestand im Neuzustand aus 112 Ketten-Gliedern. Die Länge betrug 4135 mm, wobei ein Glied eine Auflagefläche von 650,74 cm² besaß. Im Laufe des Betriebes verlängerte sich die Kette durch den Verschleiß von Kettenbolzen und an den Passlöchern der Hülsen, so dass

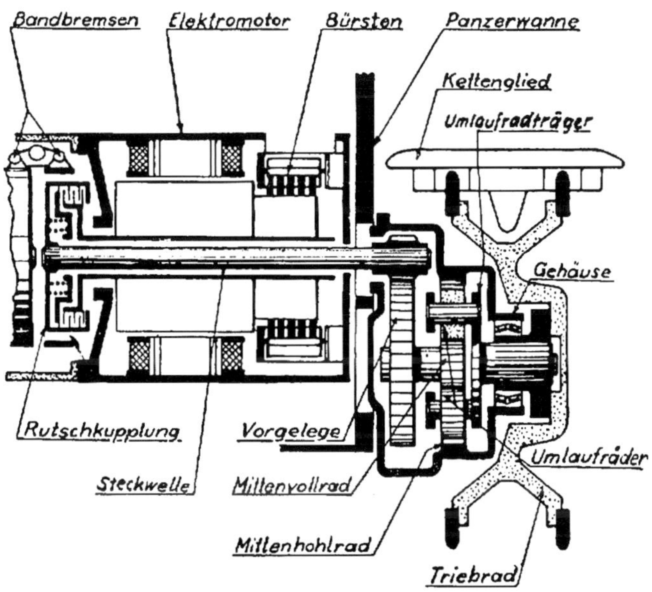

Das Funktionsschema des Heckantriebes mit dem Seitenvorgelege. (D 656)

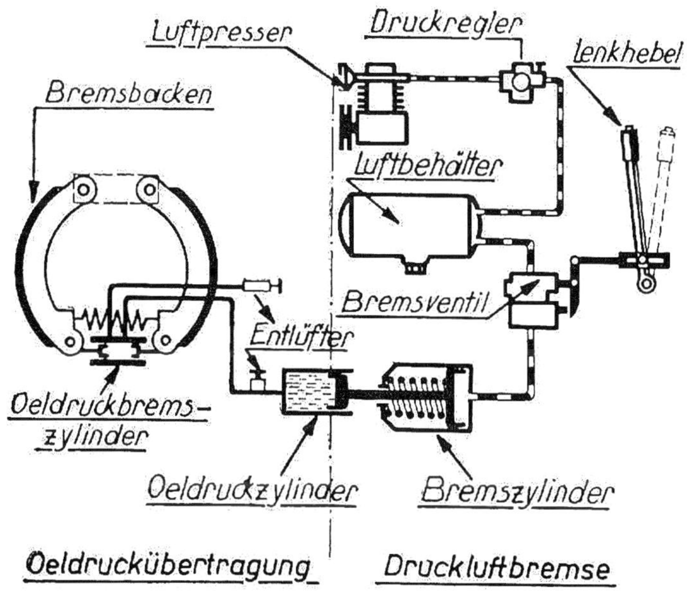

Das Funktionsschema der mechanischen Bremse. (D 656)

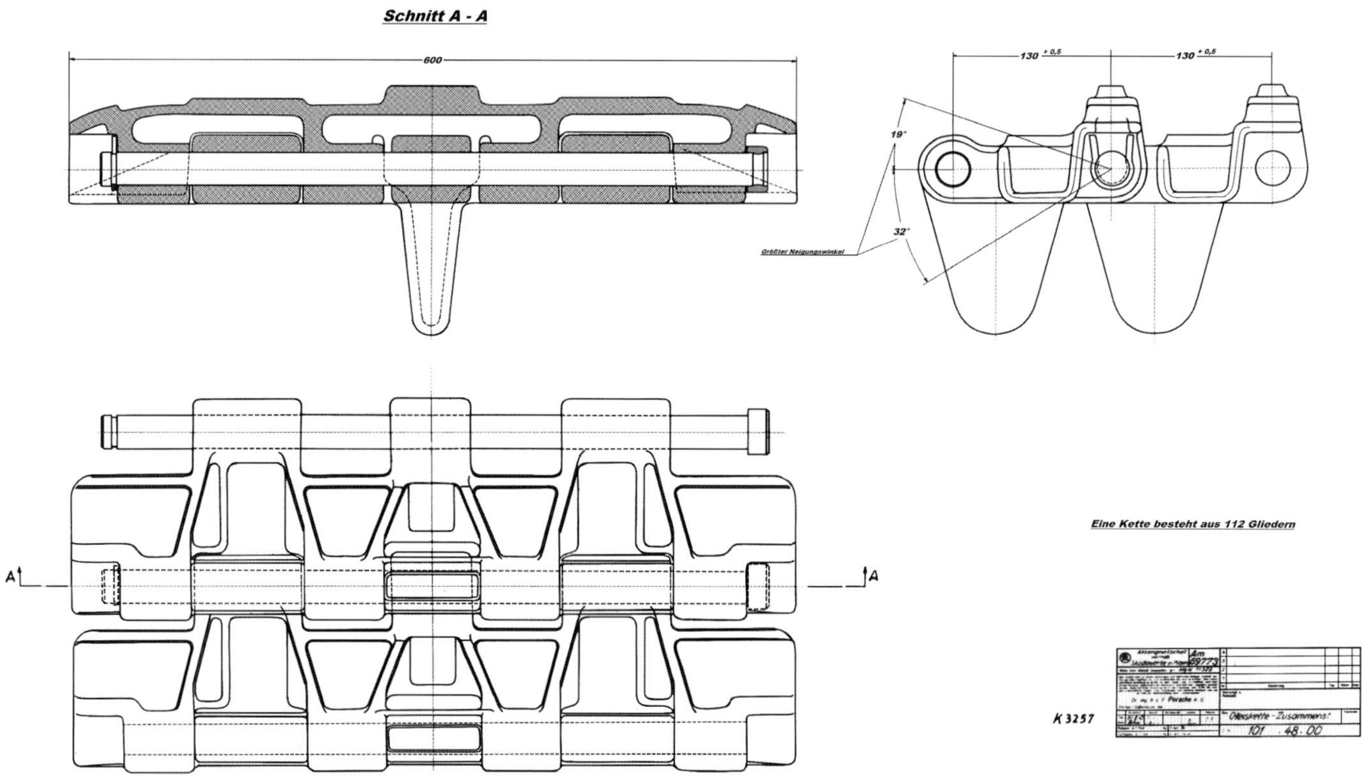

Die einteilige 600-er Skoda-Kette vom Beginn der Entwicklung. (PA)

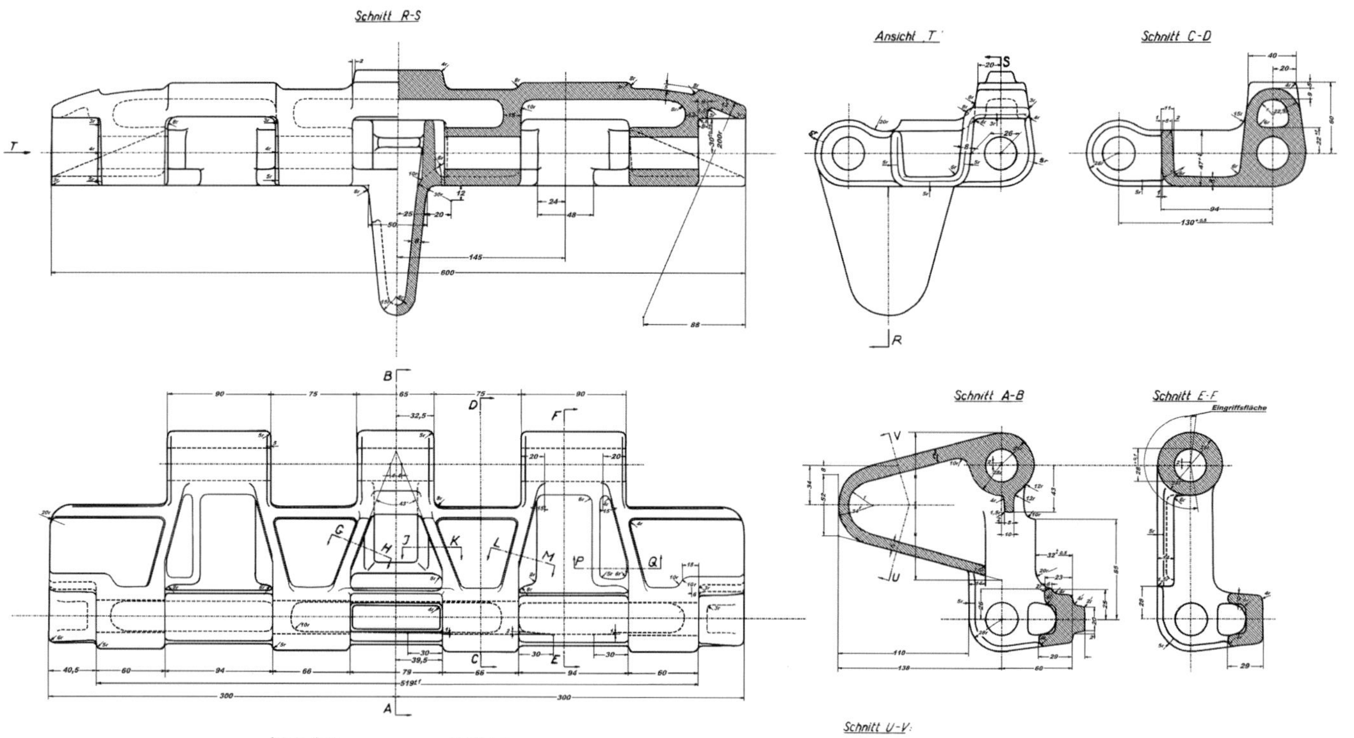

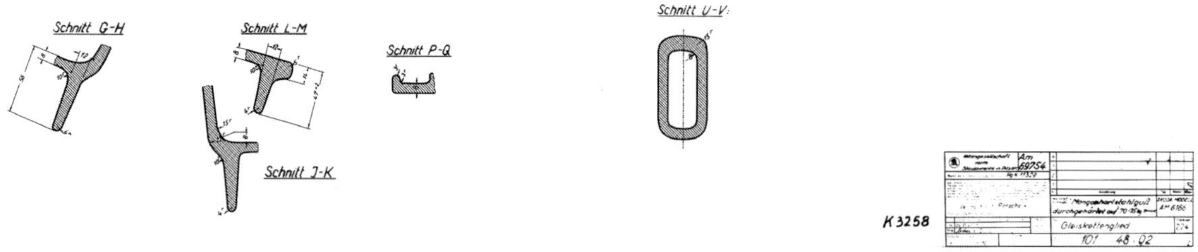

Die 600-mm-Skoda-Kette der nächsten Entwicklung. (A)

nach Erreichen der maximalen Gewindelänge des Kettenspanners einige Kettenglieder entfernt werden mussten. Doch auch mit der 600-mm-Kette war der Bodendruck zu hoch, so dass ab August 1942 breitere 640-mm-Gleisketten erprobt wurden, mit denen bei einer Einsinktiefe von 100 mm ein Bodendruck von 0,9 kg/cm^2 erreicht werden konnte. Zudem hatten die Testfahrten Auffälligkeiten mit der Kettenführung aufgedeckt. Da die Probleme provisorisch mit dem Wegbrennen jedes zweiten Zahnes reduziert werden konnten, kam eine zweiteilige Kette zum Einsatz, so dass die 640-mm-Kette aus einem Hauptglied mit Führungszahn und einem Zwischenglied ohne Führungszahn entstand. Die Anzahl von 112 Gliedern pro Seite blieb bestehen.

Neu waren die Befestigungsmöglichkeiten von Fahrhilfen bei Eis und Schnee, die als Gleitschuh bzw. als Schneegreifer bezeichnet wurden. Im März 1943 entwarf die Firma Skoda ein neues Gleiskettenglied, das für den »Ferdinand« bzw. später »Elefant« zum Einsatz kam. Dieses Skoda-Modell bestand aus Manganhartstahlguss. Das Material bestand neben Stahl, durchgehärtet auf 70–75 kg Brinell, aus 1,3 %–1,7 % Mangan, 0,3 %–0,4 % Silizium und 0,1 %–0,15 % Vanadium. Diese Ausführung war ebenfalls zweigliedrig. Im Gegensatz zu den Henschel-Kettenbolzen waren hier die Bolzen aus dem gleichen Mangan-Hartstahl wie die Kettenglieder. Die Kettenglieder und die Bolzen des Porsche-Kampfwagens besaßen eine höhere Oberflächen- und Kernhärte als beide Henschel-Kettenglieder, obwohl beide Typen die gleiche chemische Zusammensetzung hatten.

Die äußeren Enden der Griffleiste waren stärker gebogen, besaßen aber dieselbe Breite von 640 mm. Auf die Griffleiste wurden zwecks besserer Traktion zusätzliche Profilstollen angebracht. Der Führungszahn des Hauptgliedes war bei dieser Ausführung durchbrochen. Mit den vorgesehenen Eisstollen bzw. Schneegreifern, die vom Panzerkampfwagen IV übernommen wurden, gab es erhebliche Formprobleme, die nur durch langwierige Nacharbeit von den Truppenwerkstätten durchgeführt werden konnten. Deshalb schlug Wa Prüf 6 am 16. Oktober 1943 vor, auf Grund der hohen Beanspruchung der Kette beim Panzerjäger »Tiger« (P) »Ferdinand« neue Eisstollen (z. B. von der Firma Meier & Weichelt, Leipzig) anfertigen zu lassen. Grundlage waren die Erfahrungen mit den neuen »Tiger« (H)-Stollen[86].

86 BAMA, RH 8/1567, S. 151.

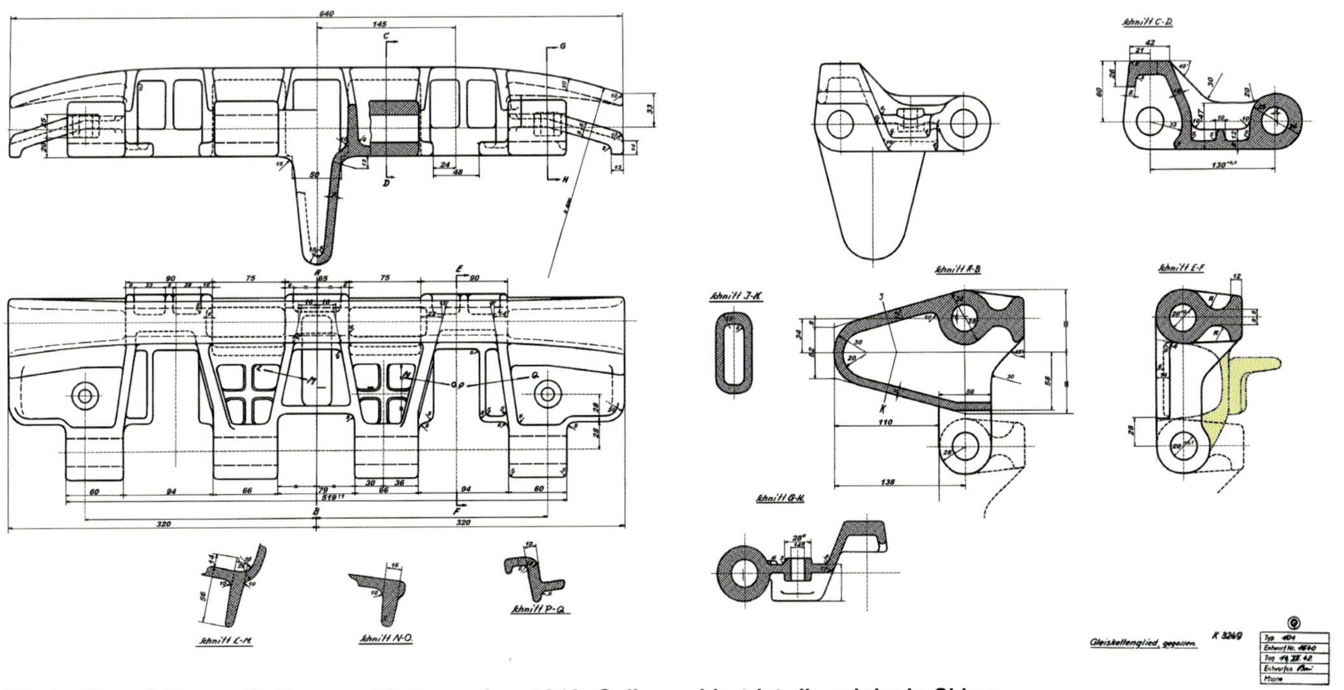

Die breitere 640-mm-Kette vom 14. Dezember 1942. Gelb markiert ist die originale Skizze des geplanten Schneegreifers (in der Zeichnung als Gleitschuh bezeichnet), der dem des Panzers III/IV-spät ähnelte. (PA)

Für den Porsche Typ 180/181 war zwar noch eine Kette mit 700 mm Breite vorgesehen, die aber nicht mehr zur Ausführung kam. Dazu hätte nämlich der große Vorteil der Porsche-Fahrzeuge aufgegeben werden müssen, im Gegensatz zum Henschel-Typ keinen aufwändigen Kettenwechsel vor dem Eisenbahntransport vornehmen zu müssen. Denn das Standard-Verlademaß betrug bei der Reichsbahn 3150 mm, das beim Typ 180 nur mit einer 500-er Kette, mit der man auf eine Breite von 3140 mm kam, eingehalten werden konnte. Der Typ 101 besaß das gleiche Maß mit seinen 640 mm breiten Ketten.

Bis zu dem Maß von 3270 mm wurde die Breite bei der Bahn als übernormal bezeichnet und ab 3400 mm Breite ging ein Transport nur mit Sondergenehmigung. Die Breite von 3400 mm entsprach dem Typ 180 mit den 700-mm-Ketten.

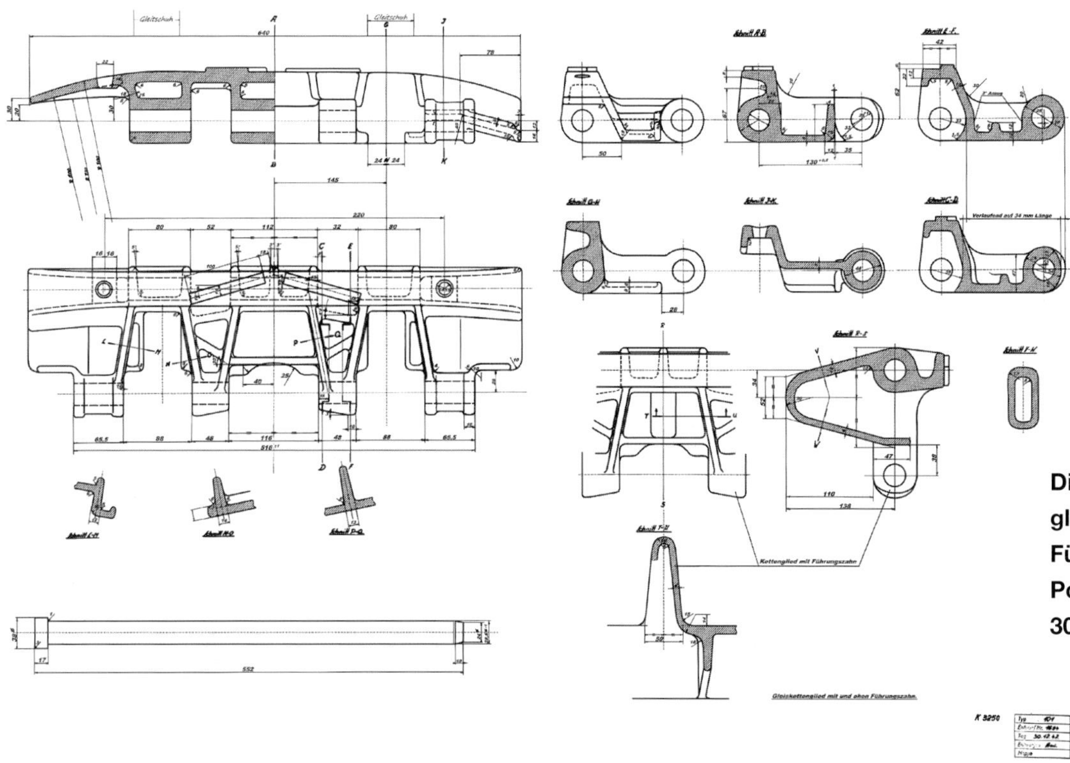

Die 640-mm-Gleisketten-glieder mit und ohne Führungszahn im Porsche-Entwurf vom 30. Dezember 1942. (PA)

Das unterschiedliche Design der alten (links) und der neuen 640-er-Kette (rechts). (M)

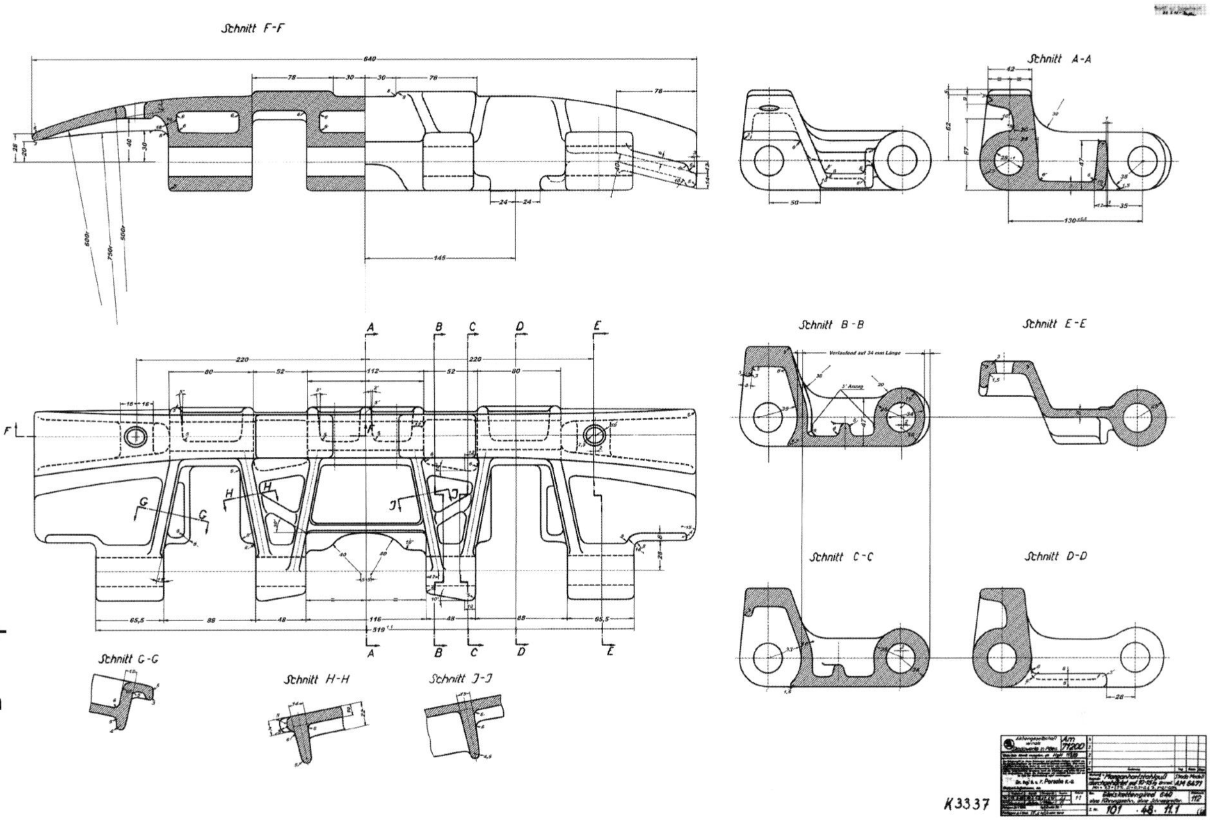

Das 640-mm-Skoda-Kettenglied ohne Führungszahn vom 13. März 1943. (PA)

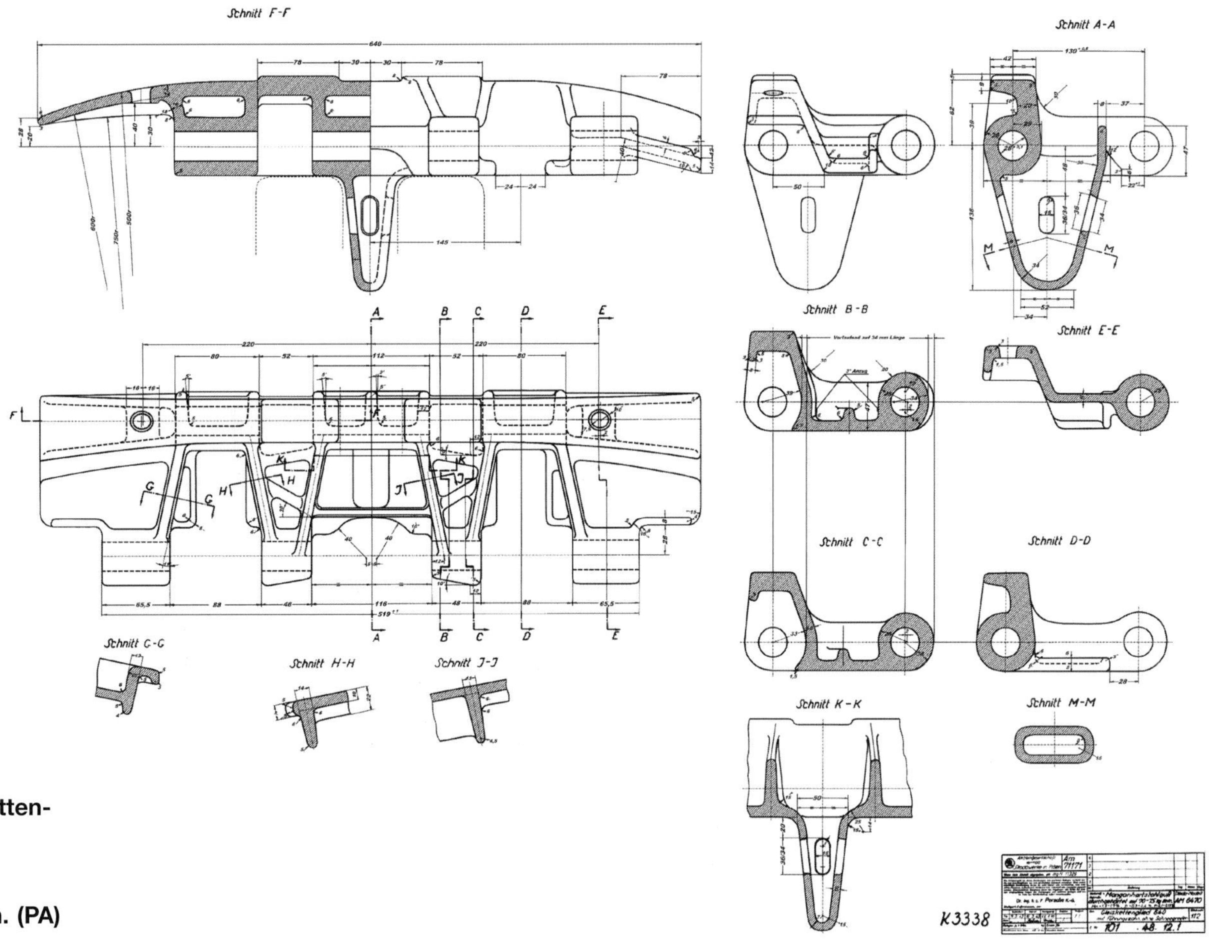

Der gleiche 112-teilige Kettentyp wie oben, jedoch mit Führungszahn. (PA)

Gastbeiträge

Die Schienenwagen SSyms

(von Joachim Deppmeyer)

Neben Henschel & Sohn erhielt auch das Nibelungenwerk in St. Valentin (Steyr-Daimler-Puch AG) 1941 den Auftrag, zusammen mit der Firma Porsche einen Panzerkampfwagen VI zu konstruieren und 100 Stück davon zu fertigen. Er lief unter der Bezeichnung VK 4501 (P) »Tiger«. Der Bau begann Ende 1941. Die jeweils ersten Wagen vom Typ »Tiger« der Firmen Porsche und Henschel mussten unter allen Umständen am 20. April 1942 im Führerhauptquartier »Wolfsschanze« Bf. Görlitz (Ostpr.), Strecke Rastenburg–Angerburg, vorgeführt werden. Bei dieser Gelegenheit wollte Hitler die Entscheidung fällen, welcher der beiden »Tiger« für die Serie maßgebend sein sollte.

Der VK 4501 (P) »Tiger« auf Wagen vom Typ SSt verladen. Hier allerdings noch mit den schmalen 500-er Ketten. (PA)

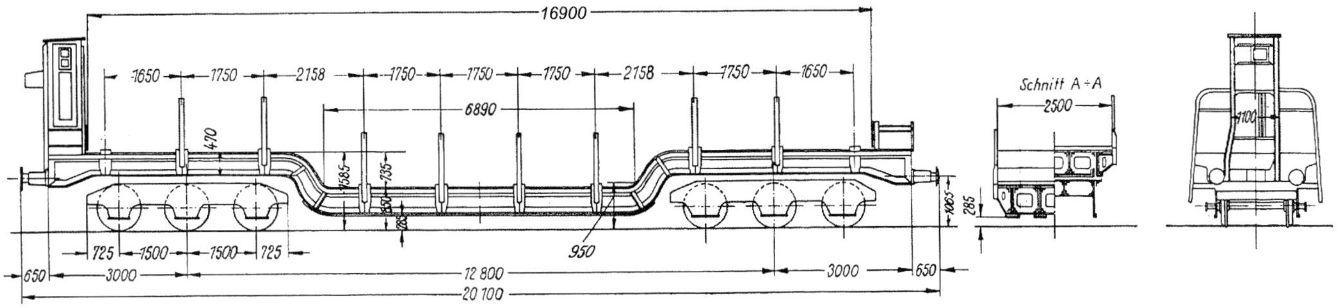

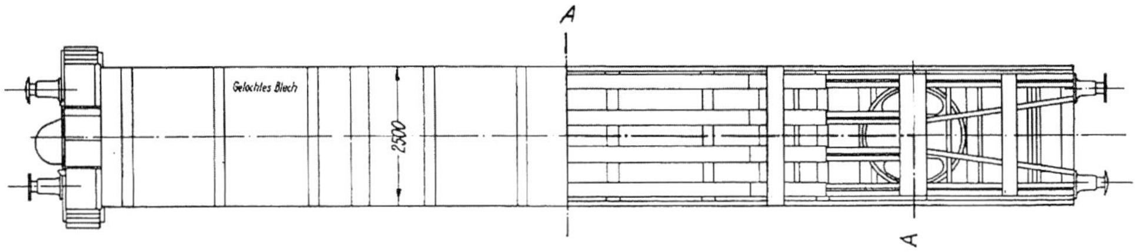

15g 461 s
Sammlung J. DEPPMEYER

Die Langträger sind mit Blech abgedeckt;
Durchladung ist nicht möglich.
Wagen sind nach Begrenzung II gebaut und für Transitverkehr nicht verwendbar

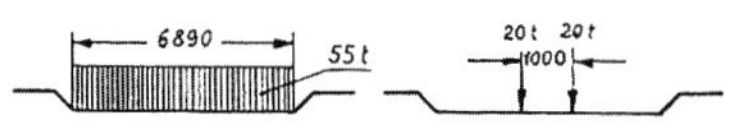

Ladegewicht	53 000 kg	38 500 kg
Tragfähigkeit	55 000 kg	40 000 kg
bei einer Ladelänge von	6,89 m	1,0 m
Gewicht des Wagens	39 500 kg	
Metergewicht	4,7 t/m	
Achsdruck	15,8 t	
Kkg-Bremse	Handbremse	

Gattungsbezirk	Ordnungsnummer	Baujahr	Hersteller	Ordnungsnummer	Baujahr	Hersteller
Köln	12 767	1924	Linke-Hofmann AG Lauchhammer	12 771	1924	Beuchelt u. Co Grünberg i. Schl.
	12 766	"		12 770	"	
	12 765	"		12 769	"	
	12 764	"		12 768	"	
	12 763	"		12 775	"	Waggon-Fabrik AG Wismar
	12 762	"		12 774	"	
	12 761	"		12 773	"	
Gattungszeichen: SSt	12 760	"		12 772	"	
	12 780	1925	Waggon-Fabrik AG Görlitz	12 785	"	Waggon-Fabrik AG Hannover-Linden
	12 779	"		12 784	"	
	12 778	"		12 783	"	
	12 777	"		12 782	"	
	12 776	"		12 781	"	

Maßstab 1:75	6 achsiger **Tiefladewagen** 40/55 t Tragfähigkeit	Skizze **22**

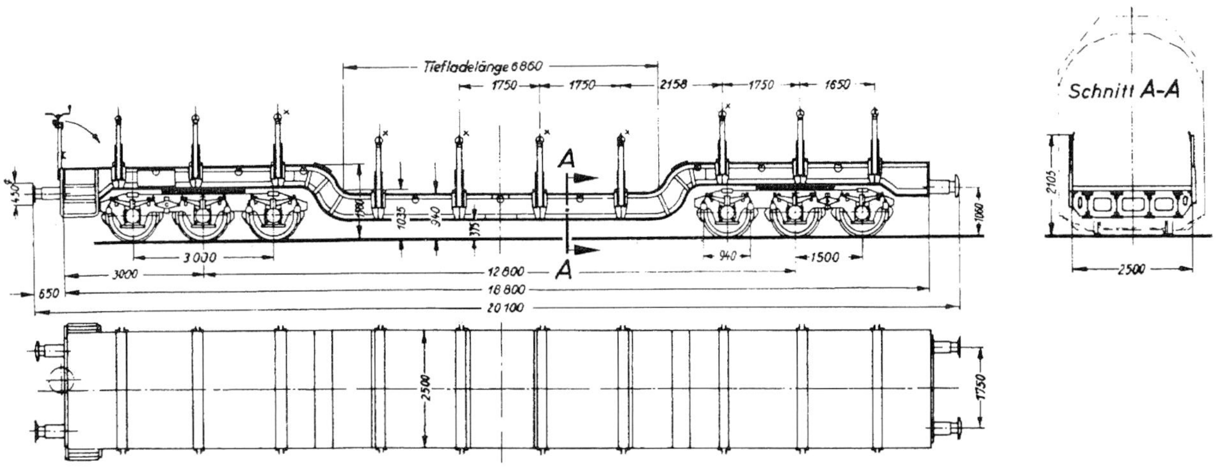

Lastgrenzen

A	B	C
55,0 t		55,0 t

Eigengewicht des Wagens	39 300	kg
Maximale Tragfähigkeit	55	t
Höchstgeschwindigkeit	80	km/h
Kleinster Bogenhalbmesser	50	m
Drehbarkeit der Drehgestelle	360	°
Bauart der Druckluftbremse	Hik-G	
Handbremse	RIV	

Durchladung nicht möglich (Wagen ist mit Blech abgedeckt)

Die Konsolen der mit „x" bezeichneten Rungen können abgeschraubt werden

Wagen-Nr.	Hersteller	Baujahr	
980161-163	LHB	1934	ex 11 330, 11 312, 10056

Maßstab 1:100	6-achsiger **Tiefladewagen**	Skizze Nr. 22a — Sad 317

Skizzen 6-achsiger Tiefladewagen.

Für die zu erwartenden Transporte dieser schweren Panzerkampfwagen hatte die Deutsche Reichsbahn (DRB) zwar schon eine Serie von Schienenwagen (so die bahnamtliche Bezeichnung) in Auftrag gegeben, sie standen aber im April 1942 noch nicht zur Verfügung. Als Ersatz wählte man einen Tiefladewagen (SSt) mit einer gekröpften Brücke (Skizze 22a, S. 249 u.), Tiefladelänge 6860 mm, die Seitenrungen waren für diesen Transport abgenommen und die Tragfähigkeit betrug 55 t. Das Gefechtsgewicht des VK 4501 (P) »Tiger« betrug 57 t. Der SSt stammte aus einer Serie von 20 Wagen, teilweise vorgesehen als Tragwagen der geplanten ersten 15- und 17-cm-Geschütze (E) für die Reichswehr. Die Mittel stammten 1934 aus dem Reinhardt-Arbeitsbeschaffungsprogramm, das die neue Reichsregierung aufgelegt hatte.
Auf Veranlassung des Reiches stellte Krupp aus Geheimhaltungsgründen die Fahrzeuge als Privatwagen auf den Firmennamen bei der Rbd. Essen ein (506155–506174 P Esn). Die Wagennummern änderten sich später. Der schw. Pz.Kpf.Wg. konnte aber nicht über eine Kopframpe auf die SSt fahren. Be- und Entladung mussten vielmehr mit einem Kran erfolgen und der Turm dabei um 180° gedreht werden. Die DRB besaß in ihrem eigenen Wagenpark für außergewöhnliche Transporte ebenfalls sechsachsige Tiefladewagen mit gekröpfter Brücke nach Skizze 22 (S. 249 o.), Tragfähigkeit 55 t, die in etwa der oben beschriebenen entsprachen.
Nach der Vorführung der beiden ersten unterschiedlichen Tiger-Exemplare am 20. April 1942 (53. Geburtstag Hitlers) entschied sich letztlich eine Kommission für den Panzer von Henschel.
Auf der Basis des Porsche-Fahrgestells legte die Altmärkische Kettenfabrik GmbH in Spandau einen Entwurf für ein Sturmgeschütz vor, der angenommen wurde. Die Nibelungenwerke bekamen den Auftrag, die ursprünglich für den Porsche-Tiger vorgesehenen 90 Fahrgestelle fertig zu stellen. Die festen Aufbauten übernahm Alkett.
Das Sd. Kfz 184 bekam als Bewaffnung eine 8,8-cm-Pak 43/2. Auf der Basis des Porsche-Fahrgestells legte die Altmärkische Kettenfabrik GmbH in Spandau einen Entwurf für ein Sturmgeschütz vor, der angenommen wurde. Die Nibelungenwerke erhielten den Auftrag, die ursprünglich für den Porsche-Tiger vorgesehenen 90 Fahrgestelle fertig zu stellen. Die festen Aufbauten übernahm Alkett. Das Sd. Kfz 184 bekam als Bewaffnung eine 8,8-cm-Pak 43/2. Die Auslieferung begann im April 1943 mit 30 Stück, die restlichen 60 Stück folgten im Mai 1943. So kamen die »Ferdinand« außer zur schweren Panzerjäger Abteilung 654 auch zur neu aufgestellten schw. Pz.Jäg.Abt. 653 in Bruck/Leitha. Sie gehörte zu den Heerestruppen und unterstand dem OKH, das die Einheit den unterstellten Kommandobehörden je nach Aufgabenanforderungen zeitweilig zur Verfügung stellte.

Das Bild des Sturmgeschützes »Ferdinand« beim Befahren einer Auffahrrampe könnte bei der Erprobung einer zerlegbaren Eisenbahn-Laderampe aufgenommen worden sein. Sie diente als Ersatz für feste Rampen an

Das Sturmgeschütz »Ferdinand« mit der Nummer 234 beim Befahren einer Auffahrrampe. Im Vordergrund steht Prof. Ferdinand Porsche zusammen mit zwei Konstrukteuren, um das Auffahren kritisch zu beobachten. (A)

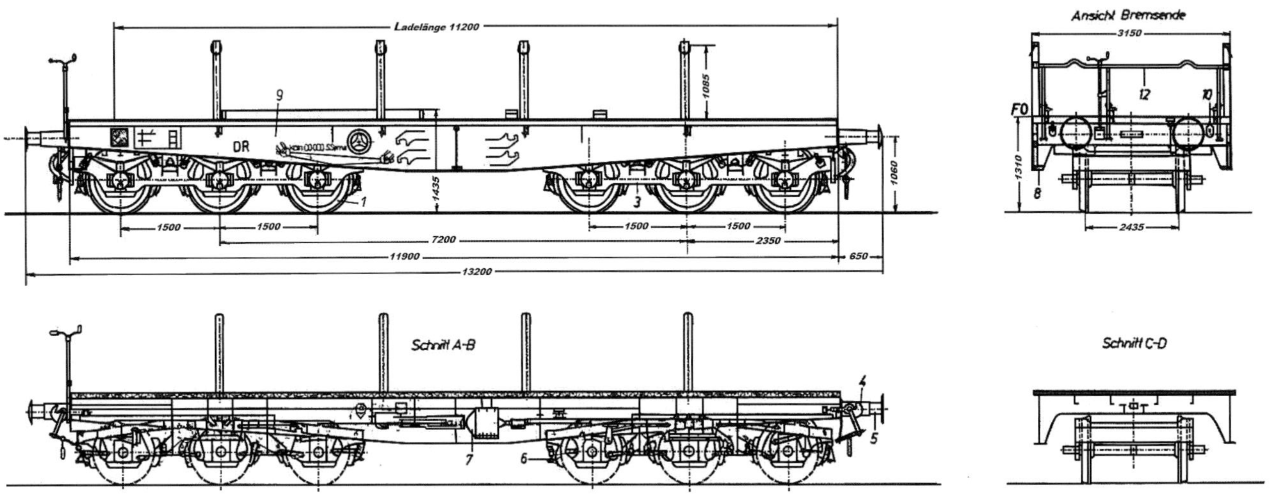

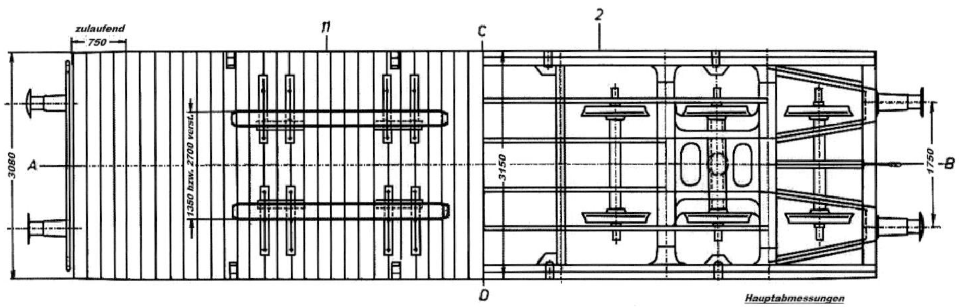

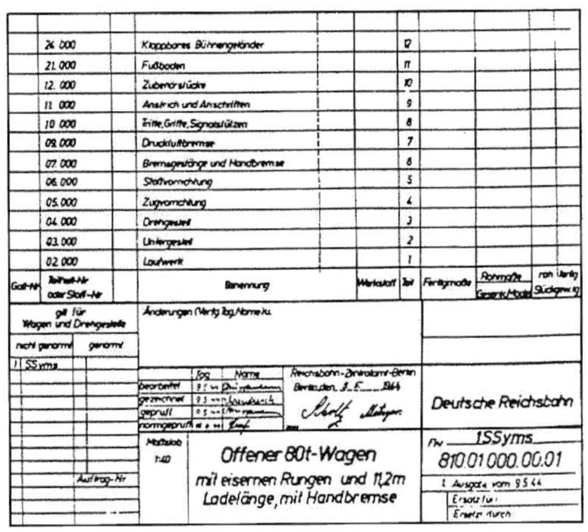

Hauptabmessungen

Ladegewicht	*80 t*
Tragfähigkeit	*82 t*
Durchschn. Eigengewicht	*22,3 t*
Länge über Puffer	*13,2 m*
Länge des Laderaumes	*11,2 m*
Breite des Laderaumes	*2,735*/3,15**m*
Gesamtachsstand	*10,2 m*
Achsstand im Drehgestell	*2 x 1,5 m*
Drehzapfenabstand	*7,2 m*

Bauart: Blechträger und Profile
Gattungsbezirk: Köln

** zwischen Rungen*
*** gesamte Breite*

Zeichnung: Fw 1 SSyms 810.01.000.00.01 (auch Fwg. 506.01.1).

Ein werksneuer SSyms (Köln 14 436) im Westwaggon-Werksgelände in Köln. (SD)

Stellen, wo diese fehlten, sowie auf freier Strecke, wenn eine Störung vorlag oder wenn aus taktischen Gründen ein sofortiges Be- oder Entladen notwendig erschien. Die Wagen besaßen eine einfache Einrichtung im ersten Fußbodenbrett an den Kopfstücken, um daran Rampen einer Sonderbauart legen zu können. Einzelheiten dazu liegen leider nicht vor. Ob es sich aber um die abgebildete Rampe handelte, ist nicht bekannt.

Im September 1941 meldete das Waffenamt (Prüf 5) für die Beförderung eines Sondergerätes der Wehrmacht (im Klartext: für den schweren Pz.Kpf.Wg. »Tiger«) den Bedarf für einen sechsachsigen Schienenwagen mit einer Tragfähigkeit von 72 t für Strecken mit 16 t Achsdruck und 84 t für solche mit 18 t Achsdruck an. Die Stückzahl schätzte das WA auf 250 Fahrzeuge. Für diese Tragfähigkeiten besaß die DRB bislang keinen Schwerlastwagen, da bislang kein häufigeres verkehrliches Bedürfnis bestand. Die vierachsigen SSy deckten den Bereich bis 50 t Ladegewicht ab. Es stellte sich die Frage, ob die gewünschten Neubauten dem öffentlichen Verkehr zur Verfügung stehen oder als Privatwagen vom Heer eingestellt werden sollten. Das Hauptwagenamt entschied sich für eine Einstellung dieser 250 Wagen. Damit übernahm die Deutsche Reichsbahn die Beschaffung und Kosten.

Das RZA Berlin schlug die Waggonfabrik Westwaggon für die Konstruktion sowie den Bau dieser neuen Bauart vor und bat das Werk um Stellungnahme, in welchen Zeiträumen bei sofortiger Erteilung eines SS-Kontingentes die ersten Wagen geliefert werden könnten. Bei sofortigem Beginn glaubte das Werk die Konstruktion bis Ende 1941 abzuschließen zu können, dagegen sei die Werkstoffaufgabe mengenmäßig sofort und damit noch für das 4. Vierteljahr 1941 möglich. Die Gliederung nach Abmessungen erfolgte Anfang November. Lieferbeginn der Wagen war für Juli 1942, der Lieferabschluss war für Ende 1942 vorgesehen.

Die Gesamtlast von 83 t konnte auf eine Länge von 8 m aufgenommen werden, wobei die Last von jeder Seite her, auch vom Nachbarwagen, ohne Überladebrücken aufgefahren werden konnte. Das Brückengeländer ließ sich vollständig umlegen. Auf Grund dieser Angaben gab die DRB dem RZA den Auftrag, für 50 Exemplare mit der DWV die Preisverhandlung zu führen und den Auftrag mit Liefertermin 1. August zu erteilen. Die Wehrmacht bat, ihr einen Wagen käuflich zu überlassen. Er erhielt nach seiner Lieferung die Wagennummer Bln 919 050 P, Einsteller »Heeresversuchsstelle Heegesee«, Heimatbf. Rehagen-Klausdorf.

Ein Umsetzverkehr ließ sich allerdings nur unter Auswechseln der Drehgestelle einrichten. Für solche Fälle musste der Verlader die erforderlichen Drehgestelle selbst beschaffen und vorhalten. Dazu gehörten auch Saugluftbremsleitungen, um die Fahrzeuge wenigstens als Leitungswagen laufen lassen zu können. Die Kopfstücke sämtlicher sechsachsigen Schwerlastwagen erhielten deswegen zusätzlich vier Löcher für die Pufferbefestigungsschrauben, die ein Versetzen der Puffer auf größeren Abstand gestatteten.

Tatsächlich bestellte das Heereswaffenamt am 12.11.1942 bei der Wggf. Uerdingen 220 Stück dreiachsige Austauschdrehgestelle der spanischen Spurweite 1674 mm für SSyms (Werkauftrag S 5334). Die Lieferung sollte mit 20 Stück ab August 1943 beginnen. Nachdem Spanien einen Kriegseintritt an der Seite Deutschlands wiederholt ablehnte, kam eine Bekämpfung Gibraltars mit dem Abschneiden der Meeresenge, die mehrfach in »Hitlers Weisungen für die Kriegsführung« der Operationen »Felix« und »Isabella« Eingang gefunden hatte, nicht mehr in Frage. Den Drehgestellauftrag annullierte das H.Wa.

Bei der Verladung des schweren Panzerkampfwagens »Tiger« gab es anfangs Schwierigkeiten beim Festlegen der Geräte auf dem Wagen. Die verstellbaren Ladeschwellen erwiesen sich als zu schwach, auch verbogen sich leicht die Schlüssel. Unter diesem Gesichtspunkt gelangte man im Februar 1943 zur Feststellung, dass während des Krieges diese Wagen ja nur für den Transport von Raupenfahrzeugen benutzt würden, die Ladeschwellen daher als verstellbare Längsschwellen auszubilden seien und man auf die Rungen verzichten könne. Ob der Referent 30 im RVM dieser Forderung nachkam, ist nicht erwiesen.

Westwaggon lieferte den ersten Schwerlastwagen planmäßig Anfang Juni 1942 aus. Die Folgeaufträge in den verschiedenen Fahrzeugprogrammen (FPR) gehen aus beiliegender Anlage hervor. Die Bauart kam wegen ihrer Wichtigkeit sogar ins Kriegsprogramm. Die DRB bestellte insgesamt 1511 Stück sechsachsige Schienenwagen SSyms, es konnten aber nur noch rund 1250 Stück fertig gestellt werden. Mitte 1944 gab es eine Umnummerierung, die vier- und sechsachsigen Schienenwagen der Bauarten SSy(s) und SSyms erhielten jeweils eigene unterschiedliche Nummerngruppen.

FPR	De	Numm	WgNumv	WgNr+Gattung+Verw	Stück	Bauartbezeichnung	U WgNr+Gattung	Fa-Zeichnung	Plz	Zeichnung	Kennzi	Lfw	Lfj	Wa-Nr	zus Bemerkung
420	28	036	14435	- 14484 Köl DRB	50	1SSyms	61435- 61484Köl	11045/01.1 VWW	Fwg	506.01.1	15336	WWk1	194206-08	11045	urspr.als SSkmras gepl.
420	28	038		Köl DRB	100	1SSyms		11045/01.1 VWW	Fwg	506.01.1	15336	Sim1	verl.		n.Uerdingen verlagert,fr.150x geplant
420	28	040	14485	- 14584 Köl DRB	100	1SSyms	61485- 61584Köl	AX 1080 Uer	Fwg	506.01.1	15336	Uer1	1942/43	2583	v.Sim übernommen
430	28	092	14585	- 14824 Köl DRB	240	1SSyms	61585- 61824Köl	AX 1080 Uer	Fwg	506.01.1	15336	Uer1	1943/44	2588	
430	28	092	19266	- 19375 Köl DRB	110	1SSyms	60266- 60375Köl	AX 1080 Uer	Fwg	506.01.1	15336	Uer1	1943/44	2588	zusätzlich
430	28	092	19376	- 19675 Köl DRB	300	1SSyms	60376- 60675Köl	11045/01.1 VWW	Fwg	506.01.1	15336	Beu1	1943/44		
430	28	092	19676	- 19696 Köl DRB	21	1SSyms	60676- 60696Köl	AX 1080 Uer	Fwg	506.01.1	15336	Uer1	1943/44	2588	zusätzlich
440	28	412	19697	- 20026 Köl DRB	330	1SSyms	60697- 61026Köl	143.01.1 SAE	Fwg	506.01.1	15336	Beu1	1944/45		nur 230 Wg.ausgeliefert?
440	28	412	20027	- 20386 Köl DRB	360	1SSyms	60027- 60265Köl+	143.01.1 SAE	Fwg	506.01.1	15336	Uer1	1944/45	2599	+61266-386Köl,199Wg.geliefert+bezahlt

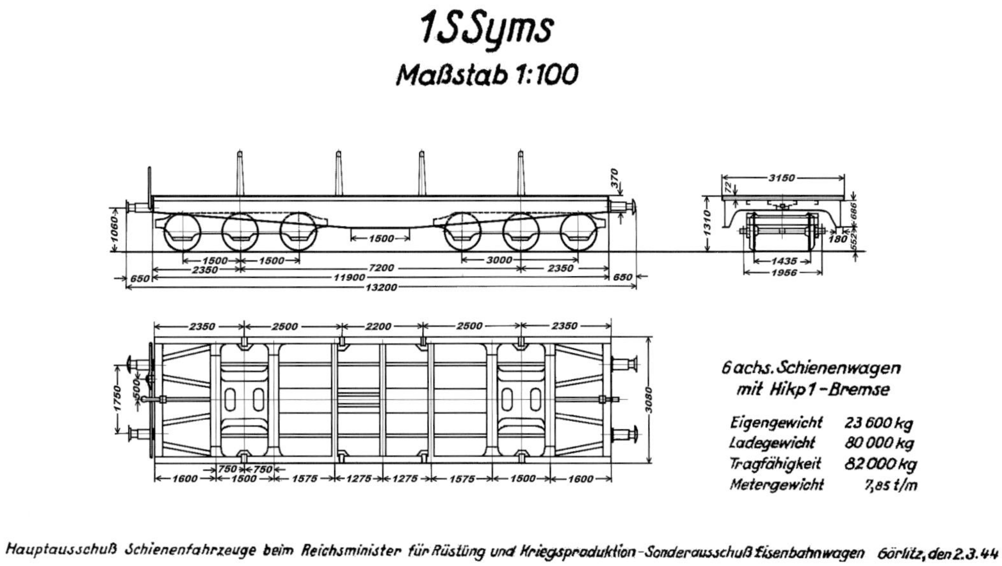

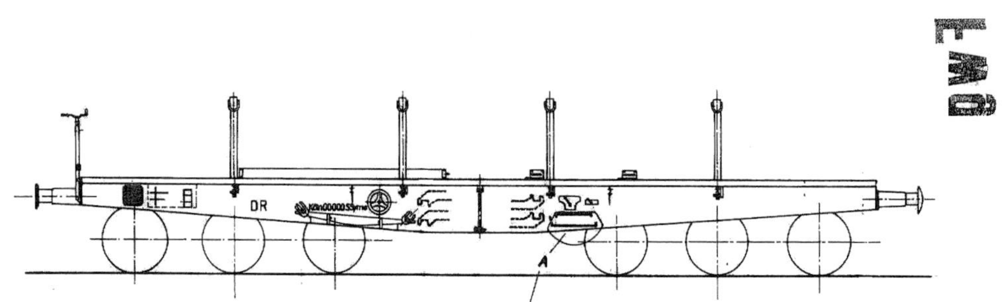

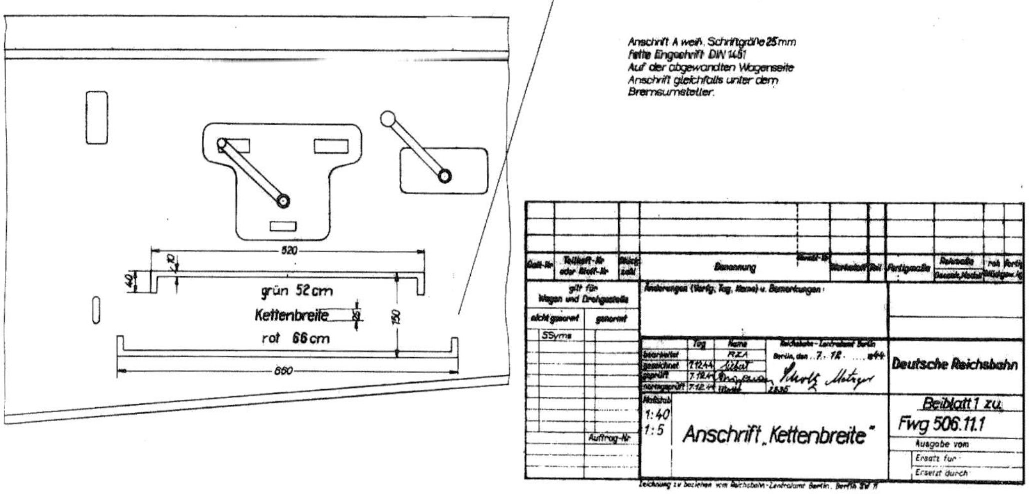

Die als »grün 52-cm-« bezeichnete Kette war die Transportkette des »Tiger« 1 und die als »rot 66-cm-« bezeichnete Kette die Transportkette für den »Tiger« 2, die auf dem Wagen stets mitgeführt wurden.

Möglichkeiten und Grenzen eines elektrischen Antriebs für Kettenfahrzeuge

(von Rolf Hilmes, Wiss. Direktor a.D. / Dipl. Ing.)

1. Motivation für einen elektrischen Antrieb von Kraftfahrzeugen

Der relativ hohe Wirkungsgrad, die optimale Zugkraftverteilung sowie die gute Regelbarkeit haben schon zu Beginn des letzten Jahrhunderts das Interesse an einem elektrischen Antrieb für Kraftfahrzeuge geweckt. Erinnert sei hier an das batteriegetriebene Lohner-Porsche Elektromobil aus dem Jahr 1901 oder an die Benzin-elektrisch angetriebenen »Landwehr-Züge« der österreichisch-ungarischen Armee aus dem Jahr 1910.

Sofern ein von einer Verbrennungskraftmaschine angetriebener Generator zur Verfügung steht, entfällt die Problematik des Mitführens von Speichermedien (Batterien). Dies hat wohl französische Ingenieure im Jahr 1917 dazu bewogen, den Sturmpanzerwagen St. Chamond mit einem Otto-elektrischen Antrieb auszurüsten (Bild 01).

Einige Jahre später beschäftigte man sich auch in Russland und in Amerika mit einem elektrischen Antrieb von Kettenfahrzeugen. So entstand Anfang 1944 mit dem Objekt 253 auf der Basis des IS-6 ein Versuchsfahrzeug mit einem Diesel-elektrischen Antrieb (Bilder 02 u 03).

Bild 01: Montage eines frz. Tanks »St. Chamond«; erkennbar ist der Einbau des 4-Zylinder-Reihenmotors (66 kW) mit dem angeflanschten Generator (1917). Bei einer bescheidenen Generatorleistung von ca. 54 kW (Höchstgeschwindigkeit des Fahrzeugs: 4 km/h) waren die Höhe der Gesamtverluste und die thermischen Probleme aufgrund des aus heutiger Sicht rudimentären Aufbaus der elektrischen Anlage offenbar beherrschbar. (Foto: Archiv Hilmes)

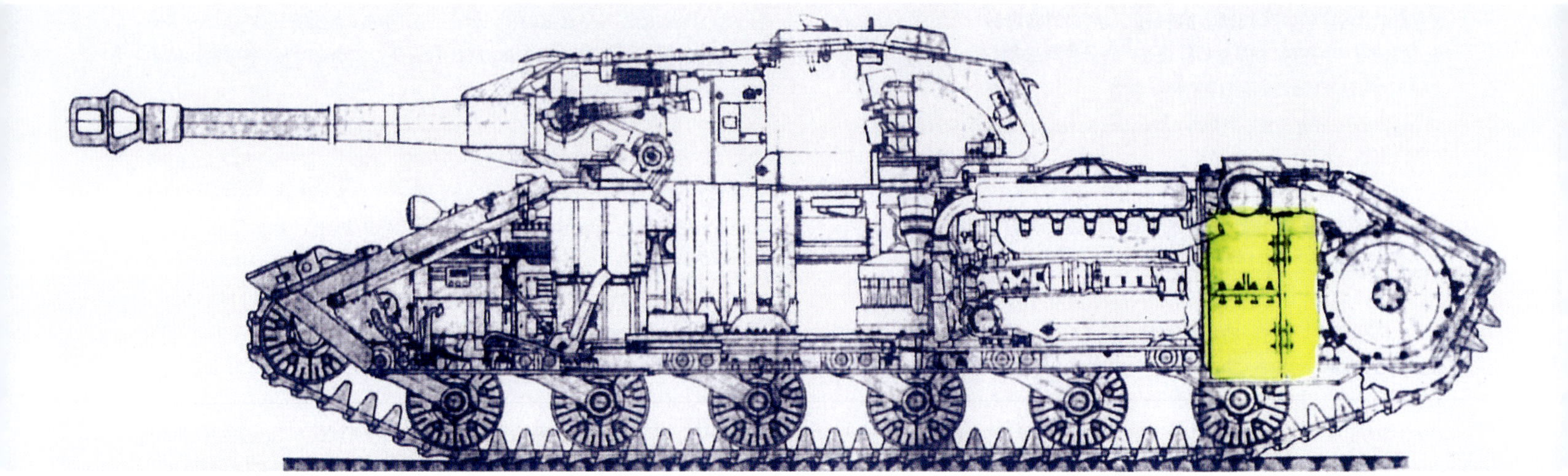

Bild 02: Objekt 253 (Basis: IS 6) mit einem Diesel-elektrischen Antrieb. Erkennbar sind der am Motor angeflanschte Generator (gelb gekennzeichnet) sowie ein Elektromotor am linken Abtrieb. (Bild: Archiv Hilmes)

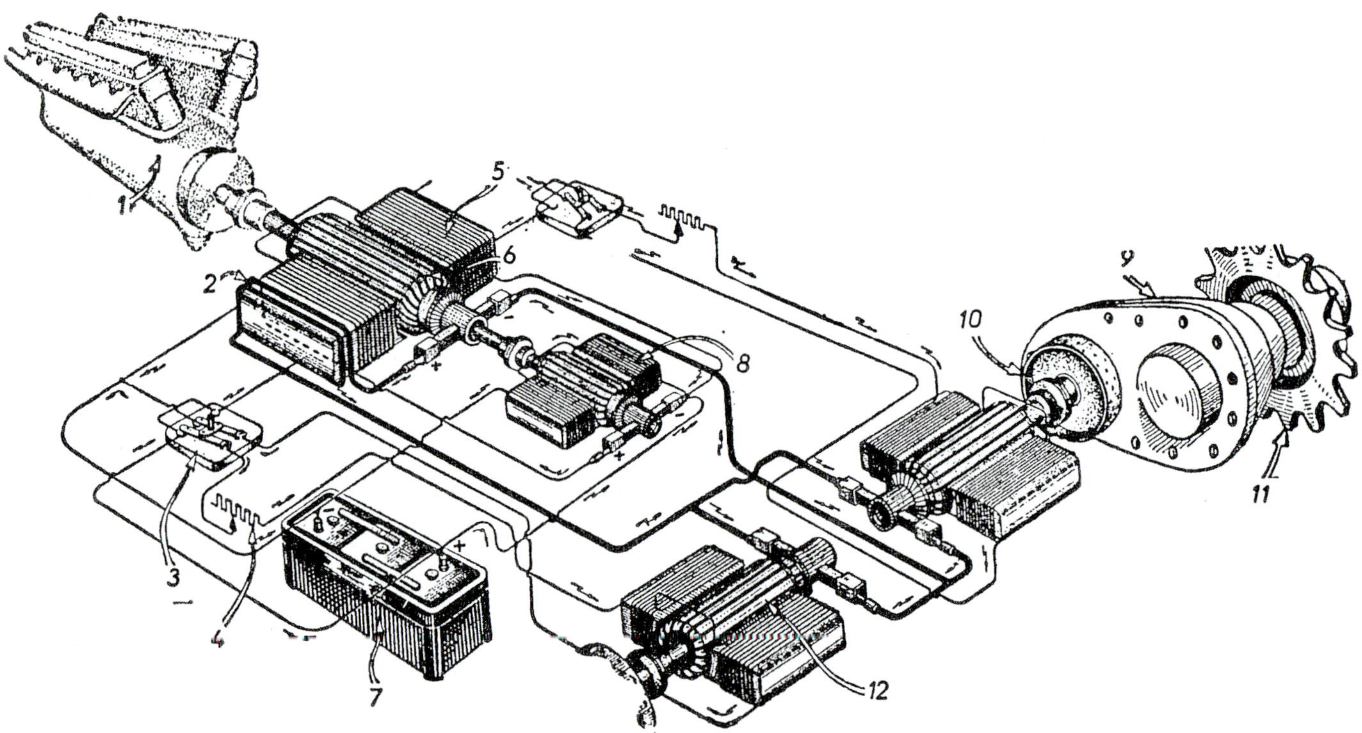

Bild 03: Schema einer Diesel-elektrischen Kraftübertragung aus einem russischen Fachbuch der 1940er Jahre. Der Gesamtwirkungsgrad der Anlage dürfte sich in engen Grenzen gehalten haben. (Bild: Archiv Hilmes)

Und im Herbst 1943 stattete man in den USA einen schweren KPz T 23 ebenfalls mit einem Otto-elektrischen Antrieb aus. In beiden Fällen blieb es bei den Versuchsfahrzeugen.

Populärer wurden die in den 1940er Jahren in Deutschland unternommenen Aktivitäten der Fa. Porsche, die zu den Fahrzeugen VK 4501 (P) / TIGER (P), FERDINAND / ELEFANT sowie zu dem schweren Pz.Kpfwg MAUS geführt haben. Bis zum Ende des Zweiten Weltkriegs konnte sich der elektrische Antrieb in Kraftfahrzeugen jedoch nicht im großen Stil durchsetzen.

2. Erneute Anläufe in der Nachkriegszeit

In fast allen relevanten Nationen wurde nach dem Zweiten Weltkrieg das Thema »elektrischer Fahrzeugantrieb« unter Nutzung der aktuell verfügbaren Technologien erneut aufgegriffen. So entstand in Deutschland im Jahr 1985 der Versuchsträger MARDER DEA (Bild 04).
Dabei wurde der Generator (440 kW) am Dieselmotor und die E-Motoren (2 x 750 kW) an den Triebrädern mit Permanentmagneten aus Kobalt-Samarium ausgerüstet. In der Leistungselektronik kamen statische Stromrichter mit Leistungstransistoren zur Anwendung, die einen 4-Qudranten-Betrieb ermöglichten. Das Fahrzeug erfüllte die geforderten Funktionen, der Bauaufwand (insbesondere das erforderliche Volumen) war jedoch deutlich höher gegenüber dem vergleichbaren mechanischen Antrieb. In der Folgezeit entstanden in Deutschland weitere Demonstratoren, wie im Jahr 1987 z. B. ein 8x8 Radfahrzeug (30 to) mit einem 600-kW-Generator und 8 Radnabenmotoren.
Im Jahr 1996 wurde ein Waffenträger WIESEL 2 mit einem Diesel-elektrischen Antrieb (65-kW-Generator) umgerüstet (WIESEL LLX; Bild 05).

Bild 04: Blick in den Triebwerksraum eines SPz MARDER mit Diesel-elektrischem Antrieb. Unter dem Metallkasten befindet sich der Generator; rechts ist ein Antriebsmotor erkennbar. Der freie Raum wird später durch ein Element der Leistungselektronik voll ausgefüllt. (Foto: Archiv Hilmes)

Bild 05: WIESEL LLX (»Leicht gepanzertes luftverladbares Experimentalfahrzeug«) aus dem Jahr 1990; der E-Motor war in der hinteren Umlenkrolle integriert. (Foto: Fa. MaK)

Bild 06: 4x4 Versuchsträger VT-E aus dem Jahr 2006; im Bugbereich mussten zwei Kühler (für Motor und Leistungselektronik) installiert werden; gut erkennbar sind die Radnabenmotoren (jeweils 50 kW). (Foto: Archiv Hilmes)

Als letzte Aktivität auf diesem Gebiet entstand im Jahr 2006 in Deutschland das 12,6 to schwere 4x4 Versuchsfahrzeug VT-E mit einem Generator von 200 kW und vier Radnabenmotoren zu je 50 kW. Die Erprobung verlief erfolgreich und das Fahrzeug erhielt sogar eine Straßenzulassung (Bild 06).

Im Rahmen der Voruntersuchungen für den SPz PUMA wurde im Jahr 2002 eine eingehende Vergleichsuntersuchung zwischen:

- einem rein elektrischen Antrieb,
- einem elektro-mechanischen,
- und einem rein mechanischen Antrieb

bei einer Eingangsleistung von 800 kW durchgeführt (Bilder 07 und 08).

Das Ergebnis dieser aussagekräftigen Studie war, dass die herkömmliche mechanische Kraftübertragung mit modernen Komponenten den minimalen Aufwand bezüglich Gewicht und Volumen erwarten ließ. Daher wurde der SPz PUMA in der Folge auch mit dem hydrostatisch-hydrodynamischen Überlagerungslenkgetriebe HSWL 256 der Fa. RENK ausgerüstet.

In den USA, in Frankreich, in Süd-Afrika und auch in Russland gab es in der Nachkriegszeit ebenfalls mehrere Versuchsträger, bei denen der Diesel-elektrische Antrieb für militärische Fahrzeuge untersucht wurde. Keines dieser zahlreichen Programme führte im Endeffekt zu einer Serienfertigung.

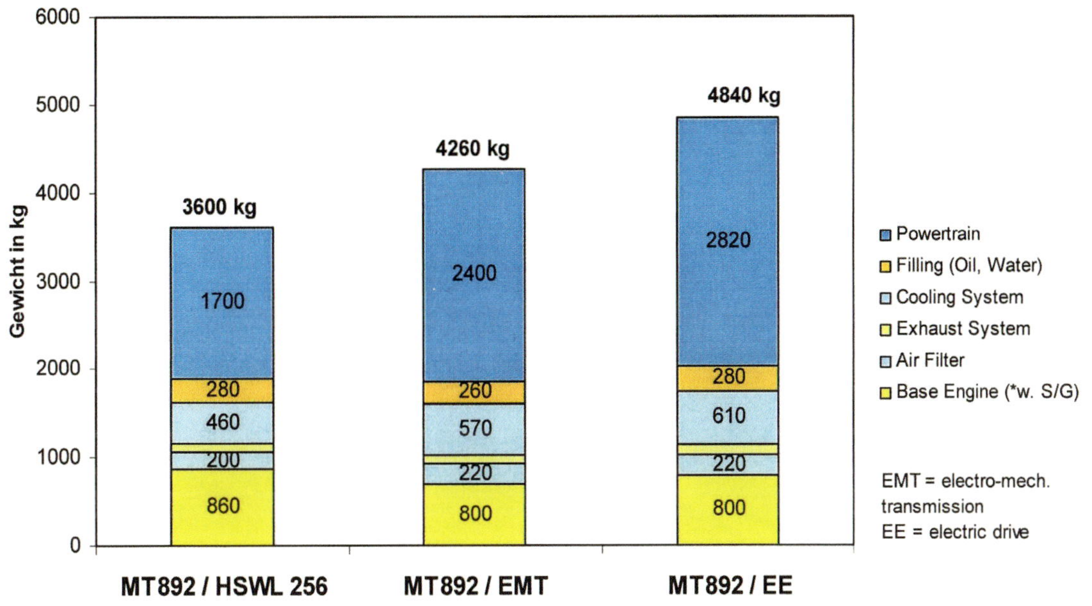

Bild 07: Ergebnis eines Gewichtsvergleiches für einen mechanischen, elektromechanischen und elektrischen Antrieb (800 kW) aus dem Jahr 2002; der herkömmliche Antrieb zeigte das günstigste Ergebnis. (Bild: Archiv Hilmes)

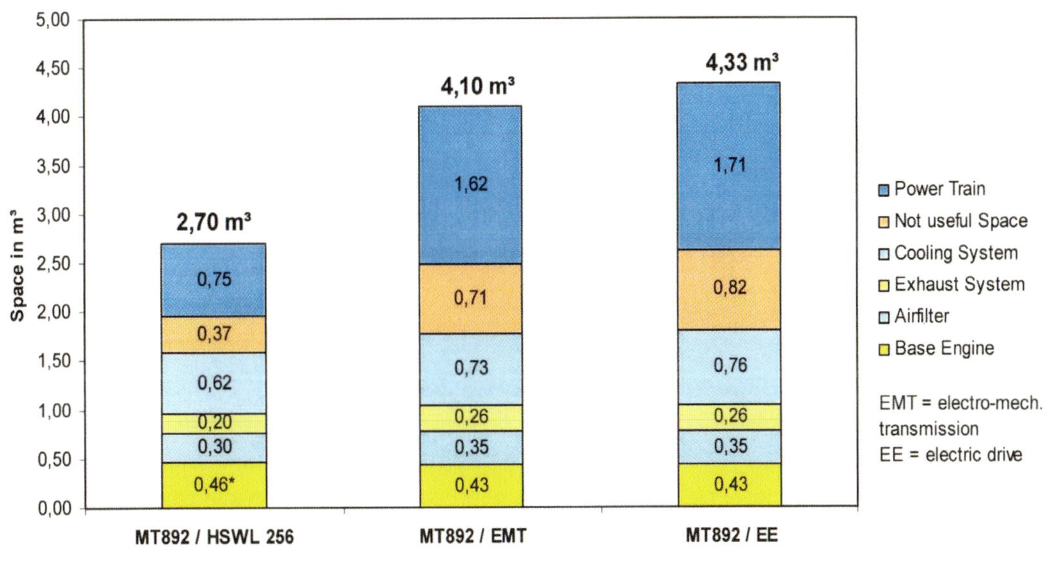

Bild 08: Ergebnis eines Volumenvergleiches für einen mechanischen, elektromechanischen und elektrischen Antrieb (800 kW) aus dem Jahr 2002; der herkömmliche Antrieb zeigte das günstigste Ergebnis. (Bild: Archiv Hilmes)

3. Möglichkeiten des Diesel-elektrischen Antriebs von Kettenfahrzeugen

In den 1980er Jahren erwartete man von einem Diesel-elektrischen Antrieb in militärischen Fahrzeugen zahlreiche Vorteile, wie z. B.:

- Bereitstellung des höheren Leistungsbedarfs bei zukünftigen Kampffahrzeugen,
- flexiblere Integration der Antriebskomponenten möglich,
- geringere Gewichte und Volumina,
- höhere Zuverlässigkeit, Selbstdiagnosemöglichkeit, geringere Nutzungskosten,
- Betrieb des Dieselmotors im Bestpunkt,
- bereits im Anfahrpunkt kann maximales Drehmoment an den Antriebsrädern zur Verfügung gestellt werden,
- Energierückgewinnung im Bremsbetrieb möglich,
- stufenloser Fahr- und Lenkbetrieb,
- geringe Verwundbarkeit des Gesamtsystems.

Mit der Vorstellung eines »All-Electric-Vehicles« (AEV) erreichte der Hype Anfang der 1990er Jahre einen Höhepunkt (Bild 09).

Das AEV sollte mit einer elektromagnetischen Kanone (EMK) ausgestattet werden. Die hierfür bereitzustellende Leistung hätte es ermöglicht, dass zahlreiche anderweitige Komponenten (Fahrantrieb, elektrische Panzerung und zahlreiche Verbraucher) problemlos mit der notwendigen Leistung hätten versorgt werden können.

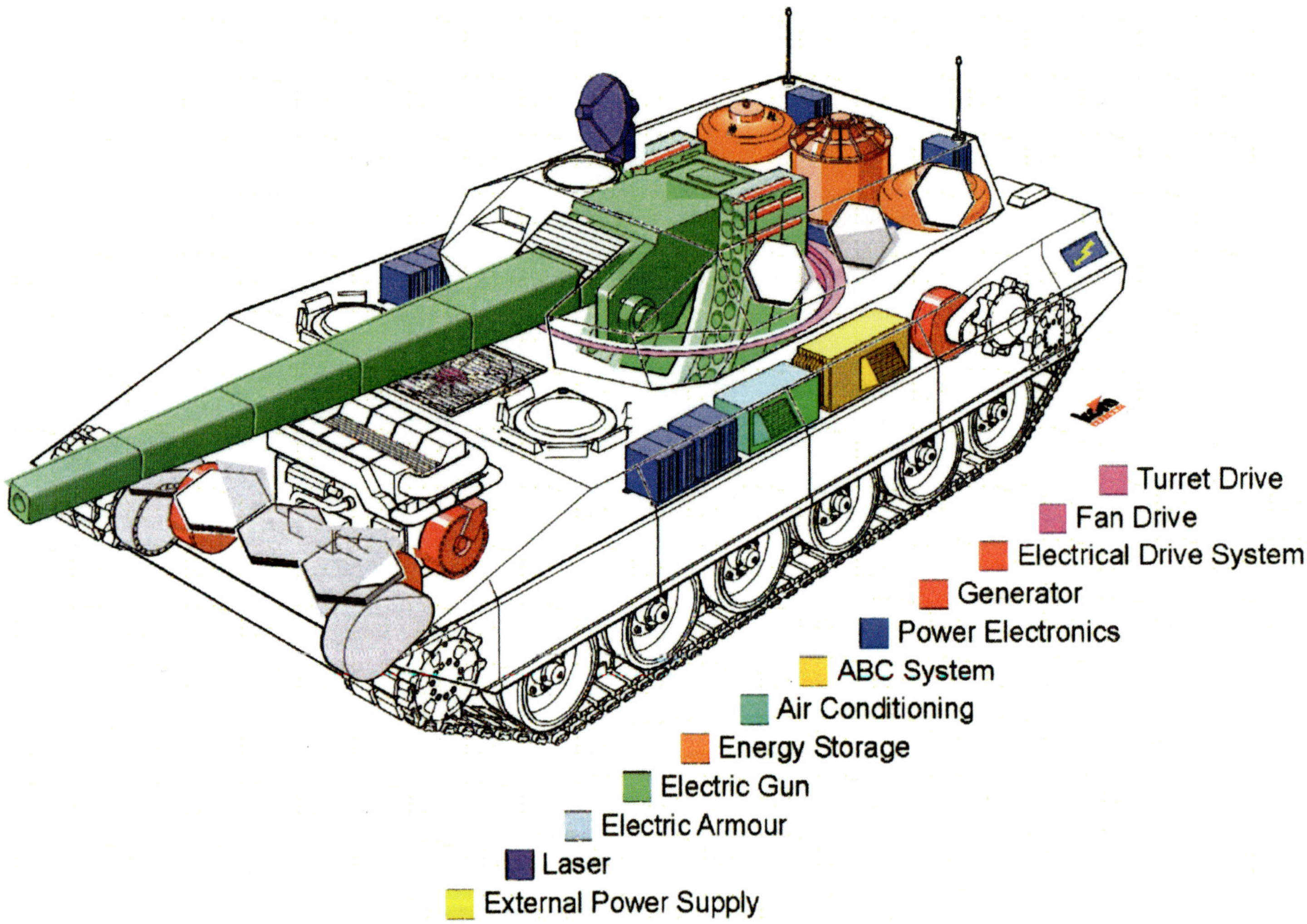

Bild 09: Visionäre Vorstellung eines »All-Electric-Vehicles«, bei dem praktisch alle Funktionen (inkl. Waffe und Panzerung) durch elektrische Energie realisiert werden sollten. (Bild: Archiv Hilmes)

4. Grenzen des Diesel-elektrischen Antriebs von Kettenfahrzeugen

Die Kurvenfahrt bzw. die Lenkung erfolgt bei Kettenfahrzeugen bekanntlich durch das Erzeugen einer Drehzahldifferenz zwischen den beiden Triebrädern. Im Prinzip muss sich das kurveninnere Triebrad langsamer drehen als das kurvenäußere Triebrad. Sollen engere Kurvenradien gefahren werden, muss hierzu das kurveninnere Triebrad abgebremst werden, da das Kettenfahrzeug ja grundsätzlich die Tendenz zeigt, geradeaus zu fahren. In diesem Zustand nimmt das kurveninnere Triebrad eine Leistung ($P = M \times \omega$) vom Boden her auf und führt diese in das Lenkgetriebe hinein. Bei älteren Lenkgetrieben (Kupplungs-Brems-Lenkgetriebe bzw. Einfach-Differenzial-Lenkgetriebe) wird diese Leistung in schlupfenden Lenkbremsen in Wärme und Verschleiß umgesetzt, dies führte teilweise zu hohen Lenkverlusten.

Durch die Erfindung und Einführung des Überlagerungs-Lenkgetriebes (erstmalig im Jahr 1921 im frz. Panzer CHAR I B verwendet) konnte bei Kettenfahrzeugen die so genannte »regenerative Lenkung« etabliert werden. Bei dieser Getriebebauart wird die Reduzierung der Drehzahl des kurveninneren Triebrades nicht durch schlupfende Lenkorgane in Wärme und Verschleiß umgesetzt, sondern durch eine im Getriebe erzeugte Drehzahldifferenz erzeugt. Die vom kurveninneren Triebrad aufgenommene Leistung, auch als »Blindleistung« bezeichnet, wird u. a. durch die so genannte Nullwelle auf das kurvenäußere Triebrad transferiert (Bild 10).

Dabei entsteht in einigen Getriebeteilen ein zusätzliches Verspannungsmoment, was aber berechenbar und beherrschbar ist. Aufgrund des Transfers der Blindleistung auf das kurvenäußere Triebrad ist kein zusätzlicher Verschleiß verbunden und es werden keine Bauteile signifikant erwärmt (damit ist auch keine zusätzliche Kühlung erforderlich).

Bei einer elektrischen Kraftübertragung muss die vom inneren Triebrad aufgenommene (Blind-) Leistung auf elektrischem Wege über die Leistungselektronik zum äußeren Triebrad übertragen werden. Um die Drehzahl am kurveninneren Triebrad zu reduzieren, wird in diesem Fahrzustand der E-Motor zu einem Generator. Somit muss der E-Motor am kurvenäußeren Triebrad sowohl die vom Generator am Hauptmotor erzeugte Antriebsleistung, als auch die von der kurveninneren Seite transferierte Blindleistung aufnehmen. Somit müssen die E-Motoren an den Triebrädern deutlich überdimensioniert werden. Eine quantitative Betrachtung bezüglich der Auslegung der Komponenten bei einem 55-t-Fahrzeug mit einer Antriebsleistung von 1100 kW zeigt, dass die E-Motoren an den Triebrädern für eine Leistungsaufnahme von bis zu 1900 kW ausgelegt werden müssen (Bild 11).

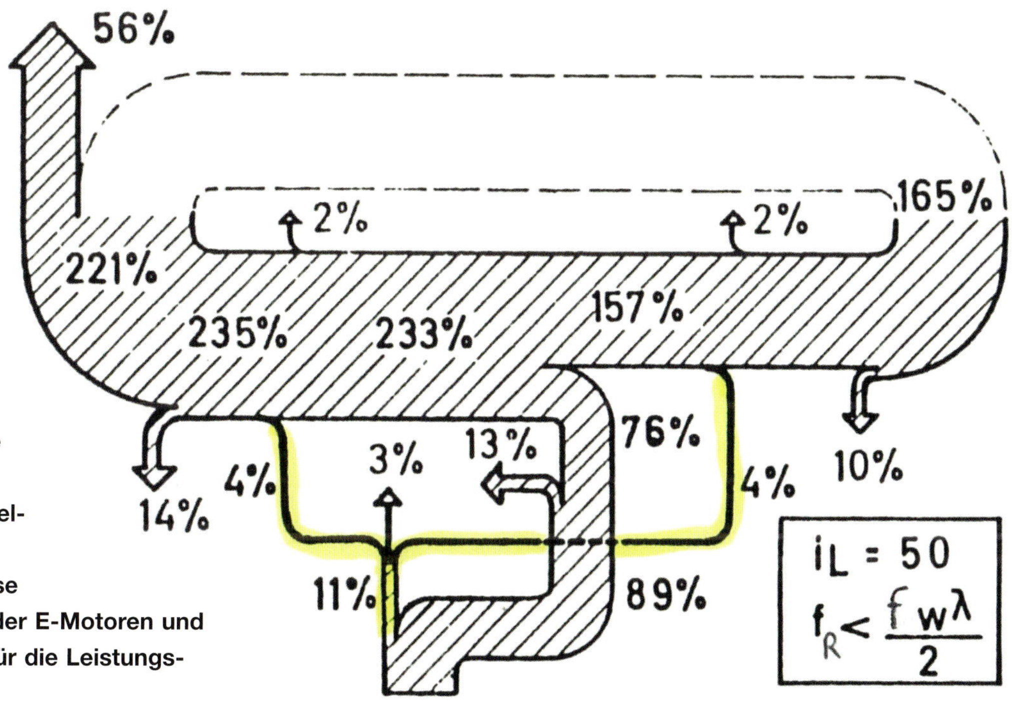

Bild 10: Leistungsfluss im Getriebe eines Kettenfahrzeugs mit regenerativer Lenkung bei einer Rechtskurve mit einem Radius von ca. 60 m; alle Werte sind bezogen auf eine Motorleistung von 100 %. Erkennbar ist die Leistungsaufnahme i.H. von 165 % am kurveninneren Triebrad (Bremsleistung), die über verschiedene Getriebeelemente auf das kurvenäußere Triebrad transferiert wird. Bei einer Diesel-elektrischen Kraftübertragung führen die hohen Leistungsflüsse zu einer Überdimensionierung der E-Motoren und zu einem hohen Kühlaufwand für die Leistungselektronik. (Bild: Fa. ZF)

Neben der Überdimensionierung der beiden E-Motoren tritt bei einer elektrischen Kraftübertragung als weiteres Problem die elektrische Verlustwärme in den Leistungselektroniken auf. Bei einem angenommenen Wirkungsgrad von 95 % tritt z. B. beim Transfer einer Blindleistung von 1000 kW eine Verlustleistung in Höhe von 50 kW auf (das entspricht einem Tauchsieder mit einer Leistung von 50.000 W!). In der Realität tritt in der Leistungselektronik nicht nur die Wirkleistung auf, vielmehr zirkulieren in den Bauelementen mit einer entsprechenden Phasenverschiebung auch elektrische Blindleistungs- und Scheinleistungsanteile, die zu weiteren Verlusten bzw. einem erhöhten Wärmeanfall führen. Somit ist bei einer elektrischen Kraftübertragung – neben der Kühlung von Generator und E-Motoren – ein weiterer, erheblicher Kühlaufwand für die Leistungselektroniken für die beiden E-Motoren und den Hauptgenerator erforderlich.
Da die heutigen Bauelemente (Halbleiter) in den Leistungselektroniken nur eine Maximaltemperatur von ca. 70 Grad C vertragen, muss die Fahrzeug-Kühlanlage in einen Niedertemperatur- und einen Hochtemperatur-Teil aufgesplittet werden. Bis zu einer industriellen und serienmäßigen Anwendung von SiC-Halbleiterelementen (die eine Betriebstemperatur von ca. 110 Grad ermöglichen sollen), wird in Kettenfahrzeugen ein Diesel-elektrischer Antrieb volumenmäßig immer größer und schwerer als ein vergleichbarer mechanischer Antrieb ausfallen. Darüber hinaus sind bei einem Diesel-elektrischen Antrieb höhere Entwicklungs- und Beschaffungskosten (Faktor: ca. 1,6) zu erwarten.

Bild 11: Blick auf einen E-Motor des Prüfstandes bei der WTD 41 in Trier. Hier wurde eine komplette Diesel-elektrische Kraftübertragung für ein schweres Kettenfahrzeug (50 t; 1100 kW) aufgebaut. Das Bild zeigt einen der beiden E-Motoren. Der E-Motor hat einen Durchmesser von 1040 mm und wiegt 800 kg. Bei einer Betriebsspannung von 750 V und Strömen bis 3000 A kann der Motor eine Kurzzeit-Höchstleistung von ca. 2500 kW entwickeln. Rechts neben dem ölgekühlten Motor die zugehörige (wassergekühlte) Leistungselektronik. Zu beachten ist der Kabelaufwand. (Foto: Archiv Hilmes)

Bei Radfahrzeugen entfällt die Problematik der regenerativen Lenkung und damit der Transfer der Blindleistung vom kurveninneren zum kurvenäußeren Triebrad. Durch den Einsatz von Radnabenmotoren können Gelenkwellen und Differenzial entfallen. Die Vorteile eines Diesel-elektrischen Antriebs sind hier offensichtlich. Dennoch hat keine Nation in den letzten 20 Jahren ein militärisches Radfahrzeug mit Diesel-elektrischem Antrieb in Serie produziert und eingeführt. Dieser Tatbestand lässt viele Fragen offen.

5. Fazit

Selbst unter Nutzung moderner Technologien bei den elektrischen bzw. elektro-mechanischen Baugruppen führt die elektrische Kraftübertragung bei einem Kettenfahrzeug zu einem höheren Gewichts- und Volumenaufwand. Insofern besteht absolut kein Anlass, diese Nachteile bei einer elektrischen Kraftübertragung in Kauf zu nehmen, zumal auch die herkömmliche mechanische Kraftübertragung bei der Erfüllung der militärischen Forderungen im praktischen Betrieb keine Fähigkeitsdefizite aufweist. Der Übergang auf eine neue, risikobehaftete Technologie, die vermutlich auch zu einem höheren Kostenaufwand und höheren Aufwendungen bei der Entwicklung und Beschaffung sowie bei der notwendigen Umstellung im Bereich der Materialerhaltung (Ausbildung des Instandsetzungs-Personals usw.) führt, ist daher weder notwendig noch erforderlich.
Nach dem kurzzeitigen Aufflammen der Idee des »All-Electric-Vehicles« Anfang der 1990er Jahre in der Technik, trat – wie so oft beim Auftauchen von revolutionären Technologien – bei näherer Beschäftigung und Durchführung von belastbaren Berechnungen sehr schnell eine Phase der Ernüchterung ein. Heute ist dieses Thema von der Bildfläche verschwunden. Mehr noch: Knapp 120 Jahre nach dem Erscheinen des Lohner-Porsche-Wagens gibt es außer einigen Laborkuriositäten (Technologieträger) weltweit kein einziges militärisches Fahrzeug mit Diesel-elektrischem Antrieb, welches in Serie gefertigt wird.

Auf den Spuren des »Tiger« (P)

Wenn der interessierte Historiker sich an die geschichtsträchtigen Orte begibt, wo der »Tiger« (P) erprobt wurde, findet er noch immer Spuren dieser Geschichte. In St. Valentin befand sich das Nibelungenwerk. Nach dem Krieg nutzte die Firma Steyr das Grundstück mit den noch erhaltenen Gebäuden für den Landmaschinenbau weiter.

Das ehemalige Nibelungenwerk gehört heute der kanadischen Firma MAGNA. Die östliche, noch erhaltene Halle IV dient der Firma zur Kfz-Komponenten-Fertigung. Die ehemaligen Hallen II, III und VI nutzt die Firma Case IH (mit Steyr) zur Herstellung von Traktorkabinen und zur Endmontage. Auch der Eingangsbereich (1), die Werkstätten (2), die Kantine (3) sowie das Bahnhofsgebäude (4) werden heute noch genutzt. Das ehemalige Einfahrgelände wurde umgestaltet und ist heute ein modernes Prüfgelände des Engineering Center Steyr von Magna Powertrain. (yr)

Eine weitere Spur führt zum heutigen Kummersdorf-Gut, wo sich die Heereserprobungsstelle von Wa Prüf 6, die Verskraft, befand. Die rund 8 km lange Waldrundstrecke in Horstwalde setzte sich aus Bahn 1 bis 4 zusammen. Die Nutzung wechselte auf Bahn 5 bis 8, wenn die erste Strecke wieder instandgesetzt werden musste. Dabei galt es, einen Höhenunterschied von 7 bis 10 m zu überwinden. Diese Strecke wurde von der Verskraft u. a. auch zur Erprobung des »Tiger« (P) und des »Ferdinand« genutzt.

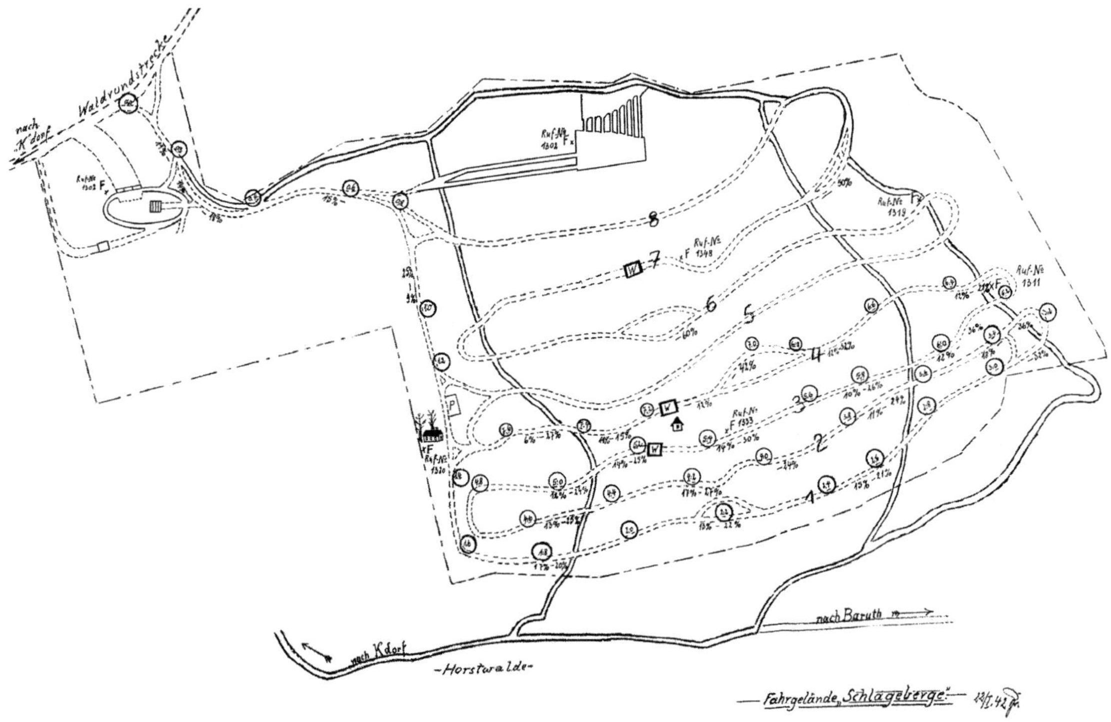

Anfahrtstraße

1. Steigung = 11% (6°)
   Gefälle = 9% (5°)
2. Steigung = 14% (8°)
   Gefälle = 18% (10°)
3. Steigung = 15% (8°)
4. Steigung = 25% (14°)
   Gefälle = 9% (5°)
5. Steigung = 19% (11°)
   Gefälle = 12% (7°)

Bahn 1

1. Steigung = 17% (10°)
   Gefälle = 15%
2. Steigung = 13% (7°)
   Gefälle = 22% (12°)
3. Steigung = 15% (8°)
   Gefälle = 21% (12°)
4. Steigung =
   Gefälle = 32% (18°)

Bahn 2 (von unten)

1. Steigung = 36% (20°)
   Gefälle =
2. Steigung = 24% (13°)
   Gefälle = 11% (6°)
3. Steigung = 24% (13°)
4. Steigung = 27% (15°)
   Gefälle = 17% (10°)
5. Steigung = 25% (14°)
   Gefälle = 13% (7°)

Bahn 3

1. Steigung = 12% (7°)
   Gefälle = 24% (13°)
2. Steigung = 14% (8°)
   Gefälle = 25% (14°)
3. Steigung = 14% (8°)
   Gefälle = 30% (17°)
4. Steigung = 10% (6°)
   Gefälle = 26% (15°)
5. Steigung = 12% (7°)
   Gefälle = 36% (20°)

Bahn 4

1. Steigung = 21% (12°)
   Gefälle = 12% (7°)
2. Steigung = 32% (18°)
   Gefälle = 12% (7°)
3. Steigung = 42% (23°)
   Gefälle = 12% (7°)
4. Steigung = 15% (8°)
   Gefälle = 11% (6°)
5. Steigung = 27% (15°)
   Gefälle = 6% (3°)

Bahn = 1 Schleife
Bahn 1 bis 4 zus. ca. 8000 m
Höhenunterschied 7 bis 10 m

Plan des Fahrgeländes Schlageberge.

Das ehemalige Fahrgelände der Verskraft mit den Schlagebergen und den Steigungsbahnen heute. Es gehört zu der Bundesanstalt für Materialforschung und -prüfung (BAM) und nennt sich heute »Testgelände Technische Sicherheit« (TTS).

Das Gelände der ehemaligen Schießbahn West, wo der Porsche-Tiger 150 002 im Beisein von Professor Porsche und Otto Zadnik eingeschossen wurde, ist heute nur noch dichter Wald. Allerdings zeugen Betontrümmer von den ehemaligen Bauwerken in diesem Bereich.

In der ehemaligen »neuen Verskraft« befindet sich noch der Überrest des Turmersatzgewichtes eines »Tiger« (P). Das war für mich eine kleine Sensation! Die Eisenbleche waren in den Jahren zum Teil entfernt sowie eine Art Profilrahmen aufgeschweißt worden. Das Gewicht ist tief in den Boden eingesunken. Es wog ursprünglich etwa zehn Tonnen, die sich aus rund 8,5 t Beton und 1,5 t Stahlblech zusammensetzten. Vermutlich ist es der Turmersatz des hydraulischen Porsche-Tigers mit dem Fahrgestell 150 013, der bis zur Auslieferung an die schwere Panzerjägerabteilung 653 im April 1944 als letztes Fahrzeug noch dieses Gewicht trug. Danach erhielt er den in der Verskraft lagernden Tiger-Turm Nr. 150 014.

In der neuen Verskraft sind noch einige Werk- und Abstellhallen mehr oder weniger gut erhalten. Allerdings scheint es nur noch eine Frage der Zeit zu sein, bis diese Zeitzeugen in sich zusammenfallen, da für deren Erhalt leider nichts getan wird.

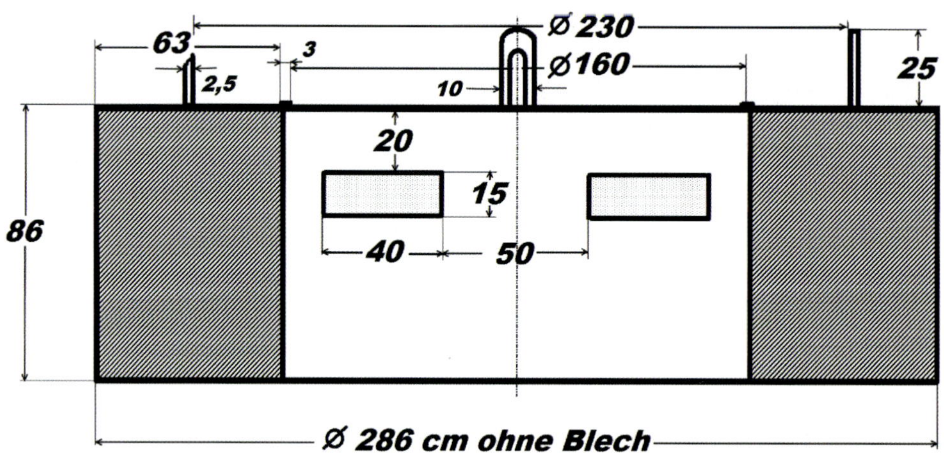

Das umschließende Blech ist etwa 4 mm stark und nur noch im unteren und im inneren Teil vorhanden.

Gut zu erkennen sind die markanten Sehschlitze und die vier Heißösen. Das aufgesetzte Gestell aus Rohren und Vierkant-Material ist nachträglich angeschweißt worden.

Das Turm-Ersatzgewicht von damals im oberen Foto im Vergleich zu dem vorgefundenen heutigen Überrest.

Vorführung des Henschel-Tiger 250 0001 »WH 013896« vor General Guderian in der neuen Verskraft. Mit dabei u. a. Oberst Esser und Oberstleutnant Holzhäuer. Das Fahrzeug stand vor der heute noch erhaltenen Werkhalle (West) für Vollkettenfahrzeuge (unteres Bild).

Der »Jagdtiger« 350 001 mit dem Laufwerk vom Porsche Typ 180 in der neuen Verskraft vor den Garagen.

Die Versuchskompanie der Verskraft während eines Appells vor einer Werkhalle.

Eine weitere Aufnahme zeigt die Stelle, wo der Porsche-Tiger VK 4502 im April 1945 stand. Laut einem Bericht des Kummersdorfer Einwohners Willi Klär sollte dieser das Geschütz des eingegrabenen Porsche-Tigers reparieren, weil das Rohr nach dem Schuss nicht mehr nach vorn lief. Der Vorholer besaß keinen Druck mehr. Allerdings konnte Klär auf Grund des starken Beschusses den Panzer nicht mehr erreichen. Dieser »Tiger« und eine Pak hatten noch einige sowjetische Panzer abgeschossen, bevor die Rote Armee diesen Widerstandspunkt durch eine geschaffene Schneise im Wald östlich umging[87].

[87] W. Fleischer, Dokumente

Schussrichtung des eingegrabenen VK 4502 mit seiner 8,8-cm KwK L/71 am 21. April 1945. Standort war die Brücke nach dem Ortsausgang Kummersdorf in Richtung Horstwalde.

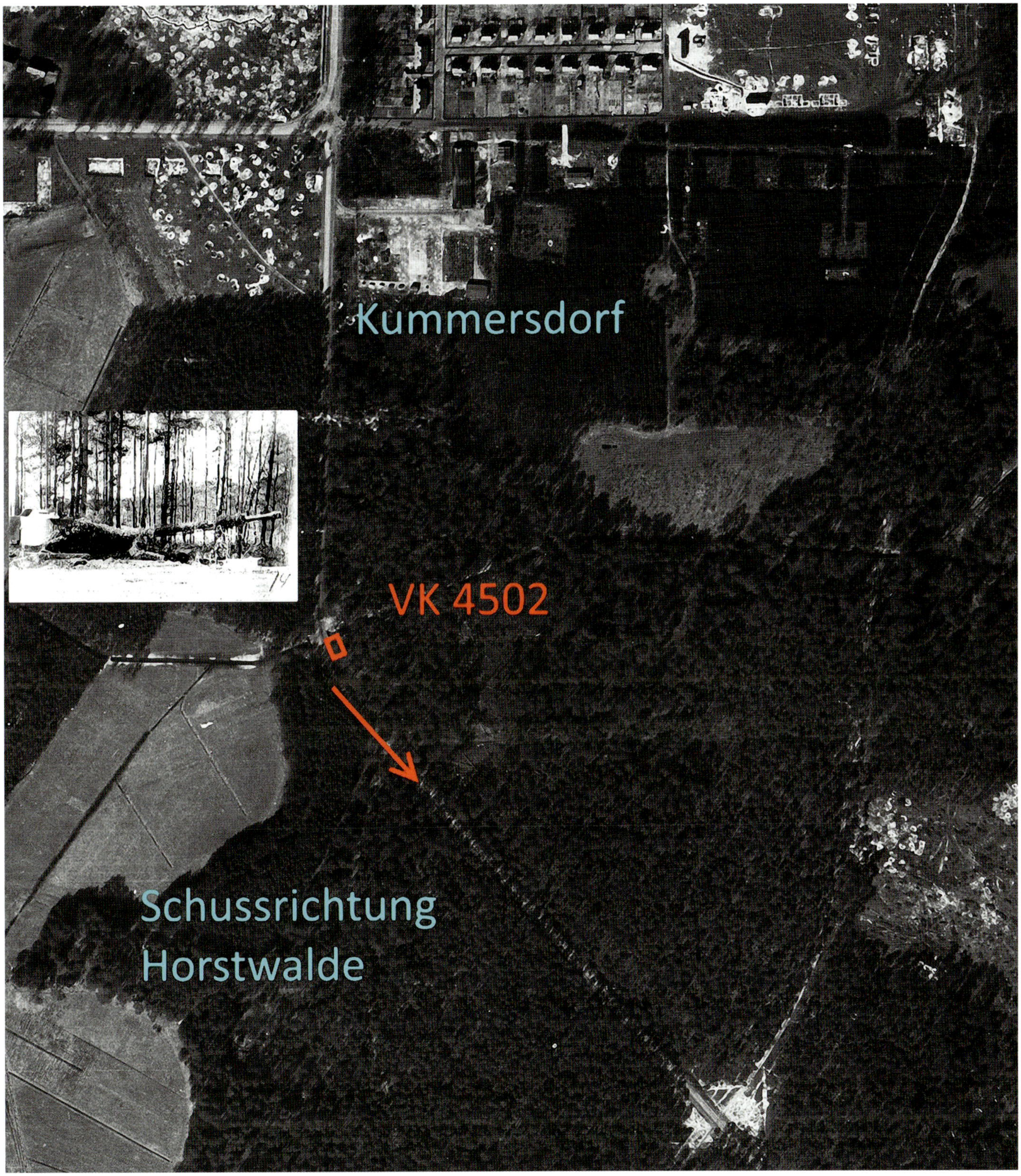

Der Standort des VK 4502 an der Brücke in Richtung Horstwalde im April 1945, wo mehrere T 34 abgeschossen wurden. Letztlich umgingen die Panzer der Roten Armee den Widerstandspunkt nach rechts (östlich) in Richtung »Sprenggarten« (Lichtung). (LBD)

Ein weiterer wichtiger Teil der Geschichte um den Porsche-Tiger fand in Berka v.d.H. auf dem Gelände des Kindels statt. Intern sprach man auch vom Großenlupnitzer Wald. Die Bezeichnung Berka für das Versuchsgelände war irreführend, da zum einen mehrere Orte mit dem Namen Berka existieren (z. B. Bad Berka mit der Heeresmunitionsanstalt) und zum anderen der Ort sich räumlich relativ weit entfernt vom Objekt der Verskraft befindet. Der nächst gelegene Ort ist das zwei Kilometer entfernte Beuernfeld. In Berka vor dem Hainich befand sich nur ein Standort-Schießplatz der Wehrmacht.

Abgehend von der heutigen B 84 befand sich die Einfahrt zur Außenstelle der Verskraft. Die Luftaufnahme wurde schon im Kapitel über die Tiger-Erprobung 1942 gezeigt. Außer betonierten Fußwegen sind nur noch Beton-Trümmer von der Werkstatt und den beiden Waschwannen vorhanden. Einzig die zugewachsene Waschwanne an der Einfahrt aus dem Erprobungsgelände existiert noch heute unversehrt.

Das Gelände in Berka vor dem Hainich aus heutiger Sicht. Der Hainich ist ein ausgedehnter, bewaldeter Höhenrücken, dessen südlicher Bereich heute Teil eines Nationalparks ist. Im Südteil des Hainich liegt der Bereich Kindel[88]. (VR)

[88] H. Rockstuhl, Hainich und der Nationalpark aus der Luft, S. 41

Fast komplett erhalten ist nur noch die Waschwanne der Einfahrt aus dem Gelände. Rechts ist das Wehr erkennbar, dass den Bach aufstauen konnte. In der Mitte ist eine Rohrleitung eingelassen, mit dem das Wasser bei Bedarf umgeleitet werden konnte. Zur Zeit der Aufnahme war der Wasserlauf ausgetrocknet.

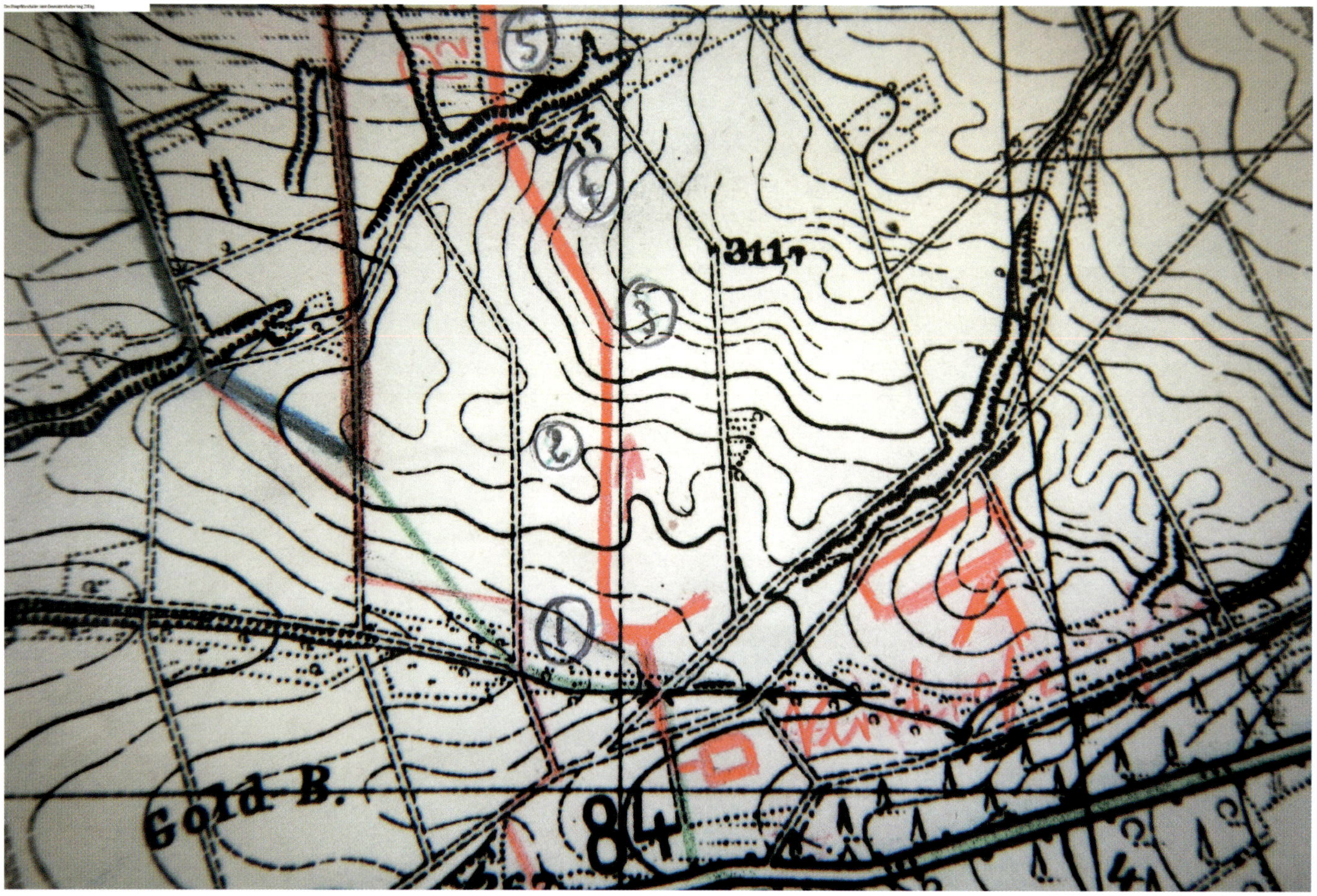

Der Ausgangspunkt 1 der Rundstrecke Richtung Mittel-Berg aus der heutigen Sicht. Die eingezeichneten Rechtecke mit der Bezeichnung A, B und C markierten die Aufstellpunkte.

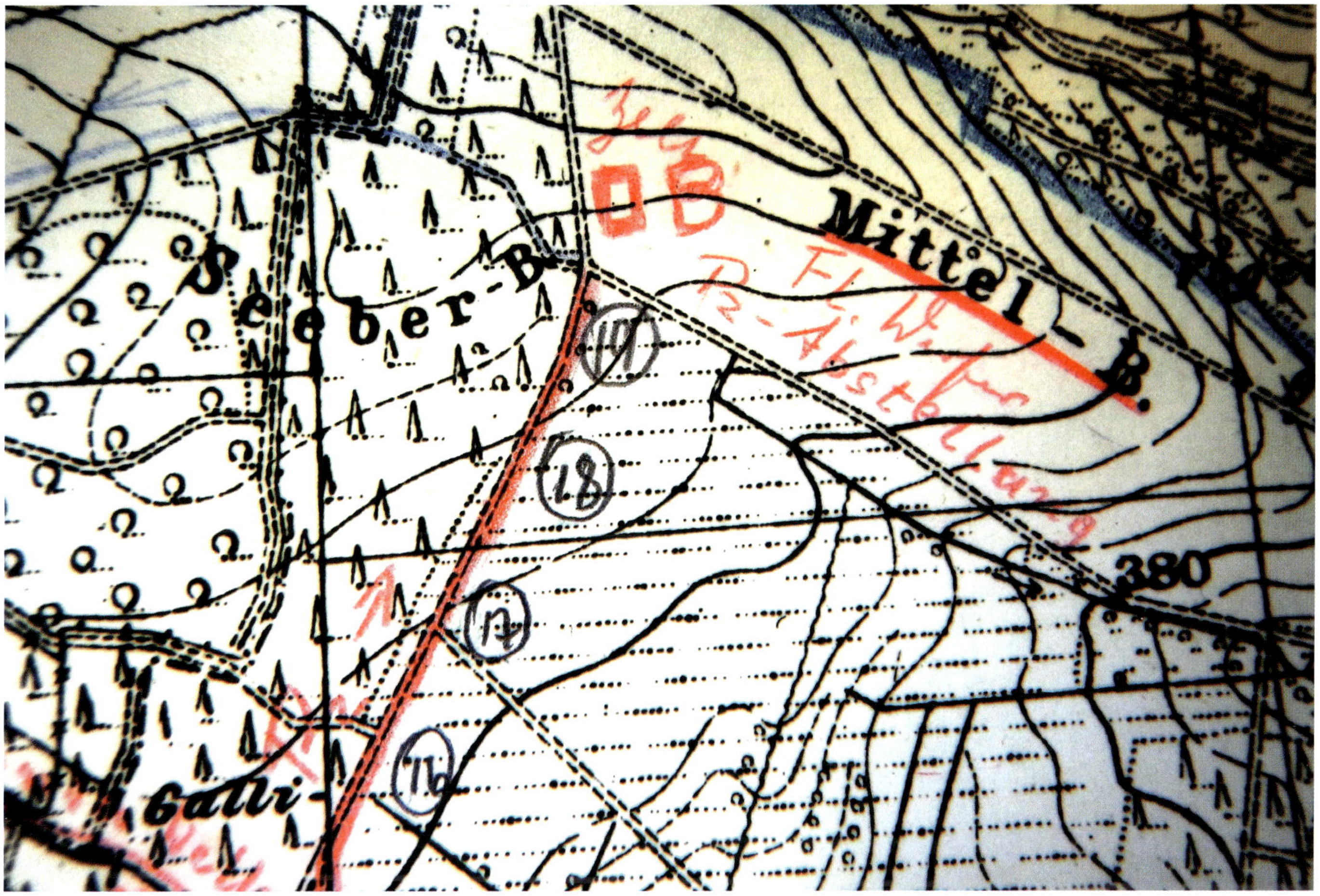

Der damalige Aufstellplatz der Panzerkampfwagen und Flammenwerfer vor dem Mittel-Berg im Jahr 2018. Kurioserweise wird ein Teil des Weges am Mittel-Berg, wo damals »Panther« und »Tiger« ihre Runden drehten, heute als »Wildkatzenpfad« bezeichnet.

Anhang

Ausrüstungsliste des Porsche-Tiger

Vorläufige Ausrüstungsliste für Pz.Kpfw. VI P (8,8/56)

4501 – Aufbau für 8,8-cm-KwK. Krupp-Turm)
Stand: Februar 1942

Lfd. Nr.	Benennung	Stk.	Zeichnungs-Nr.	beigestellt von	Einbauart
1	8,8 cm KwK. 36 L/56	1	5 Gr. 38	Wa J Rü	i. Blende
2	Kasten Verschlussvorratsteile f. 8,8 cm KwK. 36	1		(WuG 6)	eingebaut
Inhalt:	Kasten leer	1			
	Inhaltsverzeichnis	1			
	Gegenleger (zum Schlagbolzen)	1			
	Schlagbolzenfedern	2			
	Schlagbolzen, vollst.	2			
	Rückholbolzen	1			
	Stromzuführung, vollst. (zum Verschluss)	1			
	Federsplint, vollst. (zur Schubkurbelwelle)	1			
	Auswerferhälfte, rechte mit:	1			
	Kralle	1			
	Senkschraube (für Kralle)	1			
	Auswerferhälfte, linke mit:	1			
	Kralle	1			
	Senkschraube (für Kralle)	1			
	Raumbürste (für Zündloch)	1			
	Einheitsprüflampe mit Birne 12 V (z. Prüfung der Abfeuerung)	1			
3	Wischer mit 6 teiliger Stange	1	5 Stg. 980 lg. na.	(WuG 6)	auf Ketten-
			5D2899-37U1		abdeckung
			1 Stg. 919 lg. na.		
			5D2899-37U2		
4	Wischerüberzug	1	5C6899-205	(WuG 6)	lose mitg.
5	Verschlussüberzug Segeltuch für 8,8 cm KwK. 36	1	5B3899-2	(WuG 6)	an Waffe
5a	Stellschlüssel f. AZ 23	1	1,7977E+308		
	Riemen f. Stellschlüssel	1	8353		
6	Mündungskappe Segeltuch od. Kunstleder f. 8,8 cm Kw.K.36	1	5C3899-6		an Waffe

Lfd. Nr.	Benennung	Stk.	Zeichnungs-Nr.	beigestellt von	Einbauart
6a+	Mündungskappe (durchschießbar)	10	5B3899-5	(WuG 6)	in Lager
	Tasche Segeltuch (f. 10 Mündungskappen)	1	605C490		
	(Dichtungskappen [nur für Waffen in UK-Fahrzeugen])	1	4/VI E 03479		
	Wischerkolben	1	5D6899-115 U4		lose
	Entlader	1	5E6899-40		lose
	Fettpresse (für 140 ccm Inhalt mit Schlauch)	1	U 547		lose
	Fettbüchse (f. 0,05 kg Abschmierfett)	1	J9441/3E1099-210		lose
7	Hülsenbeutel	1	(nur für Henschel)		lose
8	Klammer für Ferderausgleicher	1			
11	Entlader	1		(WuG 2)	in Lager
12	Dichtungsstopfen f. M.G.	1	021D869	Aufbaufirma	
13	Dichtungsstopfen f. M.P.	1	021R875	Aufbaufirma	
13a	Verschlusshaube für Aufbaulüfter	1	021R860U51	Aufbaufirma	
14	Kasten f. M.G.-Werkzeug	2	021St7614	Aufbaufirma	fest eingebaut
15	Überzug f. M.G. 34	1	021C37499-230	Wa J Rü	lose
16	Mündungsschützer f. K.-Blende	1	021C39099-80	(WuG 6)	lose
17	Mündungsschützer f. Blende f. M.G. 34	1	4StAKF31441		lose
18	Gurtsäcke	29	021St39150		2 St. an Waffe
					27 gelagert
19	Gurtsackhalterrahmen	1	021St37462	Aufbaufirma	an Waffe
19a	Gurtsackhalterrahmen	1			
20	Behälter f. M.G.-Zubehör (Zweibein, Kolben u. Kornhalter)	1	021B7622	Aufbaufirma	im Rahmen
21					angeschnallt
22	T Z F 9 b	1	027Gr.265	(WuG 2)	Turmblende
23	Überzug f. TZF 9 b	1	021 37489-255	(WuG 6)	lose
24	Fahrerfernrohr KFF2 (1 Satz = 2 Stück.)	1 Satz	027Gr. 3539	(WuG 6)	im Lager
25	Staubkappe Überzug f. KFF 2	2	021St33999-21	(WuG 2)	lose
26	Kugelzielfernrohr KZF 2	1	027Gr,5075	(WuG 2)	in Kugelblende
27	Überzug f. Kugelblende „100“	1	n. Muster WaPrüf6	(WuG 2)	
29	Prismeneinsatz	12	nach Muster VGB	(WuG 6)	(8St.+Reserve)
30	Schutzglas 70 x 240 x 94	1+2	021St9296	(WuG 6)	(1St.+Reserve)
31	Schutzglas 70 x 150 x 94	9+13	021St9280	(WuG 6)	(9St.+Reserve)
32	Überzug f. M.P.	1	021C37499-255	(WuG 6)	fest eingebaut
33	M.P. Magazintasche	1	01B3321	(WuG 6)	an Halter
34	Prismeneinsatz	2+1	021D2746-1	(WuG 6)	(St.+ Reserve)
36	Aufbaulüfter 12–13 m^3/min	1	Fa. Friedrich-August-Hütte	(WuG 6)	in Turm eingebaut

→

Lfd. Nr.	Benennung	Stk.	Zeichnungs-Nr.	beigestellt von	Einbauart
Teile zur nachrichtentechnischen Ausrüstung					
37	Einschiebevorrichtung Taste	1	024bSt95201	(WuG 7)	fest eingebaut
38	Schleifringübertrager 8-teilig (m. Hohlwelle) Ausführung C	1	024b93027 Ausl.	(WuG 7)	
	nur f. Henschel und Pz.Kpfw. VI P2				
39	Ruhebuchsen f. 5-fach Stecker	3	24bSt14030	Aufbaufirma	
40	Grundplatte EU a	2	24BSt3701	(WuG 7)	fest eingebaut
41	Grundplatte U 10a	1	24bSt3101	(WuG 7)	fest eingebaut
42	Stabantenne (2m)	2	24bSt3670	(WuG 7)	1Stk.eingebaut
43	Antennenfuß Nr. 1, beweglich f. Stabantenne (2m)	1	024bSt14101	(WuG 7)	fest eingebaut
	Schutzkappe für Antennenfuß	1	24bD93062		
44	Gummihalter (Fu) 60	8	024bSt14029	(WuG 7)	fest eingebaut
45	Aufhängevorrichtung (P 10 EU)	1	024bSt3669	(WuG 7)	fest eingebaut
46	Aufhängevorrichtung (P 10 UES)	1	024bSt3415	(WuG 7)	fest eingebaut
47	Masseverbindungskabel für Aufhängevorrichtung	3	024bSt14018	(WuG 7)	fest eingebaut
48	Antennenzuleitung P	1	24bSt40344	(WuG 7)	fest eingebaut
49	Kasten Pz.Nr. 20 mit Röhre RV 12 P 2000	1	024b96007	(WuG 7)	fest eingebaut
50	Kasten Pz.Nr. 21	1	024b96008	(WuG 7)	fest eingebaut
51	Kasten Pz.Nr. 22	1	024b96009	(WuG 7)	fest eingebaut
52	Kasten Pz.Nr. 5 c	1	024bD21803	(WuG 7)	fest eingebaut
53	12 Volt Anschlusskasten Z 23	1	024bSt10703	(WuG 7)	fest eingebaut
54	Doppelfernhörer Dfh.b.	2	24bSt602	(WuG 7)	fest eingebaut
55	Kehlkopfmikrofon Kmf. a	2	24bSt612	(WuG 7)	fest eingebaut
56	Kehlkopfmikrofon Kmf. b	2	24bSt611	(WuG 7)	fest eingebaut
57	Zweifachkniestecker, 20 mm, verwechselbar mit Rast.	6	024bD3849	(WuG 7)	fest eingebaut
58	Zweifachkniestecker, 20 mm, unverwechselbar mit Rast.	5	024bD3777	(WuG 7)	fest eingebaut
59	Verteilerstück	1	024bD3713	(WuG 7)	fest eingebaut
60	NPA-Kabel, 2 x 1,5²	3 m		Aufbaufirma	
	NPA-Kabel, 2 x 10²			Aufbaufirma	
	Luftfahrtlackkabel 6 x 0,5²			Aufbaufirma	
	Luftfahrtlackkabel 3 x 0,5²			Aufbaufirma	
64	Ausfall-Flagge (gelb-schwarz)	1	024D33477	Aufbaufirma	im Behälter
68	Lukenschlüssel	2	024D33477	Aufbaufirma	
68a	5-fach Stecker T	1	024bD3715		
68b	5-fach Kniestecker	1	024bE3815		

Lfd. Nr.	Benennung	Stk.	Zeichnungs-Nr.	beigestellt von	Einbauart
68c	Sonder-Gummischlauchleitung, 5-adr.	1,5 m			
	Festeingebaute Halterungen:				
69	Halter f. Gasmaske (je 3 im Turm, je 2 in der Wanne)	5	21St7604	Aufbaufirma	fest eingebaut
70	Halter f. Feldflasche (je 3 im Turm, je 2 in der Wanne)	5	21St7602	Aufbaufirma	fest eingebaut
71	Halter f. Kochgeschirr (je 3 im Turm, je 2 in der Wanne)	5	21St7603	Aufbaufirma	fest eingebaut
72	Halter f. Verbandskasten	1	21St7601	Aufbaufirma	fest eingebaut
73	Halter f. M.P.	1	021D7607	Aufbaufirma	fest eingebaut
74	Halter f. M.P. -Magazintasche	1	01B3321	Aufbaufirma	fest eingebaut
75	Halter f. Leuchtpistole	1	21St7609	Aufbaufirma	fest eingebaut
76	Halter f. Laufbehälter f. M.G.	2	21St7605	Aufbaufirma	fest eingebaut
77	Halter f. Kurskreisel	1	021D37454U7	Aufbaufirma	fest eingebaut
78	Halter f. Kurskreisel-Umformer	1	021D9249U83	Aufbaufirma	fest eingebaut
79	Halter f. Patronenkasten f. M.G.	3		Aufbaufirma	fest eingebaut
80	Rahmen f. Behälter M.G.-Zubehör	1	021C39021U38	Aufbaufirma	fest eingebaut
81	Halter f. Feuerlöscher	1		Aufbaufirma	fest eingebaut
82	Behälter f. Fernhörer	2 + 2	24bGr23901	Aufbaufirma	fest eingebaut
83	Kasten f. 12 Leuchtmunition	2	21St7613	Aufbaufirma	fest eingebaut
84	Flaggenbehälter	1			
85	Behälter f. Schmiergerät	1	21St7618	Aufbaufirma	fest eingebaut
86	Behälter f. Res. KFF 2	1	21St7612	Aufbaufirma	fest eingebaut
87	Behälter f. Atemschlauch (je 3 im Turm, 1 in der Wanne)	3 + 1	21St7617	Aufbaufirma	fest eingebaut
88	Behälter f. 27 Gurtsäcke			Aufbaufirma	fest eingebaut
89	Behälter f. 8,8 cm Munition (1/2 Pz. + 1/2 Spr.)			Aufbaufirma	fest eingebaut
90	Behälter f. 2 Schutzgläser 70x240x94	1	21St7610	Aufbaufirma	fest eingebaut
91	Behälter f. 3 Schutzgläser 70x150x94	1	21St7624	Aufbaufirma	fest eingebaut
94	Behälter f. Rohr- u. Wiegenbuch	1	21St7620	Aufbaufirma	fest eingebaut
95	Behälter f. Fernrohrzubehör	1	21St7634	Aufbaufirma	fest eingebaut
96	Behälter f. Mündungskappen (durchschießbar)	1		Aufbaufirma	fest eingebaut
97	Behälter f. 4 Prismeneinsätze	1	n. Muster	Aufbaufirma	fest eingebaut
xx+)	in der Panzerwanne untergebracht.				

Die Porsche-Typen bis 1945

Typ 60	VW KdF
Typ 61	schmale Version Typ 60
Typ 62	Prototyp VW Kübelwagen
Typ 63	
Typ 64	Sportwagen auf Typ 60
Typ 65	VW-Fahrschuhleinrichtung
Typ 66	VW-Rechtslenkung
Typ 67	VW-Invaliden-Fahrzeug
Typ 68	VW-Lieferwagen „Reichspost“
Typ 70	Steyr
Typ 81	VW-Kastenwagen mit Aufbau 286
Typ 82	VW Kübelwagen
Typ 83	VW Kraftübertragung Sytem „Kreis“
Typ 84	VW Kraftübertragung System „Dr. Hering“
Typ 85	VW Allradstudie
Typ 86	VW Kübelwagen mit Allradantrieb
Typ 87	VW KdF mit Allrad
Typ 88	VW Bus auf Kübelwagenchassis
Typ 89	VW Versuchsautomatikgetriebe System Beier BBC
Typ 92	Kommandeur-Wagen oder Pritschenwagen
Typ 93	Berenztes Schlupfdifferenzial
Typ 94	DB Rennmotor
Typ 95	Bus-Fahrwerksaufhängung
Typ 96	hydraulische Kraftübertragung
Typ 97	DB schwerer LKW
Typ 98	VW Schwimmwagen Typ 128 mit Typ 62-CL-Aufbau
Typ 99	Studie zu Typ 91 und Typ 95
Typ 100	Sonderfahrzeug I-Panzerkampfwagen VK 3001 (P) Leopard

Typ 101	Sonderfahrzeug II -Panzerkampfwagen VK 4501 (P) Tiger
Typ 102	Panzerkampfwagen VK 4501 (V) Tiger hydraulisch
Typ 103	Panzerkampfwagen VK 4501 (P) Tiger verbesserte Kühlung-Doppelgebl.
Typ 104	Panzerkampfwagen VK 4501 (P)
Typ 106	VW Versuchskraftübertragung PIM (Typ 60)
Typ 107	VW Abgas-Turbolader
Typ 108	DB Doppelkompressormotor
Typ 109	zwei Motorradmotoren
Typ 110	Kleinschlepper A mit Führersitz-Anordung 1938/39
Typ 111	Generatoranlage oder Traktor mit 2-Zylindermotor
Typ 112	Schlepper I, verbesserter Typ 111
Typ 113	Kleinschlepper III 15 PS mit Vergaser und Generator
Typ 114	Sportwagen mit v 10 Zweinockenmotor 72 PS
Typ 115	VW-Motor mit Kompressor, obenl. Nockenwellen u. hemisph. Brennr.
Typ 116	VW Studie Rennwagen auf Typ 114
Typ 117	Einzylinder-Versuchsmotor 101 mit altem Kopf A
Typ 119	Einzylinder-Versuchsmotor 101 mit neuem Kopf. B
Typ 120	Stationärmotor (Notstrom) KdF für RLM mit Magnetzündung
Typ 121	VW stationärer Motor für HWA
Typ 122	VW stationärer Motor mit Batteriezündung (RP)
Typ 123	fahrbares Elektrogerät mit VW-Motor 1943 Drehstrom 15 kWA
Typ 124	Typ 82 für Schienenbetrieb
Typ 125	Studie für Winddynamo
Typ 126	Voll-Synchrongetriebe KdF-Studie für VW
Typ 127	VW-Schiebermotor, System Wankel

Typ 128	Schwimmwagen A groß
Typ 129	VW Kurz-Chassis von Typ 128
Typ 130	Wassergekühlter Motor vom Typ 101.
Typ 131	Fahrzeug mit wassergekühltem Motor Typ 101.
Typ 133	hydraulischer Antrieb oder Vergaser selbstansaugend
Typ 135	Windturbine mit 130 Watt
Typ 136	Windturbine 736 Watt
Typ 137	Windturbine mit 4500 Watt
Typ 138	Schwimmwagen B groß
Typ 139	Schwimmwagen ohne Mittelrahmen vom Typ 138
Typ 141	halber VW-Motor für Typ 101
Typ 142	dreiachsige Sattelzugmaschine
Typ 145	Steyr-Typ 70, Personenwagen.
Typ 146	Steyr-Typ 170
Typ 147	Steyr-Typ 270 Heereslastwagen mit Allrad
Typ 151	VW-Versuchsgetriebe, System Puls.
Typ 152	VW Versuchsgetriebe System Stieber
Typ 153	Skoda Ostradschleppe mit luftg. 6-Zylinder-motor
Typ 155	Schneekettenlaufeinrichtung für Typ 82
Typ 156	Schienenfahrteinrichtung für Typ 166.
Typ 157	Schienenfahrteinrichtung für Typ 82
Typ 158	Einzylinder-Dieselmotor 1,5 Ltr. mit direkter Einspritzung.
Typ 159	Einzylinder-Dieselmotor 1,5 Ltr. System Vorkammer Simmering
Typ 160	VW Untersuchung selbsttragender Aufbau
Typ 162	Geländewagen Typ selbsttragend
Typ 164	VW leichter Sechsrad-Geländetyp mit zwei VW-Motoren
Typ 166	Schwimmwagen C klein

Typ 168	Fahrwerk und Federung
Typ 170	Sturmboot
Typ 171	Sturmboot II
Typ 174	Sturmbootmotor mit normalen VW-Motor
Typ 175	Ostradschlepper mit Stahlrädern
Typ 177	5-Ganggetriebe a für VW-Geländewagen
Typ 178	5-Ganggetriebe für VW-Gehäuse vereinfacht
Typ 179	VW Motor mit Benzineinspritzung
Typ 180	Sonderfahrzeug III mit elektrischem Antrieb
Typ 181	Sonderfahrzeug III mit hydraulischem Antrieb.
Typ 182	Geländewagen, 2-Radantrieb, mit Einheitsaufbau
Typ 187	Geländewagen, Allradantrieb, mit Einheitsaufbau
Typ 190	Umbau Motor Typ 101 auf Diesel-Betrieb.
Typ 191	für Typ 190 Einzylinder-Prüfmotor Diesel 120 x 145.
Typ 192	Diesel-Vorkammer, Simmering.
Typ 193	füt Typ 101/03 Einzylinderversuche 1,5 Ltr. mit Benzineinspritzung.
Typ 197	Anlaßvorrichtung für VW Kübel Typ 82
Typ 198	Anlassvorrichtung Steyr für Typ 82
Typ 200	für Typ 100 -10-Liter-Dieselmotor luftgekühlt
Tyo 205	Panzerkampfwagen Maus
Typ 209	DB 44,5-Liter-Dieselmotor V 12
Typ 210	Klima-Anlagen für Panzerfahrzeuge
Typ 212	16-Zyl.-Dieselmotor luftgekühlt für Typ 205
Typ 213	Einzylinderversuch zu Typ 212.
Typ 215	Einzylinderversuch 135 x 160 mit direkter Einspritzung.
Typ 220	Luftgekühlte Motoren, auch 16-Zylinder-X-Dieselm., Bi-Turbo
Typ 224	Aufnahme Beutemotor „Merlin“.

Typ 225	VW- elektrische Kraftübertragung von Brown,Boverie & Cle.
Typ 226	Aufnahme Beutemotor „Cyclone“.
Typ 230	Holz-Generatoranlage für VW
Typ 231	mit Gasgenerator (Acetylen)
Typ 235	VW mit Elektroantrieb
Typ 236	Herdeinsatz für HB-Betrieb Imbert Generator für Typ 230
Typ 239	Typ 82 mit Holzgeneratorantrieb
Typ 240	mit Flaschengasantrieb
Typ 241	Hilfsaggregat für Typ 205.
Typ 245	18-t-Sonderfahrzeug V klein
Typ 247	Flugmotor für Nurflügel-Motorsegler auf VW-Basis
Typ 250	Panzerjäger mit 10,5 cm Geschütz
Typ 252	VW Kraftübertragung System „PIV"
Typ 255	Sonderfahrzeug IV mit mechan. Antrieb
Typ 258	Laufwerks-Studie für Kettenfahrzeug.
Typ 260	Kühlanlage für Panzer IV.
Typ 261	Heizanlage „Panther“ 1 G.
Typ 262	Auspuff-Kühlung HL 120.
Typ 263	Kühlanlage 38 to.
Typ 267	Beratung Maybachmotor HL 230
Typ 276	VW Typ 82 mit Protzhaken für Pak 37
Typ 280	Projekt „M“, Vorarbeit für Typ 300.
Typ 283	Typ 82 Ausführung für Holzgaser
Typ 285	3,5 PS-Wasserturbine
Typ 287	Allrad-Fahrgestell Kommandeurswagen auf Typ 87
Typ 288	13-PS-Wasserturbine
Typ 289	15-PS-Wasserturbine
Typ 290	Entwicklung SAG-Gerät. Projekt S Telefunken

Typ 291	Windtunnel 600 mm
Typ 292	Windtunnel 300 mm
Typ 293	Raupenschlepper SS Rad- und Schienen-tauglich
Typ 294	Skibindung
Typ 298	Weiterentw. Rückstoßrohr AS 014 Schmidtrohr V 1 oder Radio f. VW
Typ 300	Flugzeuggasturbine billigster Bauart
Typ 305	Gasturbine für Panzer
Typ 307	Schwerstoff-Vergaser
Typ 309	Zweitakt-Dieselmotor für VW oder Geländewagen mit Allradantrieb
Typ 312	Traktor mit Benzinmotor
Typ 313	Typ 312 mit 17-PS-luftgek. Dieselmotor
Typ 320	Waffe „Berta“ I.
Typ 321	Waffe „Berta“ II.
Typ 330	**mit HoKo-Generatorantrieb**
Typ 331	**mit HB-Generatorantrieb**
Typ 332	**mit AK-Generatorantrieb**
Typ 82/1	3-sitziger Kübelwagenaufbau
Typ 82/2	Sirenenwagenaufbau
Typ 82/3	Panzerkampf- und Spähwagenaufbau
Typ 82/5	Pritschenwagen für Typ 82 und 92
Typ 82/6	Tropenkastenwagen
Typ 82/7	Kommandeurswagen 3-sitzig auf Typ 82
Typ 82/8	offener Geländewagen auf Typ 820 im Holzaufbau
Typ 87/0	Geländewagen 4-sitzig, selbsttragend
Typ 87/1	Geländewagen 3-sitzig, selbsttragend
Typ 87/7	Kommandeurswagen auf Typ 287

Glossar

A.K.	Krupp-Abteilung für Artillerie-Konstruktion (»Kruppaka« bei Fernschreiben)
A.Z.	Aufschlagzünder
Bd.Z.	Bodenzünder
D.Z.	Doppelzünder
Digl.Bl.P…	Diglykol-Blättchenpulver und die Abmessungen
Digl.R.P…	Diglykol-Röhrenpulver und die Abmessungen
FES	Führungsringe aus Sintereisen
FEW	Führungsringe aus Weicheisen
(HK)	Hartkern
Hl	Hohlladungsgeschoss
HL	Hochleistungsmotor
Hl/C	Hohlladung Typ C
HWA	Heereswaffenamt
In 6	Inspektion der Verkehrstruppen
Kgs 64/640/130	K = schnellläufige Kette, g = Stahlguss, s = schwimmende Bolzen, 64 = Bauform, 640 = Kettenbreite, 130 = Teilung
KPS	Führungsringe aus mit Kupfer beschichtetem Stahl
KwK	Kampfwagenkanone
L/5	Geschosslänge ist das Fünffache des Kalibers
L/55	Kanonenrohrlänge ist das Fünfundfünfzigfache des Kalibers
Nz.Man.N.P.	Nitrozellulose – Manöver – Nudelpulver
Pzgr.	Panzergranate
Simulaker	Nachbildung, Übungsattrappe
Sprgr.	Sprenggranate
St.K.	Stahlkern
Stg.	Stahlguss
TS	Treibspiegel
VK …	Versuchskonstruktion mit dem geplanten Einsatzgewicht
Vo	Anfangsgeschwindigkeit der Granate nach Verlassen des Rohres
Wa Prüf	Heereswaffenamt, Amtsgruppe für Entwicklung und Prüfung
Wa Prüf 1	s.o., Ballistische und Munitionsabteilung mit vier Waffengattungen und neun Gruppen (Stand 1943)
Wa Prüf 2	s.o., Infanterieabteilung in Kummersdorf
Wa Prüf 4	s.o., Artillerieabteilung mit zehn Gruppen
Wa Prüf 5	s.o., Pionier- und Eisenbahnpionierabteilung
Wa Prüf 6	s.o., Kraftfahr- und Motorisierungsabteilung mit den drei Hauptgruppen Fahrzeuge, Panzer und Motorisierung
Wa Prüf 7	s.o., Nachrichtenabteilung
Wa Prüf 8	s o., Abteilung für Optik, Messwesen, Heereswetterdienst, Feuerleitung und Kartendruck
Wa Prüf 9	s.o., Gasschutzabteilung in Spandau
Wa Prüf 10	s.o., Abteilung für Sondergeräte – kleinkalibrige Raketengeschosse (Stand Ende 1944)
Wa Prüf 11	s.o., Abteilung für Sondergeräte – Großraketen (Stand Ende 1944) in Peenemünde
Wa Prüf 12	s.o., Abteilung für Versuchsplätze
Zt.Z. S/…	Zeitzünder mit Laufzeit

Quellen- und Bildverzeichnis

Quellenverzeichnis

- BAMA Freiburg, Bestand: RH 8 I/ 449, 473, 820, 883, 1053, 1567, 1631, 1642, 1668, 1673, 1905, 1911, 2639, 2641, 2645, 2646, 2647, 2648, 2669, 2777, 2790, 2791, 2792, 2793, 2794, 2795, 2796, 2797, 2798, 2799, 2800, 2801, 2802, 2803, 2804, 2805, 2806, 2815, 2816, 2817, 2818, 2819, 2820, 2821, 2822, 2823, 2865, 3127, 3206, 3280, 3883, 3920, 3951, 3952, 4609, RH 10/58, 349, RH 21/2/244, RW 19/560, 882, 1919, 1924, MSG 224/1, 2, 7, 8, 11, 12, 13, 14, 17, 18, 27, 28, 29, 30, 31, 42, 46, BV 5/4285, 1183,
- WABW Stuttgart, B 123, Büchel 1346
- Institut für Zeitgeschichte, Nachlass Karl-Otto Saur
- Porsche-Archiv, u.a. Tagebuch Karl Rabe 1931–1945 und »Pionier des Hybridantriebs«
- Universitätsarchiv der TU Dresden, Nachlass Eberan von Eberhorst
- Karl-Otto & Michael Saur: Er stand in Hitlers Testament, ECON-Verlag 2007
- Willi A. Boelke: Deutschlands Rüstung im Zweiten Weltkrieg, Akademische Verlagsgesellschaft Athenaion
- Dr. Franz-Wilhelm Lochmann/Richard Freiherr von Rosen/Alfred Rubbel: Erinnerungen an die Tigerabteilung 503, Verlagshaus Würzburg GmbH & Co. KG, Flechsig Verlag, 2015
- Dr. Peter Schwarzmann: Panzerketten, Brandenburgisches Verlagshaus, 2013
- Lukas Friedli: Die Panzerinstandsetzung der Wehrmacht, Schneider Armour Research, 2005
- Stefan Zima: Entwicklung schnelllaufender Hochleistungsmotoren in Friedrichshafen, VDI-Verlag, 1987
- Wilhelm Treue/Stefan Zima: Hochleistungsmotoren, Karl Maybach und sein Werk, VDI-Verlag, 1992
- Möller/ Brack: 100 Jahre Dieselmotoren für fünf deutsche Marinen, Verlag E.S. Mittler & Sohn, 1998
- Hartmut H. Knittel: Panzerfertigung im Zweiten Weltkrieg, Verlag E.S. Mittler & Sohn GmbH, 1988
- Hans Mommsen: Das Volkswagenwerk und seine Arbeiter im Dritten Reich, ECON-Verlag, 1997
- Walter J. Spielberger/Hilary L. Doyle: Der Panzer-Kampfwagen Tiger und seine Abarten, Motorbuch-Verlag,
- Wolfgang Schneider: Tiger im Kampf III, Schneider Armour Research Uelzen, 2013
- Prof. Dr. Ing. h.c. Ferry Porsche, Günther Molter: Ferry Porsche, mein Leben, Motorbuch-Verlag, 2004
- Wolfram Pyta, Nils Havemann, Jutta Braun: Porsche – vom Konstruktionsbüro zur Weltmarke, Siedler-Verlag, 2017
- M. Winninger: Das Nibelungenwerk, OKH Spielwaren: Die Panzerfabrik in St. Valentin, Müller History Facts,
- Karl-Heinz Rauscher: Steyr im Nationalsozialismus, Industrielle Strukturen, Weishaupt-Verlag, 2004
- Kriegstagebuch des OKW, Band 1, Teilband 2, Verlag Weltbild, 2007
- Wolfgang Fleischer: Die Heeresversuchsstelle Kummersdorf, Verlag Podzun-Pallas, 2000
- Walter Rohland: Bewegte Zeiten, Erinnerungen eines Eisenhüttenmannes, Seewald Verlag Stuttgart, 1978
- Herbert A. Quint: Porsche, Der Weg eines Zeitalters, Steingrüben-Verlag Stuttgart, 1952
- Günter Groth: Chronik der Gemeinde Behringen am Hainich in Thüringen – 1920 bis 1945, Verlag Rockstuhl
- Harald Rockstuhl: Nesseltalbahn Kindelbahn, Verlag Rockstuhl, 2005
- P. Botzum u. R. Lämmerhirt: Wüstungen im Hainichgebiet, Verlag Rockstuhl, 2005
- Thomas L. Jentz & Hilary L. Doyle: Germanys Tiger Tanks, DW to Tiger I: Design, Productions & Modifications, Schiffer Military History 2000
- Wehrtechnische Monatshefte-Beiheft 4, Emil Leeb, Aus der Rüstung des Dritten Reiches (Das Heereswaffenamt 1938–1945), Mittler & Sohn, Mai 1958
- D 656/1 Panzerjäger Tiger (P) Gerätebeschreibung und Bedienungsanweisung, 1943
- D 656/2 Panzerjäger Tiger (P) Instandsetzungsanweisung zum Fahrgestell, 1943
- D 656/3 Panzerjäger Tiger (P) Instandsetzungsanweisung zum elektrischen Teil, 1943
- D 656/22 Tiger E und Turmbeschreibung,
- D 656/23 Pz.Kpfw. Tiger Ausführung E, Handbuch für den Panzerfahrer, 1944
- D 656/24 Fristen Tiger E,
- D 656/27 Die Tigerfibel, ... sooo`ne schnelle Sache, 1943
- D 656/30 b und 30 c Instandsetzungsanleitung für Panzerwarte
- D 9023/1 Die Funk- und Bordsprechanlage im Pz.Kpfw. Tiger als Befehlswagen, 1943
- D 1008/1 Die Funk- und Bordsprechanlage im Pz.Kpfw. VI (H) und (P), 1942

Bildverzeichnis

- (PA) Porsche-Archiv
- (SH) Sammlung Hilmes
- (SB) Sammlung Spielberger
- (SF) Sammlung Fleischer
- (SM) Sammlung Münch
- (SP) Sammlung Pasholok
- (SH) Sammlung Henschel
- (SL) via Alexander Lüdeke
- (BPK) BPK-Bildagentur (h_30014347)
- (BSB) Bayerische Staatsbibliothek München/Bildarchiv (hoff-45722, hoff- 45721, hoff-43202, hoff-43197)
- (BAMA) Bundesarchiv Militärarchiv Freiburg
- (BA) Bundesarchiv Koblenz 183-15005-0003
- (TU) Nachlass Eberan v. Eberhorst, Universitätsarchiv der TU Dresden
- (LBD) Luftbilderdatenbank Dr. Carls GmbH
- (VR) Bildband Hainich und der Nationalpark aus der Luft, Verlag Rockstuhl
- (Steyr) MAGNA-St.Valentin
- (D...) Dienstvorschriften
- (ohne Bez.) Sammlung des Autors

WEITERE INTERESSANTE BÜCHER ZUM THEMA

In diesem Band bringt Michael Fröhlich dem Leser Entwicklung, Geschichte und das technische Innenleben von einem der kuriosesten Militärfahrzeuge aus deutscher Produktion nahe – dem Panzerkampfwagen Maus.
248 Seiten, 342 Abbildungen, Format 230 x 265 mm
ISBN 978-3-613-03784-7
€ 39,90 / € (A) 41,10

Dieses Buch beleuchtet die Hintergründe der Entwicklung von schweren Panzern, beschreibt die technischen Details der verfolgten Projekte und erlaubt so, den Werdegang mancher Entwicklungen nachzuvollziehen.
176 Seiten, 206 Abbildungen, Format 230 x 265 mm
ISBN 978-3-613-03925-4
€ 29,90 / € (A) 30,80

Selten hat ein Panzerfahrzeug die Gemüter von Fachleuten und Laien so erregt, wie der »Tiger« der Deutschen Wehrmacht. In diesem Band stellen die Autoren die verschiedenen »Tiger«-Ausführungen von allen Seiten vor.
216 Seiten, 589 Abbildungen, Format 230 x 265 mm
ISBN 978-3-613-03164-7
€ 19,95 / € (A) 20,60

Walter J. Spielberger schildert in seinem Buch souverän die Entwicklungs- und Einsatzgeschichte der Panzerkampfwagen 35/38(t) und dokumentiert akribisch sämtliche Details zu ihrer Technik und Ausstattung.
272 Seiten, 503 Abbildungen, Format 230 x 265 mm
ISBN 978-3-613-03600-0
€ 19,95 / € (A) 20,60

Stand Mai 2019
Änderungen in Preis
und Lieferfähigkeit vorbehalten.

Überall, wo es Bücher gibt, oder unter
WWW.MOTORBUCH-VERSAND.DE
Service-Hotline: 0711/78 99 21 51

Motor buch Verlag